薛定宇教授大讲堂（卷Ⅲ）

MATLAB 线性代数运算

薛定宇◎著
Xue Dingyu

Professor Xue Dingyu's Lecture Hall（Volume Ⅲ）
MATLAB Linear Algebra Operation

清華大学出版社
北京

内 容 简 介

本书按照线性代数教材的编排方式，系统论述了基于 MATLAB 语言编程的方法来实现线性代数问题的求解。全书内容包括矩阵的输入方法、矩阵基本分析方法、矩阵基本变换与分解方法、矩阵方程的求解方法与矩阵任意函数的计算方法等。此外，书中还介绍了线性代数的诸多应用问题的建模与求解方法。

本书可以作为高等学校理工科各类专业的本科生与研究生学习计算机数学语言（MATLAB）的教材，也可以作为一般读者学习线性代数与矩阵分析的辅助教材——从另一个角度认识线性代数问题的求解方法，并可以作为查询线性代数与矩阵数学问题求解方法的工具书。

图书在版编目（CIP）数据

薛定宇教授大讲堂(卷Ⅲ): MATLAB 线性代数运算/薛定宇著.　—北京：清华大学出版社，2019（2020.7 重印）
ISBN 978-7-302-51870-9

Ⅰ. ①薛…　Ⅱ. ①薛…　Ⅲ. ①MATLAB 软件-应用-线性代数-高等学校-教学参考资料　Ⅳ. ①O151.2-39

中国版本图书馆 CIP 数据核字(2018)第 285092 号

责任编辑：盛东亮
封面设计：李召霞
责任校对：李建庄
责任印制：丛怀宇
出版发行：清华大学出版社
网　址：http://www.tup.com.cn，http://www.wqbook.com
地　址：北京清华大学学研大厦 A 座　　邮　编：100084
社 总 机：010-62770175　　邮　购：010-62786544
投稿与读者服务：010-62776969，c-service@tup.tsinghua.edu.cn
质 量 反 馈：010-62772015，zhiliang@tup.tsinghua.edu.cn
课 件 下 载：http://www.tup.com.cn，010-62795954
印 装 者：涿州市京南印刷厂
经　销：全国新华书店
开　本：186mm×240mm　　印　张：16　　字　数：310 千字
版　次：2019 年 7 月第 1 版　　印　次：2020 年 7 月第 2 次印刷
定　价：69.00 元

产品编号：078636-01

前　言

PREFACE

科学运算问题是每个理工科学生和科技工作者在课程学习、科学研究与工程实践中常常会遇到的问题，不容回避。对于非纯数学专业的学生和研究者而言，从底层全面学习相关数学问题的求解方法并非一件简单的事情，也不易得出复杂问题的解。所以，利用当前最先进的计算机工具，高效、准确、创造性地求解科学运算问题是一种行之有效的方法，尤其能够满足理工科人士的需求。

作者曾试图在同一部著作中叙述各个数学分支典型问题的直接求解方法，通过清华大学出版社出版了《高等应用数学问题的MATLAB求解》。该书从2004年出版之后多次重印再版，并于2018年出版了第4版，还配套发布了全新的MOOC课程①，一直受到广泛的关注与欢迎。首次MOOC开课的选课人数接近14000人，教材内容也被数万篇期刊文章和学位论文引用。

从作者首次使用MATLAB语言算起，已经30余年了，通过相关领域的研究、思考与一线教学实践，积累了大量的实践经验资料。这些不可能在一部著作中全部介绍，所以与清华大学出版社策划与编写了这套“薛定宇教授大讲堂”系列著作，系统深入地介绍基于MATLAB语言与工具的科学运算问题的求解方法。

本系列著作不是原来版本的简单改版，通过十余年的经验和资料积累，全面贯穿“再认识”的思想写作此书，深度融合科学运算数学知识与基于MATLAB的直接求解方法与技巧，力图更好地诠释计算机工具在每个数学分支的作用，帮助读者以不同的思维与视角了解工程数学问题的求解方法，创造性地得出问题的解。

本系列著作卷I可以作为学习MATLAB入门知识的教材与参考书，也为读者深入学习与熟练掌握MATLAB语言编程技巧，深度理解科学运算领域MATLAB的应用奠定一个坚实的基础。后续每一卷试图对应一个数学专题或一门数学课程进行展开。整套系列著作的写作贯穿“计算思维”的思想，深度探讨该数学专题的问题求解方法。本系列著作既适合学完相应的数学课程之后，深入学习利用计算机

① MOOC网址：`https://www.icourse163.org/learn/NEU-1002660001`

工具的科学运算问题求解方法与技巧，也可作为相应数学课程同步学习的伴侣，在学习相应课程理论知识的同时，侧重于学习基于计算机的数学问题求解方法，从另一个角度观察、审视数学课程所学的内容，扩大知识面，更好地学习、理解并实践相应的数学课程。

本书是系列著作的卷Ⅲ。本书试图以一个全新的角度，按照一般线性代数教程的方式介绍线性代数问题的求解，侧重利用MATLAB语言直接求解矩阵运算与线性代数的问题。首先介绍矩阵的输入方法，然后介绍矩阵基本分析方法、矩阵基本变换与分解方法，并介绍矩阵方程的求解方法与矩阵任意函数的计算方法等。本书还介绍了线性代数的诸多应用问题的建模与求解方法。

值此系列著作付梓之际，衷心感谢相濡以沫的妻子杨军教授，她数十年如一日的无私关怀是我坚持研究、教学与写作工作的巨大动力。

薛定宇

2019年5月

本书受东北大学教师发展专项资助（项目编号：DDJFZ202005）。

目 录

CONTENTS

第1章

薛定宇教授大讲堂

MATLAB 线性代数运算

线性代数简介

1.1 矩阵与线性方程组

线性代数的研究起源于对线性方程组的求解。线性方程组是科学研究与工程实践中应用最广泛的数学模型，在实际应用中还可能建立更复杂的线性代数方程。为了研究方便，引入矩阵描述代数方程组。本节将给出几个简单的例子，演示数据表格的矩阵表示方法，并说明线性方程组的重要性。

1.1.1 表格的矩阵表示

在人们的日常生活与科学研究中，经常会遇到各种各样的数据表格。如何有效地表示这些表格呢？表格在数学中和计算机上可能有各种各样的表示方法，矩阵是数据表格最有效的表示方法之一。

定义 1-1 矩阵的数学形式为

$$\boldsymbol{A}=\begin{bmatrix} a_{11} & a_{12} & a_{23} & \cdots & a_{1n} \\ a_{21} & a_{22} & a_{23} & \cdots & a_{2n} \\ \vdots & \vdots & \vdots & \ddots & \vdots \\ a_{m1} & a_{m2} & a_{m3} & \cdots & a_{mn} \end{bmatrix} \tag{1-1-1}$$

矩阵是线性代数领域重要的数学单元，下面通过例子演示用矩阵表示表格的具体方法。

例 1-1 彩色图像的颜色在计算机上有多种表示方法。其中，三原色法是一种重要的颜色表示方法，一种颜色可以理解成由红(R)、绿(G)、蓝(B)三个颜色分量的不同组合构成。常用八种颜色的RGB三原色分量如表 1-1 所示，试用矩阵表示该表格。

表 1-1 常用颜色的RGB分量

三原色分量	黑色	蓝色	绿色	青色	红色	品红	黄色	白色
红	0	0	0	0	255	255	255	255
绿	0	0	255	255	0	0	255	255
蓝	0	255	0	255	0	255	0	255

解 如果矩阵的行用于表示三原色,各列分别表示黑色、蓝色、……、白色,则可以用一个3×8的矩阵表示整个表格,这个矩阵的元素排列与表格的数据排列完全一致,即

$$\boldsymbol{A}=\begin{bmatrix}0 & 0 & 0 & 0 & 255 & 255 & 255 & 255\\ 0 & 0 & 255 & 255 & 0 & 0 & 255 & 255\\ 0 & 255 & 0 & 255 & 0 & 255 & 0 & 255\end{bmatrix}$$

有了矩阵的数学表达式,用下面的语句将其直接输入MATLAB的工作空间,就可以通过相应的命令对其进行运算了。

```
>> A=[0 0 0 0 255 255 255 255; 0 0 255 255 0 0 255 255
      0 255 0 255 0 255 0 255];
```

从给出的表格可见,品红色是矩阵的第六列,所以可以由下面的命令提取出品红色的红绿蓝颜色分量

```
>> c=A(:,6)
```

例1-2 八大行星的一些参数由表1-2中给出。其中,相对参数都是由地球参数换算得到的,半长轴的单位为AU(Astronomical Unit,天文单位,为149597870700 m≈1.5×10^{11} m,地球到太阳的平均距离),自转周期的单位为天。试用矩阵表示这个表格。

表1-2 八大行星的一些参数

名称	相对直径	相对质量	半长轴	相对轨道周期	离心率	自转周期	卫星个数	行星环
水星	0.382	0.06	0.39	0.24	0.206	58.64	0	无
金星	0.949	0.82	0.72	0.62	0.007	243.02	0	无
地球	1	1	1	1	0.017	1	1	无
火星	0.532	0.11	1.52	1.88	0.093	1.03	2	无
木星	11.209	317.8	5.20	11.86	0.048	0.41	69	有
土星	9.449	95.2	9.54	29.46	0.054	0.43	62	有
天王星	4.007	14.6	19.22	84.01	0.047	0.72	27	有
海王星	3.883	17.2	30.06	164.8	0.009	0.67	14	有

解 观察表1-2可以发现,表格中大部分元素都是数值。除了数值之外还有表头,表格第一列为"名称"。此外,最后一列数据的内容为"无"或"有"。对最后一列进行变换,令"无"为0、"有"为1,则最后一列也是数据。如果只关心这个表格中的数据,不妨用矩阵更简洁地表示这个表格,即

$$\boldsymbol{A}=\begin{bmatrix}0.382 & 0.06 & 0.39 & 0.24 & 0.206 & 58.64 & 0 & 0\\ 0.949 & 0.82 & 0.72 & 0.62 & 0.007 & -243.02 & 0 & 0\\ 1 & 1 & 1 & 1 & 0.017 & 1 & 1 & 0\\ 0.532 & 0.11 & 1.52 & 1.88 & 0.093 & 1.03 & 2 & 0\\ 11.209 & 317.8 & 5.2 & 11.86 & 0.048 & 0.41 & 69 & 1\\ 9.449 & 95.2 & 9.54 & 29.46 & 0.054 & 0.43 & 62 & 1\\ 4.007 & 14.6 & 19.22 & 84.01 & 0.047 & -0.72 & 27 & 1\\ 3.883 & 17.2 & 30.06 & 164.8 & 0.009 & 0.67 & 14 & 1\end{bmatrix}$$

有了矩阵的数学形式,则可以用下面的MATLAB语句进行输入。

```
>> A=[0.382,0.06,0.39,0.24,0.206,58.64,0,0;
    0.949,0.82,0.72,0.62,0.007,-243.02,0,0;
    1,1,1,1,0.017,1,1,0;
    0.532,0.11,1.52,1.88,0.093,1.03,2,0;
    11.209,317.8,5.2,11.86,0.048,0.41,69,1;
    9.449,95.2,9.54,29.46,0.054,0.43,62,1;
    4.007,14.6,19.22,84.01,0.047,-0.72,27,1;
    3.883,17.2,30.06,164.8,0.009,0.67,14,1];
```

本丛书卷I中用到了这个例子,使用MATLAB下的table数据结构表示表1-2。下面给出相应的MATLAB命令。

```
>> name=str2mat('水星','金星','地球','火星','木星','土星',...
               '天王星','海王星');
   diameter=[0.382;0.949;1;0.532;11.209;9.449;4.007;3.883];
   mass=[0.06; 0.82; 1; 0.11; 317.8; 95.2; 14.6; 17.2];
   axis=[0.39; 0.72; 1; 1.52; 5.2; 9.54; 19.22; 30.06];
   period=[0.24; 0.62; 1; 1.88; 11.86; 29.46; 84.01; 164.8];
   eccentricity=[0.206; 0.007; 0.017; 0.093; 0.048; ...
      0.054; 0.047; 0.009];
   rotation=[58.64;-243.02;1;1.03;0.41;0.43;-0.72;0.67];
   moon=[0; 0; 1; 2; 69; 62; 27; 14];
   ring={'无';'无';'无';'无';'有';'有';'有';'有'};
   planet=table(name,diameter,mass,axis,period,eccentricity,...
               rotation,moon,ring)
```

例 1-3 例1-2给出的相对数据是地球数据的倍数。已知地球的质量为5.965×10^{24} kg,试求出其他行星的质量,例如木星的质量。

解 从矩阵的存储看,"相对质量"是矩阵的第二列,第二列的全部元素可以由$\boldsymbol{A}(:,2)$命令提取。木星是第五行,所以可以用下面的命令计算出各个行星的实际质量,提取第五个元素则为木星的质量,为1.8957×10^{27} kg。

```
>> M0=5.965e24; M=A(:,2)*M0; M(5)
```

1.1.2 线性方程组的建立与求解

线性代数的研究起源于线性方程组的列写与求解,本节给出几个例子演示实际问题的线性方程组建模方法。

例 1-4 公元4 – 5世纪的中国古代著名的数学著作《孙子算经》曾给出了鸡兔同笼问题:"今有雉兔同笼,上有三十五头,下有九十四足,问雉兔各几何?"

解 古典数学著作中有各种各样的方法求解鸡兔同笼问题。如果引入代数方程的思维,则假设鸡的个数为x_1,兔的个数为x_2,可以列出下面的线性代数方程。

$$\begin{cases} x_1+x_2=35 \\ 2x_1+4x_2=94 \end{cases}$$

如果引入矩阵的概念，则可以将线性代数方程写成矩阵形式，即

$$\begin{bmatrix} 1 & 1 \\ 2 & 4 \end{bmatrix}\begin{bmatrix} x_1 \\ x_2 \end{bmatrix}=\begin{bmatrix} 35 \\ 94 \end{bmatrix}$$

记 $\boldsymbol{A}=\begin{bmatrix} 1 & 1 \\ 2 & 4 \end{bmatrix}$，$\boldsymbol{x}=\begin{bmatrix} x_1 \\ x_2 \end{bmatrix}$，$\boldsymbol{B}=\begin{bmatrix} 35 \\ 94 \end{bmatrix}$，则可以写出线性代数方程的标准形式：

$$\boldsymbol{A}\boldsymbol{x}=\boldsymbol{B} \tag{1-1-2}$$

线性方程在MATLAB下的求解语句为 $\boldsymbol{x}$=$\boldsymbol{A}$\$\boldsymbol{B}$，所以由MATLAB命令求解方程，得出 $\boldsymbol{x}=[23,12]^{\mathrm{T}}$。方程解的物理含义是，鸡有23个，兔有12个。

```
>> A=[1 1; 2 4]; B=[35; 94]; x=A\B
```

此外，还可以由符号运算中解方程的方法（不限于线性代数方程组）求解鸡兔同笼问题，其结果与前面得出的完全一致。

```
>> syms x y; [x y]=solve(x+y==35, 2*x+4*y==94)
```

注意：早期版本中，上面的语句可以使用字符串描述方程本身。但新版本不支持这种形式，应该采用符号表达式表示方程。

例 1-5　文献 [1] 给出了梁平衡问题的应用实例。假设一个梁系统的结构体如图1-1所示，每条线段表示一根梁，每一个圆圈表示一个连接点。假设所有斜线梁的倾斜角度都为45°，且连接点1的水平与垂直方向都固定，连接点8的垂直方向固定，在连接点2,5,6处增加负载。为使得整个架构平衡，试根据各个连接点的水平和垂直方向列出线性代数方程，写出其矩阵方程形式并试图得出方程的解。

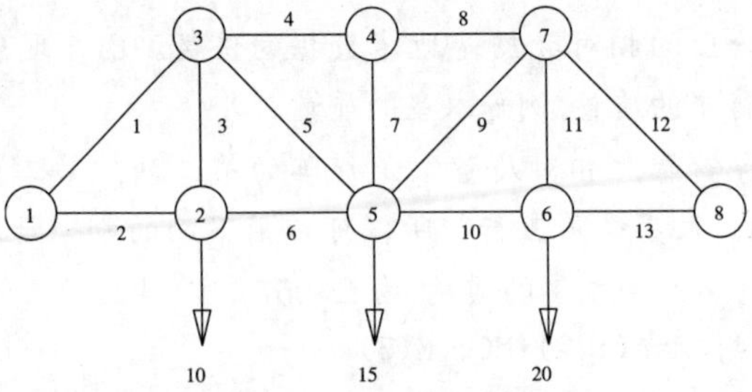

图 1-1　梁的平面结构

解　由于连接点1水平与垂直方向都固定了，所以无须为其列写水平方向与垂直方向的平衡方程。现在考虑连接点2，从水平方向看，该连接点受两个力的影响，一个是梁2施加的力，记作 f_2，另一个是梁6施加的力，记作 f_6。为使得水平方向平衡，显然需要满足 $f_2=f_6$，或写作 $f_2-f_6=0$。

再对连接点2的垂直方向进行受力分析，该连接点受梁3的力与外力10，所以相应的平衡方程为 $f_3=10$。

为列写方程方便，后面统一设置连接点左边和上面的力为正方向，否则为负方向。

现在分析连接点3处的水平平衡方程：在水平方向该点受f_1、f_4和f_5三个力的同时作用。其中，f_1与f_5是倾斜方向的力，由于倾斜角为45°，所以应该乘以$\cos 45^\circ = 1/\sqrt{2}$。这样，记$\alpha = 1/\sqrt{2}$，则水平方向的平衡方程为$\alpha f_1 - f_4 - \alpha f_5 = 0$。再考虑垂直方向的平衡方程，不难看出$\alpha f_1 + f_3 + \alpha f_5 = 0$。

类似地，可以写出连接点4的水平方向平衡方程为$f_4 - f_8 = 0$，垂直方向平衡方程为$f_7 = 0$。

连接点5的平衡方程为$\alpha f_5 + f_6 - \alpha f_9 - f_{10} = 0, f_5 + f_7 + \alpha f_9 = 15$。

连接点6的水平、垂直平衡方程分别为$f_{10} - f_{13} = 0$和$f_{11} = 20$。

连接点7的水平、垂直平衡方程分别为$f_8 + \alpha f_9 - \alpha f_{12} = 0$和$\alpha f_9 + f_{11} + \alpha f_{12} = 0$。

连接点8，由于垂直方向固定，只能列出水平方向的平衡方程为$\alpha f_{12} + f_{13} = 0$。

上面总共列出了13个方程，写成矩阵形式即

$$\begin{bmatrix} 0 & 1 & 0 & 0 & 0 & -1 & 0 & 0 & 0 & 0 & 0 & 0 & 0 \\ 0 & 0 & 1 & 0 & 0 & 0 & 0 & 0 & 0 & 0 & 0 & 0 & 0 \\ \alpha & 0 & 0 & -1 & -\alpha & 0 & 0 & 0 & 0 & 0 & 0 & 0 & 0 \\ \alpha & 0 & 1 & 0 & \alpha & 0 & 0 & 0 & 0 & 0 & 0 & 0 & 0 \\ 0 & 0 & 0 & 1 & 0 & 0 & 0 & -1 & 0 & 0 & 0 & 0 & 0 \\ 0 & 0 & 0 & 0 & 0 & 0 & 1 & 0 & 0 & 0 & 0 & 0 & 0 \\ 0 & 0 & 0 & 0 & \alpha & 1 & 0 & 0 & -\alpha & -1 & 0 & 0 & 0 \\ 0 & 0 & 0 & 0 & 1 & 0 & 1 & 0 & \alpha & 0 & 0 & 0 & 0 \\ 0 & 0 & 0 & 0 & 0 & 0 & 0 & 0 & 0 & 1 & 0 & 0 & -1 \\ 0 & 0 & 0 & 0 & 0 & 0 & 0 & 0 & 0 & 0 & 1 & 0 & 0 \\ 0 & 0 & 0 & 0 & 0 & 0 & 0 & 1 & -\alpha & 0 & 0 & -\alpha & 0 \\ 0 & 0 & 0 & 0 & 0 & 0 & 0 & 0 & \alpha & 0 & 1 & \alpha & 0 \\ 0 & 0 & 0 & 0 & 0 & 0 & 0 & 0 & 0 & 0 & 0 & \alpha & 1 \end{bmatrix} \begin{bmatrix} f_1 \\ f_2 \\ f_3 \\ f_4 \\ f_5 \\ f_6 \\ f_7 \\ f_8 \\ f_9 \\ f_{10} \\ f_{11} \\ f_{12} \\ f_{13} \end{bmatrix} = \begin{bmatrix} 0 \\ 10 \\ 0 \\ 0 \\ 0 \\ 0 \\ 0 \\ 15 \\ 0 \\ 20 \\ 0 \\ 0 \\ 0 \end{bmatrix}$$

采用手工方式求解这样的方程是很困难的，所以应该设法将其送给计算机去求解。后面将介绍具体的求解方法，这里只给出一个演示。

```
>> alpha=1/sqrt(sym(2));
   A=[0  1  0  0  0  -1  0  0  0  0  0  0  0
      0  0  1  0  0  0  0  0  0  0  0  0  0
      alpha  0  0  -1  -alpha  0  0  0  0  0  0  0  0
      alpha  0  1  0  alpha  0  0  0  0  0  0  0  0
      0  0  0  1  0  0  0  -1  0  0  0  0  0
      0  0  0  0  0  0  1  0  0  0  0  0  0
      0  0  0  0  alpha  1  0  0  -alpha  -1  0  0  0
      0  0  0  0  1  0  1  0  alpha  0  0  0  0
      0  0  0  0  0  0  0  0  0  1  0  0  -1
      0  0  0  0  0  0  0  0  0  0  1  0  0
      0  0  0  0  0  0  0  1  -alpha  0  0  -alpha  0
      0  0  0  0  0  0  0  0  alpha  0  1  alpha  0
      0  0  0  0  0  0  0  0  0  0  0  alpha  1];
```

```
B=[0; 10; 0; 0; 0; 0; 0;15; 0; 20; 0; 0; 0];
f=simplify(A\B), save c1dat1 A B f alpha
```

由以上语句可以立即得出:$f_1 = -15\sqrt{2}$, $f_2 = 45 - 10\sqrt{2}$, $f_3 = 10$, $f_4 = -20$, $f_5 = 5\sqrt{2}$, $f_6 = 45 - 10\sqrt{2}$, $f_7 = 0$, $f_8 = -20$, $f_9 = 15\sqrt{2} - 10$, $f_{10} = 35 - 5\sqrt{2}$, $f_{11} = 20, f_{12} = 10 - 35\sqrt{2}, f_{13} = 35 - 5\sqrt{2}$。

在例1-5中,未知数的个数与方程的个数是相等的,得出的方程解是唯一的,这类方程又称为恰定方程(consistent equation)。在一些特殊情况下,还应该考虑未知数个数不同的方程。

例1-6 考虑例1-5中的问题。如果不固定连接点1与连接点8,则可以再建立三个方程,试写出其线性代数方程及其矩阵形式。

解 如果不固定连接点1和连接点8,则这样的结构不能悬空放置,需要在连接点1与连接点8处引入支撑力 s_1 和 s_2,如图1-2所示。

如果连接点1不再固定,则可以写出其水平方向的平衡方程为 $\alpha f_1 + f_2 = s_3$,垂直方向的平衡方程为 $\alpha f_1 = s_1$;如果不固定连接点8的垂直方向,则可以写出垂直方向的平衡方程为 $\alpha f_{12} = s_2$。这样,原来的矩阵方程可以改写成

$$\begin{bmatrix} 0 & 1 & 0 & 0 & 0 & -1 & 0 & 0 & 0 & 0 & 0 & 0 & 0 \\ 0 & 0 & 1 & 0 & 0 & 0 & 0 & 0 & 0 & 0 & 0 & 0 & 0 \\ \alpha & 0 & 0 & -1 & -\alpha & 0 & 0 & 0 & 0 & 0 & 0 & 0 & 0 \\ \alpha & 0 & 1 & 0 & \alpha & 0 & 0 & 0 & 0 & 0 & 0 & 0 & 0 \\ 0 & 0 & 0 & 1 & 0 & 0 & 0 & -1 & 0 & 0 & 0 & 0 & 0 \\ 0 & 0 & 0 & 0 & 0 & 0 & 1 & 0 & 0 & 0 & 0 & 0 & 0 \\ 0 & 0 & 0 & 0 & \alpha & 1 & 0 & 0 & -\alpha & -1 & 0 & 0 & 0 \\ 0 & 0 & 0 & 0 & 1 & 0 & 1 & 0 & \alpha & 0 & 0 & 0 & 0 \\ 0 & 0 & 0 & 0 & 0 & 0 & 0 & 0 & 0 & 1 & 0 & 0 & -1 \\ 0 & 0 & 0 & 0 & 0 & 0 & 0 & 0 & 0 & 0 & 1 & 0 & 0 \\ 0 & 0 & 0 & 0 & 0 & 0 & 0 & 1 & -\alpha & 0 & 0 & -\alpha & 0 \\ 0 & 0 & 0 & 0 & 0 & 0 & 0 & 0 & \alpha & 0 & 1 & \alpha & 0 \\ 0 & 0 & 0 & 0 & 0 & 0 & 0 & 0 & 0 & 0 & 0 & \alpha & 1 \\ \alpha & 1 & 0 & 0 & 0 & 0 & 0 & 0 & 0 & 0 & 0 & 0 & 0 \\ \alpha & 0 & 0 & 0 & 0 & 0 & 0 & 0 & 0 & 0 & 0 & 0 & 0 \\ 0 & 0 & 0 & 0 & 0 & 0 & 0 & 0 & 0 & 0 & 0 & \alpha & 0 \end{bmatrix} \begin{bmatrix} f_1 \\ f_2 \\ f_3 \\ f_4 \\ f_5 \\ f_6 \\ f_7 \\ f_8 \\ f_9 \\ f_{10} \\ f_{11} \\ f_{12} \\ f_{13} \end{bmatrix} = \begin{bmatrix} 0 \\ 10 \\ 0 \\ 0 \\ 0 \\ 0 \\ 0 \\ 15 \\ 0 \\ 20 \\ 0 \\ 0 \\ 0 \\ s_3 \\ s_1 \\ s_2 \end{bmatrix}$$

由以下语句可以直接输入系数矩阵。

```
>> load c1dat1
   A=[A;
      alpha, 1, 0, 0, 0, 0, 0, 0, 0, 0, 0, 0, 0;
      alpha, 0, 0, 0, 0, 0, 0, 0, 0, 0, 0, 0, 0;
      0, 0, 0, 0, 0, 0, 0, 0, 0, 0, 0, alpha, 0];
```

由于得到的方程个数大于未知数的个数($\boldsymbol{A}$ 是 16×13 的长方形矩阵),则该方程称

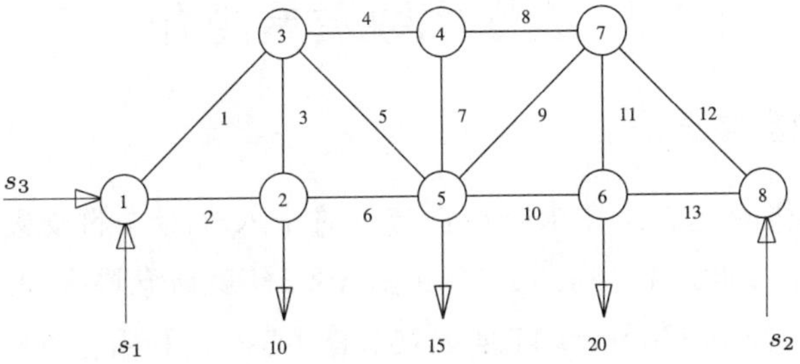

图 1-2 修改后的梁平面结构

为超定方程(over-determined equations)。如果将未知量 s_1、s_2 与 s_3 写入力向量 $\boldsymbol{f}$,则向量 $\boldsymbol{f}$ 有 16 个元素,相应的 $\boldsymbol{A}$ 矩阵则变成 16×16 的方阵,方程为恰定方程。

$$\begin{bmatrix}
0&1&0&0&0&-1&0&0&0&0&0&0&0&0&0&0\\
0&0&1&0&0&0&0&0&0&0&0&0&0&0&0&0\\
\alpha&0&0&-1&-\alpha&0&0&0&0&0&0&0&0&0&0&0\\
\alpha&0&1&0&\alpha&0&0&0&0&0&0&0&0&0&0&0\\
0&0&0&1&0&0&0&-1&0&0&0&0&0&0&0&0\\
0&0&0&0&0&0&1&0&0&0&0&0&0&0&0&0\\
0&0&0&0&\alpha&1&0&0&-\alpha&-1&0&0&0&0&0&0\\
0&0&0&0&1&0&1&0&\alpha&0&0&0&0&0&0&0\\
0&0&0&0&0&0&0&0&0&1&0&0&-1&0&0&0\\
0&0&0&0&0&0&0&0&0&0&1&0&0&0&0&0\\
0&0&0&0&0&0&0&1&-\alpha&0&0&-\alpha&0&0&0&0\\
0&0&0&0&0&0&0&0&\alpha&0&1&\alpha&0&0&0&0\\
0&0&0&0&0&0&0&0&0&0&0&\alpha&1&0&0&0\\
\alpha&1&0&0&0&0&0&0&0&0&0&0&0&0&0&1\\
\alpha&0&0&0&0&0&0&0&0&0&0&0&0&1&0&0\\
0&0&0&0&0&0&0&0&0&0&0&\alpha&0&0&1&0
\end{bmatrix}
\begin{bmatrix}f_1\\f_2\\f_3\\f_4\\f_5\\f_6\\f_7\\f_8\\f_9\\f_{10}\\f_{11}\\f_{12}\\f_{13}\\s_1\\s_2\\s_3\end{bmatrix}
=\begin{bmatrix}0\\10\\0\\0\\0\\0\\0\\15\\0\\20\\0\\0\\0\\0\\0\\0\end{bmatrix}$$

有了恰定方程,则可以由以下语句直接求解方程的解析解。

```
>> A=[A, [zeros(13,3); [0 0 1; 1 0 0; 0 1 0]]];
   x=simplify(inv(A)*[B;0;0;0]), simplify(A*x-[B; 0;0;0])
```

求得结果为: $f_1=-15\sqrt{2}$, $f_2=45-10\sqrt{2}$, $f_3=10$, $f_4=-20$, $f_5=5\sqrt{2}$, $f_6=45-10\sqrt{2}$, $f_7=0$, $f_8=-20$, $f_9=15\sqrt{2}-10$, $f_{10}=35-5\sqrt{2}$, $f_{11}=20$, $f_{12}=10-35\sqrt{2}, f_{13}=35-5\sqrt{2}, s_1=15, s_2=35-5\sqrt{2}, s_3=-30+10\sqrt{2}$。

可以看出,在放开几个固定端之后,f_i 的值保持不变,而 s_i 的值可以由新方程解出。将方程的解代入原方程,可以看出满足是原方程的。

超定方程的解有两种可能,一是方程有无穷多解,另一种是方程无解(得出的方程是矛盾方程)。

与超定方程相对应的还有欠定(under-determined)方程,后续本书将讨论这些方程的求解方法。

1.2 线性代数发展简介

1.2.1 线性代数数学理论

线性代数学科的起源是在求解线性方程时引入行列式的概念。德国数学家Gottfried Leibniz（1646–1716，图1-3(a)）在1693年就研究过行列式的问题。1750年，瑞士数学家Gabriel Cramer（1704–1752，图1-3(b)）利用行列式的概念给出了线性方程组的显式解法，该方法现在称为Cramer法则。后来，德国数学家Johann Gauss（1777–1855，图1-3(c)）提出了求解线性方程组的方法，被后人称为Gauss消去法。

(a) Gottfried Leibniz

(b) Gabriel Cramer

(c) Johann Gauss

图 1-3 Leibniz、Cramer与Gauss画像

注：图像均来源于维基百科

对矩阵代数的系统研究最早出现于18世纪中叶的欧洲。1844年，德国数学家Hermann Grassmann（1809–1877，图1-4(a)）出版了名为*Die Ausdehnungslehre von*（扩展的理论，在数学史上称为A1，1862年出版了A2）的著作[2]，创建了线性代数这一新的数学分支，将线性代数从几何学中独立出来，并引入了线性空间的雏形。1848年，英国数学家James Sylvester（1817–1897，图1-4(b)）创造了"matrix"一词。而在研究矩阵变换时，英国数学家Arthur Cayley（1821–1895，图1-4(c)）使用了一个字母表示整个矩阵，定义了矩阵相乘的方法，并给出了逆矩阵的概念。

1882年，奥斯曼帝国数学家Hüseyin Tevfik Paşha将军（1832–1901，图1-5(a)）写了一部题为"*Linear Algebra*"（线性代数）的著作。1888年，意大利数学家Giuseppe Peano（1858–1932，图1-5(b)）引入了线性空间的更精确的定义。1900年，出现了有限维向量空间的线性变换理论，并出现了线性代数的其他分支，拓展了线性代数这一分支的新应用成果。

（a）Hermann Grassmann （b）James Sylvester （c）Arthur Cayley

图 1-4 Grassmann、Sylvester与Cayley画像

注：图像均来源于维基百科

哈佛大学Wassily Leontief（1906–1999，图1-5（c））在经济学领域建立了投入产出分析理论，用来分析一个经济部门的变化如何影响其他部门。1949年底，他利用美国劳动统计局的25万条数据将美国经济分成500个部门，建立了500个未知数的线性方程。由于该方程当时无法求解，所以他将问题简化成42个方程，并花费几个月的时间编程并输入数据，在当时的计算机上花了56小时得到了方程的解[3]。Leontief开创了经济学的数学建模，并获得了1973年度诺贝尔经济学奖。随着计算机硬件与软件的发展，投入产出分析可以处理大规模矩阵方程问题，其迭代算法影响了1998年出现的谷歌佩奇排名（PageRank，又称网页排名），可以用于超大规模的矩阵运算。

（a）Hüseyin Paşha （b）Giuseppe Peano （c）Wassily Leontief

图 1-5 Paşha、Peano与Leontief照片

注：图像均来源于维基百科

在量子力学、狭义相对论、统计学、控制科学等领域，由于矩阵的大量使用，使线性代数理论从纯数学研究扩展到各个应用领域，而计算机的发展催生了Gauss

消去法、矩阵分解领域的高效算法，使得线性代数成为系统建模与仿真领域最基础的工具。

1.2.2 数值线性代数

早期线性代数发展过程中出现了一些线性代数问题的计算方法，这些计算方法可以认为是数值线性代数的雏形。数值线性代数是在数字计算机出现之后自然而然发展起来的线性代数分支，数值线性代数是线性代数与矩阵理论与应用发展巨大的推动力。

1950年前后，英国国家物理实验室的James Wilkinson（1919–1986，图1-6（a））开始在最早的计算机上开始了数值分析的研究，其学术著作包括文献 [4]~ [5]。与此同时，美国数值分析研究院的George Forsythe（1917–1972，图1-6（b））等也开展了数值分析，特别是数值线性代数方面的研究[6,7]。

美国数学家、计算机专家Cleve Moler（1939–，图1-6（c））等开发了当时国际最先进的数值线性代数软件包EISPACK与LINPACK等。Moler于1979年正式发布了他编写的MATLAB语言（取名自MATrix LABoratory，矩阵实验室），并与Jack Little等于1984年建立了MathWorks公司，致力于MATLAB语言的开发与应用研究。MATLAB语言已经成为很多领域的首选计算机语言，并影响了很多其他语言，对数值线性代数的研究与工程应用起了重要的作用。

（a）James Wilkinson　（b）George Forsythe　（c）Cleve Moler

图 1-6 Wilkinson、Forsythe与Moler照片

注：图像均来源于网络

2012年，Cleve Moler应邀在中国多所大学演讲，回顾数值分析发展的历史与MATLAB出现的背景。作者为其在同济大学演讲的视频配了英文字幕，建议读者观看该视频，领略大师的风采。

视频的百度网盘地址：https://pan.baidu.com/s/1pNkhcnx。

优酷网站：http://v.youku.com/v_show/id_XNDc0NTM4NzQw.html。

本书将系统地介绍线性代数，并侧重介绍基于MATLAB的线性代数问题求解方法。

第2章首先给出矩阵的基本概念，并介绍将一般矩阵输入MATLAB工作空间的方法，还介绍单位矩阵、随机矩阵、对角矩阵、Hankel矩阵等特殊矩阵的输入方法与任意符号矩阵、矩阵函数的输入方法。本章还介绍稀疏矩阵的输入方法、存储方式与转换方法，并介绍稀疏矩阵的非零元素的提取与图形表示方法。此外，本章介绍矩阵的基本运算方法，包括简单的代数运算、复数矩阵的处理以及矩阵的微积分运算等。

第3章侧重于介绍矩阵分析的基本内容，包括行列式、矩阵的迹、矩阵的线性相关与秩、向量范数与矩阵范数等，并介绍向量空间等概念。另外，本章还介绍逆矩阵的概念与求解方法以及行阶梯标准型变换问题，并介绍广义逆矩阵的计算方法。本章还介绍矩阵特征多项式与特征值的概念与计算方法，并给出矩阵多项式的概念与计算方法。

第4章侧重于介绍矩阵变换与分解。首先给出矩阵相似变换的概念与性质，并给出正交矩阵的概念。然后介绍初等行变换方法与规则，并在此基础上给出基于初等行变换的矩阵求逆方法与主元素的概念。另外，介绍线性代数方程的Gauss消去法、矩阵的三角分解方法、对称矩阵的Cholesky分解方法等，并给出正定矩阵与正规矩阵的概念与判定方法。本章还介绍将一般矩阵变换为相伴矩阵、对角矩阵及Jordan矩阵的方法，并给出矩阵的奇异值分解、矩阵条件数的概念与求解方法。此外，本章还介绍Givens变换与Householder变换的方法。

第5章侧重于介绍各种矩阵方程的计算机求解方法。首先介绍线性代数方程组的数值与解析求解方法，对线性代数方程进行分类，分别求解代数方程的唯一解、无穷解与最小二乘解。本章还介绍各种Lyapunov方程、Sylvester方程等的数值与解析解求解方法，并介绍Riccati方程的数值求解方法，还试图求解出不同类型的Riccati方程全部的根，并给出一般非线性矩阵方程的通用求解MATLAB函数，适合于求解任意复杂的非线性矩阵方程。本章还介绍多项式Diophantine方程的解析解方法，并介绍Bézout恒等式的求解方法。

第6章侧重于介绍矩阵函数的数值与解析运算。首先给出矩阵函数的定义，介绍最常用的矩阵指数运算，并介绍矩阵的对数函数、平方根函数和三角函数运算。本章还给出了矩阵任意函数的计算方法与MATLAB实现，并介绍了矩阵任意乘方$\boldsymbol{A}^k$与$k^{\boldsymbol{A}}$的解析解方法。

第7章侧重于介绍线性代数与矩阵理论在各个领域中的应用，包括在电工学、力学与化学领域求解线性代数方程组的应用；在线性控制系统理论中系统的定性分析、系统模型转换与特殊线性矩阵微分方程解析解运算领域的应用；在数字图像处理领域线性代数在图像压缩、几何尺寸变换与旋转等方面的应用；在图论领域的应用，包括图的矩阵表示、最短路径问题与复杂控制系统模型化简等方面的应用；在差分方程求解与Markov链建模与计算领域的应用；在数据拟合与分析领域的应用，包括数据的线性回归拟合、数据的最小二乘拟合、主成分分析与数据降维领域的应用等。

读者如果认真学习了本书相关的理论基础与MATLAB使用技巧，很容易利用相关的工具在自己的研究中取得有益的研究成果。

本章习题

1.1 已知下面的联立方程，试写出其矩阵形式，得出并验证方程的解。

(1) $$\begin{cases} x_1+2x_2+3x_3=0 \\ 4x_1+x_2-2x_3=0 \\ 3x_1+2x_2+x_3=2 \end{cases}$$

(2) $$\begin{cases} x_1+x_2+x_3+x_4+x_5=1 \\ 3x_1+2x_2+x_3+x_4-3x_5=2 \\ x_2+2x_3+2x_4+6x_5=3 \\ 5x_1+4x_2+3x_3+3x_4-x_5=4 \\ 4x_2+3x_3-5x_4=12 \end{cases}$$

1.2 已知如下的矩阵型线性代数方程，试写出联立方程方程的形式。

(1) $$\begin{bmatrix} 16 & 2 & 3 & 13 \\ 5 & 11 & 10 & 8 \\ 9 & 7 & 6 & 12 \\ 4 & 14 & 15 & 2 \end{bmatrix}\boldsymbol{X}=\begin{bmatrix} 1 \\ 3 \\ 4 \\ 7 \end{bmatrix}$$

(2) $$\begin{bmatrix} 2 & 9 & 4 & 12 & 5 & 8 & 6 \\ 12 & 2 & 8 & 7 & 3 & 3 & 7 \\ 3 & 0 & 3 & 5 & 7 & 5 & 10 \\ 3 & 11 & 6 & 6 & 9 & 9 & 1 \\ 11 & 2 & 1 & 4 & 6 & 8 & 7 \\ 5 & -18 & 1 & -9 & 11 & -1 & 18 \\ 26 & -27 & -1 & 0 & -15 & -13 & 18 \end{bmatrix}\boldsymbol{X}=\begin{bmatrix} 1 & 9 \\ 5 & 12 \\ 4 & 12 \\ 10 & 9 \\ 0 & 5 \\ 10 & 18 \\ -20 & 2 \end{bmatrix}$$

第2章

薛定宇教授大讲堂 MATLAB 线性代数运算

矩阵的表示与基本运算

如果需要求解线性代数问题，首先应该将矩阵输入计算机，只有将矩阵输入了计算机，才能对其进行运算，实现线性代数要求的各种问题的求解。2.1 节给出矩阵的基本概念，并介绍将一般矩阵输入MATLAB工作空间的方法。2.2 节介绍单位矩阵、随机矩阵、对角矩阵、Hankel矩阵等特殊矩阵的输入方法。2.3 节介绍任意符号矩阵的输入方法，并介绍如何在MATLAB环境中直接建立常数型任意矩阵与函数型任意矩阵。2.4 节介绍稀疏矩阵的输入方法、存储方式与转换方法，并介绍稀疏矩阵的非零元素的提取与图形表示方法。2.5 节介绍矩阵的基本运算方法，包括简单的代数运算与复数矩阵的处理。2.6 节介绍矩阵的微积分运算。

2.1 一般矩阵的输入方法

矩阵是线性代数中最基本的数学单元。本节将给出矩阵的一般数学形式，然后介绍实数矩阵与复数矩阵的输入方法。

定义 2-1 一个 n 行 m 列的矩阵又称为 $n\times m$ 矩阵，其数学形式为

$$\boldsymbol{A}=\begin{bmatrix} a_{11} & a_{12} & \cdots & a_{1m} \\ a_{21} & a_{22} & \cdots & a_{2m} \\ \vdots & \vdots & \ddots & \vdots \\ a_{n1} & a_{n2} & \cdots & a_{nm} \end{bmatrix} \tag{2-1-1}$$

定义 2-2 如果矩阵 $\boldsymbol{A}$ 为 $n\times m$ 实矩阵，则记作 $\boldsymbol{A}\in\mathscr{R}^{n\times m}$，复矩阵则记作 $\boldsymbol{A}\in\mathscr{C}^{n\times m}$。

定义 2-3 一个 $n\times 1$ 的矩阵称为列向量，一个 $1\times n$ 的矩阵称为行向量，1×1 的矩阵称为标量。

在MATLAB中，矩阵是最基本的数据单元，可以用简单的命令输入一个矩阵，也可以用简单的命令进行矩阵分析与线性代数计算。矩阵可以由双精度型数据结构表示，也可以由符号型数据结构表示。这两种方法在描述与求解矩阵问题上是不

同的,前者往往对应于矩阵问题的数值解,后者对应于矩阵问题的解析解。

例2-1 试将下面的实数矩阵输入MATLAB环境。

$$\boldsymbol{A}=\begin{bmatrix}-1 & 5 & 4 & 6\\ 0 & 2 & 4 & -2\\ 4 & 0 & -2 & 5\end{bmatrix}$$

解 可以将整个矩阵逐行输入MATLAB环境,同一行的元素由逗号或空格分隔,逗号或空格的作用是完全一致的;换行用真正的换行键表示,也可以由分号分隔,其作用是一致的。上述$\boldsymbol{A}$矩阵可以由下面的语句直接输入MATLAB环境。

```
>> A=[-1,5,4,6; 0,2,4,-2; 4,0,-2,5], B=sym(A)
```

正常情况下,由以上命令输入的矩阵默认是用双精度数据结构进行存储的,如果想将其转换成符号型数据结构,则可以采用sym()命令进行转换。比如,上面得出的$\boldsymbol{A}$矩阵就是符号型的矩阵。请注意两种不同矩阵在显示格式上的区别。

例2-2 试将下面的复数矩阵输入MATLAB工作空间。

$$\boldsymbol{A}=\begin{bmatrix}-1+6\mathrm{j} & 5+3\mathrm{j} & 4+2\mathrm{j} & 6-2\mathrm{j}\\ \mathrm{j} & 2-\mathrm{j} & 4 & -2-2\mathrm{j}\\ 4 & -\mathrm{j} & -2+2\mathrm{j} & 5-2\mathrm{j}\end{bmatrix}$$

解 要输入复数矩阵,则应该学会使用i或j。例如,数学符号6j可以直接表示为6i或6j,这样就可以由下面的语句直接输入这个复数矩阵,得到的$\boldsymbol{A}$矩阵存储为双精度数值矩阵,$\boldsymbol{B}$矩阵为符号型矩阵。如果显示两个矩阵,则可见两种矩阵的显示格式也是不同的,读者可以尝试验证一下,体验不同的表示形式。

```
>> A=[-1+6i,5+3i,4+2i,6-2i; 1i,2-1i,4,-2-2i;
      4,-1i,-2+2i,5-2i]
   B=sym(A)
```

例2-3 输入复数矩阵时输入j时,应该使用1i而不要使用i表示,否则可能出现意想不到的结果。另外,下面的语句由于多余空格的加入会产生错误。

```
>> A=[-1 +6i,5+3i,4+2i,6-2i; 1i,2-1i,4,-2-2i;
      4,-1i,-2+2i,5-2i]
```

以上语句由于使用了多余的空格,MATLAB执行机制会将 −1 理解成第一个元素,+6i被理解成第二个元素,所以第一行就出现了5个元素,其他行有4个元素,故而最终导致错误信息。

2.2 特殊矩阵的输入方法

2.1节介绍了一般矩阵的输入方法,需要逐个元素将矩阵输入计算机。然而,对于一些特定的矩阵,有时没有必要逐个元素输入,可借助于MATLAB语言提供的特殊矩阵输入函数。本节将介绍特殊矩阵的输入方法。

2.2.1　零矩阵、幺矩阵及单位矩阵

定义2-4　在一般的矩阵理论中，把所有元素都为零的矩阵称为零矩阵；把元素全为1的矩阵称为幺矩阵；把主对角线元素均为1，而其他元素全部为0的方阵称为单位矩阵。这里进一步扩展单位矩阵的定义，使其为$m \times n$矩阵。

零矩阵、幺矩阵和扩展单位矩阵的MATLAB生成函数分别为

$\boldsymbol{A}$=zeros(n)，$\boldsymbol{B}$=ones(n)，$\boldsymbol{C}$=eye(n)　　%生成$n \times n$方阵

$\boldsymbol{A}$=zeros(m,n)；$\boldsymbol{B}$=ones(m,n)；$\boldsymbol{C}$=eye(m,n)　%生成$m \times n$矩阵

$\boldsymbol{A}$=zeros(size($\boldsymbol{B}$))　%生成和矩阵$\boldsymbol{B}$同样维数的矩阵

例2-4　试生成一个3×8的零矩阵，并生成一个同维的单位矩阵。

解　以下语句可以生成一个3×8的零矩阵$\boldsymbol{A}$，并可以生成一个和$\boldsymbol{A}$维数相同的扩展单位阵$\boldsymbol{B}$。可见，特殊矩阵的输入还是很容易的。

```
>> A=zeros(3,8)     %产生零矩阵
   B=eye(size(A)) %生成同样维数的扩展单位阵。
```

可以将下面两个矩阵输入MATLAB工作空间。

$$\boldsymbol{A}=\begin{bmatrix} 0&0&0&0&0&0&0&0\\ 0&0&0&0&0&0&0&0\\ 0&0&0&0&0&0&0&0 \end{bmatrix},\ \boldsymbol{B}=\begin{bmatrix} 1&0&0&0&0&0&0&0\\ 0&1&0&0&0&0&0&0\\ 0&0&1&0&0&0&0&0 \end{bmatrix}$$

例2-5　函数zeros()和ones()还可用于多维数组的生成。例如，zeros(3,4,5)将生成一个3×4×5的三维数组，其元素全部为零。

2.2.2　随机元素矩阵

顾名思义，随机元素矩阵的各个元素是随机产生的。生成随机数有两类方法，一类方法是利用电子装置生成随机数，称为物理生成的随机数；另一类是用数学方法生成具有随机数性质的数据，这类方法生成的随机数称为伪随机数。和物理方法生成的随机数相比，伪随机数是可以重复的。

1) 均匀分布伪随机数

如果矩阵的随机元素满足$[0,1]$区间上的均匀分布，则可以由MATLAB函数rand()生成，其调用格式为

$\boldsymbol{A}$=rand(n)，　%生成$n \times n$阶标准均匀分布伪随机数方阵

$\boldsymbol{A}$=rand(n,m)，%生成$n \times m$阶标准均匀分布伪随机数矩阵

函数rand()还可以用于多维数组的生成。例如，$\boldsymbol{A}$=rand(5,4,6)生成一个三维随机数组。

更一般地，如果想生成(a,b)区间上均匀分布的随机数，则可以先生成$(0,1)$上均匀分布的随机数矩阵$\boldsymbol{V}$，再通过简单变换生成满足需要的矩阵$\boldsymbol{V}_1$。

$\boldsymbol{V}$=rand(n,m),　　$\boldsymbol{V}_1=a+(b-a)*\boldsymbol{V}$

例2-6 试生成一组50000个$[-2,3]$区间均匀分布的伪随机数，求其均值并绘制该区间内随机数据分布的直方图。

解 生成这样的伪随机数向量并不是难事，通过下面的命令就可以得出这组数的均值为$\bar{v}=0.495245337225170$，与理论值0.5比较接近。此外，还可以绘制出这组数据的直方图，如图2-1所示。可以看出，在各个子区间内数据的分布还是比较均匀的。

```
>> N=50000; a=-2; b=3; v=a+(b-a)*rand(1,N);
   m=mean(v)
   c=linspace(-2,3,10); histogram(v,c)
```

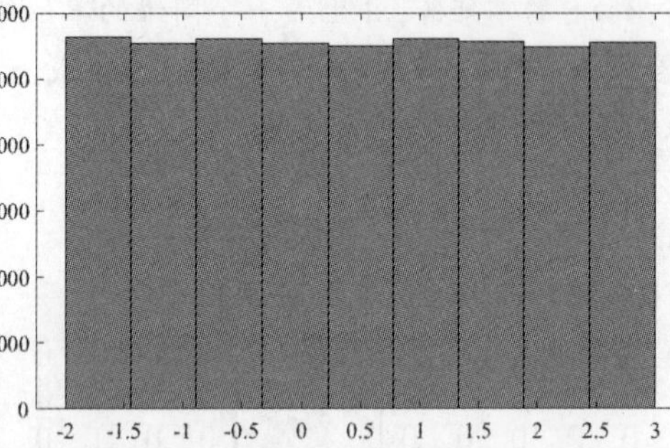

图2-1 伪随机数的分布直方图

前面提到，伪随机数有两个特点，其一是由数学公式生成的，其二是可以重复的。如何获得可重复的伪随机数呢？生成伪随机数是需要种子（seed）的，如果种子相同，则生成的伪随机数也是相同的。MATLAB提供了控制量rng()函数描述或设置伪随机数种子，该函数的简单调用格式为s=rng，该命令读取当前使用的随机数生成信息。将s存储起来，下次想生成重复的随机数，则可以将s调用出来，再给出命令rng(s)，则可以获得重复的伪随机数。

例2-7 试生成两组完全一致的均匀分布伪随机数，并比较效果。

解 通常情况下调用两次rand()函数，是可以得出两组完全不同的伪随机数的，而执行下面的语句，生成随机数并将其存入数据文件datac27.mat。

```
>> s=rng; a=rand(1,100); save datac27 s
```

下次不管什么时候读入该文件都可以获得随机数种子s，这样，两次调用rand()函数，则得出的误差err为零，说明可以生成完全一致的伪随机数。

```
>> load datac27; rng(s); b=rand(1,100); err=a-b
```

2) 均匀分布的整数矩阵

利用MATLAB的内核函数randi()也可以生成在$[a,b]$区间上均匀分布的随

机整数矩阵，其调用格式为

$\boldsymbol{A}$=randi([a,b],[n,m])，$\boldsymbol{B}$=randi([a,b],n)

其中，a、b均应该为整数，且$a \leqslant b$，用于表示区间的下限与上限。前面给出的命令可以生成一个$n \times m$长方形矩阵$\boldsymbol{A}$，或$n \times n$方阵$\boldsymbol{B}$。

例2-8　试生成一个由0和1构成的10×10非奇异整数矩阵。

解　可以考虑用无限循环结构来生成这样的矩阵，若已经找到非奇异方阵，则用break命令终止循环。这里使用rank()函数用于求矩阵的秩，如果$\boldsymbol{A}$矩阵的秩为10(满秩)，则生成的10×10矩阵是非奇异矩阵。

```
>> while(1)
      A=randi([0,1],10); if rank(A)==10, break; end,
   end, A %找到并显示非奇异矩阵
```

调用上面的语句每次可能得到不同的矩阵。例如，可能得出下面的满秩矩阵。

$$\boldsymbol{A}=\begin{bmatrix}1&0&1&1&0&0&0&1&0&1\\1&1&0&0&0&1&1&0&1&1\\1&0&0&1&1&0&1&1&0&0\\1&1&0&1&0&1&0&1&0&0\\0&1&0&0&0&1&0&0&0&0\\0&0&0&1&1&0&0&0&1&0\\0&0&0&0&1&1&1&0&0&0\\1&0&0&0&1&1&1&1&1&1\\0&0&0&0&0&1&0&0&1&1\\1&1&0&0&0&1&0&0&0&0\end{bmatrix}$$

3) 正态分布伪随机数

满足标准正态分布$N(0,1)$的随机数矩阵可以直接由函数randn()生成，该函数的调用格式与rand()函数一致。当然，也可以使用命令$\boldsymbol{B}$=randn(size($\boldsymbol{A}$))的形式调用该函数，生成一个与$\boldsymbol{B}$矩阵同维数的标准正态分布伪随机数矩阵。

若想生成满足$\mathrm{N}(\mu,\sigma^2)$的正态分布的随机数，则可以先用$\boldsymbol{V}$=randn(n,m)命令生成标准正态分布的随机数矩阵$\boldsymbol{V}$，再用$\boldsymbol{V}_1=\mu+\sigma*\boldsymbol{V}$命令就可以转换成所需的矩阵。

其实，除了这两类分布的随机数外，还可以调用random()函数生成其他分布的随机数，读者可以自己尝试该函数的调用方法。

2.2.3　Hankel矩阵

Hankel矩阵是以德国数学家Hermann Hankel（1839—1873）命名的一类特殊矩阵，其具体形式与生成方法如下。

定义2-5 Hankel矩阵的数学表达式为

$$\boldsymbol{H}=\begin{bmatrix} c_1 & c_2 & \cdots & c_m \\ c_2 & c_3 & \cdots & c_{m+1} \\ \vdots & \vdots & \ddots & \vdots \\ c_n & c_{n+1} & \cdots & c_{n+m-1} \end{bmatrix} \tag{2-2-1}$$

如果$n\to\infty$，则可以构造无穷维Hankel矩阵，不过MATLAB只能处理有限维矩阵。Hankel矩阵是对称矩阵，特点是每条反对角线上所有的元素都相同。

在MATLAB语言中提供了Hankel矩阵生成函数`hankel()`，该函数可以有两种调用方法：

$\boldsymbol{H}_1$=`hankel(`$\boldsymbol{c}$`)`，　$\boldsymbol{H}_2$=`hankel(`$\boldsymbol{c}$`,`$\boldsymbol{r}$`)`

其中，给定两个向量$\boldsymbol{c}$和$\boldsymbol{r}$，分别生成两种不同的Hankel矩阵。

$$\boldsymbol{H}_1=\begin{bmatrix} c_1 & c_2 & \cdots & c_n \\ c_2 & c_3 & \cdots & 0 \\ \vdots & \vdots & \ddots & \vdots \\ c_n & 0 & \cdots & 0 \end{bmatrix},\quad \boldsymbol{H}_2=\begin{bmatrix} c_1 & c_2 & \cdots & \cdot \\ c_2 & c_3 & \cdots & \cdot \\ \vdots & \vdots & \ddots & \vdots \\ c_n & r_2 & \cdots & r_m \end{bmatrix}$$

第一种调用格式比较简单，生成的是一个方阵，矩阵下三角的元素都是零，其余元素由“Hankel矩阵反对角线元素相同”这一性质可以逐项填写出来。在第二种调用格式下，要求$c_n=r_1$，否则将给出错误信息，自动略去r_1的值，故而得出的Hankel矩阵为$\boldsymbol{H}_2$的形式。但是，右上角元素是c还是r将完全取决于$\boldsymbol{c}$向量与$\boldsymbol{r}$向量哪个长。如果$n=m$，则生成方阵，这时右上角元素为c_n。

例2-9 试用MATLAB语句输入下面两个Hankel矩阵。

$$\boldsymbol{H}_1=\begin{bmatrix} 1 & 2 & 3 & 4 & 5 & 6 & 7 \\ 2 & 3 & 4 & 5 & 6 & 7 & 8 \\ 3 & 4 & 5 & 6 & 7 & 8 & 9 \end{bmatrix},\quad \boldsymbol{H}_2=\begin{bmatrix} 1 & 2 & 3 \\ 2 & 3 & 0 \\ 3 & 0 & 0 \end{bmatrix}$$

解 分析给出的矩阵，可以用向量分别表示该矩阵的首列和最后一行，$\boldsymbol{c}$=`[1,2,3]`，$\boldsymbol{r}$=`[3,4,5,6,7,8,9]`，则可以由下面语句生成所需的Hankel矩阵。注意，两个向量中3这个共同元素。

```
>> c=[1 2 3]; r=[3 4 5 6 7 8 9];
   H1=hankel(c,r), H2=hankel(c) %Hankel矩阵输入
```

2.2.4 对角元素矩阵

对角矩阵是一种特殊的矩阵，这种矩阵的主对角线元素可以为零或非零元素，而非对角线元素的值均为零。对角矩阵的数学描述方法为$\mathrm{diag}(\alpha_1,\alpha_2,\cdots,\alpha_n)$。其

中，对角矩阵的矩阵表示为

$$\text{diag}(\alpha_1, \alpha_2, \cdots, \alpha_n) = \begin{bmatrix} \alpha_1 & & & \\ & \alpha_2 & & \\ & & \ddots & \\ & & & \alpha_n \end{bmatrix} \tag{2-2-2}$$

MATLAB提供了对角矩阵的生成函数diag()。该函数的调用格式为

$\boldsymbol{A}$=diag($\boldsymbol{v}$) %已知向量，生成对角矩阵

$\boldsymbol{v}$=diag($\boldsymbol{A}$) %已知矩阵，提取对角元素列向量

$\boldsymbol{A}$=diag($\boldsymbol{v}$,k) %生成第k条对角线为$\boldsymbol{v}$的矩阵，若$\boldsymbol{v}$为矩阵则提取该对角线

MATLAB提供的diag()函数是一个很有特色的函数，它不但能输入对角矩阵，也可以指定某条对角线，输入次对角矩阵，还可以从一个矩阵提取对角或次对角元素。下面通过例子演示该函数的使用方法。

例2-10　试将下面三个矩阵输入MATLAB工作空间。

$$\boldsymbol{A} = \begin{bmatrix} 1 & 0 & 0 \\ 0 & 2 & 0 \\ 0 & 0 & 3 \end{bmatrix},\ \boldsymbol{B} = \begin{bmatrix} 0 & 0 & 1 & 0 & 0 \\ 0 & 0 & 0 & 2 & 0 \\ 0 & 0 & 0 & 0 & 3 \\ 0 & 0 & 0 & 0 & 0 \\ 0 & 0 & 0 & 0 & 0 \end{bmatrix},\ \boldsymbol{C} = \begin{bmatrix} 0 & 0 & 0 & 0 \\ 1 & 0 & 0 & 0 \\ 0 & 2 & 0 & 0 \\ 0 & 0 & 3 & 0 \end{bmatrix}$$

解　可以先将$\boldsymbol{v} = [1, 2, 3]$向量输入MATLAB工作空间，这样，矩阵$\boldsymbol{A}$可以直接用diag()函数生成。现在考虑矩阵$\boldsymbol{B}$，由于该矩阵主对角线上第2条对角线为$\boldsymbol{v}$向量，所以应该将$k$设置成2，而矩阵$\boldsymbol{C}$是主对角线下一条对角线的元素为$\boldsymbol{v}$，所以可以将$k$设置为$-1$。这样，由下面的语句可以将这三个矩阵直接输入MATLAB工作空间。

```
>> v=[1 2 3]; A=diag(v), B=diag(v,2), C=diag(v,-1)
```

如果采用下面的命令还可以从矩阵提取出对角元素，但是得出的是列向量。

```
>> v1=diag(A), v2=diag(B,2), v3=diag(C,-1)
```

例2-11　n阶Jordan矩阵的一般形式如下，试编写MATLAB函数构造该矩阵。

$$\boldsymbol{J} = \begin{bmatrix} -\alpha & 1 & 0 & \cdots & 0 \\ 0 & -\alpha & 1 & \cdots & 0 \\ 0 & 0 & -\alpha & \cdots & 0 \\ \vdots & \vdots & \vdots & \ddots & \vdots \\ 0 & 0 & 0 & \cdots & -\alpha \end{bmatrix}$$

解　可以将Jordan矩阵分解为两个矩阵的和，一个是$\alpha\boldsymbol{I}$，其中$\boldsymbol{I}$为单位矩阵；另一个为第一次对角线元素均为1的矩阵，又称为幂零矩阵，后面将详细介绍。有了这样的想法，不难由下面的函数结构直接生成$n \times n$的Jordan矩阵。

```
function J=jordan_matrix(alpha,n)
v=ones(1,n-1); J=alpha*eye(n)+diag(v,1);
```

定义2-6　若$\boldsymbol{A}_1,\boldsymbol{A}_2,\cdots,\boldsymbol{A}_n$为已知矩阵，则块对角矩阵的数学定义为

$$\boldsymbol{A}=\begin{bmatrix}\boldsymbol{A}_1 & & & \\ & \boldsymbol{A}_2 & & \\ & & \ddots & \\ & & & \boldsymbol{A}_n\end{bmatrix} \tag{2-2-3}$$

可以编写一个diagm()函数，由给出的子矩阵构造出块对角矩阵。该函数的调用格式为$\boldsymbol{A}$=diagm($\boldsymbol{A}_1,\boldsymbol{A}_2,\cdots,\boldsymbol{A}_n$)，该函数允许输入任意多个子矩阵。

```
function A=diagm(varargin), A=[];
for i=1:length(varargin), A1=varargin{i}; %用循环结构构造块对角矩阵
   [n,m]=size(A); [n1,m1]=size(A1); A(n+1:n+n1,m+1:m+m1)=A1;
end
```

其实，MATLAB提供的blkdiag()函数也能实现同样的功能，并且其功能更强大。除了一般矩阵，还可以直接处理符号型矩阵与稀疏矩阵的块对角矩阵生成。

例2-12　假设已知下面的子矩阵，试构造出块对角矩阵。

$$\boldsymbol{A}=\begin{bmatrix}8&1&6\\3&5&7\end{bmatrix},\ \boldsymbol{B}=\begin{bmatrix}1&3\\4&2\end{bmatrix}$$

解　可以使用两种方法构造块对角矩阵。

```
>> A=[8,1,6; 3,5,7]; B=[1,3; 4,2];
   C=blkdiag(A,B), D=diagm(A,B)
```

得出的结果是完全一致的。

$$\boldsymbol{C}=\boldsymbol{D}=\left[\begin{array}{ccc:cc}8&1&6&0&0\\3&5&7&0&0\\ \hdashline 0&0&0&1&3\\0&0&0&4&2\end{array}\right]$$

如果矩阵$\boldsymbol{B}$是符号型矩阵，则下面得出的矩阵$\boldsymbol{C}$为符号型矩阵，矩阵$\boldsymbol{D}$为双精度矩阵，其内容是相同的。

```
>> B=sym([1,3; 4,2]); C=blkdiag(A,B), D=diagm(A,B)
```

2.2.5　Hilbert矩阵及Hilbert逆矩阵

Hilbert矩阵是以德国数学家David Hilbert（1862−1943）命名的特殊矩阵。

定义2-7　Hilbert矩阵是一类特殊矩阵，它的第(i,j)个元素的值满足$h_{i,j}=1/(i+j-1)$。一个n阶的Hilbert矩阵可以写成

$$\boldsymbol{H}=\begin{bmatrix}1 & 1/2 & 1/3 & \cdots & 1/n\\ 1/2 & 1/3 & 1/4 & \cdots & 1/(n+1)\\ \vdots & \vdots & \vdots & \ddots & \vdots\\ 1/n & 1/(n+1) & 1/(n+2) & \cdots & 1/(2n-1)\end{bmatrix} \tag{2-2-4}$$

产生 Hilbert 矩阵的 MATLAB 函数为 $\boldsymbol{A}$=hilb(n)。其中，n 为要产生的矩阵阶次，生成的矩阵是 $n\times n$ 方阵。

高阶 Hilbert 矩阵一般为坏条件的矩阵，直接对其求逆往往会产生浮点溢出的现象。MATLAB 提供了直接求取 Hilbert 逆矩阵的函数 $\boldsymbol{B}$=invhilb(n)。由于 Hilbert 矩阵本身接近奇异的性质，所以在处理该矩阵时建议尽量采用符号运算工具箱，而采用数值解时应该检验结果的正确性。

例 2-13　如果想输入一个长方形的 Hilbert 矩阵，最简单、最高效的方法是生成一个 Hilbert 方阵，然后从中提取所需的长方形矩阵。当然，也可以通过下面的命令生成长方形 Hilbert 矩阵。

```
>> m=10000; n=5;
   [x,y]=meshgrid(1:m,1:n); H=1./(x+y-1);
```

2.2.6 相伴矩阵

定义 2-8　假设有一个首一化（monic）的多项式

$$p(s)=s^n+a_1s^{n-1}+a_2s^{n-2}+\cdots+a_{n-1}s+a_n \tag{2-2-5}$$

则可以写出一个相伴（companion）矩阵（或称友矩阵）

$$\boldsymbol{A}_\mathrm{c}=\begin{bmatrix}-a_1 & -a_2 & \cdots & -a_{n-1} & -a_n\\ 1 & 0 & \cdots & 0 & 0\\ 0 & 1 & \cdots & 0 & 0\\ \vdots & \vdots & \ddots & \vdots & \vdots\\ 0 & 0 & \cdots & 1 & 0\end{bmatrix} \tag{2-2-6}$$

生成相伴矩阵的 MATLAB 函数调用格式为 $\boldsymbol{A}_\mathrm{c}$=compan($\boldsymbol{a}$)。其中，$\boldsymbol{a}$ 为降幂排列的多项式系数向量，该函数将自动对多项式进行首一化处理。

例 2-14　考虑一个多项式 $P(s)=2s^4+4s^2+5s+6$，试写出该多项式的相伴矩阵。

解　先输入特征多项式，则相伴矩阵可以通过下面的语句建立起来，赋给 $\boldsymbol{A}$ 矩阵。

```
>> P=[2 0 4 5 6]; A=compan(P) %给出向量，自动首一化，可以建立相伴矩阵
```

以上语句可以得出相伴矩阵为

$$\boldsymbol{A}=\begin{bmatrix}0 & -2 & -2.5 & -3\\ 1 & 0 & 0 & 0\\ 0 & 1 & 0 & 0\\ 0 & 0 & 1 & 0\end{bmatrix}$$

2.2.7 Wilkinson 矩阵

Wilkinson 矩阵是以英国数学家 James Hardy Wilkinson（1919—1986）命名的测试矩阵。

定义2-9　Wilkinson矩阵是三对角矩阵，其第1与第-1条对角线元素都是1，$2m+1$阶Wilkinson矩阵主对角线为

$$\boldsymbol{v}=\left[m,m-1,\cdots,2,1,0,1,2,\cdots,m-1,m\right] \tag{2-2-7}$$

$2m$阶的主对角元素为

$$\boldsymbol{v}=\left[(2m-1)/2,\cdots,3/2,1/2,1/2,3/2,\cdots,(2m-1)/2\right] \tag{2-2-8}$$

Wilkinson矩阵可以由$\boldsymbol{W}$=`wilkinson`(n)函数直接生成，若需要符号型Wilkinson矩阵，则需要调用`sym()`命令进行转换。

例2-15　试生成5阶和6阶Wilkinson矩阵。

解　可以用下面的语句直接生成所需的Wilkinson矩阵。其中，第一个Wilkinson矩阵为双精度矩阵，第二个Wilkinson矩阵为转换后的符号型矩阵。

```
>> W1=wilkinson(5), W2=sym(wilkinson(6))
```

得出的结果为

$$\boldsymbol{W}_1=\begin{bmatrix}2&1&0&0&0\\1&1&1&0&0\\0&1&0&1&0\\0&0&1&1&1\\0&0&0&1&2\end{bmatrix},\ \boldsymbol{W}_2=\begin{bmatrix}5/2&1&0&0&0&0\\1&3/2&1&0&0&0\\0&1&1/2&1&0&0\\0&0&1&1/2&1&0\\0&0&0&1&3/2&1\\0&0&0&0&1&5/2\end{bmatrix}$$

2.2.8　Vandermonde矩阵

Vandermonde矩阵是以法国数学家Alexandre-Théophile Vandermonde（1735－1796）命名的一类特殊矩阵。

定义2-10　给定向量$\boldsymbol{c}=[c_1,c_2,\cdots,c_n]$，可以写出一个矩阵，其第$(i,j)$个元素满足$v_{i,j}=c_i^{n-j}(i,j=1,2,\cdots,n)$。这样构成的矩阵称为Vandermonde矩阵，其数学形式为

$$\boldsymbol{V}=\begin{bmatrix}c_1^{n-1}&c_1^{n-2}&\cdots&c_1&1\\c_2^{n-1}&c_2^{n-2}&\cdots&c_2&1\\\vdots&\vdots&\ddots&\vdots&\vdots\\c_n^{n-1}&c_n^{n-2}&\cdots&c_n&1\end{bmatrix} \tag{2-2-9}$$

可以由MATLAB提供的$\boldsymbol{V}$=`vander`($\boldsymbol{c}$)函数生成一个Vandermonde矩阵。

例2-16　试建立如下的Vandermonde矩阵。

$$\boldsymbol{V}=\begin{bmatrix}1&1&1&1&1\\1&2&3&4&5\\1&4&9&16&25\\1&8&27&64&125\\1&16&81&256&625\end{bmatrix}$$

解　这里要求的矩阵与式(2-2-9)给出的形式不完全一致，是Vandermonde标准型的转置。可以首先生成向量$\boldsymbol{c}$=[1,2,3,4,5]，得出其Vandermonde标准型后再将其逆时针90°旋转，则可以得出所需$\boldsymbol{V}$矩阵。

```
>> c=[1, 2, 3, 4, 5]; V=vander(c); V=rot90(V) %先建立标准矩阵再旋转
```

2.2.9　一些常用的测试矩阵

定义2-11　如果一个$n\times n$矩阵的每行元素、每列元素、正反对角线元素的和都是一个常数，则该矩阵称为魔方矩阵(magic matrix)。

定义2-12　如果一个矩阵的第一行、第一列的元素都是1，且其余元素可以由$a_{ij}=a_{i,j-1}+a_{i-1,j}$格式递推地生成，则该矩阵称为Pascal矩阵。

定义2-13　正向对角线上元素都相同的矩阵称为Toeplitz矩阵，所以已知矩阵的第一行$\boldsymbol{r}$与第一列$\boldsymbol{c}$，即可以构造出Toeplitz矩阵。

$$\boldsymbol{T}=\begin{bmatrix} c_1 & r_2 & r_3 & \cdots & r_m \\ c_2 & c_1 & r_2 & \cdots & r_{m-1} \\ c_3 & c_2 & c_1 & \cdots & r_{m-2} \\ \vdots & \vdots & \vdots & \ddots & \vdots \\ c_n & c_{n-1} & c_{n-2} & \cdots & \cdot \end{bmatrix} \tag{2-2-10}$$

Pascal矩阵是以法国数学家Blaise Pascal(1623−1662)命名的特殊矩阵，Toeplitz矩阵是以德国数学家Otto Toeplitz(1881−1940)命名的特殊矩阵。

MATLAB提供的一些函数可以生成特殊矩阵。

$\boldsymbol{M}$=magic(n)，$\boldsymbol{P}$=pascal(n)，$\boldsymbol{T}$=toeplitz($\boldsymbol{r}$,$\boldsymbol{c}$)

例2-17　试分别生成四阶魔方矩阵、Pascal矩阵和Toeplitz矩阵。

解　由下面的命令可以直接生成所需的矩阵。

```
>> A=magic(4), B=pascal(4), C=toeplitz(1:4)
```

可以直接得到下面的结果。

$$\boldsymbol{A}=\begin{bmatrix} 16 & 2 & 3 & 13 \\ 5 & 11 & 10 & 8 \\ 9 & 7 & 6 & 12 \\ 4 & 14 & 15 & 1 \end{bmatrix},\ \boldsymbol{B}=\begin{bmatrix} 1 & 1 & 1 & 1 \\ 1 & 2 & 3 & 4 \\ 1 & 3 & 6 & 10 \\ 1 & 4 & 10 & 20 \end{bmatrix},\ \boldsymbol{C}=\begin{bmatrix} 1 & 2 & 3 & 4 \\ 2 & 1 & 2 & 3 \\ 3 & 2 & 1 & 2 \\ 4 & 3 & 2 & 1 \end{bmatrix}$$

观察Pascal矩阵的上三角部分，如果从第一列的每个元素沿反向对角线方向看，则相应的各个元素都是二次项系数。

MATLAB还提供了gallery()函数生成一些特殊矩阵，其调用格式为

$\boldsymbol{A}$=gallery(矩阵类型,n,其他参数)

其中，“矩阵类型”可以为'binomial'、'cauchy'和'chebspec'等选项，具体可以用doc gallery命令查询。

2.3 符号型矩阵的输入方法

前面介绍过，若已建立起数值矩阵 $\boldsymbol{A}$，则可以由 $\boldsymbol{B}$=sym($\boldsymbol{A}$)语句将其转换成符号型矩阵。所有数值矩阵均可以通过这种形式转换成符号型矩阵，可以利用符号运算工具箱获得更高精度的解。相反地，一个全数值的符号型矩阵 $\boldsymbol{B}$ 可以通过命令 $\boldsymbol{A}_1$=double($\boldsymbol{B}$)转换成双精度矩阵 $\boldsymbol{A}_1$。

但是，如果矩阵中含有符号变量，则不能由 double() 函数进行转换，否则将给出错误信息。

2.3.1 特殊符号矩阵的输入方法

前面介绍的很多特殊矩阵输入函数都可以直接生成符号型矩阵，或由 sym() 函数转换成符号型矩阵。例如，eye(5) 函数可以生成双精度单位矩阵，然后由 sym() 函数转换成符号型单位矩阵。较新版本的 MATLAB 还支持一些特殊符号矩阵，例如 Vandermonde 矩阵、Hankel 矩阵和相伴矩阵等的直接输入函数。如果读者使用的版本不支持生成这样的符号型矩阵，则可以使用本书所附的函数 vandersym()、hankelsym() 和 compansym() 生成相应的符号型矩阵。

例 2-18 试由多项式 $P(\lambda)=a_1\lambda^7+a_2\lambda^6+a_3\lambda^5+\cdots+a_6\lambda^2+a_7\lambda+a_8$ 建立相伴矩阵。

解 可以先由 sym() 函数生成行向量 $\boldsymbol{a}$，然后由 compan() 函数直接生成所需的相伴矩阵。这里，由于原始的向量不是首一化的系数向量，MATLAB 函数会自动作首一化处理，然后再生成相伴矩阵。

```
>> syms a1 a2 a3 a4 a5 a6 a7 a8;
   a=[a1 a2 a3 a4 a5 a6 a7 a8]; A=compan(a) %建立如下符号型相伴矩阵
```

得出的相伴矩阵为

$$\boldsymbol{A}=\begin{bmatrix} -a_2/a_1 & -a_3/a_1 & -a_4/a_1 & -a_5/a_1 & -a_6/a_1 & -a_7/a_1 & -a_8/a_1 \\ 1 & 0 & 0 & 0 & 0 & 0 & 0 \\ 0 & 1 & 0 & 0 & 0 & 0 & 0 \\ 0 & 0 & 1 & 0 & 0 & 0 & 0 \\ 0 & 0 & 0 & 1 & 0 & 0 & 0 \\ 0 & 0 & 0 & 0 & 1 & 0 & 0 \\ 0 & 0 & 0 & 0 & 0 & 1 & 0 \end{bmatrix}$$

2.3.2 任意常数矩阵的输入

MATLAB 提供的 sym() 函数除了矩阵类型转换外，还可以生成任意元素 a_{ij} 构成的矩阵，具体的调用格式为

$\boldsymbol{A}$=sym('a%d%d',[n,m]) %其中,%d%d表示双下标

上面的语句可以生成 $n\times m$ 的任意矩阵，其元素为 a_{ij}，$i=1,2,\cdots,n$，$j=$

$1,2,\cdots,m$。如果不给出 m，则将生成一个 $n\times n$ 的任意方阵。

类似地，使用下面的命令可以生成任意的行向量 $\boldsymbol{v}_1$ 和列向量 $\boldsymbol{v}_2$。

$\boldsymbol{v}_1$=sym('a',[1,n]), $\boldsymbol{v}_2$=sym('a',[n,1]), %第一种方法

$\boldsymbol{v}_1$=sym('a%d',[1,n]), $\boldsymbol{v}_2$=sym('a%d',[n,1]), %第二种方法

例2-19 试输入如下的两个矩阵和一个列向量。

$$\boldsymbol{A}=\begin{bmatrix}a_{11}&a_{12}&a_{13}&a_{14}\\a_{21}&a_{22}&a_{23}&a_{24}\\a_{31}&a_{32}&a_{33}&a_{34}\\a_{41}&a_{42}&a_{43}&a_{44}\end{bmatrix},\quad \boldsymbol{B}=\begin{bmatrix}f_{11}&f_{12}\\f_{21}&f_{22}\\f_{31}&f_{32}\\f_{41}&f_{42}\end{bmatrix},\quad \boldsymbol{v}=\begin{bmatrix}v_1\\v_2\\v_3\\v_4\end{bmatrix}$$

解 从给出的要求可见，矩阵 $\boldsymbol{A}$ 和 $\boldsymbol{B}$ 都需要双下标，所以需要给出字符串'%d%d'设置。另外，两个矩阵的符号分别为 a 和 f，所以可以用下面的语句直接输入两个矩阵。相比之下，向量 $\boldsymbol{v}$ 的输入比较简单与直观。

```
>> A=sym('a%d%d',4), B=sym('f%d%d',[4,2]), v=sym('v',[4,1])
```

如果想进一步声明满足某种属性的矩阵，还可以用assume()与assumeAlso()函数设定。例如，可以使用下面的命令设置矩阵属性。

```
>> assume(A,'real'); assumeAlso(A,'integer') %设置其他矩阵属性
```

其中，这两个函数可以使用的属性为integer（整数）、rational（有理数）、real（实数）与positive（正数）。如果不特别设置，则一般矩阵的默认类型为复数矩阵。

例2-20 试重新输入例2-18中要求的相伴矩阵。

解 由 $\boldsymbol{a}$=sym('a',[1,8])命令就可以声明任意符号型向量，而无须像例2-18那样逐个声明、逐个输入向量元素，即使更大规模的向量也可以这样输入。

```
>> a=sym('a',[1,20]); A=compan(a) %建立符号型相伴矩阵
```

例2-21 试建立一个 3×6 的任意实有理数矩阵。

解 由前面的介绍，不难建立所需的矩阵。

```
>> A=sym('a%d%d',[3,6]);
   assume(A,'real'), assumeAlso(A,'rational')
```

2.3.3 任意矩阵函数的输入

sym()函数可以生成任意常数矩阵，根据该函数还可以编写出任意矩阵函数的输入函数。例如，如果想生成矩阵函数 $\boldsymbol{M}=\{m_{ij}(x,y)\}$，则可以根据需要编写出通用函数any_matrix()。

```
function A=any_matrix(nn,sA,varargin) %生成任意矩阵
v=varargin; n=nn(1); if length(nn)==1, m=n; else, m=nn(2); end
s=''; k=length(v); K=0; if n==1 || m==1, K=1; end
if k>0, s='('; for i=1:k, s=[s ',' char(v{i})]; end
s(2)=[]; s=[s ')']; end
```

```
for i=1:n, for j=1:m %用循环结构逐个元素单独处理
   if K==0, str=[sA int2str(i),int2str(j)];
   else, str=[sA int2str(i*j)]; end
   eval(['syms ' str s]); eval(['A(i,j)=' str ';']); %指定矩阵元素
end, end
```

该函数的调用格式为

$\boldsymbol{A}(x_1,x_2,\cdots,x_k)$=any_matrix($[n,m]$,'a',$x_1,x_2,\cdots,x_k$)

其中,n,m为矩阵的行数与列数,如果只给出n,将生成一个方阵。变元$x_1,x_2,\cdots,x_k$为事先声明的符号变量,a还可以使用任何其他字母,生成的函数矩阵为

$$\boldsymbol{A}=\begin{bmatrix} a_{11}(x_1,x_2,\cdots,x_k) & \cdots & a_{1m}(x_1,x_2,\cdots,x_k) \\ \vdots & \ddots & \vdots \\ a_{n1}(x_1,x_2,\cdots,x_k) & \cdots & a_{nm}(x_1,x_2,\cdots,x_k) \end{bmatrix}$$

例2-22 若先声明符号变量x、y和t,则可以用下面的命令生成函数矩阵。注意,使用矩阵函数的方式输入矩阵。

```
>> syms x y t; clear v X
   v(x,y)=any_matrix([3,1],'a',x,y), X(t)=any_matrix(3,'m',t)
```

生成的任意函数矩阵与向量为

$$\boldsymbol{v}(x,y)=\begin{bmatrix} a_1(x,y) \\ a_2(x,y) \\ a_3(x,y) \end{bmatrix},\ \boldsymbol{X}(t)=\begin{bmatrix} m_{11}(t) & m_{12}(t) & m_{13}(t) \\ m_{21}(t) & m_{22}(t) & m_{23}(t) \\ m_{31}(t) & m_{32}(t) & m_{33}(t) \end{bmatrix}$$

2.4 稀疏矩阵的输入

在很多应用中经常需要描述一些特殊的大型矩阵,而这类矩阵的大部分元素都是零,仅有少部分非零元素,这样的矩阵称为稀疏矩阵(sparse matrix)。若选择合适的求解算法,稀疏矩阵的计算比常规矩阵效率更高。MATLAB支持稀疏矩阵的输入,且很多矩阵分析函数支持稀疏矩阵的特别处理。

稀疏矩阵可以由sparse()函数读入MATLAB。$\boldsymbol{A}$=sparse($\boldsymbol{p},\boldsymbol{q},\boldsymbol{w}$),其中,$\boldsymbol{p}$、$\boldsymbol{q}$为非零元素的行号和列号构成的向量,$\boldsymbol{w}$为相应位置的矩阵元素构成的向量。这三个向量的长度是一致的,否则将给出错误信息。

对双精度数据结构而言,存储一个矩阵元素需要8字节,所以要存储一个$n\times n$的方阵需要$8n^2$字节。稀疏矩阵要存储一个非零元素需要8字节存储该元素本身,还需要16字节存储其所在的行数与列数,所以总共需要$24m$字节存储非零元素,m为非零元素的个数。可见,$m=n^2/3$时,存储双精度矩阵与稀疏矩阵所需的空间是一致的。换句话说,如果一个矩阵2/3以上的元素为零,则利用稀疏矩阵的方式存储

矩阵比较经济，且矩阵的稀疏度越高存储越经济。

常规矩阵 $\boldsymbol{B}$ 与稀疏矩阵 $\boldsymbol{A}$ 是可以相互转换的，也可以检验一个矩阵 $\boldsymbol{A}$ 是不是按稀疏矩阵的形式存储的，这些转换与检测函数的调用格式为

$\boldsymbol{B}$=full($\boldsymbol{A}$)，　$\boldsymbol{A}$=sparse($\boldsymbol{B}$)，key=issparse($\boldsymbol{A}$)

一个常规矩阵或稀疏矩阵的非零元素个数可以由 n=nnz($\boldsymbol{A}$)直接得出。如果想提取出矩阵 $\boldsymbol{A}$ 中全部的非零元素，则可以使用 $\boldsymbol{v}$=nonzeros($\boldsymbol{A}$)命令，其提取顺序是按列提取。

稀疏矩阵 $\boldsymbol{A}$ 的非零元素所在的位置可以用 spy($\boldsymbol{A}$)函数显示出来，如果 $\boldsymbol{A}$ 不是稀疏矩阵，仍然能用该函数显示矩阵的非零元素。在 spy() 调用语句中，$\boldsymbol{A}$ 还可以是符号型矩阵。

例 2-23　考虑例 1-5 中给出的简单梁结构，试分析矩阵的稀疏度。

解　这里只考虑双精度矩阵表示，不再采用符号型矩阵。可以用下面的语句重新输入原始矩阵，则可以得出该矩阵非零元素的个数为 30。可以将该矩阵转换为稀疏矩阵，并绘制出稀疏矩阵的非零元素位置图。如图 2-2 所示，图中非零元素是用圆点表示的，没有圆点的位置元素都是零。

```
>> alpha=1/sqrt(2);
   A=[0  1  0  0  0  -1  0  0  0  0  0  0  0
      0  0  1  0  0  0  0  0  0  0  0  0  0
      alpha  0  0  -1  -alpha  0  0  0  0  0  0  0  0
      alpha  0  1  0  alpha  0  0  0  0  0  0  0  0
      0  0  0  1  0  0  0  -1  0  0  0  0  0
      0  0  0  0  0  0  1  0  0  0  0  0  0
      0  0  0  0  alpha  1  0  0  -alpha  -1  0  0  0
      0  0  0  0  1  0  1  0  alpha  0  0  0  0
      0  0  0  0  0  0  0  0  0  1  0  0  -1
      0  0  0  0  0  0  0  0  0  0  1  0  0
      0  0  0  0  0  0  0  1  -alpha  0  0  -alpha  0
      0  0  0  0  0  0  0  0  alpha  0  1  alpha  0
      0  0  0  0  0  0  0  0  0  0  0  alpha  1];
   nnz(A), B=sparse(A), spy(B)
```

给出 whos 命令，还可以比较二者的存储空间使用情况。

```
>> whos A B  %显示结果如下
  Name      Size             Bytes  Class     Attributes
  A         13x13             1352  double
  B         13x13              592  double    sparse
```

从得出的结果看，该矩阵的稀疏度不是很高。不过可以看出，在复杂的梁结构中，例

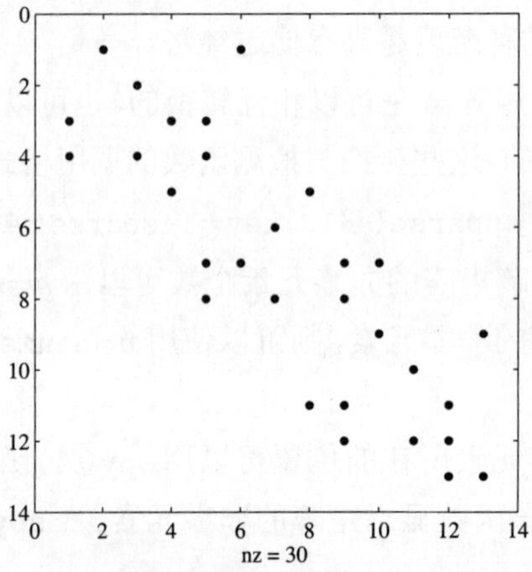

图 2-2　稀疏矩阵非零元素的分布

如有1000根梁，则建立起来的矩阵比较适合由稀疏矩阵表示，存储该矩阵会节省很多存储空间。

MATLAB还提供了一些特殊稀疏矩阵的输入方法。例如，可以由speye()函数直接输入单位矩阵；还可以由sprandn()与sprandsym()函数生成随机的稀疏矩阵。这两个矩阵的元素都满足标准正态分布，不同的是，后者生成的是对称矩阵。这些函数的调用格式为

$\boldsymbol{E}$=speye([n,m])

$\boldsymbol{A}$=sprandn(n,m,稀疏度)

$\boldsymbol{B}$=sprandn(n,稀疏度)

例2-24　试生成一个稀疏度为0.0002%的50000 × 50000随机矩阵，并观察随机元素的分布。试将该矩阵转换为常规矩阵。

解　可以由下面的语句直接生成所需的稀疏矩阵，并绘制出5000个非零元素的示意图，如图2-3所示。若想将矩阵转换成常规矩阵，则得出“Out of memory”错误信息，因为MATLAB不能存储这样大规模的常规矩阵。使用稀疏矩阵的方式，即使稀疏度增大为1%，仍能存储该矩阵。

```
>> A=sprandn(50000,50000,0.0002/100); spy(A), nnz(A)
   whos A, B=full(A)
```

则得出的结果显示如下

```
  Name        Size             Bytes   Class    Attributes
   A       50000x50000        480008  double     sparse
```

如何求解两个稀疏矩阵的乘法至今是一个具有挑战性的问题。如果不能很好地求解乘法问题，则需要将稀疏矩阵转换成普通矩阵再进行乘法运算，不能利用稀疏矩阵自身的性质减少运算量。

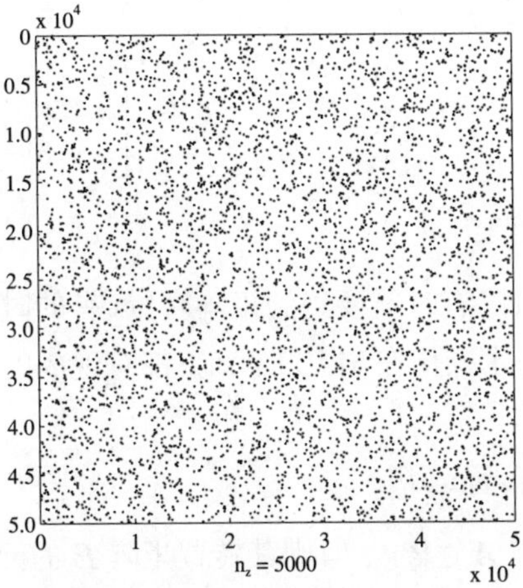

图 2-3　稀疏矩阵非零元素的分布

2.5　矩阵的基本运算

矩阵的基本运算是线性代数的基础。本节先介绍一些复数矩阵的变换方法，然后介绍一般矩阵的转置与翻转处理、矩阵的Kronecker和与乘积，最后介绍矩阵的代数运算方法。

2.5.1　复数矩阵的处理

MATLAB可以直接表示复数矩阵。假设已知一个复数矩阵 $\boldsymbol{Z}$，则可以使用简单函数对该矩阵进行如下变换：

（1）**共轭复数矩阵**，$\boldsymbol{Z}_1$=`conj`($\boldsymbol{Z}$)；

（2）**实部、虚部提取**，$\boldsymbol{R}$=`real`($\boldsymbol{Z}$)，$\boldsymbol{I}$=`imag`($\boldsymbol{Z}$)；

（3）**幅值、相位表示**，$\boldsymbol{A}$=`abs`($\boldsymbol{Z}$)，$\boldsymbol{P}$=`angle`($\boldsymbol{Z}$)，其中相位的单位为弧度（radian，简记rad）。

其实，这里的 $\boldsymbol{Z}$ 并不局限于矩阵，还可以是多维数组或符号表达式。

例2-25　考虑下面给出的复数矩阵 $\boldsymbol{A}$，试提取矩阵的实部、虚部与共轭矩阵。

$$\boldsymbol{A}=\begin{bmatrix}1+9\mathrm{j} & 2+8\mathrm{j} & 3+7\mathrm{j}\\ 4+6\mathrm{j} & 5+5\mathrm{j} & 6+4\mathrm{j}\\ 7+3\mathrm{j} & 8+2\mathrm{j} & \mathrm{j}\end{bmatrix}$$

解　可以先输入复数矩阵，然后提取其实部与虚部矩阵。

```
>> A=[1+9i,2+8i,3+7j; 4+6j 5+5i,6+4i; 7+3i,8+2j 1i];
   R=real(A), I=imag(A), C=conj(A)
```

实部、虚部与共轭复数矩阵分别为

$$\boldsymbol{R}=\begin{bmatrix}1&2&3\\4&5&6\\7&8&0\end{bmatrix},\ \boldsymbol{I}=\begin{bmatrix}9&8&7\\6&5&4\\3&2&1\end{bmatrix},\ \boldsymbol{C}=\begin{bmatrix}1-9\mathrm{j}&2-8\mathrm{j}&3-7\mathrm{j}\\4-6\mathrm{j}&5-5\mathrm{j}&6-4\mathrm{j}\\7-3\mathrm{j}&8-2\mathrm{j}&-\mathrm{j}\end{bmatrix}$$

2.5.2 矩阵的转置与旋转

在对矩阵进行处理时，有时需要用到矩阵转置，有的时候可能需要对矩阵进行翻转和旋转处理，这些基本操作在MATLAB下都有现成的处理函数，总结如下。

1) 矩阵转置

这里给出两类矩阵转置运算。

定义2-14 假设矩阵$\boldsymbol{A}\in\mathscr{C}^{n\times m}$，则其转置矩阵$\boldsymbol{B}$的元素定义为$b_{ji}=a_{ij}$, $i=1,2,\cdots,n$, $j=1,2,\cdots,m$，故$\boldsymbol{B}\in\mathscr{C}^{m\times n}$矩阵，记作$\boldsymbol{B}=\boldsymbol{A}^{\mathrm{T}}$，这种转置又称为直接转置。

定义2-15 如果矩阵$\boldsymbol{A}$含有复数元素，则对之进行转置时，其转置矩阵$\boldsymbol{B}$的元素定义为$b_{ji}=a_{ij}^{\mathrm{H}}$, $i=1,2,\cdots,n$, $j=1,2,\cdots,m$，亦即首先对各个元素进行转置，然后再逐项求取其共轭复数值。这种转置方式又称为Hermite转置，记作$\boldsymbol{B}=\boldsymbol{A}^{\mathrm{H}}$。

MATLAB中用`B=A'`可以求出$\boldsymbol{A}$矩阵的Hermite转置，矩阵的转置则可以由`C=A.'`求出。

定义2-16 若复数矩阵等于其共轭转置，即$\boldsymbol{A}=\boldsymbol{A}^{\mathrm{H}}$，则$\boldsymbol{A}$称为Hermite矩阵。

定义2-17 若复数矩阵$\boldsymbol{A}=-\boldsymbol{A}^{\mathrm{H}}$，则$\boldsymbol{A}$称反Hermite（skew-Hermitian）矩阵。

定理2-1 复数矩阵$\boldsymbol{A}$和$\boldsymbol{B}$乘积的转置满足

$$(\boldsymbol{AB})^{\mathrm{T}}=\boldsymbol{B}^{\mathrm{T}}\boldsymbol{A}^{\mathrm{T}},\ \ (\boldsymbol{AB})^{\mathrm{H}}=\boldsymbol{B}^{\mathrm{H}}\boldsymbol{A}^{\mathrm{H}} \tag{2-5-1}$$

例2-26 考虑例2-25中的复数矩阵$\boldsymbol{B}$，试求其直接转置与Hermite转置。

解 先将矩阵$\boldsymbol{B}$输入计算机，则可以由下面命令得出两种转置。

```
>> B=[1+9i,2+8i,3+7j; 4+6j 5+5i,6+4i; 7+3i,8+2j 1i];
   B1=B', B2=B.' %两种不同的转置方式
```

得出的Hermite转置与直接转置分别为

$$\boldsymbol{B}_1=\begin{bmatrix}1-9\mathrm{j}&4-6\mathrm{j}&7-3\mathrm{j}\\2-8\mathrm{j}&5-5\mathrm{j}&8-2\mathrm{j}\\3-7\mathrm{j}&6-4\mathrm{j}&-1\mathrm{j}\end{bmatrix},\ \boldsymbol{B}_2=\begin{bmatrix}1+9\mathrm{j}&4+6\mathrm{j}&7+3\mathrm{j}\\2+8\mathrm{j}&5+5\mathrm{j}&8+2\mathrm{j}\\3+7\mathrm{j}&6+4\mathrm{j}&1\mathrm{j}\end{bmatrix}$$

2) 矩阵翻转

MATLAB提供了一些矩阵翻转处理的特殊命令。例如，矩阵的左右翻转函数`B=fliplr(A)`，将矩阵$\boldsymbol{A}$进行左右翻转再赋给$\boldsymbol{B}$，亦即$b_{ij}=a_{i,n+1-j}$。从效果

上看，左右翻转函数等效于 $\boldsymbol{B}$=$\boldsymbol{A}$(:,end:−1:1)。而 $\boldsymbol{C}$=flipud($\boldsymbol{A}$)命令将矩阵 $\boldsymbol{A}$ 进行上下翻转并将结果赋给 $\boldsymbol{C}$，亦即 $c_{ij}=a_{m+1-i,j}$，矩阵的上下翻转命令等效于 $\boldsymbol{C}$=$\boldsymbol{A}$(end:−1:1,1)。

矩阵左右翻转的另一种方法是 $\boldsymbol{B}$=$\boldsymbol{A}$(:,end:−1:1)，类似地还可以实现上下翻转，这样做的好处是可以实现矩阵行列的任意排序或局部矩阵排序。

例2-27 已知如下矩阵，试将其各行作一次随机排列。

$$\boldsymbol{A}=\begin{bmatrix}6&1&1&2&5\\6&3&3&5&0\\2&0&4&2&4\end{bmatrix}$$

解 利用 randperm(n) 函数可以实现 $1,2,\cdots,n$ 的一次随机排序，利用该排序则可以实现 $\boldsymbol{A}$ 矩阵各行的随机排序。

```
>> A=[6,1,1,2,5; 6,3,3,5,0; 2,0,4,2,4];
   ii=randperm(3), B=A(ii,:)
```

得出的随机排序次序向量为 $[2,1,3]$，重新排序结果为（每次运行结果可能不同）

$$\boldsymbol{B}=\begin{bmatrix}6&3&3&5&0\\6&1&1&2&5\\2&0&4&2&4\end{bmatrix}$$

3) 矩阵的旋转

MATLAB 函数 $\boldsymbol{D}$=rot90($\boldsymbol{A}$)可以将 $\boldsymbol{A}$ 矩阵逆时针旋转 90° 后赋给 $\boldsymbol{D}$，亦即 $d_{ij}=a_{m+1-i,j}$。函数 $\boldsymbol{E}$=rot90($\boldsymbol{A}$,k)还可以逆时针旋转该矩阵 $90k°$ 后赋给 $\boldsymbol{E}$ 矩阵，其中 k 为整数。

例2-28 已知如下的 $\boldsymbol{A}$ 矩阵，试将其顺时针旋转 90°，转成 $\boldsymbol{B}$ 矩阵的形式。

$$\boldsymbol{A}=\begin{bmatrix}1&2&3\\4&5&6\\7&8&0\end{bmatrix},\ \boldsymbol{B}=\begin{bmatrix}7&4&1\\8&5&2\\0&6&3\end{bmatrix}$$

解 标准的 rot90() 函数处理的是逆时针旋转的问题。矩阵顺时针旋转 90° 有两种方法实现，第一种在调用 rot90() 时令 $k=-1$，另一种是令 $k=3$，即逆时针旋转 270°。所以，下面的语句可以直接得出旋转矩阵 $\boldsymbol{B}_1=\boldsymbol{B}_2$，都是所需的 $\boldsymbol{B}$ 矩阵。

```
>> A=[1 2 3; 4 5 6; 7 8 0]; B1=rot90(A,-1), B2=rot90(A,3)
```

2.5.3 矩阵的代数运算

代数运算是 MATLAB 科学运算领域很基础的一类运算。本节将给出代数运算的定义，然后介绍基于 MATLAB 的代数运算实现方法。

定义2-18 变量之间的有限次加、减、乘、除、乘方、开方等运算称为代数运算。

MATLAB 语言中定义了下面各种矩阵的基本代数运算：

1) 加减法运算

假设在MATLAB工作空间下有两个矩阵$\boldsymbol{A}$和$\boldsymbol{B}$，则可以由$\boldsymbol{C}=\boldsymbol{A}+\boldsymbol{B}$和$\boldsymbol{C}=\boldsymbol{A}-\boldsymbol{B}$命令执行矩阵加减法。若$\boldsymbol{A}$、$\boldsymbol{B}$的维数相同，则自动地将$\boldsymbol{A}$、$\boldsymbol{B}$的相应元素相加减，从而得出正确的结果，并赋给$\boldsymbol{C}$变量。

MATLAB下考虑了两种特殊情况，允许不同维数的矩阵作加减运算。

(1) 若二者之一为标量，则应该将其遍加(减)于另一个矩阵。

(2) 若$\boldsymbol{A}\in\mathscr{C}^{n\times m}$，$\boldsymbol{B}$为$n\times 1$列向量或$1\times m$行向量，早期版本的MATLAB版本会给出错误信息，而新版本的MATLAB允许将列向量或行向量遍加或遍减到另一个矩阵的各列或各行上去，得出新的和矩阵或差矩阵。

在其他情况下，MATLAB将自动地给出错误信息，提示用户两个矩阵的维数不匹配。

例2-29 观察两个简单的变量如下，它们的和$\boldsymbol{A}+\boldsymbol{B}$是多少？

$$\boldsymbol{A}=\begin{bmatrix}5\\6\end{bmatrix},\ \boldsymbol{B}=\begin{bmatrix}1&2\\3&4\end{bmatrix}$$

解 在数学上这两个矩阵是不可加的，早期版本的MATLAB如果作加法也将得到错误信息，在新发布的MATLAB下可以尝试下面的加减法运算。

```
>> A=[5;6]; B=[1 2; 3 4]; C=A+B, D=B-A'
```

实际应用中可以定义出一种有意义的"加法"：因为$\boldsymbol{A}$是列向量，所以将其遍加到$\boldsymbol{B}$矩阵的各列上，可以得出"加法矩阵"如下。另外，由于$\boldsymbol{A}^{\mathrm{T}}$为行向量，$\boldsymbol{D}$矩阵等于$\boldsymbol{B}$矩阵每行遍减$\boldsymbol{A}^{\mathrm{T}}$向量得出的矩阵。

$$\boldsymbol{C}=\begin{bmatrix}6&7\\9&10\end{bmatrix},\ \boldsymbol{D}=\begin{bmatrix}-4&-4\\-2&-2\end{bmatrix}$$

2) 矩阵乘法

与两个矩阵乘法相关的定义如下。

定义2-19 假设有两个矩阵$\boldsymbol{A}$和$\boldsymbol{B}$，其中，$\boldsymbol{A}$矩阵的列数与$\boldsymbol{B}$矩阵的行数相等，或其一为标量，则称$\boldsymbol{A}$,$\boldsymbol{B}$矩阵是可乘的，或称$\boldsymbol{A}$和$\boldsymbol{B}$矩阵的维数是相容的。

定义2-20 假设$\boldsymbol{A}\in\mathscr{C}^{n\times m}$，$\boldsymbol{B}\in\mathscr{C}^{m\times r}$，则$\boldsymbol{C}=\boldsymbol{AB}\in\mathscr{C}^{n\times r}$，满足

$$c_{ij}=\sum_{k=1}^{m}a_{ik}b_{kj},\quad i=1,2,\cdots,n,\ j=1,2,\cdots,r \tag{2-5-2}$$

定义2-21 如果两个矩阵$\boldsymbol{A}$与$\boldsymbol{B}$任何一个为标量，则$\boldsymbol{AB}$等于将这个标量遍乘到另一个矩阵每个元素后的新矩阵。

MATLAB语言中两个矩阵的乘法由$\boldsymbol{C}=\boldsymbol{A}*\boldsymbol{B}$直接求出，且这里并不需要指定$\boldsymbol{A}$和$\boldsymbol{B}$矩阵的维数。若$\boldsymbol{A}$和$\boldsymbol{B}$矩阵的维数相容，则可以准确无误地获得乘积矩阵$\boldsymbol{C}$；如果二者的维数不相容，则将给出错误信息，通知用户两个矩阵不可乘。

例2-30　已知两个矩阵$\boldsymbol{A}$与$\boldsymbol{B}$如下，由MATLAB乘法命令可以得出矩阵的积。

$$\boldsymbol{A}=\begin{bmatrix}5 & 1 & 2\\0 & 4 & 5\end{bmatrix},\ \boldsymbol{B}=\begin{bmatrix}-1 & 0\\-1 & -2\\0 & 3\end{bmatrix}$$

解　矩阵乘法是矩阵运算的基础，这里通过底层乘法的方式演示这两个矩阵相乘的结果。该结果与`A*B`命令的结果是完全一致的。

$$\boldsymbol{AB}=\begin{bmatrix}5\times(-1)+1\times(-1)+2\times 0 & 5\times 0+1\times(-2)+2\times 3\\0\times(-1)+4\times(-1)+5\times 0 & 0\times 0+4\times(-2)+5\times 3\end{bmatrix}=\begin{bmatrix}-6 & 4\\-4 & 7\end{bmatrix}$$

在MATLAB下还可以尝试`A*B'`命令，不过该命令将导致错误信息，说明第一个矩阵的列数与第二个矩阵的行数不匹配，二者不能相乘。因为要执行这样的运算，`B'`的计算优先于乘法运算，从而其转置为2×3矩阵，这样，$\boldsymbol{A}$乘以该矩阵由于维数不匹配而不能相乘，导致错误信息。

3) 向量的内积

向量的内积是一个行向量与一个列向量的乘积，结果为标量。

定义2-22　已知两个等长的列向量$\boldsymbol{a}$、$\boldsymbol{b}$，其内积定义为$\langle\boldsymbol{a},\boldsymbol{b}\rangle=\boldsymbol{a}^{\mathrm{T}}\boldsymbol{b}$。

定理2-2　内积满足下面一些性质。

$$\langle\boldsymbol{a},\boldsymbol{b}\rangle=\langle\boldsymbol{b},\boldsymbol{a}\rangle,\ \langle\lambda\boldsymbol{a},\boldsymbol{b}\rangle=\lambda\langle\boldsymbol{a},\boldsymbol{b}\rangle,\ \langle\boldsymbol{a},\boldsymbol{b}+\boldsymbol{c}\rangle=\langle\boldsymbol{a},\boldsymbol{b}\rangle+\langle\boldsymbol{a},\boldsymbol{c}\rangle \tag{2-5-3}$$

定理2-3　当且仅当$\langle\boldsymbol{a},\boldsymbol{a}\rangle=0$时，$\boldsymbol{a}\equiv\boldsymbol{0}$。

如果MATLAB工作空间中有两个向量$\boldsymbol{a}$、$\boldsymbol{b}$，其内积可以由`c=a(:).'*b(:)`求出，即使这两个向量不是列向量也能直接求解。

4) 矩阵的左除

MATLAB中用“\”运算符号表示两个矩阵的左除，$\boldsymbol{A}\backslash\boldsymbol{B}$为方程$\boldsymbol{AX}=\boldsymbol{B}$的解$\boldsymbol{X}$。若$\boldsymbol{A}$为非奇异方阵，则$\boldsymbol{X}=\boldsymbol{A}^{-1}\boldsymbol{B}$。如果$\boldsymbol{A}$矩阵不是方阵，也可以求出$\boldsymbol{X}$=$\boldsymbol{A}\backslash\boldsymbol{B}$，这时将使用最小二乘解法来求取$\boldsymbol{AX}=\boldsymbol{B}$中的$\boldsymbol{X}$矩阵。

5) 矩阵的右除

MATLAB中定义了“/”符号，用于表示两个矩阵的右除，相当于求方程$\boldsymbol{XA}=\boldsymbol{B}$的解。$\boldsymbol{A}$为非奇异方阵时，$\boldsymbol{B}/\boldsymbol{A}$为$\boldsymbol{BA}^{-1}$，但在计算方法上存在差异，更精确地，有`B/A=(A'\B')'`。

6) 矩阵乘方运算

一个矩阵的乘方运算可以在数学上表述成$\boldsymbol{A}^x$。如果x为正整数，则乘方表达式$\boldsymbol{A}^x$的结果可以将$\boldsymbol{A}$矩阵自乘x次得出。如果x为负整数，则可以将$\boldsymbol{A}$矩阵自乘x次，然后对结果进行求逆运算就可以得出该乘方结果。如果x是一个分数，例如

$x=n/m$，其中n和m均为整数，则相当于将$\boldsymbol{A}$矩阵自乘n次，然后对结果再开m次方。在MATLAB中统一表示成$\boldsymbol{F}$=$\boldsymbol{A}$^x。

7) 矩阵开方运算

数学公式上看，矩阵$\boldsymbol{A}$自乘n次是可以得出唯一解的，而其结果再作m次开方则应该有m个不同的根。考虑$\sqrt[3]{-1}$，其一个根是-1，对该根在复数平面内旋转120°可以得到第二个根，再旋转120°则可以得出第三个根。怎么实现旋转120°呢？可以将结果乘以复数标量$\delta=\mathrm{e}^{2\pi\mathrm{j}/3}$实现。

定理2-4 若$\boldsymbol{A}$矩阵的一个m次方根矩阵为$\boldsymbol{A}_0$，则其他m次方根为$\boldsymbol{A}_0\mathrm{e}^{2k\pi\mathrm{j}/m}$。其中，$k=1,2,\cdots,m-1$。

使用MATLAB通过的$\boldsymbol{A}$^(1/m)命令就可以得到矩阵的一个m次方根。

例2-31 考虑下面给出的$\boldsymbol{A}$矩阵，试求出其全部立方根并检验结果。

$$\boldsymbol{A}=\begin{bmatrix}1&2&3\\4&5&6\\7&8&0\end{bmatrix}$$

解 由乘方运算可以容易地得出原矩阵的一个立方根。

```
>> A=[1,2,3; 4,5,6; 7,8,0]; C=A^(1/3),
   e=norm(A-C^3) %求立方根并检验
```

具体表示如下。经检验，误差范数为$e=1.0145\times10^{-14}$，比较精确。

$$\boldsymbol{C}=\begin{bmatrix}0.77179+\mathrm{j}0.65380&0.48688-\mathrm{j}0.01592&0.17642-\mathrm{j}0.2887\\0.88854-\mathrm{j}0.07257&1.44730+\mathrm{j}0.47937&0.52327-\mathrm{j}0.4959\\0.46846-\mathrm{j}0.64647&0.66929-\mathrm{j}0.67480&1.33790+\mathrm{j}1.0488\end{bmatrix}$$

事实上，矩阵的立方根应该有三个结果，而上面只得出其中的一个。对该方根进行两次旋转，即计算$\boldsymbol{C}\mathrm{e}^{\mathrm{j}2\pi/3}$和$\boldsymbol{C}\mathrm{e}^{\mathrm{j}4\pi/3}$，则将得出另外两个根。

```
>> j1=exp(sqrt(-1)*2*pi/3);
   A1=C*j1, A2=C*j1^2                  %通过旋转求另外两个根
   e1=norm(A-A1^3), e2=norm(A-A2^3)    %矩阵方根的直接检验
```

这样可以得出另外两个根如下，误差都是10^{-14}级别的。

$$\boldsymbol{A}_1=\begin{bmatrix}-0.95210+\mathrm{j}0.34149&-0.22966+\mathrm{j}0.42961&0.16181+\mathrm{j}0.29713\\-0.38142+\mathrm{j}0.80579&-1.13880+\mathrm{j}1.01370&0.16784+\mathrm{j}0.70112\\0.32563+\mathrm{j}0.72893&0.24974+\mathrm{j}0.91702&-1.57720+\mathrm{j}0.63425\end{bmatrix}$$

$$\boldsymbol{A}_2=\begin{bmatrix}0.18031-\mathrm{j}0.99529&-0.25722-\mathrm{j}0.41369&-0.33823-\mathrm{j}0.00844\\-0.50712-\mathrm{j}0.73321&-0.30850-\mathrm{j}1.49310&-0.69111-\mathrm{j}0.20521\\-0.79409-\mathrm{j}0.08246&-0.91904-\mathrm{j}0.24222&0.23934-\mathrm{j}1.68310\end{bmatrix}$$

还可以考虑在符号运算的框架下由变精度算法计算已知矩阵的立方根，精度将达到7.2211×10^{-39}，精度远高于双精度框架下的计算结果。

```
>> A=sym([1,2,3; 4,5,6; 7,8,0]); C=A^(sym(1/3));
   C=vpa(C); norm(C^3-A) %高精度解
```

例2-32　矩阵 $\boldsymbol{A}$ 的逆矩阵在数学上记作 $\boldsymbol{A}^{-1}$，并可以由 inv($\boldsymbol{A}$) 函数直接计算。试求例2-25的复数矩阵的 -1 次方，看看是不是等于 $\boldsymbol{B}$ 矩阵的逆矩阵。

解　为保证计算精度，下面的计算在符号运算框架下实现。

```
>> B=[1+9i,2+8i,3+7j; 4+6j 5+5i,6+4i; 7+3i,8+2j 1i];
   B=sym(B); B1=B^(-1), B2=inv(B), C=B1*B
```

由上面语句可以看出二者是相等的，都是正确的，且与原矩阵的乘积是单位矩阵，这也说明矩阵的逆确实是矩阵的"倒数"。

$$\boldsymbol{B}_1=\boldsymbol{B}_2=\begin{bmatrix} 13/18-5\mathrm{j}/6 & -10/9+\mathrm{j}/3 & -1/9 \\ -7/9+2\mathrm{j}/3 & 19/18-\mathrm{j}/6 & 2/9 \\ -1/9 & 2/9 & -1/9 \end{bmatrix},\ \boldsymbol{C}=\begin{bmatrix} 1 & 0 & 0 \\ 0 & 1 & 0 \\ 0 & 0 & 1 \end{bmatrix}$$

8) 点运算

MATLAB中定义了一种特殊的运算，即所谓的点运算。两个矩阵之间的点运算是它们对应元素的直接运算。例如，$\boldsymbol{C}$=$\boldsymbol{A}$.*$\boldsymbol{B}$ 表示 $\boldsymbol{A}$ 和 $\boldsymbol{B}$ 矩阵的相应元素之间直接进行乘法运算，然后将结果赋给 $\boldsymbol{C}$ 矩阵，即 $c_{ij}=a_{ij}b_{ij}$。这种点乘积运算又称为Hadamard乘积。注意，点乘积运算要求 $\boldsymbol{A}$ 和 $\boldsymbol{B}$ 矩阵的维数相同，或其一为标量。可以看出，这种运算和普通乘法运算是不同的。

点运算在MATLAB中起着很重要的作用。例如，当 $\boldsymbol{x}$ 是一个向量时，则求取数值 $[x_i^5]$ 时不能直接写成 $\boldsymbol{x}$^5，而必须写成 $\boldsymbol{x}$.^5。在进行矩阵的点运算时，同样要求运算的两个矩阵的维数一致，或其中一个变量为标量。其实一些特殊的函数，如 sin() 也是由点运算的形式进行的，因为它要对矩阵的每个元素求取正弦值。

矩阵点运算不只可以用于点乘积运算，还可以用于其他运算的场合。

例2-33　对例2-1给出的矩阵 $\boldsymbol{A}$，试求解并理解 $\boldsymbol{B}$=$\boldsymbol{A}$.^$\boldsymbol{A}$ 运算。

解　对前面给出的矩阵 $\boldsymbol{A}$ 作 $\boldsymbol{B}$=$\boldsymbol{A}$.^$\boldsymbol{A}$ 运算，则新矩阵的第 (i,j) 个元素为 $b_{i,j}=a_{ij}^{a_{ij}}$，这样可以得出下面的结果。

```
>> A=[-1,5,4,6; 0,2,4,-2; 4,0,-2,5]; B=A.^A
   A=sym(A); C=A.^A %对应元素单独运算可以求点乘方
```

该语句将计算并生成如下的矩阵的数值解与解析解，分别为

$$\boldsymbol{B}=\begin{bmatrix} -1 & 3125 & 256 & 46656 \\ 1 & 4 & 256 & 0.25 \\ 256 & 1 & 0.25 & 3125 \end{bmatrix},\ \boldsymbol{C}=\begin{bmatrix} -1 & 3125 & 256 & 46656 \\ 1 & 4 & 256 & 1/4 \\ 256 & 1 & 1/4 & 3125 \end{bmatrix}$$

从结果看，与预期一致，得出的结果是由下面矩阵得出的。

$$\boldsymbol{A}.\hat{}\boldsymbol{A}=\begin{bmatrix} (-1)^{(-1)} & 5^5 & 4^4 & 6^6 \\ 0^0 & 2^2 & 4^4 & (-2)^{(-2)} \\ 4^4 & 0^0 & (-2)^{(-2)} & 5^5 \end{bmatrix}$$

2.5.4 矩阵的Kronecker乘积与Kronecker和

Kronecker乘积与Kronecker和是以德国数学家、逻辑学家Leopold Kronecker（1823−1891）命名的运算，在线性方程求解中有着重要的应用。

定义2-23 两个矩阵$\boldsymbol{A}$与$\boldsymbol{B}$，其Kronecker乘积定义为

$$\boldsymbol{C}=\boldsymbol{A}\otimes\boldsymbol{B}=\begin{bmatrix} a_{11}\boldsymbol{B} & \cdots & a_{1m}\boldsymbol{B} \\ \vdots & \ddots & \vdots \\ a_{n1}\boldsymbol{B} & \cdots & a_{nm}\boldsymbol{B} \end{bmatrix} \tag{2-5-4}$$

定义2-24 矩阵$\boldsymbol{A}$与$\boldsymbol{B}$的Kronecker和$\boldsymbol{A}\oplus\boldsymbol{B}$的数学定义为

$$\boldsymbol{D}=\boldsymbol{A}\oplus\boldsymbol{B}=\begin{bmatrix} a_{11}+\boldsymbol{B} & \cdots & a_{1m}+\boldsymbol{B} \\ \vdots & \ddots & \vdots \\ a_{n1}+\boldsymbol{B} & \cdots & a_{nm}+\boldsymbol{B} \end{bmatrix} \tag{2-5-5}$$

定理2-5 若矩阵$\boldsymbol{A}$与$\boldsymbol{B}$维数相同，则Kronecker乘积满足分配律

$$\begin{aligned}(\boldsymbol{A}+\boldsymbol{B})\otimes\boldsymbol{C}&=\boldsymbol{A}\otimes\boldsymbol{C}+\boldsymbol{B}\otimes\boldsymbol{C}\\ \boldsymbol{C}\otimes(\boldsymbol{A}+\boldsymbol{B})&=\boldsymbol{C}\otimes\boldsymbol{A}+\boldsymbol{C}\otimes\boldsymbol{B}\end{aligned} \tag{2-5-6}$$

定理2-6 Kronecker乘积的转置为

$$(\boldsymbol{A}\otimes\boldsymbol{B})^{\mathrm{T}}=\boldsymbol{B}^{\mathrm{T}}\otimes\boldsymbol{A}^{\mathrm{T}} \tag{2-5-7}$$

定理2-7 Kronecker乘积的结合律为

$$\boldsymbol{A}(\boldsymbol{B}\otimes\boldsymbol{C})=(\boldsymbol{A}\otimes\boldsymbol{B})\boldsymbol{C} \tag{2-5-8}$$

定理2-8 如果下面参与乘积的矩阵维数相容，则

$$(\boldsymbol{A}\otimes\boldsymbol{B})(\boldsymbol{C}\otimes\boldsymbol{D})=(\boldsymbol{AC})\otimes(\boldsymbol{BD}) \tag{2-5-9}$$

上面几个定理中，如果$\otimes$运算符替换成$\oplus$，定理仍然成立。

与矩阵的常规加法和乘法不同，Kronecker和与乘积并不要求两个矩阵有相容性。另外，Kronecker和与乘积不满足交换律。

MATLAB中提供的函数$\boldsymbol{C}$=kron($\boldsymbol{A}$,$\boldsymbol{B}$)可直接计算两个矩阵的Kronecker积$\boldsymbol{A}\otimes\boldsymbol{B}$。仿照该函数，可以编写出Kronecker和的求解函数kronsum()。

```
function C=kronsum(A,B)
[ma,na]=size(A); [mb,nb]=size(B);
A=reshape(A,[1 ma 1 na]); B=reshape(B,[mb 1 nb 1]);
C=reshape(bsxfun(@plus,A,B),[ma*mb na*nb]);
```

例2-34 已知如下两个矩阵$\boldsymbol{A}$与$\boldsymbol{B}$，试求其Kronecker乘积与Kronecker和。

$$\boldsymbol{A}=\begin{bmatrix} -2 & 2 \\ 0 & -1 \end{bmatrix},\quad \boldsymbol{B}=\begin{bmatrix} -2 & -1 & 1 \\ 0 & 1 & -2 \end{bmatrix}$$

解 可以先输入这两个矩阵，然后调用kron()函数，分别计算出$\boldsymbol{A}\otimes\boldsymbol{B}$与$\boldsymbol{B}\otimes\boldsymbol{A}$。

```
>> A=[-2,2; 0,-1]; B=[-2,-1,1; 0,1,-2];
   kron(A,B), kron(B,A)
```

得出的结果如下所示。可见二者不同，说明Kronecker乘积不满足交换律。

$$\boldsymbol{A}\otimes\boldsymbol{B}=\left[\begin{array}{ccc:ccc}4&2&-2&-4&-2&2\\0&-2&4&0&2&-4\\\hdashline 0&0&0&2&1&-1\\0&0&0&0&-1&2\end{array}\right],\ \boldsymbol{B}\otimes\boldsymbol{A}=\left[\begin{array}{cc:cc:cc}4&-4&2&-2&-2&2\\0&2&0&1&0&-1\\\hdashline 0&0&-2&2&4&-4\\0&0&0&-1&0&2\end{array}\right]$$

还可以由下面的语句计算 $\boldsymbol{A}\oplus\boldsymbol{B}$ 与 $\boldsymbol{B}\oplus\boldsymbol{A}$。

```
>> kronsum(A,B), kronsum(B,A)
```

得出的结果如下所示，说明Kronecker和也不满足交换律。

$$\boldsymbol{A}\oplus\boldsymbol{B}=\left[\begin{array}{ccc:ccc}-4&-3&-1&0&1&3\\-2&-1&-4&2&3&0\\\hdashline -2&-1&1&-3&-2&0\\0&1&-2&-1&0&-3\end{array}\right],\ \boldsymbol{B}\oplus\boldsymbol{A}=\left[\begin{array}{cc:cc:cc}-4&0&-3&1&-1&3\\-2&-3&-1&-2&1&0\\\hdashline -2&2&-1&3&-4&0\\0&-1&1&0&-2&-3\end{array}\right]$$

2.6 矩阵函数的微积分运算

本节首先给出矩阵函数的导数和积分定义。在此基础上，还将介绍各种复杂函数矩阵的导函数矩阵计算方法与应用，以及Jacobi矩阵与Hesse矩阵的概念与计算问题。

2.6.1 矩阵函数的导数

定义 2-25 若矩阵 $\boldsymbol{A}(t)$ 是 t 的函数，则 $\boldsymbol{A}(t)$ 对 t 的导数等于每个元素单独求导的矩阵，即

$$\frac{\mathrm{d}\boldsymbol{A}(t)}{\mathrm{d}t}=\left[\frac{\mathrm{d}}{\mathrm{d}t}a_{ij}(t)\right] \tag{2-6-1}$$

如果已知矩阵 $\boldsymbol{A}(t)$ 是 t 的函数，则 $\mathrm{d}\boldsymbol{A}(t)/\mathrm{d}t$ 可以由 `diff()` 函数直接求出。

例 2-35 试求出下面函数矩阵的导数。

$$\boldsymbol{A}(t)=\begin{bmatrix}t^2/2+1&t&t^2/2\\t&1&t\\-t^2/2&-t&1-t^2/2\end{bmatrix}\mathrm{e}^{-t}$$

解 可以先将矩阵函数输入MATLAB环境，然后直接对其求导。由于这里使用了矩阵函数的表示方法，为避免与已有矩阵冲突，应该用 `clear` 命令先清除原有的 $\boldsymbol{A}$ 矩阵，再输入新矩阵。

```
>> syms t; clear A
   A(t)=[t^2/2+1,t,t^2/2; t,1,t; -t^2/2,-t,1-t^2/2]*exp(-t);
   A1=simplify(diff(A,t))
```

得出的导函数矩阵为

$$\boldsymbol{A}_1(t)=\begin{bmatrix}-t^2/2+t-1&1-t&-t(t-2)/2\\1-t&-1&1-t\\t(t-2)/2&t-1&t^2/2-t-1\end{bmatrix}\mathrm{e}^{-t}$$

定理2-9　假设 $\boldsymbol{A}(t)$ 和 $\boldsymbol{B}(t)$ 都可微，则

$$\frac{\mathrm{d}}{\mathrm{d}t}\big[\boldsymbol{A}(t)+\boldsymbol{B}(t)\big]=\frac{\mathrm{d}\boldsymbol{A}(t)}{\mathrm{d}t}+\frac{\mathrm{d}\boldsymbol{B}(t)}{\mathrm{d}t} \tag{2-6-2}$$

$$\frac{\mathrm{d}}{\mathrm{d}t}\big[\boldsymbol{A}(t)\boldsymbol{B}(t)\big]=\boldsymbol{A}(t)\frac{\mathrm{d}\boldsymbol{B}(t)}{\mathrm{d}t}+\frac{\mathrm{d}\boldsymbol{A}(t)}{\mathrm{d}t}\boldsymbol{B}(t) \tag{2-6-3}$$

例2-36　考虑例2-35中的 $\boldsymbol{A}(t)$ 与如下 $\boldsymbol{B}(t)$ 矩阵，试求 $\boldsymbol{A}(t)\boldsymbol{B}(t)$ 对 t 的导数。

$$\boldsymbol{B}(t)=\begin{bmatrix}\mathrm{e}^{-t}-\mathrm{e}^{-2t}+\mathrm{e}^{-3t} & \mathrm{e}^{-t}-\mathrm{e}^{-2t} & \mathrm{e}^{-t}-\mathrm{e}^{-3t}\\ 2\mathrm{e}^{-2t}-\mathrm{e}^{-t}-\mathrm{e}^{-3t} & 2\mathrm{e}^{-2t}-\mathrm{e}^{-t} & \mathrm{e}^{-3t}-\mathrm{e}^{-t}\\ \mathrm{e}^{-t}-\mathrm{e}^{-2t} & \mathrm{e}^{-t}-\mathrm{e}^{-2t} & \mathrm{e}^{-t}\end{bmatrix}$$

解　可以用两种方法求 $\boldsymbol{A}(t)\boldsymbol{B}(t)$ 的导数，一种方法是先求出 $\boldsymbol{A}(t)\boldsymbol{B}(t)$ 再用`diff()`函数直接求导；另一种方法是由式(2-6-3)求导，两种方法得出的结果完全一致。从这个例子看，对复杂函数求导问题没有必要借助于式(2-6-3)介绍的间接方法，直接调用`diff()`函数求解即可。由于得出的结果过于繁杂，这里就不列出了。

```
>> syms t; clear A B
   A(t)=[t^2/2+1,t,t^2/2; t,1,t; -t^2/2,-t,1-t^2/2]*exp(-t);
   B(t)=[exp(-t)-exp(-2*t)+exp(-3*t),...
             exp(-t)-exp(-2*t),exp(-t)-exp(-3*t);
         2*exp(-2*t)-exp(-t)-exp(-3*t),...
             2*exp(-2*t)-exp(-t),exp(-3*t)-exp(-t);
         exp(-t)-exp(-2*t), exp(-t)-exp(-2*t), exp(-t)];
   A1=simplify(A*diff(B)+diff(A)*B)
   A2=simplify(diff(A*B)), simplify(A1-A2)
```

2.6.2　矩阵函数的积分

定义2-26　矩阵函数 $\boldsymbol{A}(t)$ 对 t 的定积分定义为每个元素定积分构成的矩阵。

$$\int_{t_0}^{t_\mathrm{n}}\boldsymbol{A}(t)\mathrm{d}t=\left\{\int_{t_0}^{t_\mathrm{n}}a_{ij}(t)\mathrm{d}t\right\} \tag{2-6-4}$$

MATLAB提供的`int()`函数可以直接对矩阵进行不定积分、定积分或反常积分运算。下面将通过例子演示积分运算。

例2-37　试对例2-35的结果进行积分运算，验证能否返回原函数。

解　可以先输入 $\boldsymbol{A}(t)$ 函数矩阵，对其求导再对结果作不定积分运算。可以看出，最终得出的结果可以还原给定的矩阵。

```
>> syms t; clear A
   A(t)=[t^2/2+1,t,t^2/2; t,1,t; -t^2/2,-t,1-t^2/2]*exp(-t);
   A1=simplify(diff(A,t)); A2=simplify(int(A1))
```

2.6.3 向量函数的Jacobi矩阵

定义2-27 假设有n个自变量的m个函数定义为

$$\begin{cases} y_1 = f_1(x_1, x_2, \cdots, x_n) \\ y_2 = f_2(x_1, x_2, \cdots, x_n) \\ \quad \vdots \\ y_m = f_m(x_1, x_2, \cdots, x_n) \end{cases} \tag{2-6-5}$$

将相应的y_i对x_j求偏导，则得出如下的Jacobi矩阵。

$$\boldsymbol{J} = \begin{bmatrix} \partial y_1/\partial x_1 & \partial y_1/\partial x_2 & \cdots & \partial y_1/\partial x_n \\ \partial y_2/\partial x_1 & \partial y_2/\partial x_2 & \cdots & \partial y_2/\partial x_n \\ \vdots & \vdots & \ddots & \vdots \\ \partial y_m/\partial x_1 & \partial y_m/\partial x_2 & \cdots & \partial y_m/\partial x_n \end{bmatrix} \tag{2-6-6}$$

Jacobi矩阵（Jacobian matrix）是以德国数学家Carl Gustav Jacob Jacobi（1804—1851）命名的，又称为梯度矩阵。Jacobi矩阵可以由MATLAB的符号运算工具箱中的`jacobian()`函数直接求得，其调用格式为$\boldsymbol{J}$=`jacobian(`$\boldsymbol{y}$,$\boldsymbol{x}$`)`。其中，$\boldsymbol{x}$是自变量构成的向量，$\boldsymbol{y}$是由各个函数构成的向量。

例2-38 已知球面坐标到直角坐标的变换公式为$x = r\sin\theta\cos\phi, y = r\sin\theta\sin\phi, z = r\cos\theta$，试求出函数向量$[x, y, z]$对自变量向量$[r, \theta, \phi]$的Jacobi矩阵。

解 先声明符号变量并描述三个函数，这样可以用下面语句求解出其Jacobi矩阵。

```
>> syms r theta phi; %声明符号变量
   x=r*sin(theta)*cos(phi); y=r*sin(theta)*sin(phi); z=r*cos(theta);
   J=jacobian([x; y; z],[r theta phi]) %直接求Jacobi矩阵
```

可以得出Jacobi矩阵为

$$\boldsymbol{J} = \begin{bmatrix} \sin\theta\cos\phi & r\cos\theta\cos\phi & -r\sin\theta\sin\phi \\ \sin\theta\sin\phi & r\cos\theta\sin\phi & r\sin\theta\cos\phi \\ \cos\theta & -r\sin\theta & 0 \end{bmatrix}$$

2.6.4 Hesse矩阵

定义2-28 给定n元标量函数$f(x_1, x_2, \cdots, x_n)$的Hesse矩阵定义为

$$\boldsymbol{H} = \begin{bmatrix} \partial^2 f/\partial x_1^2 & \partial^2 f/\partial x_1 \partial x_2 & \cdots & \partial^2 f/\partial x_1 \partial x_n \\ \partial^2 f/\partial x_2 \partial x_1 & \partial^2 f/\partial x_2^2 & \cdots & \partial^2 f/\partial x_2 \partial x_n \\ \vdots & \vdots & \ddots & \vdots \\ \partial^2 f/\partial x_n \partial x_1 & \partial^2 f/\partial x_n \partial x_2 & \cdots & \partial^2 f/\partial x_n^2 \end{bmatrix} \tag{2-6-7}$$

Hesse矩阵是以德国数学家Ludwig Otto Hesse（1811—1874）命名的，该矩阵是标量函数$f(x_1, x_2, \cdots, x_n)$的二阶偏导数矩阵。MATLAB提供了`hessian()`函数，可以直接求出原函数的Hesse矩阵，调用格式为$\boldsymbol{H}$=`hessian(`f,$\boldsymbol{x}$`)`。其中，向量

$\boldsymbol{x}=[x_1,x_2,\cdots,x_n]$。

早期版本的MATLAB符号运算工具箱未提供hessian()函数，可以由嵌套调用的jacobian()函数求解，$\boldsymbol{H}$=jacobian(jacobian(f,$\boldsymbol{x}$),$\boldsymbol{x}$)。

例2-39 试求二元函数 $f(x,y)=(x^2-2x)\mathrm{e}^{-x^2-y^2-xy}$ 的Hesse矩阵。

解 下面语句可以直接求取该函数的Hesse矩阵。

```
>> syms x y; f=(x^2-2*x)*exp(-x^2-y^2-x*y);
   H=simplify(hessian(f,[x,y]))
   H1=simplify(hessian(f,[x,y])/exp(-x^2-y^2-x*y))
```

提取指数再化简，得出的结果(或早期版本嵌套调用jacobian()函数)为

$$\boldsymbol{H}_1=\mathrm{e}^{-x^2-y^2-xy}\begin{bmatrix}4x-2(2x-2)(2x+y)-2x^2-(2x-x^2)(2x+y)^2+2 & 2x-(2x-2)(x+2y)-x^2-(2x-x^2)(x+2y)(2x+y)\\ 2x-(2x-2)(x+2y)-x^2-(2x-x^2)(x+2y)(2x+y) & x(x-2)(x^2+4xy+4y^2-2)\end{bmatrix}$$

本章习题

2.1 用MATLAB语句输入矩阵$\boldsymbol{A}$和$\boldsymbol{B}$。

$$\boldsymbol{A}=\begin{bmatrix}1&2&3&4\\4&3&2&1\\2&3&4&1\\3&2&4&1\end{bmatrix},\quad \boldsymbol{B}=\begin{bmatrix}1+4\mathrm{j}&2+3\mathrm{j}&3+2\mathrm{j}&4+1\mathrm{j}\\4+1\mathrm{j}&3+2\mathrm{j}&2+3\mathrm{j}&1+4\mathrm{j}\\2+3\mathrm{j}&3+2\mathrm{j}&4+1\mathrm{j}&1+4\mathrm{j}\\3+2\mathrm{j}&2+3\mathrm{j}&4+1\mathrm{j}&1+4\mathrm{j}\end{bmatrix}$$

$\boldsymbol{A}$为4×4矩阵，如果给出$\boldsymbol{A}(5,6)=5$命令，将得出什么结果？

2.2 试生成一个对角元素为$a_1,a_2,\cdots,a_{12}$的对角矩阵。

2.3 试从矩阵显示的形式辨认出矩阵是双精度矩阵还是符号矩阵。如果$\boldsymbol{A}$是数值矩阵而$\boldsymbol{B}$为符号矩阵，它们的乘积$\boldsymbol{C}$=$\boldsymbol{A}$*$\boldsymbol{B}$会是什么样的数据结构？试通过简单例子验证此判断。

2.4 试生成30000个标准正态分布的伪随机数，由得出的数据得出其均值与方差，并绘制其分布的直方图。

2.5 Jordan矩阵是矩阵分析中一类很实用的矩阵，其一般形式为

$$\boldsymbol{J}=\begin{bmatrix}-\alpha&1&0&\cdots&0\\0&-\alpha&1&\cdots&0\\\vdots&\vdots&\vdots&\ddots&\vdots\\0&0&0&\cdots&-\alpha\end{bmatrix}$$

例如

$$\boldsymbol{J}_1=\begin{bmatrix}-5&1&0&0&0\\0&-5&1&0&0\\0&0&-5&1&0\\0&0&0&-5&1\\0&0&0&0&-5\end{bmatrix}$$

试利用diag()函数给出构造$\boldsymbol{J}_1$的语句。

2.6 已知 $\boldsymbol{c}$=`[-4,-3,-2,-1,0,1,2,3,4]`，试由其生成Hankel矩阵、Vandermonde矩阵以及相伴矩阵。

2.7 试用底层命令编写出生成 n 阶Wilkinson矩阵的MATLAB函数。

2.8 试生成 9×9 的魔方矩阵，并观察数字 $1\rightarrow 2\rightarrow\cdots\rightarrow 80\rightarrow 81$ 的走行规则。

2.9 试用随机矩阵的生成方式生成一个 15×15 矩阵，使得该矩阵的元素只有0和1，且矩阵行列式的值为1。

2.10 试不用循环方式将下面 20×20 矩阵输入计算机。

$$\boldsymbol{A}=\begin{bmatrix} x & a & a & \cdots & a\\ a & x & a & \cdots & a\\ a & a & x & \cdots & a\\ \vdots & \vdots & \vdots & \ddots & a\\ a & a & a & \cdots & x\end{bmatrix}$$

2.11 幂零矩阵是一类特殊的矩阵，其基本形式如下：矩阵的次主对角线元素为1，其余均为0。试验证：对指定阶次的幂零矩阵，有 $\boldsymbol{H}_n^i=\boldsymbol{0}$ 对所有的 $i\geqslant n$ 成立。

2.12 请将下面给出的矩阵 $\boldsymbol{A}$ 和 $\boldsymbol{B}$ 输入MATLAB环境，并将其转换成符号矩阵。

$$\boldsymbol{A}=\begin{bmatrix} 5 & 7 & 6 & 5 & 1 & 6 & 5\\ 2 & 3 & 1 & 0 & 0 & 1 & 4\\ 6 & 4 & 2 & 0 & 6 & 4 & 4\\ 3 & 9 & 6 & 3 & 6 & 6 & 2\\ 10 & 7 & 6 & 0 & 0 & 7 & 7\\ 7 & 2 & 4 & 4 & 0 & 7 & 7\\ 4 & 8 & 6 & 7 & 2 & 1 & 7\end{bmatrix},\quad \boldsymbol{B}=\begin{bmatrix} 3 & 5 & 5 & 0 & 1 & 2 & 3\\ 3 & 2 & 5 & 4 & 6 & 2 & 5\\ 1 & 2 & 1 & 1 & 3 & 4 & 6\\ 3 & 5 & 1 & 5 & 2 & 1 & 2\\ 4 & 1 & 0 & 1 & 2 & 0 & 1\\ -3 & -4 & -7 & 3 & 7 & 8 & 12\\ 1 & -10 & 7 & -6 & 8 & 1 & 5\end{bmatrix}$$

2.13 试对给出的 $\boldsymbol{A}$ 矩阵求出 $\boldsymbol{A}^{\mathrm{T}}$ 与 $\boldsymbol{A}^{\mathrm{H}}$，并理解得出的结果。

$$\boldsymbol{A}=\begin{bmatrix} 4+3\mathrm{j} & 6+5\mathrm{j} & 3+3\mathrm{j} & 1+2\mathrm{j} & 4+\mathrm{j}\\ 6+4\mathrm{j} & 5+5\mathrm{j} & 1+2\mathrm{j} & 2\mathrm{j} & 5\\ 1 & 4 & 5+3\mathrm{j} & 5+\mathrm{j} & 4+6\mathrm{j}\end{bmatrix}$$

2.14 试生成 5×5 的魔方矩阵，并求出其所有的五次方根矩阵。

2.15 对 3×3 的魔方矩阵 $\boldsymbol{A}$，试理解命令 $\boldsymbol{A}$`.^2` 与 $\boldsymbol{A}$`^2` 是否一致的，它们的物理意义是什么？

2.16 试生成一个 9×9 的魔方矩阵，并对其2~7列的顺序作一次随机排列，其他各列不变，试通过语句观察是不是能实现预期的结果。

2.17 已知下面给出的方阵 $\boldsymbol{A}$，试用矩阵乘方的方式得出 $\boldsymbol{A}$ 的逆矩阵，并求出 $\boldsymbol{A}^{-5}$。

$$\boldsymbol{A}=\begin{bmatrix} 1 & 0 & 6 & 1\\ 3 & 6 & 1 & 2\\ 5 & 5 & 5 & 1\\ 5 & 1 & 6 & 3\end{bmatrix}$$

2.18 对下面的矩阵 $\boldsymbol{A}$ 和 $\boldsymbol{B}$，试计算 $\boldsymbol{A}\otimes\boldsymbol{B}$ 和 $\boldsymbol{B}\otimes\boldsymbol{A}$，并判定二者是否相等。

$$\boldsymbol{A}=\begin{bmatrix} -1 & 2 & 2 & 1\\ -1 & 2 & 1 & 0\\ 2 & 1 & 1 & 0\\ 1 & 0 & 2 & 0\end{bmatrix},\quad \boldsymbol{B}=\begin{bmatrix} 3 & 0 & 3\\ 3 & 2 & 2\\ 3 & 1 & 1\end{bmatrix}$$

2.19 对习题2.18给出的矩阵，试求 $\boldsymbol{A}\oplus\boldsymbol{B}$ 与 $\boldsymbol{B}\oplus\boldsymbol{A}$，并判定二者是否相等。

2.20 已知如下矩阵，试验证 $\boldsymbol{A}_1\otimes\boldsymbol{B}_1+\boldsymbol{A}_2\otimes\boldsymbol{B}_2\neq(\boldsymbol{A}_1+\boldsymbol{A}_2)\otimes(\boldsymbol{B}_1+\boldsymbol{B}_2)$

$$\boldsymbol{A}_1=\begin{bmatrix}2&0\\2&2\end{bmatrix},\ \boldsymbol{A}_2=\begin{bmatrix}1&0\\0&1\end{bmatrix}$$

$$\boldsymbol{B}_1=\begin{bmatrix}2&2&1&1\\2&1&2&0\\0&2&2&2\\2&0&2&2\end{bmatrix},\ \boldsymbol{B}_2=\begin{bmatrix}2&1&0&2\\2&0&0&0\\2&2&0&2\\1&0&2&0\end{bmatrix}$$

2.21 已知函数矩阵 $\boldsymbol{A}(t)$、$\boldsymbol{B}(t)$，试求 $\mathrm{d}\left[\boldsymbol{A}^2(t)\boldsymbol{B}^3(t)\right]/\mathrm{d}t$。对结果求取积分计算，看看能否还原原来的矩阵。

$$\boldsymbol{A}(t)=\begin{bmatrix}t^2/2+1&t&t^2/2\\t&1&t\\-t^2/2&-t&1-t^2/2\end{bmatrix}\mathrm{e}^{-t}$$

$$\boldsymbol{B}(t)=\begin{bmatrix}\mathrm{e}^{-t}-\mathrm{e}^{-2t}+\mathrm{e}^{-3t}&\mathrm{e}^{-t}-\mathrm{e}^{-2t}&\mathrm{e}^{-t}-\mathrm{e}^{-3t}\\2\mathrm{e}^{-2t}-\mathrm{e}^{-t}-\mathrm{e}^{-3t}&2\mathrm{e}^{-2t}-\mathrm{e}^{-t}&\mathrm{e}^{-3t}-\mathrm{e}^{-t}\\\mathrm{e}^{-t}-\mathrm{e}^{-2t}&\mathrm{e}^{-t}-\mathrm{e}^{-2t}&\mathrm{e}^{-t}\end{bmatrix}$$

2.22 假设已知函数矩阵，试求出其Jacobi矩阵。

$$\boldsymbol{f}(x,y,z)=\begin{bmatrix}3x+\mathrm{e}^yz\\x^3+y^2\sin z\end{bmatrix}$$

2.23 已知三元标量函数 $f(x,y,z)=3x+\mathrm{e}^yz+x^3+y^2\sin z$，试求其Hesse矩阵。

薛定宇教授大讲堂

MATLAB线性代数运算

第3章 矩阵基本分析

矩阵分析是研究矩阵及其代数性质的学科，内容包括矩阵的代数运算、矩阵的线性变换、矩阵的特征值与矩阵的非线性函数计算等。本章先介绍基本的矩阵分析内容，3.1 节的矩阵行列式计算，介绍代数余子式方法及其MATLAB实现，并介绍求解线性方程的Cramer法则；3.2 节介绍矩阵的一些基本性质，如矩阵的迹、矩阵的线性相关与秩、向量范数与矩阵范数等计算，以及向量空间等概念；3.3 节介绍逆矩阵的概念与求解方法，还介绍最小行阶梯标准型变换问题，并介绍广义逆矩阵的计算方法；3.4 节介绍矩阵特征多项式与特征值的概念与计算方法，并介绍广义特征值的概念；3.5 节介绍矩阵多项式的概念与计算方法，并介绍多项式不同表示方式的相互转换方法。

3.1 行列式

矩阵的行列式（determinant）是线性代数与矩阵分析领域的重要概念，也曾经是求解线性代数方程的重要工具，其英文名称的含义是“决定符”，它决定一个线性方程是不是有唯一解。当然，随着线性代数理论的发展，行列式在这方面的价值变得越来越小[8]。本节将介绍如何使用MATLAB语言求解矩阵的行列式问题，并试图给出特殊任意阶矩阵的行列式计算公式与矩阵方程求解Cramer法则及其MATLAB实现。

3.1.1 行列式的定义与性质

定义 3-1 n 阶矩阵 $\boldsymbol{A}=\{a_{ij}\}$ 的行列式定义为

$$\boldsymbol{D}=|\boldsymbol{A}|=\det(\boldsymbol{A})=\sum(-1)^k a_{1k_1}a_{2k_2}\cdots a_{nk_n} \tag{3-1-1}$$

式中，$k_1,k_2,\cdots,k_n$ 是将序列 $1,2,\cdots,n$ 的元素交换 k 次所得出的一个序列，每个这样的序列称为一个置换（permutation，即全排列）；而 Σ 表示对 $k_1,k_2,\cdots,k_n$ 取遍 $1,2,\cdots,n$ 的所有排列的求和。

值得注意的是，只有$n\times n$方阵才有行列式，一般长方形矩阵是没有行列式的。矩阵的行列式是一个标量。

定义 3-2 行列式为零的矩阵称为奇异矩阵。

下面不加证明地列出一些矩阵行列式的性质。

定理 3-1 已知方阵$\boldsymbol{A}$、$\boldsymbol{B}$，则$\det(\boldsymbol{AB})=\det(\boldsymbol{A})\det(\boldsymbol{B})$。

定理 3-2 一般非奇异方阵$\boldsymbol{A}$的逆矩阵的行列式满足$\det\left(\boldsymbol{A}^{-1}\right)=1/\det(\boldsymbol{A})$。

定理 3-3 转置矩阵的行列式与原矩阵的行列式相等，即$\det\left(\boldsymbol{A}^{\mathrm{T}}\right)=\det(\boldsymbol{A})$。

定理 3-4 若矩阵的某一行（列）元素都乘以k，则新矩阵的行列式为$k\det(\boldsymbol{A})$。

定理 3-5 若矩阵的某一行（列）元素都是零，则行列式为零，矩阵为奇异矩阵。

定理 3-6 如果矩阵的任意两行（列）交换，则新矩阵的行列式为$-\det(\boldsymbol{A})$。

定理 3-7 如果矩阵的某行（列）元素为两个数值的和

$$\boldsymbol{A}=\begin{bmatrix} a_{11} & a_{12} & \cdots & a_{1n} \\ \vdots & \vdots & \ddots & \vdots \\ a_{i1}+a'_{i1} & a_{i2}+a'_{i2} & \cdots & a_{in}+a'_{in} \\ \vdots & \vdots & \ddots & \vdots \\ a_{n1} & a_{n2} & \cdots & a_{nn} \end{bmatrix} \tag{3-1-2}$$

则矩阵的行列式等于这两个矩阵行列式的和

$$\det(\boldsymbol{A})=\begin{vmatrix} a_{11} & a_{12} & \cdots & a_{1n} \\ \vdots & \vdots & \ddots & \vdots \\ a_{i1} & a_{i2} & \cdots & a_{in} \\ \vdots & \vdots & \ddots & \vdots \\ a_{n1} & a_{n2} & \cdots & a_{nn} \end{vmatrix}+\begin{vmatrix} a_{11} & a_{12} & \cdots & a_{1n} \\ \vdots & \vdots & \ddots & \vdots \\ a'_{i1} & a'_{i2} & \cdots & a'_{in} \\ \vdots & \vdots & \ddots & \vdots \\ a_{n1} & a_{n2} & \cdots & a_{nn} \end{vmatrix} \tag{3-1-3}$$

定理 3-8 如果将矩阵的任意一行（列）乘以某个常数之后加到另一行（列）之后，新矩阵的行列式不变。

3.1.2 低阶矩阵的行列式计算

一阶矩阵是标量，所以一阶矩阵的行列式就是矩阵元素本身。二阶和三阶矩阵的行列式计算方法将通过例子给出，还将给出高阶矩阵行列式的代数余子式方法及其MATLAB实现，并通过例子演示其局限性。

例 3-1 给出2×2矩阵与3×3矩阵的行列式公式与解释。

解 对2×2矩阵而言，可以得出正反向两条对角线，则矩阵的行列式为正对角线元素的乘积减去反对角线元素的乘积，即

$$\begin{vmatrix} a_{11} & a_{12} \\ a_{21} & a_{22} \end{vmatrix}=a_{11}a_{22}-a_{12}a_{21}$$

对一般3×3矩阵而言，应该先将其如下扩展成3×5矩阵。

$$\begin{bmatrix} a_{11} & a_{12} & a_{13} \\ a_{21} & a_{22} & a_{23} \\ a_{31} & a_{32} & a_{33} \end{bmatrix} \Rightarrow \begin{bmatrix} a_{11} & a_{12} & a_{13} & a_{11} & a_{12} \\ a_{21} & a_{22} & a_{23} & a_{21} & a_{22} \\ a_{31} & a_{32} & a_{33} & a_{31} & a_{32} \end{bmatrix}$$

这样，新矩阵就有了三条正向对角线，三条反向对角线。将每条正对角线所有元素的乘积加起来，再减去每条反对角线元素的乘积，可以得出3×3矩阵的行列式为

$$\begin{vmatrix} a_{11} & a_{12} & a_{13} \\ a_{21} & a_{22} & a_{23} \\ a_{31} & a_{32} & a_{33} \end{vmatrix} = a_{11}a_{22}a_{33}+a_{12}a_{23}a_{31}+a_{13}a_{21}a_{32}-a_{31}a_{22}a_{13}-a_{32}a_{23}a_{11}-a_{33}a_{21}a_{12}$$

高阶矩阵的行列式不能采用上述方法计算，在传统的线性代数教材中建议使用代数余子式的方法进行计算。

定义3-3　对一个n阶矩阵$\boldsymbol{A}$而言，若划去其第i行、第j列的所有元素，剩下的$n-1$阶矩阵行列式称为矩阵$\boldsymbol{A}$的第(i,j)余子式（minor），记作M_{ij}。该余子式乘以$(-1)^{i+j}$，即$A_{ij}=(-1)^{i+j}M_{ij}$，则A_{ij}称为代数余子式（algebraic cofactor）。

定理3-9　矩阵$\boldsymbol{A}$的行列式可以按任一行（如第k行）直接求出

$$\det(\boldsymbol{A}) = a_{k1}A_{k1}+a_{k2}A_{k2}+\cdots+a_{kn}A_{kn} \tag{3-1-4}$$

也可以按任意一列（如第m列）展开求出

$$\det(\boldsymbol{A}) = a_{1m}A_{1m}+a_{2m}A_{2m}+\cdots+a_{nm}A_{nm} \tag{3-1-5}$$

其中，$1\leqslant k,m\leqslant n$，这种方法又称为代数余子式方法。

基于上面介绍的方法，若式(3-1-4)中令$k=1$，则可以编写出利用代数余子式方法求取矩阵行列式的MATLAB函数，其中矩阵$\boldsymbol{A}_2$是余子式。可以看出，这里的计算只涉及乘法运算，所以计算精度一般没有问题。不过这里采用了递归的调用格式，计算速度在矩阵规模较大时可能会出现问题。

```
function d=det1(A)
[n,m]=size(A);
if n==m
   if n==1; d=A;
   elseif n==2, d=A(1,1)*A(2,2)-A(1,2)*A(2,1);
   else, d=0; A1=A; A1(1,:)=[];
      for i=1:n
         A2=A1; A2(:,i)=[]; d=d+A(1,i)*(-1)^(1+i)*det1(A2);
   end, end
else, error('A rectangular matrix cannot be handled.'); end
```

例3-2 试求下面四阶魔方矩阵的行列式。

$$A=\begin{bmatrix}16 & 2 & 3 & 13\\ 5 & 11 & 10 & 8\\ 9 & 7 & 6 & 12\\ 4 & 14 & 15 & 1\end{bmatrix}$$

解 调用前面介绍的函数det1()可以立即求出行列式的值为0。

```
>> A=[16 2 3 13; 5 11 10 8; 9 7 6 12; 4 14 15 1]; det1(A)
```

例3-3 试用这里给出的函数计算10×10的魔方矩阵的行列式，并测试耗时。

解 由下面的命令可以求出行列式的值为0，共耗时7.92 s。

```
>> A=magic(10); tic, d=det1(A), toc
```

对高阶矩阵而言，代数余子式方法是一种极其耗时的方法，11×11矩阵行列式的计算需要85 s的时间。

如果一个矩阵中有很多元素为零，则可以编写下面的函数，自动选择含非零元素最少的一行或一列进行代数余子式计算，当某一个元素非零，则不再累加该项，这样可以节省整体运算时间。基于这样的思路，可以编写出如下的MATLAB函数来计算矩阵的行列式。

```
function d=det2(A)
[n,m]=size(A);
if n==m
   if n==1; d=A;
   else, [n1,ix]=nnzc(A,n); [n2,iy]=nnzc(A.',n);
      if n1>n2, ix=iy; else, A=A.'; end
      d=0; A1=A; A1(ix,:)=[];
      for i=1:n, if A(ix,i)~=0,
         A2=A1; A2(:,i)=[]; d=d+A(ix,i)*(-1)^(ix+i)*det2(A2);
   end, end, end
else, error('A rectangular matrix cannot be handled.'); end
function [n0,ix]=nnzc(A,n)
n0=n; ix=1;
for i=1:n, n1=nnz(A(:,i)); if n1<n0, n0=n1; ix=i; end, end
```

该函数中还编写了子函数nnzc()，找出含有最少非零元素的一列，其非零元素的个数为n_0，列号为i_x，如果对转置矩阵$A^{\rm T}$调用这个函数，则找出含有最少非零元素的一行及行号。

例3-4　试求出下面11阶矩阵的行列式

$$A=\begin{bmatrix} 1 & -1 & 0 & 0 & 1 & 1 & 0 & -1 & 0 & 1 & -1 \\ 1 & -1 & 1 & 0 & -1 & -1 & -1 & -1 & 1 & 1 & 0 \\ 0 & 0 & -1 & 0 & -1 & 1 & -1 & 0 & 1 & 1 & 0 \\ 0 & 0 & -1 & 0 & -1 & 1 & 1 & -1 & 0 & 0 & 0 \\ 1 & -1 & -1 & 0 & 1 & 1 & 0 & 0 & 0 & -1 & 1 \\ 1 & 1 & 0 & -1 & 0 & 1 & 1 & 1 & 1 & 0 & 0 \\ 1 & 0 & 1 & 1 & -1 & 0 & -1 & 1 & 1 & 0 & -1 \\ 0 & -1 & -1 & -1 & 1 & 0 & -1 & -1 & -1 & 0 & 0 \\ 1 & -1 & 1 & 0 & 1 & -1 & 1 & 1 & 1 & 0 & 0 \\ 1 & 1 & 1 & 0 & 0 & 0 & 0 & -1 & 1 & 1 & 1 \\ -1 & -1 & -1 & 0 & -1 & 1 & -1 & 1 & -1 & 1 & 0 \end{bmatrix}$$

解　可以将该矩阵输入MATLAB环境，然后调用两个函数分别求其行列式，得出的结果完全一致，为510。然而，二者耗时却大不相同，由det1()函数测出的耗时为82.65 s，而采用det2()函数则耗时降为2.75 s，极大地提高了程序效率。一般情况下，矩阵中非零元素越多，求解时间越短。

```
>> A=[1,-1,0,0,1,1,0,-1,0,1,-1; 1,-1,1,0,-1,-1,-1,-1,1,1,0;
     0,0,-1,0,-1,1,-1,0,1,1,0; 0,0,-1,0,-1,1,1,-1,0,0,0;
     1,-1,-1,0,1,1,0,0,0,-1,1; 1,1,0,-1,0,1,1,1,1,0,0;
     1,0,1,1,-1,0,-1,1,1,0,-1; 0,-1,-1,-1,1,0,-1,-1,-1,0,0;
     1,-1,1,0,1,-1,1,1,1,0,0; 1,1,1,0,0,0,0,-1,1,1,1;
     -1,-1,-1,0,-1,1,-1,1,-1,1,0];
   tic, det1(A), toc, tic, det2(A), toc
```

可以证明，n阶矩阵行列式的计算量为$(n-1)(n+1)!+n$。当$n=25$时，计算量可达9.679×10^{27}，相当于在每秒12.54亿亿次的神威太湖之光（2017年世界上最快的超级计算机）上204年的计算量。所以，实际大型矩阵的行列式计算不能采用这样的方法，而需要更好更高效的方法。

3.1.3　行列式计算问题的MATLAB求解

在介绍MATLAB的通用行列式求解方法之前，先看一个例子，然后给出矩阵行列式计算的MATLAB通用求解方法。

例3-5　试考虑下面矩阵的行列式计算问题：

$$A=\begin{bmatrix} 0 & 1 & 0 & -1 \\ 0 & 0 & -1 & 0 \\ -1 & 2 & 2 & 0 \\ 2 & -1 & 2 & 1 \end{bmatrix}$$

解　一般情况下，4阶矩阵的行列式用代数余子式方法可以转换成4个3阶矩阵的行列式问题，正是这种转换才使得高阶矩阵行列式的计算出现困难。对这个矩阵的特例，如果按第2行作代数余子式运算，可以将4阶行列式问题转化成一个3阶矩阵的行列式问题，大大减小运算量。

在实际应用中，其实也可以采用某种算法将一个一般矩阵转换成特殊形式，如采用三角分解（又称为LU分解，后面将介绍）方法，将其分解成一个上三角矩阵$\boldsymbol{U}$和一个下三角矩阵$\boldsymbol{L}$的积，即$\boldsymbol{A}=\boldsymbol{LU}$，这样可以先求出$\boldsymbol{L}$矩阵的行列式。注意，在这一矩阵中只有一种非零的置换方式且其行列式的值s为1或-1。同样，因为$\boldsymbol{U}$为上三角矩阵，所以其行列式的值为该矩阵主对角线元素之积，即$\boldsymbol{A}$矩阵的行列式为$\det(\boldsymbol{A})=s\prod\limits_{i=1}^{n}u_{ii}$。

MATLAB提供了内核函数`det()`，其调用格式很直观：d=`det(`$\boldsymbol{A}$`)`。利用它可以直接求取矩阵$\boldsymbol{A}$的行列式。该函数同样适用于符号型矩阵$\boldsymbol{A}$。

例3-6　求出例3-2中矩阵$\boldsymbol{A}$的行列式。

解　由下面的语句可以立即得出矩阵的行列式的解析解为0，而数值解为5.1337×10^{-13}，所以数值解存在误差。从数值算法角度看，由于代数余子式方法只采用简单的乘法运算，所以对整数矩阵一般不产生误差，而`det()`函数使用的方法涉及较麻烦的迭代运算，可能会导致误差的出现。

```
>> A=[16 2 3 13; 5 11 10 8; 9 7 6 12; 4 14 15 1];
   det(A), det(sym(A))
```

例3-7　试用`det()`函数重新求解例3-4中的行列式计算问题。

解　如果采用数值方法调用`det()`函数，则得出结果为509.9999999999999，耗时仅为0.0121 s，而采用符号运算的方法耗时仅0.0809 s，可以得出精确的结果。

```
>> A=[1,-1,0,0,1,1,0,-1,0,1,-1; 1,-1,1,0,-1,-1,-1,-1,1,1,0;
      0,0,-1,0,-1,1,-1,0,1,1,0; 0,0,-1,0,-1,1,1,-1,0,0,0;
      1,-1,-1,0,1,1,0,0,0,-1,1; 1,1,0,-1,0,1,1,1,1,0,0;
      1,0,1,1,-1,0,-1,1,1,0,-1; 0,-1,-1,-1,1,0,-1,-1,-1,0,0;
      1,-1,1,0,1,-1,1,1,1,0,0; 1,1,1,0,0,0,0,-1,1,1,1;
      -1,-1,-1,0,-1,1,-1,1,-1,1,0];
   tic, det(A), toc, tic, det(sym(A)), toc
```

例3-8　高阶Hilbert矩阵是接近奇异的矩阵。试用解析解方法计算出80×80的Hilbert矩阵的行列式。

解　首先用`hilb()`函数可以定义一个80×80的Hilbert矩阵，将其转换成符号矩阵，则MATLAB的`det()`函数会自动采用解析解法求出其行列式的值。

```
>> tic, H=sym(hilb(80)); det(H), toc %构造符号矩阵，求行列式解析解
```

可以得出如下的行列式的解析解及近似值为

$$\det(\boldsymbol{H})=\frac{1}{\underbrace{99030101466993477878867678\cdots 000000000000}_{3790\text{位，因排版限制省略了中间的数字}}}\approx 1.009794\times 10^{-3971}$$

从计算结果还可以看出，利用解析方法在1.34 s内就可以得出原问题的解析解，因

为这里采用的底层方法是三角矩阵分解的方法，而不是代数余子式算法。

例3-9　既然符号运算这么完美，是不是一般矩阵都可以采用符号运算的方法计算行列式呢？

解　与数值运算相比，符号运算的计算量远远高于数值矩阵运算。所以，在实际应用中应该对一般矩阵的行列式计算速度有一个估计。最公平的常规矩阵莫过于随机矩阵，可以用循环方式测试不同阶次的随机矩阵，得出表3-1中给出的耗时记录；数值运算耗时差别不大，都是ms级。从得出的记录可以看出大致趋势，当矩阵的阶次每增加10时，耗时将增加一倍左右。所以，符号运算的方法不适合大规模矩阵计算。

```
>> for n=10:10:90, H=rand(n);
      tic, det(H); toc, tic, det(sym(H)); toc
   end
```

表 3-1　随机矩阵行列式符号运算耗时

阶次	10	20	30	40	50	60	70	80	90
耗时/s	0.0128	0.124	0.602	1.764	4.451	9.41	17.85	32.73	51.75

例3-10　试给出一般4阶矩阵的行列式计算公式。

解　用下面的语句定义一个一般的4阶符号矩阵，然后调用`det()`函数即可以直接求解。该函数既可以用于数值矩阵的求解，也可以用于解析矩阵的求解，无需任何经验和技巧。

```
>> A=sym('a%d%d',4); d=det(A) %求任意4×4矩阵行列式的解析解
```

该矩阵行列式的一般求解公式为

$$\begin{aligned}d=&a_{11}a_{22}a_{33}a_{44}-a_{11}a_{22}a_{34}a_{43}-a_{11}a_{23}a_{32}a_{44}+a_{11}a_{23}a_{34}a_{42}+a_{11}a_{24}a_{32}a_{43}\\&-a_{11}a_{24}a_{33}a_{42}-a_{12}a_{21}a_{33}a_{44}+a_{12}a_{21}a_{34}a_{43}+a_{12}a_{23}a_{31}a_{44}-a_{12}a_{23}a_{34}a_{41}\\&-a_{12}a_{24}a_{31}a_{43}+a_{12}a_{24}a_{33}a_{41}+a_{13}a_{21}a_{32}a_{44}-a_{13}a_{21}a_{34}a_{42}-a_{13}a_{22}a_{31}a_{44}\\&+a_{13}a_{22}a_{34}a_{41}+a_{13}a_{24}a_{31}a_{42}-a_{13}a_{24}a_{32}a_{41}-a_{14}a_{21}a_{32}a_{43}+a_{14}a_{21}a_{33}a_{42}\\&+a_{14}a_{22}a_{31}a_{43}-a_{14}a_{22}a_{33}a_{41}-a_{14}a_{23}a_{31}a_{42}+a_{14}a_{23}a_{32}a_{41}\end{aligned}$$

从得出的结果看，矩阵$\boldsymbol{A}$行列式的前6项均是和a_{11}相关的项，下面6项都是和a_{12}相关的项，所以可以将上面的行列式结果写成$a_{11}A_{11}+a_{12}A_{12}+a_{13}A_{13}+a_{14}A_{14}$。其中，$A_{ij}$称为$a_{ij}$的代数余子式，其值等于原来矩阵$\boldsymbol{A}$划去第$i$行第$j$列后子矩阵的行列式乘以符号$(-1)^{i+j}$。

如果想求出A_{23}的值，有两种方法可以采用，其一是由定义直接求出，下面语句

```
>> i=2; j=3; B=A; B(i,:)=[]; B(:,j)=[];
   A23=(-1)^(i+j)*det(B) %划掉当前行、列
```

得出的结果为

$$A_{23}=-a_{11}a_{32}a_{44}+a_{11}a_{34}a_{42}+a_{12}a_{31}a_{44}-a_{12}a_{34}a_{41}-a_{14}a_{31}a_{42}+a_{14}a_{32}a_{41}$$

其二是从前面得出的d值中剔除掉不含a_{23}的项，然后再除以a_{23}，具体的剔除方法

是用d减去将a_{23}置零后剩下的项。这样,就可以得出其代数余子式的值,与前面得出的结果完全一致。

```
>> syms a23; A23_1=simplify((d-subs(d,a23,0))/a23) %另一种方法
```

例3-11　试求例2-25中给出的复数矩阵的行列式。

解　可以将复数矩阵输入计算机,然后用下面的语句直接计算矩阵的行列式,得出的数值解为$-0.000000000000057-53.999999999999986\mathrm{j}$,解析解为$-54\mathrm{j}$。由这里给出的例子看,复数矩阵可以与实数矩阵同等处理。

```
>> A=[1+9i,2+8i,3+7j; 4+6j 5+5i,6+4i; 7+3i,8+2j 1i];
   det(A), det(sym(A))
```

3.1.4　任意阶特殊矩阵的行列式计算

MATLAB只能处理给定阶矩阵的问题，不能处理任意n阶的矩阵问题。对于一些特殊的矩阵，可以考虑对一些给定阶的矩阵行列式问题进行总结，推出任意阶行列式的计算公式。本节将通过例子演示这种推导方法。

例3-12　试求出下面n阶矩阵的行列式。

$$\boldsymbol{A}=\begin{bmatrix} x-a & a & a & \cdots & a \\ a & x-a & a & \cdots & a \\ a & a & x-a & \cdots & a \\ \vdots & \vdots & \vdots & \ddots & \vdots \\ a & a & a & \cdots & x-a \end{bmatrix}$$

解　如果n不是已知数值,MATLAB是不能直接处理n阶矩阵的,所以应该先为其取一个值,例如$n=20$,这样就可以由下面的语句生成一个20×20矩阵,求其行列式并化简,则得出$d=-(18a+x)(2a-x)^{19}$。

```
>> n=20; syms a x; A=a*ones(n); A=(x-2*a)*eye(n)+A;
   d=simplify(det(A))
```

如果将n取作21,则得出其行列式为$d=(19a+x)(2a-x)^{20}$。综上,可以得出n阶矩阵的行列式为$d=(-1)^{n+1}((n-2)a+x)(2a-x)^{n-1}, n=1,2,\cdots$。

例3-13　试求出下面n阶三对角矩阵的行列式

$$\boldsymbol{A}=\begin{bmatrix} 2 & 1 & 0 & \cdots & 0 & 0 & 0 \\ 1 & 2 & 1 & \cdots & 0 & 0 & 0 \\ \vdots & \vdots & \vdots & \ddots & \vdots & \vdots & \vdots \\ 0 & 0 & 0 & \cdots & 1 & 2 & 1 \\ 0 & 0 & 0 & \cdots & 0 & 1 & 2 \end{bmatrix}$$

解　可以用循环结构计算一些n取值下行列式的值。

```
>> for n=2:8,
      v=ones(n-1,1); A=2*eye(n)+diag(v,1)+diag(v,-1);
      det(sym(A))
   end
```

得出的结果分别为$3,4,\cdots,9$。对每个不同的n取值可以发现，行列式的值为$n+1$，所以可以总结出规律，n阶矩阵的行列式为$n+1$。

例3-14　试求下面$2n$阶矩阵的行列式，并总结出一般规律。

$$\boldsymbol{A}=\begin{bmatrix} a & & & & & b \\ & \ddots & & & \iddots & \\ & & a & b & & \\ & & c & d & & \\ & \iddots & & & \ddots & \\ c & & & & & d \end{bmatrix}$$

解　可以看出，这个矩阵的正对角线前n个元素为a，后n个为d，而反对角线前n个元素为c，后n个元素为b，所以选择$n=10$。可以由下面的简单语句生成这个特殊矩阵，再求行列式。

```
>> syms a b c d; n=10; v=ones(1,n);
   A=diag([a*v d*v])+fliplr(diag([c*v b*v])); det(A)
```

则得出的结果为$(ad-bc)^{10}$；再选择$n=11$，则得出的行列式为$(ad-bc)^{11}$。综上所述，$2n$阶矩阵的行列式为$(ad-bc)^n$。

3.1.5　线性方程组的Cramer法则

矩阵行列式最直接的应用是线性方程组的求解。先考虑一个二元一次方程的例子，演示线性方程组的解与一般行列式的关系，然后给出常用的Cramer法则。

例3-15　试求解下面的二元一次方程组。

$$\begin{cases} a_{11}x_1+a_{12}x_2=b_1 \\ a_{21}x_1+a_{22}x_2=b_2 \end{cases}$$

解　如果用矩阵表示，可以将方程写成$\boldsymbol{Ax}=\boldsymbol{b}$形式。可以用符号运算工具箱中提供的solve()函数直接求解线性方程。

```
>> syms a11 a12 a21 a22 b1 b2 x1 x2
   [x1,x2]=solve(a11*x1+a12*x2==b1,a21*x1+a22*x2==b2)
```

得出的解为

$$x_1=\frac{a_{22}b_1-a_{12}b_2}{a_{11}a_{22}-a_{12}a_{21}},\ x_2=\frac{a_{11}b_2-a_{21}b_1}{a_{11}a_{22}-a_{12}a_{21}}$$

显然，方程解的分母是系数矩阵$\boldsymbol{A}$的行列式。现在再观察解的分子，不难发现，

$$a_{22}b_1-a_{12}b_2=\begin{vmatrix} b_1 & a_{12} \\ b_2 & a_{22} \end{vmatrix},\ a_{11}b_2-a_{21}b_1=\begin{vmatrix} a_{11} & b_1 \\ a_{21} & b_2 \end{vmatrix}$$

其中，x_1的分子为将$\boldsymbol{b}$向量替换$\boldsymbol{A}$矩阵第一列后的行列式，而x_2的分子为$\boldsymbol{b}$向量替换$\boldsymbol{A}$第二列后的行列式。

瑞士数学家Gabriel Cramer（1704—1752）在其1750年的著作中给出了基于矩阵行列式的线性方程求解方法，后人称之为Cramer法则。其内容如下：

定理3-10 如果$\boldsymbol{A}$为非奇异矩阵，则方程$\boldsymbol{Ax}=\boldsymbol{b}$的唯一解为

$$x_1=\frac{\det(\boldsymbol{D}_1)}{\det(\boldsymbol{A})},\ x_2=\frac{\det(\boldsymbol{D}_2)}{\det(\boldsymbol{A})},\ \cdots,\ x_n=\frac{\det(\boldsymbol{D}_n)}{\det(\boldsymbol{A})} \tag{3-1-6}$$

其中，$\boldsymbol{D}_j$是用$\boldsymbol{b}$向量替换$\boldsymbol{A}$矩阵第j列后的矩阵。

如果$\boldsymbol{b}$不是列向量而是矩阵，则需要对其每一列单独处理求解方程。

根据前面介绍的Cramer法则，可以容易地编写出线性代数方程的求解程序。该函数还可以求解多列$\boldsymbol{B}$矩阵的问题，并可以处理方程求解的符号运算。

```
function x=cramer(A,B)
D=det(A); [n,m]=size(B);
if D==0, error('coefficient matrix is singular')
else
   for i=1:m, for j=1:n
      A1=A; A1(:,j)=B(:,i); x0(j)=det(A1)/D;
   end, x(:,i)=x0;
end, end
```

例3-16 试用Cramer法则求解如下的线性方程组。

$$\begin{bmatrix}17&24&1&8&15\\23&5&7&14&16\\4&6&13&20&22\\10&12&19&21&3\\11&18&25&2&9\end{bmatrix}\boldsymbol{x}=\begin{bmatrix}-1&-2\\1&-1\\-2&-2\\0&2\\1&0\end{bmatrix}$$

解 求解这个矩阵方程，可以先将两个矩阵输入MATLAB环境，这样就可以直接求解方程的解析解与数值解。

```
>> A=[17,24,1,8,15; 23,5,7,14,16; 4,6,13,20,22;
      10,12,19,21,3; 11,18,25,2,9];
   B=[-1,-2; 1,-1; -2,-2; 0,2; 1,0];
   x=cramer(sym(A),B), x1=cramer(A,B)
```

得出的解析解与数值解为

$$\boldsymbol{x}=\begin{bmatrix}127/975&31/975\\-68/975&-14/975\\62/975&56/975\\-68/975&61/975\\-68/975&-179/975\end{bmatrix},\ \boldsymbol{x}_1=\begin{bmatrix}0.130256410256410&0.031794871794872\\-0.069743589743590&-0.014358974358974\\0.063589743589744&0.057435897435897\\-0.069743589743590&0.062564102564103\\-0.069743589743590&-0.183589743589744\end{bmatrix}$$

值得指出的是，由于前面提及的行列式计算的局限性，这里给出的线性方程求解函数并不是很高效的方法，应该优先使用第5章介绍的求解方法。

3.1.6 正矩阵与完全正矩阵

定义 3-4 如果矩阵$\boldsymbol{A}\in\mathscr{R}^{n\times m}$的全部元素都为正，则该矩阵称为正矩阵（positive matrix），正矩阵$\boldsymbol{A}$又记作$\boldsymbol{A}>\boldsymbol{0}$。

定义 3-5 如果矩阵 $\boldsymbol{A}$ 的全部元素 $a_{ij}\geqslant 0$，则该矩阵称为非负矩阵，记作 $\boldsymbol{A}\geqslant\boldsymbol{0}$。

定义 3-6 如果矩阵 $\boldsymbol{A}$、$\boldsymbol{B}$ 的全部元素都满足 $a_{ij}\geqslant b_{ij}$，则记作 $\boldsymbol{A}\geqslant\boldsymbol{B}$。

定义 3-7 假设矩阵 $\boldsymbol{A}$ 可以写成

$$\boldsymbol{A}=\begin{bmatrix} a_{11} & a_{12} & a_{13} & \cdots & a_{1n} \\ a_{21} & a_{22} & a_{23} & \cdots & a_{2n} \\ a_{31} & a_{32} & a_{33} & \cdots & a_{3n} \\ \vdots & \vdots & \vdots & \ddots & \vdots \\ a_{n1} & a_{n2} & a_{n3} & \cdots & a_{nn} \end{bmatrix} \tag{3-1-7}$$

则左上角的各个子矩阵的行列式称为主子行列式。

定义 3-8 如果一个矩阵所有的主子行列式均为正数，则称该矩阵为完全正矩阵(totally positive matrix)。

例 3-17 试判定例 3-16 中的系数矩阵 $\boldsymbol{A}$ 是否为正矩阵和完全正矩阵。

解 由于该矩阵的所有元素都是正数，所以该矩阵为正矩阵。还可以用循环结构得出所有主子行列式的值，为 $\boldsymbol{v}=[17,-467,-5995,56225,5070000]$，不全为正数，所以矩阵 $\boldsymbol{A}$ 不是完全正矩阵。

```
>> A=[17,24,1,8,15; 23,5,7,14,16; 4,6,13,20,22;
     10,12,19,21,3; 11,18,25,2,9]; A=sym(A);
   v=[]; for i=1:5, v=[v,det(A(1:i,1:i))]; end
```

例 3-18 试判定矩阵 $\boldsymbol{A}$ 是否为完全正矩阵。

$$\boldsymbol{A}=\begin{bmatrix} 4 & 4 & 0 & -1 \\ -2 & 4 & 1 & 4 \\ 3 & -1 & 4 & 1 \\ 1 & 2 & 1 & 3 \end{bmatrix}$$

解 由于 $\boldsymbol{A}$ 矩阵有负元素，所以矩阵不是正矩阵，可以给出下面的循环结构计算出主子矩阵的行列式为 $\boldsymbol{v}=[4,24,112,217]$，说明矩阵是完全正矩阵。从这个例子还可以看出，完全正矩阵不一定是正矩阵。

```
>> A=[4,4,0,-1; -2,4,1,4; 3,-1,4,1; 1,2,1,3];
   v=[]; for i=1:5, v=[v,det(A(1:i,1:i))]; end
```

3.2 矩阵的简单分析

矩阵是线性代数中的重要单元，本节对矩阵的性质做进一步的分析。介绍矩阵迹的概念与计算，还介绍矩阵的线性相关与线性无关概念，并给出矩阵的秩及求解方法，并介绍矩阵测度——范数的定义与计算方法。本节还介绍向量空间的概念、性质与应用。

3.2.1 矩阵的迹

定义 3-9 $n \times n$ 方阵$\boldsymbol{A} = \{a_{ij}\}$的迹定义为该矩阵对角线上各个元素之和，即

$$\mathrm{tr}(\boldsymbol{A}) = \sum_{i=1}^{n} a_{ii} \tag{3-2-1}$$

长方形矩阵是没有迹的，矩阵的迹有如下的性质。

定理 3-11 对任意的矩阵$\boldsymbol{A}$、$\boldsymbol{B}$和常数c，矩阵的迹满足

$$\mathrm{tr}(\boldsymbol{A}) = \mathrm{tr}(\boldsymbol{A}^{\mathrm{T}}),\quad \mathrm{tr}(\boldsymbol{A}+\boldsymbol{B}) = \mathrm{tr}(\boldsymbol{A}) + \mathrm{tr}(\boldsymbol{B}),\quad \mathrm{tr}(c\boldsymbol{A}) = c\,\mathrm{tr}(\boldsymbol{A}) \tag{3-2-2}$$

定理 3-12 两个矩阵乘积的迹满足$\mathrm{tr}(\boldsymbol{AB}) = \mathrm{tr}(\boldsymbol{BA})$。

定理 3-13 对任意常数n、m，矩阵的迹满足$\mathrm{tr}(m\boldsymbol{A}+n\boldsymbol{B})=m\,\mathrm{tr}(\boldsymbol{A})+n\,\mathrm{tr}(\boldsymbol{B})$。

定理 3-14 对任意列向量$\boldsymbol{x}$，有$\boldsymbol{x}^{\mathrm{T}}\boldsymbol{A}\boldsymbol{x} = \mathrm{tr}(\boldsymbol{x}\boldsymbol{x}^{\mathrm{T}}\boldsymbol{A}) = \mathrm{tr}(\boldsymbol{A}\boldsymbol{x}\boldsymbol{x}^{\mathrm{T}})$。

定理 3-15 对任意矩阵$\boldsymbol{A}$、$\boldsymbol{B}$，Kronecker 乘积的迹满足$\mathrm{tr}(\boldsymbol{A}\otimes\boldsymbol{B})=\mathrm{tr}(\boldsymbol{A})\mathrm{tr}(\boldsymbol{B})$。

由代数理论可知，矩阵的迹和该矩阵的特征值之和是相同的。矩阵$\boldsymbol{A}$的迹可以由MATLAB函数`trace()`求出，该函数的调用和数学表示相似，即t=`trace(`$\boldsymbol{A}$`)`，如果$\boldsymbol{A}$为长方形矩阵，将给出错误信息。还可以采用底层命令t=`sum(diag(`$\boldsymbol{A}$`))`直接计算矩阵的迹，甚至可以得出长方形矩阵的“迹”。

例 3-19 试求例 3-2 中矩阵的迹。

解 可以由MATLAB语句直接求出$\mathrm{tr}(\boldsymbol{A}) = 34$。

```
>> A=[16 2 3 13; 5 11 10 8; 9 7 6 12; 4 14 15 1];
   t=trace(A)
```

3.2.2 线性无关与矩阵的秩

定义 3-10 如果对一组列向量$\boldsymbol{a}_1, \boldsymbol{a}_2, \cdots, \boldsymbol{a}_m$，若存在一组全部非零的常数$k_1$，$k_2, \cdots, k_m$，使得

$$k_1\boldsymbol{a}_1 + k_2\boldsymbol{a}_2 + \cdots + k_m\boldsymbol{a}_m = \boldsymbol{0} \tag{3-2-3}$$

则这组向量称为线性相关（linearly dependent）的；如果不存在这样的一组常数，则这些向量称为线性无关（linearly independent）。

更通俗点说，所谓线性相关，就是在一组向量中有一个或者多个向量可以表示成其余向量的线性组合，而线性无关就是这一组向量中没有任何一个向量可以表示成其余向量的线性组合。

定义 3-11 若矩阵所有列向量中共有r_{c}个向量线性无关，则矩阵的列秩为r_{c}。

定义 3-12 如果$r_{\mathrm{c}}=m$，则称$\boldsymbol{A}$为列满秩矩阵。

定义 3-13 相应地，若矩阵$\boldsymbol{A}$的行向量中有r_{r}个向量是线性无关的，则称矩阵$\boldsymbol{A}$的行秩为r_{r}。如果$r_{\mathrm{r}}=n$，则称$\boldsymbol{A}$为行满秩矩阵。

这里将不加证明地给出一些秩与线性相关的性质。

定理 3-16 矩阵的行秩和列秩是相等的，故称之为矩阵的秩，记作

$$\mathrm{rank}(\boldsymbol{A})=r_{\mathrm{c}}=r_{\mathrm{r}} \tag{3-2-4}$$

这时，矩阵的秩为$\mathrm{rank}(\boldsymbol{A})$。

定理 3-17 如果向量组$\boldsymbol{a}_1,\boldsymbol{a}_2,\cdots,\boldsymbol{a}_m$线性相关，则无论$\boldsymbol{a}_{m+1}$为何种向量，向量组$\boldsymbol{a}_1,\boldsymbol{a}_2,\cdots,\boldsymbol{a}_m,\boldsymbol{a}_{m+1}$为线性相关的向量组。

定理 3-18 假设有m个n维向量，如果$m>n$，则这m个向量一定线性相关。

定理 3-19 如果向量组A: $\boldsymbol{a}_1,\boldsymbol{a}_2,\cdots,\boldsymbol{a}_m$线性无关，而向量组$B$: $\boldsymbol{a}_1,\boldsymbol{a}_2,\cdots,\boldsymbol{a}_m,\boldsymbol{b}$线性相关，则向量$\boldsymbol{b}$必能由向量组$A$的线性组合表示，且表示是唯一的。

定理 3-20 下面的初等行（列）变换不影响矩阵的秩。

（1）矩阵的任意一行（列）乘以常数α；

（2）矩阵的任意两行（列）互换；

（3）矩阵的任意一行（列）乘以α再加到另一行（列）上。

定理 3-21 任意长方形矩阵的秩满足$\mathrm{rank}(\boldsymbol{A})=\mathrm{rank}\big(\boldsymbol{A}\boldsymbol{A}^{\mathrm{T}}\big)=\mathrm{rank}\big(\boldsymbol{A}^{\mathrm{T}}\boldsymbol{A}\big)$。

矩阵的秩也表示该矩阵中行列式不等于0的子式的最大阶次。子式，即从原矩阵中任取k行及k列所构成的子矩阵。

矩阵求秩的算法也是多种多样的。其区别在于，有的算法是稳定的，而有的算法可能因矩阵的条件数过大不是很稳定。MATLAB中采用的算法是基于矩阵的奇异值分解的算法[9]。首先，对矩阵进行奇异值分解，得出矩阵$\boldsymbol{A}$的n个奇异值σ_i, $i=1,2,\cdots,n$。在这n个奇异值中找出大于给定误差限ε的个数r，这时r就可以认为是$\boldsymbol{A}$矩阵的秩。奇异值分解的内容后面会有介绍。

MATLAB提供的内核函数`rank()`可以求取给定矩阵的秩，其调用格式为

r=`rank(`$\boldsymbol{A}$`)`, `%`用默认的精度求数值秩

r=`rank(`$\boldsymbol{A}$`,`ε`)`, `%`给定精度ε下求数值秩

其中，$\boldsymbol{A}$为给定矩阵，ε为机器精度。符号运算工具箱中也提供了`rank()`函数，可以求出数值矩阵秩的解析解，其调用格式与前面的方法完全一致。

例3-20 试求出例3-2中给出的$\boldsymbol{A}$矩阵的秩。

解 用rank($\boldsymbol{A}$)函数可以得出该矩阵的秩。该矩阵的秩为3，小于矩阵的阶次，故可以得出结论:矩阵$\boldsymbol{A}$是非满秩矩阵或奇异矩阵。

```
>> A=[16 2 3 13; 5 11 10 8; 9 7 6 12; 4 14 15 1];
   rank(A), det(A) %直接求矩阵的秩并求行列式
```

其实，判定矩阵是不是满秩矩阵用行列式方法是不可靠的。因为用数值方法得出的矩阵行列式值为5.1337×10^{-13}，不等于零，所以可能得出误导性的结论，这在实际应用中应该特别注意。

例3-21 现在考虑例3-8中给出的20阶Hilbert矩阵，考虑用数值方法和解析方法分别求该矩阵的秩，并比较其正确性。

解 先考虑数值方法，应该给出下面的命令，然而得出的数值秩为12。

```
>> H=hilb(20); rank(H) %求接近奇异矩阵的数值秩，可能结果是错误的
```

故而可以得出结论。因为该矩阵的秩和矩阵阶次相差太多，所以$\boldsymbol{H}$矩阵为非满秩矩阵。其实，该函数对一些接近奇异的矩阵可能出现错误结论，用数值解的方法应该注意。如果有可能，应该采用解析解的方法求解该问题，下面语句可以得出矩阵的秩为20。

```
>> H=sym(hilb(20)); rank(H) %求解解析秩，可见原矩阵为非奇异矩阵
```

3.2.3 矩阵的范数

矩阵的范数是矩阵的一种测度。在介绍矩阵的范数之前，首先介绍向量范数的基本概念，然后介绍矩阵范数的计算方法与应用。

定义3-14 如果对线性空间中的一个向量$\boldsymbol{x}$，存在一个函数$\rho(\boldsymbol{x})$满足下面三个条件：

(1) $\rho(\boldsymbol{x})\geqslant 0$，且$\rho(\boldsymbol{x})=0$的充要条件是$\boldsymbol{x}=\boldsymbol{0}$;

(2) $\rho(a\boldsymbol{x})=|a|\,\rho(\boldsymbol{x})$，$a$为任意标量;

(3) 对向量$\boldsymbol{x}$和$\boldsymbol{y}$有$\rho(\boldsymbol{x}+\boldsymbol{y})\leqslant\rho(\boldsymbol{x})+\rho(\boldsymbol{y})$。

则称$\rho(\boldsymbol{x})$为$\boldsymbol{x}$向量的范数。范数的形式是多种多样的。

定理3-22 可以证明，下面给出的一组式子都满足上述三个条件。

$$||\boldsymbol{x}||_p=\left(\sum_{i=1}^{n}|x_i|^p\right)^{1/p},\quad p=1,2,\cdots,\quad 且\ ||\boldsymbol{x}||_\infty=\max_{1\leqslant i\leqslant n}|x_i| \tag{3-2-5}$$

这里用到了向量范数的记号$||\boldsymbol{x}||_p$。

定义3-15 向量$\boldsymbol{x}$的2范数$||\boldsymbol{x}||_2=\sqrt{x_1^2+x_2^2+\cdots+x_n^2}$又称为向量$\boldsymbol{x}$的长度。

定义3-16 矩阵的范数定义比向量的稍复杂一些。其数学定义为：对于任意的非零向量$\boldsymbol{x}$，矩阵$\boldsymbol{A}$的范数为

$$||\boldsymbol{A}||=\sup_{\boldsymbol{x}\neq 0}\frac{||\boldsymbol{A}\boldsymbol{x}||}{||\boldsymbol{x}||} \tag{3-2-6}$$

定义3-17　和向量的范数一样，对矩阵来说也有常用的范数定义方法，

$$||\boldsymbol{A}||_1=\max_{1\leqslant j\leqslant n}\sum_{i=1}^{n}|a_{ij}|,\ ||\boldsymbol{A}||_2=\sqrt{s_{\max}(\boldsymbol{A}^{\mathrm{H}}\boldsymbol{A})},\ ||\boldsymbol{A}||_\infty=\max_{1\leqslant i\leqslant n}\sum_{j=1}^{n}|a_{ij}| \quad (3\text{-}2\text{-}7)$$

其中，$s(\boldsymbol{X})$为$\boldsymbol{X}$矩阵的特征值，而$s_{\max}(\boldsymbol{A}^{\mathrm{T}}\boldsymbol{A})$为$\boldsymbol{A}^{\mathrm{T}}\boldsymbol{A}$矩阵的最大特征值。事实上，$||\boldsymbol{A}||_2$还等于$\boldsymbol{A}$矩阵的最大奇异值。

从给出的定义看，分析矩阵范数的物理意义可见，先得出每列元素的绝对值之和，从中取最大值则结果就是$||\boldsymbol{A}||_1$范数；如果求出矩阵每行元素的绝对值和，从中取最大值则结果就是$||\boldsymbol{A}||_\infty$范数。如果$\boldsymbol{A}$为对称矩阵，则$||\boldsymbol{A}||_\infty=||\boldsymbol{A}||_1$。

定义3-18　另一个常用的范数为Frobenius范数，其定义为$||\boldsymbol{A}||_{\mathrm{F}}=\sqrt{\mathrm{tr}(\boldsymbol{A}^{\mathrm{H}}\boldsymbol{A})}$。

MATLAB提供了求取矩阵范数的函数`norm()`，允许求各种意义下的矩阵的范数。该函数的调用格式为N=`norm(`$\boldsymbol{A}$`,`选项`)`，其中，“选项”可以为1、2等，具体见表3-2。如果不给出任何选项，则将计算出$||\boldsymbol{A}||_2$。当前流行的MATLAB版本下，该函数可以直接处理符号型矩阵。

表3-2　矩阵范数函数的选项表

选项	意义及算法
无	矩阵的最大奇异值，即$||\boldsymbol{A}||_2$
2	与默认调用方式相同，即$||\boldsymbol{A}||_2$
1	矩阵的1-范数，即$||\boldsymbol{A}||_1$
`Inf`或`'inf'`	矩阵的无穷范数，即$||\boldsymbol{A}||_{+\infty}$
`'fro'`	矩阵的Frobenius范数，即$||\boldsymbol{A}||_{\mathrm{F}}=\sqrt{\mathrm{tr}(\boldsymbol{A}^{\mathrm{T}}\boldsymbol{A})}$
数值p	对向量可取任何整数，而对矩阵只可取1, 2, `inf`或`'fro'`
`-inf`	只可用于向量，向量元素绝对值的最小值$||\boldsymbol{A}||_{-\infty}=\min(|a_1|,|a_2|,\cdots,|a_n|)$

例3-22　求例3-2中矩阵$\boldsymbol{A}$的各种范数。

解　可以输入$\boldsymbol{A}$矩阵，然后由下面的MATLAB函数直接求出该矩阵的各种范数。

```
>> A=[16 2 3 13; 5 11 10 8; 9 7 6 12; 4 14 15 1]; n1=norm(A)
   n2=norm(A,2), n3=norm(A,1), n4=norm(A,Inf)
   n5=norm(A,'fro') %求各种范数
```

得出的各个范数为$||\boldsymbol{A}||_1=||\boldsymbol{A}||_2=||\boldsymbol{A}||_\infty=34$，$||\boldsymbol{A}||_{\mathrm{F}}=38.6782$。

这里有两点值得注意。首先，`norm(`$\boldsymbol{A}$`)`和`norm(`$\boldsymbol{A}$`,2)`应该给出同样的结果，因为它们都表示$||\boldsymbol{A}||_2$；其次，因为巧合，在这个例子中，$||\boldsymbol{A}||_1=||\boldsymbol{A}||_\infty$。但一般情况下，$||\boldsymbol{A}||_1=||\boldsymbol{A}||_\infty$不一定能满足。

符号运算工具箱的`norm()`函数只能用于数值矩阵求取范数，并不能用于一般

含有变量的矩阵。早期版本中即使数值型的符号矩阵也不能直接使用norm()函数，而需要先将矩阵用double()函数转换成双精度数值矩阵，然后再调用双精度矩阵的norm()函数。

例3-23 例3-16中曾用Cramer法则求解方程的数值解，试评价该数值解的精度。

解 评价方程解的最好方法是将解代入原方程来观察误差的大小。由于该例中误差为矩阵，逐一元素去描述误差不方便，所以可以考虑引入范数测度，用一个数值描述误差矩阵的大小。由下面的语句可以得出误差为1.8208×10^{-15}，可见，得出的解在双精度数据结构下还是比较精确的。

```
>> A=[17,24,1,8,15; 23,5,7,14,16; 4,6,13,20,22;
      10,12,19,21,3; 11,18,25,2,9];
   B=[-1,-2; 1,-1; -2,-2; 0,2; 1,0];
   x=cramer(A,B), norm(A*x-B)
```

由于解析解是没有误差的，故误差矩阵的范数为零。

```
>> x=cramer(sym(A),B), norm(A*x-B)
```

3.2.4 向量空间

定义3-19 假设V是n维向量的集合，$\boldsymbol{a}$与$\boldsymbol{b}$是V中任意两个向量，记作$\boldsymbol{a}\in V$，$\boldsymbol{b}\in V$。若$\boldsymbol{a}+\boldsymbol{b}\in V$，且对任意实数$k$，都满足$k\boldsymbol{a}\in V$，则称集合$V$为向量空间。

定义3-20 假设V为向量空间，有r个向量$\boldsymbol{a}_1,\boldsymbol{a}_2,\cdots,\boldsymbol{a}_r\in V$，且满足

（1）$\boldsymbol{a}_1,\boldsymbol{a}_2,\cdots,\boldsymbol{a}_r$线性无关；

（2）V中任何一个向量都可以由$\boldsymbol{a}_1,\boldsymbol{a}_2,\cdots,\boldsymbol{a}_r$的线性组合表示；

则向量组$\boldsymbol{a}_1,\boldsymbol{a}_2,\cdots,\boldsymbol{a}_r$称为向量空间$V$的一个基，$r$称为向量的维数，$V$又称为$r$维向量空间。

定义3-21 若将$\boldsymbol{a}_1,\boldsymbol{a}_2,\cdots,\boldsymbol{a}_r$这组基看作向量空间$V$的坐标系，且任意向量$\boldsymbol{v}$可以写成基的线性组合

$$\boldsymbol{v}=\mathrm{span}(\boldsymbol{a}_1,\boldsymbol{a}_2,\cdots,\boldsymbol{a}_r)=\sum_{j=1}^{n}x_j\boldsymbol{a}_j \tag{3-2-8}$$

则$(x_1,x_2,\cdots,x_r)$可以看作向量$\boldsymbol{v}$的坐标。

定义3-22 设n维向量$\boldsymbol{e}_1,\boldsymbol{e}_2,\cdots,\boldsymbol{e}_r$是向量空间$V$的基，如果$\boldsymbol{e}_1,\boldsymbol{e}_2,\cdots,\boldsymbol{e}_r$两两正交，且都是单位向量，则称$\boldsymbol{e}_1,\boldsymbol{e}_2,\cdots,\boldsymbol{e}_r$是$V$的一个标准正交基。

例3-24 已知某向量空间定义为$\boldsymbol{a}_1=[2,2,-1]^{\mathrm{T}}$，$\boldsymbol{a}_2=[2,-1,2]^{\mathrm{T}}$，$\boldsymbol{a}_3=[-1,2,2]^{\mathrm{T}}$，试求向量$\boldsymbol{v}=[1,0,-4]^{\mathrm{T}}$在$\boldsymbol{a}_1,\boldsymbol{a}_2,\boldsymbol{a}_3$张成的空间中的新坐标。

解 假设新坐标为 x_1、x_2 和 x_3，则可建立起如下的方程，

$$x_1\boldsymbol{a}_1+x_2\boldsymbol{a}_2+x_3\boldsymbol{a}_3=\boldsymbol{v} \quad \Rightarrow \quad \big[\boldsymbol{a}_1,\ \boldsymbol{a}_2,\ \boldsymbol{a}_3\big]\boldsymbol{x}=\boldsymbol{v}$$

可以由下面的语句直接求解新坐标为 $\boldsymbol{x}=[0,4/3,5/3]^{\mathrm{T}}$。

```
>> a1=[1,2,-1]'; a2=[2,-1,1]'; a3=[-1,2,1]';
   v=[1,2,3]'; A=[a1 a2 a3]; x=cramer(sym(A),v)
```

3.3 逆矩阵与广义逆矩阵

逆矩阵的概念是线性代数领域重要的概念之一。以前介绍矩阵的代数运算时主要介绍的是矩阵的加减乘法，而逆矩阵的概念相当于矩阵的除法，在求解代数方程与很多其他领域中，逆矩阵是必不可少的。本节首先给出逆矩阵的定义与性质，然后介绍逆矩阵不同的求解方法，并给出基于MATLAB的通用逆矩阵求解函数，还将给出广义逆矩阵的概念与计算方法。

3.3.1 矩阵的逆矩阵

定义3-23 对于一个已知的 $n\times n$ 非奇异方阵 $\boldsymbol{A}$，若有同维的 $\boldsymbol{C}$ 矩阵满足

$$\boldsymbol{AC}=\boldsymbol{CA}=\boldsymbol{I} \tag{3-3-1}$$

式中，$\boldsymbol{I}$ 为单位阵，则称 $\boldsymbol{C}$ 矩阵为 $\boldsymbol{A}$ 矩阵的逆矩阵，并记作 $\boldsymbol{C}=\boldsymbol{A}^{-1}$。

注意，只有方阵才可能有逆矩阵。传统线性代数教材中经常采用伴随矩阵的方法求取逆矩阵，这里的介绍也将由伴随矩阵开始。

定义3-24 对方阵 $\boldsymbol{A}$ 而言，其第 i 行、第 j 列的元素为代数余子式 A_{ij} 构成的矩阵的转置矩阵又称为 $\boldsymbol{A}$ 的伴随矩阵（adjoint matrix），记作 $\boldsymbol{A}^*$，即

$$\boldsymbol{A}^*=\begin{bmatrix} A_{11} & A_{21} & \cdots & A_{n1} \\ A_{12} & A_{22} & \cdots & A_{n2} \\ \vdots & \vdots & \ddots & \vdots \\ A_{1n} & A_{2n} & \cdots & A_{nn} \end{bmatrix} \tag{3-3-2}$$

MATLAB的符号运算工具箱提供了 `adjoint()` 函数来计算给定矩阵的伴随矩阵，其调用格式为 $\boldsymbol{A}_1$=`adjoint(`$\boldsymbol{A}$`)`。

定理3-23 矩阵 $\boldsymbol{A}$ 的逆矩阵可以如下求出，

$$\boldsymbol{A}^{-1}=\frac{\boldsymbol{A}^*}{\det(\boldsymbol{A})} \tag{3-3-3}$$

例3-25 试用伴随矩阵的方法求例2-25中复数矩阵 $\boldsymbol{B}$ 的逆矩阵并检验结果。

解 可以先将复数矩阵输入计算机，然后将复数矩阵 $\boldsymbol{B}$ 转换为符号型矩阵（给定函数 `adjoint()` 只能处理符号型矩阵），再计算伴随矩阵与逆矩阵。

```
>> B=[1+9i,2+8i,3+7j; 4+6j 5+5i,6+4i; 7+3i,8+2j 1i];
   B=sym(B); A=adjoint(B), iB=A/det(B), iB*B, B*iB
```

得出的伴随矩阵与逆矩阵如下所示。经检验，$\boldsymbol{B}\boldsymbol{B}^{-1}$ 与 $\boldsymbol{B}^{-1}\boldsymbol{B}$ 都是单位矩阵，说明得出的逆矩阵是正确的。

$$\boldsymbol{B}^{*}=\begin{bmatrix}-39\mathrm{j}-45 & 60\mathrm{j}+18 & 6\mathrm{j}\\ 42\mathrm{j}+36 & -57\mathrm{j}-9 & -12\mathrm{j}\\ 6\mathrm{j} & -12\mathrm{j} & 6\mathrm{j}\end{bmatrix}$$

$$\boldsymbol{B}^{-1}=\begin{bmatrix}13/18-5\mathrm{j}/6 & \mathrm{j}/3-10/9 & -1/9\\ 2\mathrm{j}/3-7/9 & 19/18-\mathrm{j}/6 & 2/9\\ -1/9 & 2/9 & -1/9\end{bmatrix}$$

与前面介绍行列式时一样，这种方法效率不是很高，不适合用于求取大规模矩阵的逆矩阵，应该考虑采用更高效的方法求取逆矩阵。

定理 3-24　若矩阵 $\boldsymbol{A}$ 是可逆矩阵，则 $\boldsymbol{A}$ 的逆矩阵是唯一的。

定理 3-25　若 $\boldsymbol{A}$ 矩阵可逆，则下面等式都成立：

$$\left(\boldsymbol{A}^{\mathrm{T}}\right)^{-1}=\left(\boldsymbol{A}^{-1}\right)^{\mathrm{T}},\ \left(\boldsymbol{A}^{-1}\right)^{-1}=\boldsymbol{A},\ \left(k\boldsymbol{A}\right)^{-1}=\frac{1}{k}\boldsymbol{A}^{-1},\ k\neq 0 \tag{3-3-4}$$

定理 3-26　若 $\boldsymbol{A}$、$\boldsymbol{B}$ 矩阵都可逆，则 $\left(\boldsymbol{A}\boldsymbol{B}\right)^{-1}=\boldsymbol{B}^{-1}\boldsymbol{A}^{-1}$。

3.3.2　逆矩阵的导函数

这里先给出几个逆矩阵导函数计算的定理，然后探讨逆矩阵的导数的求解方法，并介绍任意矩阵函数高阶导数的直接求解方法。

定理 3-27　对 $\boldsymbol{A}(t)$ 矩阵而言，其逆矩阵的导数满足

$$\frac{\mathrm{d}\boldsymbol{A}^{-1}(t)}{\mathrm{d}t}=-\boldsymbol{A}^{-1}(t)\frac{\mathrm{d}\boldsymbol{A}(t)}{\mathrm{d}t}\boldsymbol{A}^{-1}(t) \tag{3-3-5}$$

定理 3-28　对 $\boldsymbol{A}(t)$ 矩阵而言，矩阵及逆矩阵 n 次方的导数满足

$$\frac{\mathrm{d}\boldsymbol{A}^{n}(t)}{\mathrm{d}t}=\sum_{i=1}^{n}\boldsymbol{A}^{i-1}(t)\frac{\mathrm{d}\boldsymbol{A}(t)}{\mathrm{d}t}\boldsymbol{A}^{n-i}(t) \tag{3-3-6}$$

$$\frac{\mathrm{d}\boldsymbol{A}^{-n}(t)}{\mathrm{d}t}=-\sum_{i=1}^{n}\boldsymbol{A}^{-i}(t)\frac{\mathrm{d}\boldsymbol{A}(t)}{\mathrm{d}t}\boldsymbol{A}^{-(n+1-i)}(t) \tag{3-3-7}$$

可以看出，式(3-3-5)只是式(3-3-7)的一个特例。可以编写一个通用的MATLAB函数实现定理3-28中的矩阵求导公式。

```
function A1=mpower_diff(A,n)
A1=zeros(size(A)); dA=diff(A); n0=abs(n); if n<0, iA=inv(A); end
for i=1:n0
   if n>=0, F=A^(i-1)*dA*A^(n-i); else, F=-iA^i*dA*iA^(n0+1-i); end
```

```
  A1=A1+F;
end
```

例3-26 试求例2-35中函数矩阵 $\boldsymbol{A}(t)$ 的逆矩阵，并求出 $\boldsymbol{A}^{-2}(t)$ 的二阶函数矩阵。

解 可以将 $\boldsymbol{A}(t)$ 矩阵作为符号函数输入MATLAB环境，然后调用mpower_diff()函数求出 $\boldsymbol{A}^{-2}(t)$ 的一阶导数，对结果直接调用diff()函数再求导一次，则可以得出所需的二阶导数矩阵。

```
>> syms t; clear A
   A(t)=[t^2/2+1,t,t^2/2; t,1,t; -t^2/2,-t,1-t^2/2]*exp(-t);
   A1=mpower_diff(A,-2); A2=simplify(diff(A1))
```

得出的二阶导数矩阵为

$$\boldsymbol{A}_2(t)=\begin{bmatrix} 8(t+1)^2 & -8-8t & 8t^2+16t+4 \\ -8-8t & 4 & -8-8t \\ -8t^2-16t-4 & 8t+8 & -8t(t+2) \end{bmatrix}\mathrm{e}^{2t}$$

事实上，如果采用如下直接的命令，由diff()函数即可以得出完全一致的结果。

```
>> A3=diff(A^(-2),2); simplify(A3)
```

例3-27 试求 $\boldsymbol{B}=\mathrm{e}^{\boldsymbol{A}(t)}\boldsymbol{A}^{-1}(t)$ 对 t 的三阶导数。

解 利用直接的求解方法可以计算出上述矩阵的三阶导数。由于计算结果过于复杂，所以此处不再给出。

```
>> syms t;
   A(t)=[t^2/2+1,t,t^2/2; t,1,t; -t^2/2,-t,1-t^2/2]*exp(-t);
   B=exp(A)*inv(A); A1=simplify(diff(B,3))
```

在实际应用中，矩阵乘方的求导无须借助定理3-28引入的繁杂公式，可以用diff()函数直接计算，该函数还可以用于更复杂矩阵函数的求导运算。

3.3.3 MATLAB提供的矩阵求逆函数

MATLAB语言提供了 $\boldsymbol{C}$=inv($\boldsymbol{A}$)函数，可以直接用于求取矩阵的逆矩阵 $\boldsymbol{C}$。该函数同样适用于符号变量构成的矩阵的求逆。如果 $\boldsymbol{A}$ 为符号型矩阵则求解析解，否则求数值解。该函数的效率远高于其他矩阵求逆函数。

例3-28 试求取Hilbert矩阵的逆矩阵。

解 先考虑四阶Hilbert矩阵，直接调用MATLAB的inv()函数可以立即得出该矩阵的逆矩阵。

```
>> format long; H=hilb(4); H1=inv(H)
   norm(H*H1-eye(4)) %显示更多位结果
```

这样得出的逆矩阵如下所示，且误差矩阵的范数为 1.3931×10^{-13}。

$$\begin{bmatrix} 15.99999999999 & -119.99999999999 & 239.99999999998 & -139.99999999999 \\ -119.99999999999 & 1199.9999999999 & -2699.9999999997 & 1679.9999999998 \\ 239.99999999998 & -2699.9999999997 & 6479.9999999994 & -4199.9999999996 \\ -139.99999999999 & 1679.9999999998 & -4199.9999999996 & 2799.9999999997 \end{bmatrix}$$

如果误差矩阵的范数是一个微小数，可以接受得出的逆矩阵，否则应该认为其不正确。从本例的结果看，此误差虽然未小于MATLAB矩阵运算的一般误差（$10^{-15}\sim 10^{-16}$量级），但还是比较小的，因此可以接受得出的逆矩阵。

高阶Hilbert矩阵接近于奇异矩阵，一般不建议用inv()函数直接求解，可以采用invhilb()函数直接产生逆矩阵，得出的误差矩阵范数为5.684×10^{-14}。

```
>> H2=invhilb(4); norm(H*H2-eye(size(H))) %验证invhilb()函数的效果
```

可见，对于低阶矩阵，用invhilb()计算出的逆矩阵的精度也有显著改善。现在考虑10阶Hilbert矩阵，则两个误差分别为$n_1=1.4718\times 10^{-4}$，$n_2=1.6129\times 10^{-5}$。

```
>> H=hilb(10); H1=inv(H); n1=norm(H*H1-eye(size(H)))
   H2=invhilb(10); n2=norm(H*H2-eye(size(H))) %不同方法的逆矩阵计算
```

虽然后者得出的逆矩阵精度远高于直接求逆的精度，但还是难以达到较高的要求。进一步扩大矩阵的阶次，例如需要研究13阶的Hilbert矩阵，则两个逆矩阵的误差分别为$n_1=2.1315$，$n_2=11.3549$，可见得出的误差过大，说明原矩阵接近于奇异矩阵。

```
>> H=hilb(13); H1=inv(H); n1=norm(H*H1-eye(size(H)))
   H2=invhilb(13); n2=norm(H*H2-eye(size(H))) %高阶矩阵接近奇异矩阵
```

符号运算工具箱中也为符号型矩阵提供了inv()重载函数，对更高阶的非奇异矩阵也可以精确求解出矩阵的逆矩阵。下面的语句可以求出6阶Hilbert逆矩阵。

```
>> H=sym(hilb(6)); H1=inv(H) %符号运算可以得出精确的解
```

得出的逆矩阵为

$$\boldsymbol{H}_1=\begin{bmatrix}36 & -630 & 3360 & -7560 & 7560 & -2772\\ -630 & 14700 & -88200 & 211680 & -220500 & 83160\\ 3360 & -88200 & 564480 & -1411200 & 1512000 & -582120\\ -7560 & 211680 & -1411200 & 3628800 & -3969000 & 1552320\\ 7560 & -220500 & 1512000 & -3969000 & 4410000 & -1746360\\ -2772 & 83160 & -582120 & 1552320 & -1746360 & 698544\end{bmatrix}$$

其实，用符号运算工具箱可以求解出更高阶Hilbert矩阵的逆矩阵。例如，求解30阶矩阵，可以使用下面的命令，得出精确的结果——误差为零。

```
>> H=sym(hilb(30));
   norm(H*inv(H)-eye(size(H))) %误差矩阵的范数为零，得出精确解
```

例3-29 试对例3-2中的奇异阵$\boldsymbol{A}$求逆，并观察用数值方法求逆会发生什么现象。

解 首先输入该矩阵，则可以用inv()函数对其求逆。

```
>> A=[16 2 3 13; 5 11 10 8; 9 7 6 12; 4 14 15 1];
   B=inv(A), A*B %数值求解
```

矩阵求逆将得出警告信息“警告：矩阵接近奇异值或者缩放错误”，说明矩阵趋于奇异（事实上，矩阵$\boldsymbol{A}$就是一个奇异矩阵，但通过数值算法后得出的是接近奇异的结论），并提示得出的逆矩阵可能是不正确的。

由上面的语句求出的“逆矩阵”$\boldsymbol{B}$及$\boldsymbol{AB}$分别为

$$\boldsymbol{B}=\begin{bmatrix} -0.2649 & -0.7948 & 0.7948 & 0.2649 \\ -0.7948 & -2.384 & 2.3840 & 0.7948 \\ 0.7948 & 2.384 & -2.3840 & -0.7948 \\ 0.2649 & 0.7948 & -0.7948 & -0.2649 \end{bmatrix}\times 10^{15}$$

$$\boldsymbol{AB}=\begin{bmatrix} 1.5 & 0 & 2 & 0.5 \\ -1 & -2 & 3 & 2.25 \\ -0.5 & -4 & 4 & 0.5 \\ -1.125 & -5.25 & 5.375 & 3.0313 \end{bmatrix}$$

如果对上面的结果进行验算,会发现误差很大,所以逆矩阵是错误的。

例3-30 试用符号运算的方法重新求解例3-29中的逆矩阵问题。

解 对这里给出的问题可以直接采用下面的语句求解。由于矩阵奇异,下面语句将给出确切的错误信息“FAIL”,明确指出原矩阵奇异,不存在逆矩阵。

```
>> A=[16 2 3 13; 5 11 10 8; 9 7 6 12; 4 14 15 1];
   A=sym(A); inv(A) %试图用解析方法求奇异矩阵的逆,求逆失败
```

事实上,奇异矩阵根本不存在相应的逆矩阵能满足式(3-3-1)中的条件。对奇异矩阵而言,inv()函数也是无能为力的,所以应该拓展“逆矩阵”的概念,后面将详细讨论广义逆矩阵的问题。

例3-31 试求出任意四阶Hankel矩阵的逆矩阵。

解 MATLAB的矩阵求逆函数同样适用于含有变量的矩阵。可以由下面的语句生成任意的四阶Hankel矩阵,然后直接用inv()函数得出其逆矩阵。

```
>> a=sym('a',[1,4]); H=hankel(a);
   inv(H) %任意4×4矩阵Hankel矩阵求逆的
```

可以直接得出如下的逆矩阵

$$\boldsymbol{H}^{-1}=\begin{bmatrix} 0 & 0 & 0 & 1/a_4 \\ 0 & 0 & 1/a_4 & -1/a_4^2a_3 \\ 0 & 1/a_4 & -1/a_4^2a_3 & -1/a_4^3(a_2a_4-a_3^2) \\ 1/a_4 & -1/a_4^2a_3 & -1/a_4^3(a_2a_4-a_3^2) & -(a_1a_4^2-2a_2a_3a_4+a_3^3)/a_4^4 \end{bmatrix}$$

3.3.4 简化的行阶梯型矩阵

在经典线性代数教材中,通常采用初等行变换的方式求解矩阵的逆。初等行变换的方法后面还将介绍,通过初等行变换方法可以将矩阵变换为简化的行阶梯型矩阵(reduced row echelon form,简称简化行阶梯)。行阶梯型矩阵比较好理解,就是通过阶梯变换后,阶梯下方的元素都是零,而简化的行阶梯形式是指不但阶梯下方的元素都是零,阶梯上方的元素也都是零,只保留对角元素。

MATLAB提供了函数$\boldsymbol{H}_1$=rref($\boldsymbol{H}$)直接求取$\boldsymbol{H}$矩阵的简化行阶梯$\boldsymbol{H}_1$,其

中，$\boldsymbol{H}$ 既可以为数值矩阵也可以为符号型矩阵。

如果在方阵 $\boldsymbol{H}$ 的右侧补一个单位矩阵，然后通过初等行变换获得简化行阶梯形式。如果原矩阵可逆，若将新矩阵左侧变换成单位矩阵，这样新矩阵的右侧自然就是逆矩阵了。如果原矩阵不可逆，利用这样的变换方式也能得出有用的结果。可以通过这样的方法尝试获得给定矩阵的逆矩阵。

例3-32　用初等行变换方法重新求解例3-31矩阵的逆矩阵。

解　下面的语句可以通过初等行变换的方法重新求解逆矩阵。

```
>> a=sym('a',[1,4]); H1=[hankel(a) eye(4)]; H2=rref(H1)
   H3=H2(:,5:8) %初等行变换后提取结果的后四列
```

得出的 $\boldsymbol{H}_3$ 与前面结果的完全一致，中间变量 $\boldsymbol{H}_2$ 矩阵如下所示。其中，左侧是单位矩阵，右侧就是所需的逆矩阵 $\boldsymbol{H}_3$。

$$\boldsymbol{H}_2=\begin{bmatrix}1&0&0&0&0&0&0&1/a_4\\0&1&0&0&0&0&1/a_4&-1/a_4^2a_3\\0&0&1&0&0&1/a_4&-1/a_4^2a_3&-1/a_4^3(a_2a_4-a_3^2)\\0&0&0&1&1/a_4&-1/a_4^2a_3&-1/a_4^3(a_2a_4-a_3^2)&-(a_1a_4^2-2a_2a_3a_4+a_3^3)/a_4^4\end{bmatrix}$$

例3-33　试用初等行变换方法重新求解例3-29中的逆矩阵问题。

解　可以在原矩阵右侧添加一个单位矩阵，再进行初等行变换。

```
>> A=[16 2 3 13; 5 11 10 8; 9 7 6 12; 4 14 15 1];
   A=sym(A); A1=rref([A,eye(4)])
```

得出的简化行阶梯如下所示。由于原矩阵奇异，所以左侧得出的矩阵不可能是单位矩阵，故而逆矩阵是不存在的。

$$\boldsymbol{A}_1=\begin{bmatrix}1&0&0&1&0&-21/136&25/136&1/34\\0&1&0&3&0&111/136&-35/136&-15/34\\0&0&1&-3&0&-49/68&13/68&8/17\\0&0&0&0&1&3&-3&-1\end{bmatrix}$$

例3-34　试求出 a、b 的值，使得下面矩阵的秩为2。

$$\boldsymbol{A}=\begin{bmatrix}a&2&1&2\\3&b&2&3\\1&3&1&1\end{bmatrix}$$

解　这类问题直接求解并不是很容易，可以尝试初等行变换的方法。简单起见，应该对原矩阵进行处理，尽量将含有变量的列向后移。这样可以给出下面的语句：

```
>> syms a b, A=[a,2,1,2; 3,b,2,3; 1,3,1,1];
   A1=A(:,[3 4 1 2]); H=rref(A1)
```

得出的初等行变换矩阵为

$$\boldsymbol{H}=\begin{bmatrix}1&0&0&9-b\\0&1&0&-(6a+b-ab-7)/(a-2)\\0&0&1&-(b-5)/(a-2)\end{bmatrix}$$

从得出的结果看，$\boldsymbol{H}$看似一个满秩矩阵，不过在生成简化行阶梯时，MATLAB作了假设：$a \neq 2$，否则将是满秩矩阵。显然，应该设置$a=2$。另外，分子$6a+b-ab-7$也应该设置为零，从而$b=5$。将这两个数值代入原方程，可以看出矩阵$\boldsymbol{A}$的秩确实为2。

```
>> A1=subs(A,{a,b},{2,5}); rank(A1)
```

3.3.5 矩阵的广义逆

前面已经介绍过，即使用解析解求解的符号运算工具箱对奇异矩阵的求逆也是无能为力的，因为其逆矩阵根本不存在。另外，长方形的矩阵有时也会涉及求逆的问题，这样就需要定义一种新的"逆矩阵"—— 广义逆矩阵。

定义3-25 对矩阵$\boldsymbol{A}$，如果存在一个矩阵$\boldsymbol{N}$，满足

$$\boldsymbol{ANA}=\boldsymbol{A} \tag{3-3-8}$$

则$\boldsymbol{N}$矩阵称为$\boldsymbol{A}$的一个广义逆矩阵，记作$\boldsymbol{N}=\boldsymbol{A}^{-}$。

如果$\boldsymbol{A}$矩阵是一个$n\times m$的长方形矩阵，则$\boldsymbol{N}$矩阵为$m\times n$阶矩阵。满足这一条件的广义逆矩阵有无穷多个。

定理3-29 定义下面的范数最小化指标为

$$\min_{\boldsymbol{M}} ||\boldsymbol{AM}-\boldsymbol{I}|| \tag{3-3-9}$$

则对于给定的矩阵$\boldsymbol{A}$，存在一个唯一的矩阵$\boldsymbol{M}$，使得下面的3个条件同时成立：

（1）$\boldsymbol{AMA}=\boldsymbol{A}$;

（2）$\boldsymbol{MAM}=\boldsymbol{M}$;

（3）$\boldsymbol{AM}$与$\boldsymbol{MA}$均为Hermite对称矩阵。

这样的矩阵$\boldsymbol{M}$称为矩阵$\boldsymbol{A}$的Moore–Penrose广义逆矩阵或伪逆（pseudo inverse），记作$\boldsymbol{M}=\boldsymbol{A}^{+}$。

从上面3个条件可以看出，第1个条件和一般广义逆的定义是一样的。所不同的是，它还要求满足第2个和第3个条件，这样就会得出唯一的广义逆矩阵$\boldsymbol{M}$了。

Moore–Penrose广义逆是美国数学家Eliakim Hastings Moore（1862–1932）与英国数学物理学家Roger Penrose爵士（1931–）等独立定义的。

定理3-30 复数矩阵$\boldsymbol{A}$的Moore–Penrose广义逆矩阵有如下性质：

$$\left(\boldsymbol{A}^{+}\right)^{+}=\boldsymbol{A},\ \boldsymbol{A}^{+}=\left(\boldsymbol{A}^{\mathrm{H}}\boldsymbol{A}\right)^{+}\boldsymbol{A}^{\mathrm{H}},\ \boldsymbol{A}^{+}=\boldsymbol{A}^{\mathrm{H}}\left(\boldsymbol{A}\boldsymbol{A}^{\mathrm{H}}\right)^{+} \tag{3-3-10}$$

MATLAB提供了求取矩阵Moore–Penrose广义逆的函数`pinv()`，其格式为

$\boldsymbol{M}$=`pinv(`$\boldsymbol{A}$`,`ϵ`)`, % 按指定精度ϵ求解Moore–Penrose广义逆矩阵

其中，ϵ为判0用误差限，如果省略此参数，则误差限选用机器的精度eps，这时将返回$\boldsymbol{A}$的Moore–Penrose广义逆矩阵$\boldsymbol{M}$。如果$\boldsymbol{A}$矩阵为非奇异方阵，则该函数得出的结果就是矩阵的逆阵，不过这样求解逆矩阵的速度将明显慢于inv()函数，对非奇异方阵不建议使用此函数求逆。

例3-35　试求出例3-2中给出的奇异矩阵$\boldsymbol{A}$的Moore–Penrose广义逆矩阵。

解　例3-29中用符号运算工具箱中inv()函数仍不能获得问题的解析解，因为解析解不存在。所以，这里将考虑Moore–Penrose广义逆矩阵的求解。

```
>> A=[16 2 3 13; 5 11 10 8; 9 7 6 12; 4 14 15 1];
   B=pinv(A), A*B %求伪逆
```

得出的$\boldsymbol{B}$矩阵*和$\boldsymbol{AB}$矩阵分别为

$$\boldsymbol{B}=\begin{bmatrix} 0.1011 & -0.0739 & -0.0614 & 0.0636\\ -0.0364 & 0.0386 & 0.0261 & 0.0011\\ 0.0136 & -0.0114 & -0.0239 & 0.0511\\ -0.0489 & 0.0761 & 0.0886 & -0.0864 \end{bmatrix}$$

$$\boldsymbol{AB}=\begin{bmatrix} 0.95 & -0.15 & 0.15 & 0.05\\ -0.15 & 0.55 & 0.45 & 0.15\\ 0.15 & 0.45 & 0.55 & -0.15\\ 0.05 & 0.15 & -0.15 & 0.95 \end{bmatrix}$$

可见，得出的$\boldsymbol{AB}$矩阵不再是单位阵了，因为不存在一个$\boldsymbol{A}^+$能使它成为单位阵。这样得出的$\boldsymbol{A}^+$应该能使得式(3-3-9)中的范数取最小值。检验Moore–Penrose广义逆的三个条件的误差范数均为10^{-14}级，由此验证得出的矩阵确实是$\boldsymbol{A}$的Moore–Penrose广义逆矩阵。

```
>> norm(A*B*A-A), norm(B*A*B-B)
   norm(A*B-(A*B)'), norm(B*A-(B*A)') %检验各个条件
```

现在对得出的$\boldsymbol{B}$再求一次Moore–Penrose广义逆，则可看出，$(\boldsymbol{A}^+)^+=\boldsymbol{A}$。

```
>> pinv(B), norm(ans-A) %对伪逆再求一次伪逆，看看能不能恢复原矩阵
```

例3-36　试用符号运算方法重新求解例3-35的伪逆问题，并求解精度。

解　先将原矩阵按符号矩阵的形式输入计算机中，再直接调用pinv()函数。

```
>> A=sym(magic(4)); B=pinv(A), A*B, B*A,
   norm(A*B*A-A) %伪逆的符号运算与检验
```

得出误差矩阵的范数为零，且Moore–Penrose广义逆矩阵为

$$\boldsymbol{B}_1=\begin{bmatrix} 55/544 & -201/2720 & -167/2720 & 173/2720\\ -99/2720 & 21/544 & 71/2720 & 3/2720\\ 37/2720 & -31/2720 & -13/544 & 139/2720\\ -133/2720 & 207/2720 & 241/2720 & -47/544 \end{bmatrix}$$

将得出的结果代入常规逆矩阵公式，则可见$\boldsymbol{BA}$与$\boldsymbol{AB}$为相同的矩阵。

$$\boldsymbol{AB}=\boldsymbol{BA}=\begin{bmatrix} 19/20 & -3/20 & 3/20 & 1/20\\ -3/20 & 11/20 & 9/20 & 3/20\\ 3/20 & 9/20 & 11/20 & -3/20\\ 1/20 & 3/20 & -3/20 & 19/20 \end{bmatrix}$$

例3-37　试求长方形矩阵$\boldsymbol{A}$的伪逆。

$$\boldsymbol{A}=\begin{bmatrix} 6 & 1 & 4 & 2 & 1 \\ 3 & 0 & 1 & 4 & 2 \\ -3 & -2 & -5 & 8 & 4 \end{bmatrix}$$

解　可以采用下面的语句对该矩阵进行分析，得出“矩阵为非满秩矩阵”的结论。

```
>> A=[6,1,4,2,1; 3,0,1,4,2; -3,-2,-5,8,4]; rank(A) %输入矩阵并求秩
```

由于$\boldsymbol{A}$矩阵为奇异矩阵，所以应使用pinv()函数求取矩阵的Moore–Penrose广义逆，并可以通过下面的检验语句对Moore–Penrose广义逆的条件逐一验证，证实该广义逆矩阵确实满足条件。

```
>> pinv(sym(A)), iA=pinv(A) %非满秩矩阵的伪逆,并检验伪逆的各个条件
   norm(A*iA*A-A), norm(iA*A-A'*iA')
   norm(iA*A-A'*iA'), norm(A*iA-iA'*A')
```

可以得出矩阵的广义逆为

$$\boldsymbol{A}^{+}=\begin{bmatrix} 183/2506 & 207/5012 & -111/5012 \\ 27/2506 & 5/2506 & -39/2506 \\ 115/2506 & 89/5012 & -193/5012 \\ 41/1253 & 54/1253 & 80/1253 \\ 41/2506 & 27/1253 & 40/1253 \end{bmatrix} \approx \begin{bmatrix} 0.073 & 0.0413 & -0.0221 \\ 0.0108 & 0.002 & -0.0156 \\ 0.0459 & 0.0178 & -0.0385 \\ 0.0327 & 0.0431 & 0.0638 \\ 0.0164 & 0.0215 & 0.0319 \end{bmatrix}$$

且

$$\begin{cases} ||\boldsymbol{A}^{+}\boldsymbol{A}\boldsymbol{A}^{+}-\boldsymbol{A}^{+}|| = 1.0263\times 10^{-16} \\ ||\boldsymbol{A}\boldsymbol{A}^{+}\boldsymbol{A}-\boldsymbol{A}|| = 8.1145\times 10^{-15} \\ ||\boldsymbol{A}^{+}\boldsymbol{A}-\boldsymbol{A}^{\mathrm{H}}(\boldsymbol{A}^{+})^{\mathrm{H}}|| = 3.9098\times 10^{-16} \\ ||\boldsymbol{A}\boldsymbol{A}^{+}-(\boldsymbol{A}^{+})^{\mathrm{H}}\boldsymbol{A}^{\mathrm{H}}|| = 1.6653\times 10^{-16} \end{cases}$$

3.4　特征多项式与特征值

矩阵的特征值问题是线性代数与矩阵分析领域的重要问题，在诸多领域中也有着广泛的应用。本节先介绍矩阵的特征多项式与特征方程，然后介绍矩阵的特征值与特征向量问题的定义与求解方法，最后介绍广义特征值的基本概念与求解。

3.4.1　矩阵的特征多项式

定义3-26　引入算子s，并构造一个矩阵$s\boldsymbol{I}-\boldsymbol{A}$，再求出该矩阵的行列式，则可以得出一个关于算子$s$的多项式

$$C(s)=\det(s\boldsymbol{I}-\boldsymbol{A})=s^n+c_1s^{n-1}+c_2s^{n-2}+\cdots+c_{n-1}s+c_n \tag{3-4-1}$$

这样的多项式$C(s)$称为矩阵$\boldsymbol{A}$的特征多项式。其中，系数$c_i,\ i=1,2,\cdots,n$称为矩阵的特征多项式系数。

定理3-31　（Cayley–Hamilton定理）若矩阵$\boldsymbol{A}$的特征多项式为

$$f(s)=\det(s\boldsymbol{I}-\boldsymbol{A})=a_1s^n+a_2s^{n-1}+\cdots+a_ns+a_{n+1} \tag{3-4-2}$$

则有 $f(\boldsymbol{A})=\boldsymbol{0}$，亦即

$$a_1\boldsymbol{A}^n+a_2\boldsymbol{A}^{n-1}+\cdots+a_n\boldsymbol{A}+a_{n+1}\boldsymbol{I}=\boldsymbol{0} \tag{3-4-3}$$

Cayley–Hamilton 定理是以英国数学家 Arthur Cayley（1821–1895）和爱尔兰数学家 William Rowan Hamilton（1805–1865）命名的，德国数学家 Ferdinand Georg Frobenius（1849–1917）在 1878 年给出了该定理的第一个完整的证明。

MATLAB 提供了求取矩阵特征多项式系数的函数 $\boldsymbol{c}$=poly($\boldsymbol{A}$)，返回的 $\boldsymbol{c}$ 为行向量，其各个分量为矩阵 $\boldsymbol{A}$ 的降幂排列的特征多项式系数。该函数的另外一种调用格式是：如果给定的 $\boldsymbol{A}$ 为向量，则假定该向量是一个矩阵的特征值，由此求出该矩阵的特征多项式系数；如果向量 $\boldsymbol{A}$ 中有 Inf 或 NaN 值，则首先剔除它再计算特征多项式系数。

值得指出的是，如果 $\boldsymbol{A}$ 为符号矩阵，新版本符号运算工具箱的 poly() 函数不能再使用，应该使用 charpoly() 函数，该函数有两种调用格式。

$\boldsymbol{p}$=charpoly($\boldsymbol{A}$)　% 返回特征多项式系数向量 $\boldsymbol{p}$
p=charpoly($\boldsymbol{A}$,s)　% 返回特征多项式表达式 p 的符号表达式

例 3-38　试求出例 3-2 中给出的 $\boldsymbol{A}$ 矩阵的特征多项式。

解　可以通过下面的 poly() 函数直接求出该矩阵的特征多项式，其降幂排列的系数向量为 $\boldsymbol{p}\approx[1,-34,-80,2720,0]$，经检验误差为 2.6636×10^{-12}。

```
>> A=[16 2 3 13; 5 11 10 8; 9 7 6 12; 4 14 15 1]; p=poly(A)
   norm(p-[1,-34,-80,2720,0]) %求出特征多项式系数向量的误差
```

用符号运算工具箱中的 charpoly(sym($\boldsymbol{A}$)) 函数同样可以求出矩阵 $\boldsymbol{A}$ 的特征多项式的解析形式。

在实际应用中，还有其他简单的数值方法可以精确地求出矩阵的特征多项式系数。例如，下面给出的 Faddeev–Le Verrier 递推算法也可以求出矩阵的特征多项式的系数，并给出算法的 MATLAB 实现。

定理 3-32　Faddeev–Le Verrier 递推算法为

$$c_{k+1}=-\frac{1}{k}\,\mathrm{tr}(\boldsymbol{A}\boldsymbol{R}_k),\quad \boldsymbol{R}_{k+1}=\boldsymbol{A}\boldsymbol{R}_k+c_{k+1}\boldsymbol{I},\quad k=1,2,\cdots,n \tag{3-4-4}$$

其中，初值 $\boldsymbol{R}_1=\boldsymbol{I}$，$c_1=1$。

Faddeev–Le Verrier 递推算法是以苏联数学家 Dmitry Konstantinovich Faddeev（1907–1989）和法国数学家 Urbain Jean Joseph Le Verrier（1811–1877）命名的。

该算法首先给出一个单位阵 $\boldsymbol{I}$，并将之赋给 $\boldsymbol{R}_1$，然后对每个 k 的值分别求出特

征多项式参数，并更新 $\boldsymbol{R}_k$ 矩阵，最终得出矩阵的特征多项式系数 c_k。该算法可以直接由下面的MATLAB语句编写一个poly1()函数实现。

```
function c=poly1(A)
[nr,nc]=size(A); I=eye(nc); R=I; c=[1 zeros(1,nc)];      %初值设置
for k=1:nc, c(k+1)=-1/k*trace(A*R); R=A*R+c(k+1)*I; end %递推计算
```

如果在例3-38中调用新的poly1($\boldsymbol{A}$)函数，则可以得出特征多项式的精确结果，没有误差，这是因为这里的算法只涉及简单的乘法运算。

例3-39　试推导出向量 $\boldsymbol{B}=[a_1,a_2,a_3,a_4,a_5]$ 对应的Hankel矩阵的特征多项式。

解　可以首先构造Hankel矩阵 $\boldsymbol{A}$，这样就能用charpoly($\boldsymbol{A}$)函数获得该矩阵的特征多项式，再用collect()函数作合并同类项运算。

```
>> syms x; a=sym('a%d',[1,5]); A=hankel(a);
   collect(charpoly(A,x),x)
```

该矩阵的特征多项式数学表示为

$$\begin{aligned}\det(x\boldsymbol{I}-\boldsymbol{A})=&x^5+(-a_3-a_5-a_1)x^4+(a_5a_1+a_3a_1+a_5a_3-2a_4^2-2a_5^2-a_2^2-a_3^2)x^3\\&+(-a_1a_3a_5+2a_5^3-2a_2a_4a_3+a_2^2a_5+a_1a_4^2+a_3^3+a_1a_5^2+a_3a_5^2+a_5a_4^2+a_4^2a_3-2a_2a_5a_4)x^2\\&+(2a_2a_5^2a_4+a_4^4+a_5^4+a_3^2a_5^2+a_5^2a_4^2-3a_3a_5a_4^2-a_1a_5^3-a_3a_5^3)x-a_5^5\end{aligned}$$

3.4.2　多项式方程的求根

定义3-27　多项式 $f(x)$ 的数学形式为

$$f(x)=a_1x^n+a_2x^{n-1}+\cdots+a_nx+a_{n+1} \tag{3-4-5}$$

MATLAB通常有两种方法表示多项式 $f(x)$，一种是系数降幂排列向量的表示方法，即 $\boldsymbol{f}=[a_1,a_2,\cdots,a_n,a_{n+1}]$，另一种是符号表达式的表示方法。

如果多项式由系数向量 $\boldsymbol{f}$ 表示，则其根可以由 $\boldsymbol{r}$=roots($\boldsymbol{f}$)直接求出，其中，$\boldsymbol{f}$ 可以为双精度向量与符号型向量，前者将得出根的数值解，后者得出解析解。

例3-40　已知多项式如下所示，试求出该多项式的全部的根。

$$f(x)=x^{11}-3x^{10}-15x^9+53x^8+30x^7-218x^6+190x^5-202x^4+225x^3+477x^2+81x+405$$

解　可以用下面的语句将多项式的系数向量输入计算机，并求解多项式方程。

```
>> f=[1,-3,-15,53,30,-218,190,-202,225,477,81,405];
   r1=roots(f), f=sym(f); r2=roots(f)
```

得出的数值解与解析解分别为

$$\boldsymbol{r}_1=\begin{bmatrix} -2.999999999999996+0.000000000000000\mathrm{j}\\ -2.999999999999996+0.000000000000000\mathrm{j}\\ 3.000000060673409+0.000000000000000\mathrm{j}\\ 2.999999939326572+0.000000000000000\mathrm{j}\\ 2.000000000000002+1.000000000000002\mathrm{j}\\ 2.000000000000002-1.000000000000002\mathrm{j}\\ -0.999999999999999+0.000000000000000\mathrm{j}\\ 0.000000002580916+1.000000014179606\mathrm{j}\\ 0.000000002580916-1.000000014179606\mathrm{j}\\ -0.000000002580915+0.999999985820393\mathrm{j}\\ -0.000000002580915-0.999999985820393\mathrm{j}\end{bmatrix},\quad \boldsymbol{r}_2=\begin{bmatrix}-3\\-3\\-1\\3\\3\\-\mathrm{j}\\-\mathrm{j}\\\mathrm{j}\\\mathrm{j}\\2-\mathrm{j}\\2+\mathrm{j}\end{bmatrix}$$

可以看出,多项式的根含有复数重根,而数值解得出的根误差看起来虽然不大,但有时会导致致命的错误。例如,一对位于j处的重根,因为数值解是不相同的,所以会按不同的根进行处理。在后面将介绍的特征向量矩阵生成时会生成接近奇异的矩阵,导致错误的结论。

3.4.3 一般矩阵的特征值与特征向量

定义 3-28 对一个矩阵 $\boldsymbol{A}$,如果存在一个非零向量 $\boldsymbol{x}$,且有一个标量 λ 满足

$$\boldsymbol{A}\boldsymbol{x}=\lambda\boldsymbol{x} \tag{3-4-6}$$

则称 λ 为 $\boldsymbol{A}$ 矩阵的一个特征值,而 $\boldsymbol{x}$ 称为对应于特征值 λ 的特征向量。

严格说来,$\boldsymbol{x}$ 应该称为 $\boldsymbol{A}$ 的右特征向量。类似地,还可以定义出矩阵的左特征向量,不过应用不广泛,本书不再深入探讨。

定理 3-33 矩阵全部特征值的积等于矩阵的行列式,即 $\lambda_1\lambda_2\cdots\lambda_n=\det(\boldsymbol{A})$。

定理 3-34 矩阵全部特征值的和等于矩阵的迹,即 $\lambda_1+\lambda_2+\cdots+\lambda_n=\mathrm{tr}(\boldsymbol{A})$。

矩阵特征值的求解算法是多种多样的,最常用的有求解实对称矩阵特征值与特征向量的Jacobi算法、原点平移QR分解法与两步QR算法。矩阵的特征值与特征向量的求解有许多标准子程序可以直接调用,如EISPACK软件包[10,11]等。MATLAB中的 `eig()` 函数是基于两步QR算法实现的,该函数同样可以求解复数矩阵的特征值与特征向量矩阵。当矩阵含有重特征值时,特征向量矩阵可能趋于奇异,所以在使用此函数时应该注意。

如果矩阵 $\boldsymbol{A}$ 的特征值不包含重复的值,则对应的各个特征向量为线性无关的,这样各个特征向量可以构成一个非奇异的矩阵。如果用它对原始矩阵作相似变换,则可以得出一个对角矩阵。矩阵的特征值与特征向量由MATLAB提供的函数 `eig()` 可以容易地求出,其调用格式为

$\boldsymbol{d}$=eig($\boldsymbol{A}$) %只求解特征值

[$\boldsymbol{V}$,$\boldsymbol{D}$]=eig($\boldsymbol{A}$) %求解特征值和特征向量

其中，$\boldsymbol{d}$为特征值构成的向量，$\boldsymbol{D}$为对角矩阵，其对角线上的元素为矩阵$\boldsymbol{A}$的特征值，而每个特征值对应的$\boldsymbol{V}$矩阵的列为该特征值的特征向量，该矩阵是一个满秩矩阵。MATLAB的特征值矩阵满足$\boldsymbol{AV}=\boldsymbol{VD}$，且每个特征向量各元素的平方和（即2范数）均为1。如果调用该函数时只给出一个返回变量，将只返回矩阵$\boldsymbol{A}$的特征值。即使$\boldsymbol{A}$为复数矩阵，同样可以由eig()函数得出其特征值与特征向量矩阵。

前面介绍的矩阵特征多项式的根和特征值是相同的概念，所以如果已精确地知道矩阵的特征多项式系数，则可以调用roots()函数计算矩阵的特征值。

例3-41 求出例3-2中给出的矩阵$\boldsymbol{A}$的特征值与特征向量矩阵。

解 可以调用eig()函数直接获得矩阵$\boldsymbol{A}$的特征值为$34, \pm 8.9443, -2.2348\times 10^{-15}$。

```
>> A=[16 2 3 13; 5 11 10 8; 9 7 6 12; 4 14 15 1];
   eig(A), [v,d]=eig(A), norm(A*v-v*d)
```

得出特征向量矩阵和特征值矩阵如下所示，误差为1.2284×10^{-14}。

$$\boldsymbol{v}=\begin{bmatrix} -0.5 & -0.8236 & 0.3764 & -0.2236 \\ -0.5 & 0.4236 & 0.0236 & -0.6708 \\ -0.5 & 0.0236 & 0.4236 & 0.6708 \\ -0.5 & 0.3764 & -0.8236 & 0.2236 \end{bmatrix}$$

$$\boldsymbol{d}=\begin{bmatrix} 34 & 0 & 0 & 0 \\ 0 & 8.9443 & 0 & 0 \\ 0 & 0 & -8.9443 & 0 \\ 0 & 0 & 0 & -2.2348\times 10^{-15} \end{bmatrix}$$

符号运算工具箱中也提供了eig()函数，理论上可以求解任意高阶矩阵的精确特征值。对于给定的$\boldsymbol{A}$矩阵，可以由下面的命令求出特征值的精确解为$0, 34, \pm 4\sqrt{5}$。

```
>> eig(sym(A)), vpa(ans,70)
   [v,d]=eig(sym(A)) %特征值特征向量的解析计算
```

得出的相应矩阵为

$$\boldsymbol{v}=\begin{bmatrix} -1 & 1 & 12\sqrt{5}/31-41/31 & -12\sqrt{5}/31-41/31 \\ -3 & 1 & 17/31-8\sqrt{5}/31 & 8\sqrt{5}/31+17/31 \\ 3 & 1 & -4\sqrt{5}/31-7/31 & 4\sqrt{5}/31-7/31 \\ 1 & 1 & 1 & 1 \end{bmatrix}$$

$$\boldsymbol{d}=\begin{bmatrix} 0 & 0 & 0 & 0 \\ 0 & 34 & 0 & 0 \\ 0 & 0 & -4\sqrt{5} & 0 \\ 0 & 0 & 0 & 4\sqrt{5} \end{bmatrix}$$

在上述例子中两次调用了eig()函数，但由于返回参数个数不同，第二次调用返回矩阵$\boldsymbol{A}$的特征值与特征向量，而第一次调用只返回了矩阵$\boldsymbol{A}$的特征值而不返

回特征向量矩阵。另外，返回特征值的格式也因返回变量个数不同而不同。符号运算与数值运算的eig()函数返回的特征值排序不同，符号运算返回的特征向量矩阵也不是归一化(即每列元素的2范数为1)的矩阵。

另外应当注意，两种方法得出的矩阵特征值的排序也是不一样的，数值运算是按特征值的模从大到小排序的，而符号运算的排序方式则相反。

例3-42 试求出下面矩阵的特征值与特征向量。

$$\boldsymbol{A}=\begin{bmatrix}1 & 6 & -2 & -2\\ -1 & -5 & 0 & 1\\ 1 & 2 & -3 & -1\\ -2 & -5 & 1 & 0\end{bmatrix}$$

解 可以将矩阵输入MATLAB环境并直接得出特征值与特征向量矩阵。

```
>> A=[1,6,-2,-2; -1,-5,0,1; 1,2,-3,-1; -2,-5,1,0];
   [v,d]=eig(A), norm(A*v-v*d)
```

得出矩阵的特征值与特征向量矩阵如下所示，误差为2.9437×10^{-15}。

$$\boldsymbol{d}=\begin{bmatrix}-1+6.6021\times10^{-8}\mathrm{j} & 0 & 0 & 0\\ 0 & -1-6.6021\times10^{-8}\mathrm{j} & 0 & 0\\ 0 & 0 & -3 & 0\\ 0 & 0 & 0 & -2\end{bmatrix}$$

$$\boldsymbol{v}=\begin{bmatrix}0.6325 & 0.6325 & -0.5774 & 0.7559\\ -0.3162+1.044\times10^{-8}\mathrm{j} & -0.3162-1.044\times10^{-8}\mathrm{j} & 0.57735 & -0.3780\\ 0.3162-1.044\times10^{-8}\mathrm{j} & 0.3162+1.044\times10^{-8}\mathrm{j} & 3.343\times10^{-16} & 0.3780\\ -0.6325+2.088\times10^{-8}\mathrm{j} & -0.6325-2.088\times10^{-8}\mathrm{j} & 0.57735 & -0.3780\end{bmatrix}$$

如果采用符号运算的方法

```
>> [v,d]=eig(sym(A))
```

则得出的结果为

$$\boldsymbol{d}=\begin{bmatrix}-3 & 0 & 0 & 0\\ 0 & -2 & 0 & 0\\ 0 & 0 & -1 & 0\\ 0 & 0 & 0 & -1\end{bmatrix},\ \boldsymbol{v}=\begin{bmatrix}-1 & -2 & -1\\ 1 & 1 & 1/2\\ 0 & -1 & -1/2\\ 1 & 1 & 1\end{bmatrix}$$

可以看出，该矩阵事实上还有两个重特征值-1，所以特征向量矩阵只给出了3列。由于双精度数值算法本身的局限性，所以在求解特征值时引入了小误差，在程序中产生误判，认为特征值不是重复特征值，所以得出的特征向量矩阵没有实际意义。

如果一个矩阵包含重特征值，则理论上矩阵$\boldsymbol{V}$将为奇异矩阵。但因为MATLAB数值运算出现的误差，不一定能精确计算出矩阵的重根，这样将得出接近奇异的$\boldsymbol{V}$矩阵，使用时应该慎重，建议使用符号运算的方法。

例3-43 已知复数矩阵如下所示，试求出该矩阵的特征值与特征向量矩阵。

$$\boldsymbol{A}=\begin{bmatrix}-1+6\mathrm{j} & 5+3\mathrm{j} & 4+2\mathrm{j}\\ \mathrm{j} & 2-\mathrm{j} & 4\\ 4 & -\mathrm{j} & -2+2\mathrm{j}\end{bmatrix}$$

解 可以输入复数矩阵并直接求出其特征值与特征向量矩阵。

```
>> A=[-1+6i,5+3i,4+2i; 0+1i,2-1i,4; 4,0-1i,-2+2i];
   B=sym(A); [V,D]=eig(B)
```

得出的特征向量与特征值矩阵为

$$\boldsymbol{V}=\begin{bmatrix}-0.428155+0.309976\mathrm{j} & 0.8062 & -0.177992+0.4382180\mathrm{j}\\ -0.302979-0.168652\mathrm{j} & 0.0725112-0.314818\mathrm{j} & 0.830135\\ 0.774828 & 0.4480780-0.211892\mathrm{j} & -0.293482-0.0320551\mathrm{j}\end{bmatrix}$$

$$\boldsymbol{D}=\begin{bmatrix}-4.4279872+3.9912615\mathrm{j} & 0 & 0\\ 0 & 3.3700155+4.37761\mathrm{j} & 0\\ 0 & 0 & 0.05797165-1.3688705\mathrm{j}\end{bmatrix}$$

可以看出,复数矩阵的特征值将不再是共轭复数。

例3-44 试将例3-40中的特征多项式构造一个矩阵,并求矩阵的特征值。

解 具有例3-40中给出的特征多项式的矩阵有无穷多个,最简单的方法是构造相伴矩阵,并使用下面的命令求矩阵的特征值。

```
>> f=[1,-3,-15,53,30,-218,190,-202,225,477,81,405];
   f=sym(f); A=compan(f), eig(A)
```

构造的矩阵如下所示,得出的特征值与特征方程的根完全一致。

$$\boldsymbol{A}=\begin{bmatrix}3 & 15 & -53 & -30 & 218 & -190 & 202 & -225 & -477 & -81 & -405\\ 1 & 0 & 0 & 0 & 0 & 0 & 0 & 0 & 0 & 0 & 0\\ 0 & 1 & 0 & 0 & 0 & 0 & 0 & 0 & 0 & 0 & 0\\ 0 & 0 & 1 & 0 & 0 & 0 & 0 & 0 & 0 & 0 & 0\\ 0 & 0 & 0 & 1 & 0 & 0 & 0 & 0 & 0 & 0 & 0\\ 0 & 0 & 0 & 0 & 1 & 0 & 0 & 0 & 0 & 0 & 0\\ 0 & 0 & 0 & 0 & 0 & 1 & 0 & 0 & 0 & 0 & 0\\ 0 & 0 & 0 & 0 & 0 & 0 & 1 & 0 & 0 & 0 & 0\\ 0 & 0 & 0 & 0 & 0 & 0 & 0 & 1 & 0 & 0 & 0\\ 0 & 0 & 0 & 0 & 0 & 0 & 0 & 0 & 1 & 0 & 0\\ 0 & 0 & 0 & 0 & 0 & 0 & 0 & 0 & 0 & 1 & 0\end{bmatrix}$$

3.4.4 矩阵的广义特征向量问题

定义3-29 假设存在一个标量λ和一个非零向量$\boldsymbol{x}$,使得下式成立

$$\boldsymbol{A}\boldsymbol{x}=\lambda\boldsymbol{B}\boldsymbol{x} \tag{3-4-7}$$

其中,$\boldsymbol{B}$矩阵为对称正定矩阵,则λ称为广义特征值,而$\boldsymbol{x}$向量称为广义特征向量。

定义3-30 方程$\det(\lambda\boldsymbol{B}-\boldsymbol{A})=0$称为广义特征值问题的特征方程,该方程的根称为广义特征方程的根,也等于矩阵的广义特征值。

MATLAB还提供了求取广义特征值的方法。事实上,普通的矩阵特征值问题可以看成是广义特征值问题的一个特例,如果假定$\boldsymbol{B}=\boldsymbol{I}$为单位阵,则式(3-4-7)中

的形式可以直接转化成普通矩阵特征值问题。

若 $\boldsymbol{B}$ 矩阵为非奇异方阵，则方程（3-4-7）可以容易地转换成矩阵 $\boldsymbol{B}^{-1}\boldsymbol{A}$ 的特征值问题，有

$$\boldsymbol{B}^{-1}\boldsymbol{A}\boldsymbol{x}=\lambda\boldsymbol{x} \tag{3-4-8}$$

即 λ 和 $\boldsymbol{x}$ 分别为 $\boldsymbol{B}^{-1}\boldsymbol{A}$ 矩阵的特征值和特征向量。但一般情况下，不能随意假设 $\boldsymbol{B}$ 阵为非奇异的方阵，所以文献 [12] 中给出了广义特征值问题的QZ算法。MATLAB给出的 eig() 函数可以直接用于求取矩阵的广义特征值和特征向量，调用格式为

$\boldsymbol{d}$=eig($\boldsymbol{A}$,$\boldsymbol{B}$)　　　%求解广义特征值

[$\boldsymbol{V}$,$\boldsymbol{D}$]=eig($\boldsymbol{A}$,$\boldsymbol{B}$) %求解广义特征值和特征向量

这一函数可以直接得出矩阵的广义特征值向量 $\boldsymbol{d}$，也可以返回一个特征向量矩阵 $\boldsymbol{V}$ 及一个对角型特征值矩阵 $\boldsymbol{D}$，满足 $\boldsymbol{AV}=\boldsymbol{BVD}$。值得指出的是，该函数可以求解 $\boldsymbol{B}$ 矩阵为奇异矩阵时的广义特征值问题，该函数不能处理符号运算。

例3-45　假设给出如下的矩阵，试求出 $\boldsymbol{A},\boldsymbol{B}$ 矩阵的广义特征值与特征向量矩阵。

$$\boldsymbol{A}=\begin{bmatrix}-4&-6&-4&-1\\1&0&0&0\\0&1&0&0\\0&0&1&0\end{bmatrix},\quad \boldsymbol{B}=\begin{bmatrix}2&6&-1&-2\\5&-1&2&3\\-3&-4&1&10\\5&-2&-3&8\end{bmatrix}$$

解　原矩阵 $\boldsymbol{A}$ 理论上有重特征值 -1，但数值求解一般得不出精确的特征值。使用下列命令可以求出矩阵 $(\boldsymbol{A},\boldsymbol{B})$ 的广义特征值和特征向量。

```
>> B=[2,6,-1,-2; 5,-1,2,3; -3,-4,1,10; 5,-2,-3,8];
   A=[-4,-6,-4,-1; 1,0,0,0; 0,1,0,0; 0,0,1,0];
   [V,D]=eig(A,B), norm(A*V-B*V*D)
```

得出的特征值、特征向量矩阵如下所示，误差矩阵的范数为 6.3931×10^{-15}。

$$\boldsymbol{V}=\begin{bmatrix}0.0268&-1&-0.2413&0.0269\\-1&0.7697&-0.6931&0.0997\\-0.1252&-0.3666&1&0.0796\\-0.3015&0.4428&-0.1635&-1\end{bmatrix}$$

$$\boldsymbol{D}=\begin{bmatrix}-1.2830&&&\\&0.1933&&\\&&-0.2422&\\&&&-0.0096\end{bmatrix}$$

可以由下面的语句计算矩阵的常规特征多项式与广义特征多项式。

```
>> syms lam, p1=charpoly(sym(A),lam), p2=det(lam*B-A)
```

得出的结果分别为

$$p_1(\lambda)=\lambda^4+4\lambda^3+6\lambda^2+4\lambda+1,\ p_2(\lambda)=-1736\lambda^4-2329\lambda^3-50\lambda^2+104\lambda+1$$

例3-46　如果例3-45中矩阵 $\boldsymbol{B}$ 是奇异的魔方矩阵，试求广义特征值与特征向量。

解　可以尝试采用下面的命令求取，不过得出的矩阵含有无穷特征值，且$\boldsymbol{AV}-\boldsymbol{BVD}$不是零矩阵，说明这里给出的函数不适合处理奇异矩阵$\boldsymbol{B}$的问题。

```
>> A=[-4,-6,-4,-1; 1,0,0,0; 0,1,0,0; 0,0,1,0];
   B=magic(4); [V,D]=eig(A,B), A*V-B*V*D
```

可以由下面的语句计算矩阵的广义特征多项式

```
>> syms lam; p=det(lam*B-A)
```

得出的结果为$p(\lambda)=-1632\lambda^3-560\lambda^2+94\lambda+1$。

3.4.5 Gershgorin圆盘与对角占优矩阵

Gershgorin圆盘（Gershgorin disc）定理是1931年苏联数学家Semyon Aranovich Gershgorin（1901−1933）提出的，可以用其估计复数矩阵特征值的位置，并可以将其概念用于判定矩阵是否为对角占优矩阵。

定义3-31　如果$\boldsymbol{A}\in\mathscr{C}^{n\times n}$为复数方阵，若$R_i=\sum\limits_{j\neq i}|a_{ij}|$为第$i$行非对角元素的绝对值和，记这些圆为$\mathscr{D}(a_{ii},R_i)$，$i=1,2,\cdots,n$，表示圆心位于$a_{ii}$，半径为$R_i$的圆，这些圆称为Gershgorin圆盘。同理，还可以定义出列Gershgorin圆盘。

定理3-35　（Gershgorin圆盘定理）矩阵$\boldsymbol{A}$的每个特征值都位于至少一个Gershgorin圆盘$\mathscr{D}(a_{ii},R_i)$内，即

$$G(\boldsymbol{A})=\bigcup_{i=1}^{n}\Big\{z\in\mathscr{C}:\big|z-a_{ii}\big|\leqslant R_i\Big\}\tag{3-4-9}$$

定义3-32　对给定方阵$\boldsymbol{A}\in\mathscr{C}^{n\times n}$，如果每行的对角元素都大于非对角元素的绝对值和，即

$$|a_{ii}|>\sum_{j=1,j\neq i}^{n}|a_{ij}|,\ i=1,2,\cdots,n\tag{3-4-10}$$

则矩阵$\boldsymbol{A}$称为行对角占优（diagonal dominant）矩阵。类似地，还可以定义列对角占优矩阵。

定理3-36　如果坐标原点$(0,0)$不被矩阵$\boldsymbol{A}$的任何一个Gershgorin圆盘覆盖，则矩阵$\boldsymbol{A}$是对角占优矩阵。

例3-47　假设矩阵$\boldsymbol{A}$如下给出，试验证Gershgorin圆盘定理，并判定该矩阵是否为对角占优矩阵。

$$\boldsymbol{A}=\begin{bmatrix}12-11\mathrm{j} & -1 & 2 & 2 & 2-\mathrm{j}\\ 1+\mathrm{j} & -10+17\mathrm{j} & 2+2\mathrm{j} & 2+3\mathrm{j} & 2\mathrm{j}\\ 3+4\mathrm{j} & 3\mathrm{j} & 13+13\mathrm{j} & 1+4\mathrm{j} & 4+4\mathrm{j}\\ 2+4\mathrm{j} & 1 & 3+2\mathrm{j} & -10-13\mathrm{j} & 2+\mathrm{j}\\ -1+3\mathrm{j} & -1+\mathrm{j} & 2+\mathrm{j} & 2+\mathrm{j} & -15+2\mathrm{j}\end{bmatrix}$$

解　可以先将矩阵输入计算机，然后使用下面的命令直接计算各个Gershgorin圆

盘的半径，并绘制出Gershgorin圆盘，如图3-1所示。其中，圆圈表示实际特征值的位置，而符号×表示Gershgorin圆盘的圆心。

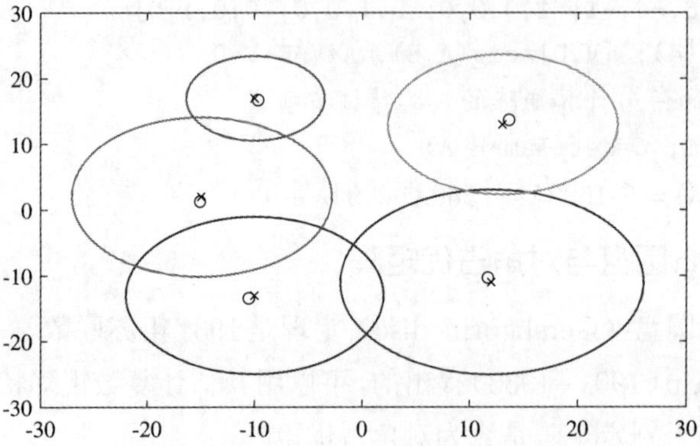

图 3-1　Gershgorin圆盘与特征值

```
>> A=[12-11i,-1,2,2,2-1i; 1+1i,-10+17i,2+2i,2+3i,0+2i;
     3+4i,0+3i,13+13i,1+4i,4+4i; 2+4i,1,3+2i,-10-13i,2+1i;
     -1+3i,-1+1i,2+1i,2+1i,-15+2i];
   t=linspace(0,2*pi,100); c=cos(t); s=sin(t);
    A1=A-diag(diag(A)); R=sum(abs(A1));   %计算非对角元素的半径
   for i=1:size(A,1)
     plot(real(A(i,i)),imag(A(i,i)),'x'), hold on
     plot(real(A(i,i))+R(i)*c,imag(A(i,i))+R(i)*s)
   end
   d=eig(A); plot(real(d),imag(d),'o')
```

在该例中，特征值的位置与圆心是很接近的。另外，由于这些Gershgorin圆盘都不覆盖原点，所以矩阵$\boldsymbol{A}$是对角占优矩阵。

3.5　矩阵多项式

对常规的单变量多项式进行拓展，则可以构造出矩阵多项式(matrix polynomial)。本节介绍矩阵多项式的概念与计算方法，并介绍一般矩阵多项式的MATLAB表示方法与转换方法。

3.5.1　矩阵多项式的求解

矩阵多项式是定义3-27中函数多项式的一个拓展，即：多项式中函数的变元替换成矩阵，自变量的零次方替换为单位矩阵。

定义3-33　矩阵多项式的数学形式为

$$\boldsymbol{B}=f(\boldsymbol{A})=a_1\boldsymbol{A}^n+a_2\boldsymbol{A}^{n-1}+\cdots+a_n\boldsymbol{A}+a_{n+1}\boldsymbol{I} \tag{3-5-1}$$

其中，$\boldsymbol{A}$为一个给定的方阵，$\boldsymbol{I}$为与$\boldsymbol{A}$同阶次的单位矩阵，这时返回的矩阵$\boldsymbol{B}$为矩阵多项式的值。

矩阵多项式的值在MATLAB语言环境中可以由polyvalm()函数求出，该函数的调用格式为$\boldsymbol{B}$=polyvalm($\boldsymbol{a}$,$\boldsymbol{A}$)。其中，$\boldsymbol{a}$为多项式系数降幂排列构成的系数向量，即$\boldsymbol{a}=[a_1, a_2, \cdots, a_n, a_{n+1}]$。

MATLAB给出的polyvalm()函数只能用于数值矩阵的多项式矩阵求值，对该函数进行拓展，可以写出用于符号型矩阵的多项式矩阵，拓展的函数如下：

```
function B=polyvalmsym(p,A)
E=eye(size(A)); B=zeros(size(A)); n=length(A);
for i=n+1:-1:1, B=B+p(i)*E; E=E*A; end %polyvalm()函数的符号运算版
```

定义3-34　相应地，还可以按点运算的方式定义一种多项式运算为

$$\boldsymbol{C}=a_1\boldsymbol{x}.\hat{}n+a_2\boldsymbol{x}.\hat{}(n-1)+\cdots+a_{n+1} \tag{3-5-2}$$

这时，矩阵$\boldsymbol{C}$可以由下面的语句直接计算出来：$\boldsymbol{C}$=polyval($\boldsymbol{a}$,$\boldsymbol{x}$)，$\boldsymbol{x}$可以是任意维数的，$\boldsymbol{C}$的维数与$\boldsymbol{x}$一致。

若有MATLAB符号运算工具箱得出的符号多项式p，则可以调用subs()函数求出点运算意义下多项式的值。该函数的具体调用格式为$\boldsymbol{C}$=subs(p,s,$\boldsymbol{x}$)。

例3-48　假设矩阵$\boldsymbol{A}$为Vandermonde矩阵，验证其满足Cayley–Hamilton定理。

$$\boldsymbol{A}=\begin{bmatrix}1&1&1&1&1&1&1\\64&32&16&8&4&2&1\\729&243&81&27&9&3&1\\4096&1024&256&64&16&4&1\\15625&3125&625&125&25&5&1\\46656&7776&1296&216&36&6&1\\117649&16807&2401&343&49&7&1\end{bmatrix}$$

解　可以采用下面的MATLAB语句验证Cayley–Hamilton定理。

```
>> A=vander([1 2 3 4 5 6 7]), a=poly(A);
   B=polyvalm(a,A); e=norm(B) %直接验证
```

由于使用的poly()函数会产生一定的误差，而该误差在矩阵多项式求解中导致了巨大的误差：$e=3.5654\times10^5$，从而得出错误结论。由此看来，poly()函数的误差有时是不可忽略的。如果把上面语句中的poly()函数用前面编写的poly1()函数代替，得出的$\boldsymbol{B}$矩阵就会是$\boldsymbol{0}$，故该矩阵满足Cayley–Hamilton定理。

```
>> a1=poly1(A); B1=polyvalm(a1,A);
   norm(B1) %采用poly1()函数得出正确结果
```

例3-49　试证明一般5×5矩阵满足Cayley–Hamilton定理。

解　要求解此问题首先需要声明一批符号变量，构造出任意的5×5矩阵$\boldsymbol{A}$，然后用

charpoly()函数求出其特征多项式系数向量。因为polyvalm()不支持符号变量的处理，这里需要使用polyvalmsym()函数求取多项式矩阵。得出的多项式矩阵化简后可以得出其范数为零的结论，故此证明任意的5×5矩阵满足Cayley–Hamilton定理。下面的语句耗时约1.32 s，改成6×6任意矩阵则耗时约13.17 s。

```
>> A=sym('a%d%d',5); tic, p=charpoly(A);
   E=polyvalmsym(p,A); simplify(E), toc %定理验证
```

3.5.2 矩阵的最小多项式

前面介绍了矩阵特征多项式的概念，也介绍了由charpoly()函数计算特征多项式的方法。对某些特殊的矩阵而言，还应该引入最小多项式（minimal polynomial）的概念，本节将介绍最小多项式的计算方法。

定义 3-35　最小多项式就是能使得$f(\boldsymbol{A})=\boldsymbol{0}$的阶次最小的多项式。

MATLAB提供了minpoly()函数求取矩阵的最小多项式。由Cayley–Hamilton定理可知，矩阵的特征多项式满足$f(\boldsymbol{A})=\boldsymbol{0}$，最小多项式是满足$f(\boldsymbol{A})=\boldsymbol{0}$条件的更低阶的多项式。事实上，仅有极少量的矩阵有不同于特征多项式的最小多项式，例如，下面给出的例子。

例 3-50　试求出下面矩阵的最小多项式与特征多项式。

$$\boldsymbol{A}=\begin{bmatrix}1&1&0\\0&1&0\\0&0&1\end{bmatrix}$$

解　可以由下面的语句求出矩阵的特征多项式为$p_1=s^3-3s^2+3s-1$，而最小多项式为$p_2=s^2-2s+1$，将$\boldsymbol{A}$矩阵代入$\boldsymbol{p}_2$多项式，则矩阵多项式为零矩阵。

```
>> A=[1,1,0; 0,1,0; 0,0,1]; A=sym(A); syms s
   p1=charpoly(A,s), p2=minpoly(A,s), A^2-2*A+eye(3)
```

3.5.3 符号多项式与数值多项式的转换

MATLAB提供了两种描述多项式的方法。如果用数值法描述，则可以将多项式系数提取出来，构成降幂排列的数值向量；如果采用符号运算方式描述，则可以由一个符号表达式表示多项式。

数值表示方法具有局限性，因为它只能表示系数为常数的多项式，而符号运算方法可以表示系数为其他函数的多项式。MATLAB提供的collect()函数可以对多项式作合并同类项处理，而expand()函数则可以展开多项式。

若已知数值多项式系数为$\boldsymbol{p}=[a_1,a_2,\cdots,a_{n+1}]$，则可以通过符号运算工具箱提供的$f$=poly2sym($\boldsymbol{p}$)或$f$=poly2sym($\boldsymbol{p}$,$x$)函数转换成符号多项式表示；若已知多项式的符号表达式，则可以由$\boldsymbol{p}$=sym2poly(f)函数转换成系数向量。

例3-51 已知多项式$f=s^5+2s^4+3s^3+4s^2+5s+6$,试用不同形式表示该多项式。

解 该多项式可以采用两种形式来定义。例如，可以用数值形式定义，则可以用相应的方式将其转换成符号型的多项式，也可以转换回向量形式。

```
>> syms v; P=[1 2 3 4 5 6]; f=poly2sym(P,v)
   P1=sym2poly(f) %二者相互转换
```

还可以由函数$\boldsymbol{C}$=coeffs(P,x)按x的降幂次序直接提取多项式系数，如果x是表达式P中唯一的符号变量，则可以略去它。

例3-52 试提取符号表达式$x(x^2+2y)^8$中x的系数。

解 很显然，原符号表达式可以是x的多项式也可以是y的多项式。下面语句可以按x的升幂次序提取出关于x的多项式系数。另外，零系数被自动略去了。

```
>> syms x y; P=x*(x^2+2*y)^8;
   p=coeffs(P,x) %提取出多项式P中关于x的系数
   p1=p(end:-1:1); %降幂排列的多项式系数
```

得出的结果为$\boldsymbol{p}=[256y^8,1024y^7,1792y^6,1792y^5,1120y^4,448y^3,112y^2,16y,1]$。当然，得出的$p_1$为降幂次序排列的多项式系数。

从信息表示的角度看，这种表示方法是不合适的。在实际应用中，由于信息的缺失，不能单纯地由得出的系数向量还原多项式。而函数sym2poly()又不能处理含有其他参数的多项式问题，所以有必要编写新的MATLAB函数提取任意多项式的系数。

定理3-37 假设已知某多项式模型为

$$p(x)=a_1x^n+a_2x^{n-1}+\cdots+a_nx+a_{n+1} \tag{3-5-3}$$

其中，系数a_i与x无关，则显然可以由下面的公式递推计算多项式系数。

$$a_{n+1}=p(0),\ 且\ a_i=\frac{1}{(n-i+1)!}\left.\frac{\mathrm{d}^{n-i+1}p(x)}{\mathrm{d}x^{n-i+1}}\right|_{t=0},\ i=1,2,\cdots,n \tag{3-5-4}$$

这样，可以用循环结构实现上述算法，编写出以下函数直接实现真正有效的多项式系数提取算法。

```
function c=polycoef(p,x)
c=[]; n=0; p1=p; n1=1; nn=1; if nargin==1, x=symvar(p); end
while (1),
   c=[c subs(p1,x,0)]; p1=diff(p1,x); n=n+1; n1=n1*n; nn=[nn,n1];
   if p1==0, c=c./nn(1:end-1); c=c(end:-1:1); break;
end, end
```

例3-53 重新考虑例3-52中的多项式，试得出多项式系数且保留零系数。

解 调用新函数将得出降幂排列的系数。

```
>> syms x y; P=x*(x^2+2*y)^8; p=polycoef(P,x)
```

这样得出的系数向量如下所示。注意，这里得出的向量保留了所有的系数，包括零系数。同时，这里得出的向量是降幂排列的。

$$\boldsymbol{p}=[1,0,16y,0,112y^2,0,448y^3,0,1120y^4,0,1792y^5,0,1792y^6,0,1024y^7,0,256y^8,0]$$

由下面的语句则可以还原原始的多项式表示。

```
>> P1=poly2sym(p,x); simplify(P1)
```

例3-52得出的$\boldsymbol{p}$向量共有9个元素，所以多项式会被误认为8次多项式。事实上，由于该多项式的零系数并未提取出来，导致结果发生歧义，而利用这里给出的polycoef()函数则可以保持全部的系数，包括非零系数，可以用该向量完全还原$P(x)$表达式。

本章习题

3.1 试求出以下矩阵的行列式。

$$\boldsymbol{A}=\begin{bmatrix}\sin\alpha & \cos\alpha & \sin(\alpha+\delta)\\ \sin\beta & \cos\beta & \sin(\beta+\delta)\\ \sin\gamma & \cos\gamma & \sin(\gamma+\delta)\end{bmatrix},\ \boldsymbol{B}=\begin{bmatrix}(a^x+a^{-x})^2 & (a^x-a^{-x})^2 & 1\\ (b^y+b^{-y})^2 & (b^y-b^{-y})^2 & 1\\ (c^z+c^{-z})^2 & (c^z-c^{-z})^2 & 1\end{bmatrix}$$

3.2 试求出Vandermonde矩阵的行列式，并以最简的形式显示结果。

$$\boldsymbol{A}=\begin{bmatrix}a^4 & a^3 & a^2 & a & 1\\ b^4 & b^3 & b^2 & b & 1\\ c^4 & c^3 & c^2 & c & 1\\ d^4 & d^3 & d^2 & d & 1\\ e^4 & e^3 & e^2 & e & 1\end{bmatrix}$$

3.3 已知n阶矩阵的数学表达式如下所示，试求出其行列式。

$$\begin{vmatrix}n & -1 & 0 & 0 & \cdots & 0 & 0\\ n-1 & x & -1 & 0 & \cdots & 0 & 0\\ n-2 & 0 & x & -1 & \cdots & 0 & 0\\ \vdots & \vdots & \vdots & \vdots & \ddots & \vdots & \vdots\\ 2 & 0 & 0 & 0 & \cdots & x & -1\\ 1 & 0 & 0 & 0 & \cdots & 0 & x\end{vmatrix}$$

3.4 试验证100阶以下的偶数阶魔方矩阵都是奇异矩阵。

3.5 试选择一些阶次n，生成随机矩阵的符号表达式，然后求逆矩阵，并记录计算时间，得出阶次与时间之间的关系。

3.6 利用MATLAB语言提供的函数对下面给出的两个矩阵进行分析，判定它们是否为奇异矩阵，得出矩阵的秩、行列式、迹和逆矩阵，检验得出的逆矩阵是否正确。

$$\boldsymbol{A}=\begin{bmatrix}2 & 7 & 5 & 7 & 7\\ 7 & 4 & 9 & 3 & 3\\ 3 & 9 & 8 & 3 & 8\\ 5 & 9 & 6 & 3 & 6\\ 2 & 6 & 8 & 5 & 4\end{bmatrix},\ \boldsymbol{B}=\begin{bmatrix}703 & 795 & 980 & 137 & 661\\ 547 & 957 & 271 & 12 & 284\\ 445 & 523 & 252 & 894 & 469\\ 695 & 880 & 876 & 199 & 65\\ 621 & 173 & 737 & 299 & 988\end{bmatrix}$$

3.7 试求出习题3.3中n阶矩阵的迹与特征多项式。

3.8 有一组列向量如下所示,试从中找到最大线性不相关的列向量。

$$v_1=\begin{bmatrix}2\\2\\2\end{bmatrix},\ v_2=\begin{bmatrix}1\\0\\1\end{bmatrix},\ v_3=\begin{bmatrix}2\\1\\2\end{bmatrix},\ v_4=\begin{bmatrix}1\\1\\1\end{bmatrix},\ v_5=\begin{bmatrix}2\\0\\2\end{bmatrix},\ v_6=\begin{bmatrix}0\\1\\3\end{bmatrix}$$

3.9 试求出下面给出的$\boldsymbol{A}$和$\boldsymbol{B}$矩阵的特征多项式、特征值与特征向量,并验证Cayley–Hamilton定理,解释并验证如何运算能消除误差。

$$\boldsymbol{A}=\begin{bmatrix}5&7&6&5&1&6&5\\2&3&1&0&0&1&4\\6&4&2&0&6&4&4\\3&9&6&3&6&6&2\\10&7&6&0&0&7&7\\7&2&4&4&0&7&7\\4&8&6&7&2&1&7\end{bmatrix},\quad \boldsymbol{B}=\begin{bmatrix}3&5&5&0&1&2&3\\3&2&5&4&6&2&5\\1&2&1&1&3&4&6\\3&5&1&5&2&1&2\\4&1&0&1&2&0&1\\-3&-4&-7&3&7&8&12\\1&-10&7&-6&8&1&5\end{bmatrix}$$

3.10 试用简化行阶梯方法得出习题3.9中矩阵的逆矩阵,并与`inv()`函数结果比较。

3.11 Wilkinson矩阵是比较有趣的测试矩阵,试观察15×15 Wilkinson矩阵最大两个特征值,看看它们有多大的差异。再观察30×30矩阵的最大特征值。

3.12 对任意矩阵$\boldsymbol{A}_1,\boldsymbol{A}_2,\boldsymbol{A}_3$,试验证Cayley–Hamilton定理。

$$\boldsymbol{A}_1=\begin{bmatrix}a_{11}&a_{12}&a_{13}\\a_{21}&a_{22}&a_{23}\\a_{31}&a_{32}&a_{33}\end{bmatrix},\quad \boldsymbol{A}_2=\begin{bmatrix}a_{11}&a_{12}&a_{13}&a_{14}\\a_{21}&a_{22}&a_{23}&a_{24}\\a_{31}&a_{32}&a_{33}&a_{34}\\a_{41}&a_{42}&a_{43}&a_{44}\end{bmatrix}$$

$$\boldsymbol{A}_3=\begin{bmatrix}a_{11}&a_{12}&a_{13}&a_{14}&a_{15}\\a_{21}&a_{22}&a_{23}&a_{24}&a_{25}\\a_{31}&a_{32}&a_{33}&a_{34}&a_{35}\\a_{41}&a_{42}&a_{43}&a_{44}&a_{45}\\a_{51}&a_{52}&a_{53}&a_{54}&a_{55}\end{bmatrix}$$

3.13 试求出习题3.6给出的矩阵的特征值与特征向量。

3.14 试选择有限的n(如$n=50$),验证下面矩阵的特征多项式为$s^n-a_1a_2\cdots a_n$。

$$\boldsymbol{A}=\begin{bmatrix}0&a_1&0&\cdots&0\\0&0&a_2&\cdots&0\\\vdots&\vdots&\vdots&\ddots&\vdots\\0&0&0&\cdots&a_{n-1}\\a_n&0&0&\cdots&0\end{bmatrix}$$

3.15 试求出多项式方程$f(s)=0$全部的根,试用数值方法与解析方法分别求解该多项式方程,并检验结果的精度。

(1) $f(s)=s^5+8s+1$

(2) $f(s)=s^9+11s^8+51s^7+139s^6+261s^5+353s^4+373s^3+333s^2+162s+108$

3.16 如果$\boldsymbol{A}$矩阵如下给出,试求出习题3.15中的矩阵多项式$f(\boldsymbol{A})$。另外,求出$\boldsymbol{A}$矩阵

的特征多项式 $g(s)$，并求出 $g(\boldsymbol{A})$。

$$\boldsymbol{A}=\begin{bmatrix}3&1&2&3\\2&2&0&1\\1&3&1&3\\1&0&0&1\end{bmatrix}$$

3.17 试求下面矩阵的特征多项式与最小多项式。

$$\boldsymbol{A}=\begin{bmatrix}3&-2&2&2\\1&0&1&1\\-2&2&-1&-2\\1&-1&1&2\end{bmatrix},\ \boldsymbol{B}=\begin{bmatrix}-8&7&-7&-1\\-12&11&-13&-1\\-3&3&-5&0\\-9&10&-10&-3\end{bmatrix}$$

3.18 试求出下面数学表达式中关于 x 的系数向量。

$$f(x)=(ax^2+b)^4(x^2\sin c+x\cos d+3)^2$$

第4章 矩阵的基本变换与分解

薛定宇教授大讲堂 MATLAB 线性代数运算

矩阵变换与分解是矩阵分析的重要内容，通常可以引入某种变换将一般的矩阵变成更易于处理的形式，相似变换是一种最常用的变换方法。4.1 节首先给出矩阵相似变换的概念与性质，并给出正交矩阵的概念。4.2 节主要介绍初等行变换方法，给出了三种常用的初等行变换规则，并在此基础上给出了基于初等行变换的矩阵求逆方法与主元素的概念。4.3 节首先介绍线性代数方程的 Gauss 消去法，并介绍矩阵的三角分解方法。4.4 节以对称矩阵为研究对象介绍 Cholesky 分解方法，并介绍正定矩阵与正规矩阵的概念与判定方法。4.5 节将介绍将一般矩阵变换为相伴矩阵、对角矩阵及 Jordan 矩阵的一般变换方法。4.6 节介绍矩阵的奇异值分解、矩阵条件数的概念与求解方法。4.7 节介绍 Givens 变换与 Householder 变换的方法。

4.1 相似变换与正交矩阵

相似变换是重要的矩阵变换方法，通过选择合适的变换矩阵，可以将矩阵变换成一种指定的表示形式，而不改变矩阵的重要属性。本节介绍矩阵相似变换的概念，给出正交矩阵的概念与计算方法。

4.1.1 相似变换

定义 4-1 对方阵 $\boldsymbol{A}$，如果存在一个非奇异的 $\boldsymbol{T}$ 矩阵，则可以通过下面的方式对原 $\boldsymbol{A}$ 矩阵进行变换：

$$\boldsymbol{X}=\boldsymbol{T}^{-1}\boldsymbol{A}\boldsymbol{T} \tag{4-1-1}$$

这样的变换称为相似变换（similarity transformation），而 $\boldsymbol{T}$ 称为相似变换矩阵。

定理 4-1 相似变换后，$\boldsymbol{X}$ 矩阵的秩、迹、行列式、特征多项式和特征值等均不发生变化，其值和 $\boldsymbol{A}$ 矩阵完全一致。

通过适当选择变换矩阵 $\boldsymbol{T}$，就能有目的地将任意给定的 $\boldsymbol{A}$ 矩阵相似变换成特殊的矩阵表示形式，而不改变原来 $\boldsymbol{A}$ 的重要性质。

例4-1 对下面的$\boldsymbol{A}$矩阵,如果选择变换矩阵$\boldsymbol{T}$,试求出相似变换的结果。

$$\boldsymbol{A}=\begin{bmatrix}2&3&5&9\\5&9&8&3\\0&3&2&4\\3&4&5&8\end{bmatrix},\ \boldsymbol{T}=\begin{bmatrix}0&9&119&1974\\0&3&128&2508\\0&4&49&974\\1&8&123&2098\end{bmatrix}$$

解 可以输入这两个矩阵,然后进行相似变换。

```
>> A=[2,3,5,9; 5,9,8,3; 0,3,2,4; 3,4,5,8]; A=sym(A);
   T=[0,9,119,1974; 0,3,128,2508; 0,4,49,974; 1,8,123,2098];
   A1=inv(T)*A*T
```

得出变换后的矩阵如下所示。可见,如果适当选择变换矩阵,可以将任意的矩阵变换成期望的形式。

$$\boldsymbol{A}_1=\begin{bmatrix}0&0&0&-120\\1&0&0&-84\\0&1&0&-46\\0&0&1&21\end{bmatrix}$$

4.1.2 正交矩阵与正交基

定义4-2 假设一组向量$\boldsymbol{v}_1,\boldsymbol{v}_2,\cdots,\boldsymbol{v}_m$满足

$$\boldsymbol{v}_i^{\mathrm{T}}\boldsymbol{v}_j=\begin{cases}0, & i\neq j\\ \delta_{ij}, & i=j\end{cases} \tag{4-1-2}$$

则称这组向量是正交的。

定义4-3 如果一个矩阵$\boldsymbol{H}$满足$\boldsymbol{H}^{\mathrm{H}}=\boldsymbol{H}^{-1}$，则该矩阵称为Hermite矩阵，Hermite矩阵为正交矩阵。

Hermite矩阵（Hermitian matrix）是以法国数学家Charles Hermite（1822–1901）命名的。

定理4-2 正交矩阵$\boldsymbol{Q}$满足下面的条件：

$$\boldsymbol{Q}^{\mathrm{H}}\boldsymbol{Q}=\boldsymbol{I}，\ 且\ \ \boldsymbol{Q}\boldsymbol{Q}^{\mathrm{H}}=\boldsymbol{I}，\ \boldsymbol{I}为n\times n的单位阵 \tag{4-1-3}$$

MATLAB提供了求取正交矩阵的函数$\boldsymbol{Q}$=orth($\boldsymbol{A}$)来求出$\boldsymbol{A}$矩阵的正交基矩阵$\boldsymbol{Q}$。若$\boldsymbol{A}$为非奇异矩阵,则得出的正交基矩阵$\boldsymbol{Q}$满足式(4-1-3)的条件。

定理4-3 若$\boldsymbol{A}$为奇异矩阵,则得出的矩阵$\boldsymbol{Q}$的列数即为$\boldsymbol{A}$矩阵的秩,且满足$\boldsymbol{Q}^{\mathrm{H}}\boldsymbol{Q}=\boldsymbol{I}$,而不满足$\boldsymbol{Q}\boldsymbol{Q}^{\mathrm{H}}=\boldsymbol{I}$。

例4-2 求出$\boldsymbol{A}$矩阵的正交矩阵。

解 矩阵的正交矩阵可以用orth()函数直接得出,并可以由下面的语句验证其满足正交矩阵的性质。

```
>> A=[2,3,5,9; 5,9,8,3; 0,3,2,4; 3,4,5,8];
   Q=orth(A), norm(Q'*Q-eye(4))
   norm(Q*Q'-eye(4)) %正交矩阵的计算与检验
```

得出的正交矩阵与误差矩阵的范数分别为

$$||\boldsymbol{Q}^{\mathrm{H}}\boldsymbol{Q}-\boldsymbol{I}|| = 6.7409\times10^{-16},\ ||\boldsymbol{Q}\boldsymbol{Q}^{\mathrm{H}}-\boldsymbol{I}|| = 6.9630\times10^{-16}$$

$$\boldsymbol{Q}=\begin{bmatrix} -0.5198 & 0.5298 & 0.1563 & -0.6517 \\ -0.6197 & -0.7738 & 0.0262 & -0.1286 \\ -0.2548 & 0.1551 & -0.9490 & 0.1017 \\ -0.5300 & 0.3106 & 0.2725 & 0.7406 \end{bmatrix}$$

还可以使用符号运算计算正交基矩阵。

```
>> Q=simplify(orth(sym(A))), norm(Q'*Q-eye(4))
```

得出的正交基矩阵的解析解为

$$\boldsymbol{Q}=\begin{bmatrix} \sqrt{38}/19 & -6\sqrt{15238}/7619 & 696\sqrt{678091}/678091 & -17\sqrt{1691}/1691 \\ 5\sqrt{38}/38 & 27\sqrt{15238}/15238 & -363\sqrt{678091}/678091 & -13\sqrt{1691}/1691 \\ 0 & 3\sqrt{15238}/401 & 205\sqrt{678091}/678091 & 12\sqrt{1691}/1691 \\ 3\sqrt{38}/38 & -37\sqrt{15238}/15238 & 141\sqrt{678091}/678091 & 33\sqrt{1691}/1691 \end{bmatrix}$$

例4-3 重新考虑例3-2中给出的奇异矩阵 $\boldsymbol{A}$，试求出其正交基矩阵，并验证其正交性质。

解 可以通过下面的MATLAB语句求取并检验其正交基矩阵。注意，因为 $\boldsymbol{A}$ 为奇异矩阵，故得出的 $\boldsymbol{Q}$ 为 4×3 的长方形矩阵。

```
>> A=[16,2,3,13; 5,11,10,8; 9,7,6,12; 4,14,15,1];
   Q=orth(A), norm(Q'*Q-eye(3)), Q1=simplify(orth(sym(A)))
```

正交矩阵的数值解与解析解如下，还可以检验误差矩阵的范数为 $||\boldsymbol{Q}^{\mathrm{H}}\boldsymbol{Q}-\boldsymbol{I}|| = 1.0140\times10^{-15}$。

$$\boldsymbol{Q}=\begin{bmatrix} -0.5 & 0.6708 & 0.5 \\ -0.5 & -0.2236 & -0.5 \\ -0.5 & 0.2236 & -0.5 \\ -0.5 & -0.6708 & 0.5 \end{bmatrix}$$

$$\boldsymbol{Q}_1=\begin{bmatrix} 8\sqrt{42}/63 & -635\sqrt{255738}/767214 & 109\sqrt{30445}/60890 \\ 5\sqrt{42}/126 & 391\sqrt{255738}/383607 & -163\sqrt{30445}/60890 \\ \sqrt{42}/14 & 11\sqrt{255738}/42623 & -197\sqrt{30445}/60890 \\ 2\sqrt{42}/63 & 1117\sqrt{255738}/767214 & 211\sqrt{30445}/60890 \end{bmatrix}$$

4.2 初等行变换

前面介绍过基于代数余子式的行列式计算方法，并提及该方法计算量太大，难以实现大型矩阵的行列式计算。所以，应该想办法将矩阵的某些元素变换为零，又不影响行列式的求值，比较好的方法是进行初等行变换的运算，可以将矩阵的一些元素有目的地变换成零。本节先介绍三种初等行变换方法，然后将其应用于矩阵求逆的底层运算与基于主元素的实现。

4.2.1 三种初等行变换方法

矩阵初等行变换的基础是三种常用的矩阵初等行变换方法，本节将介绍这三种初等变换的基本概念，再介绍MATLAB实现方法。

定义4-4 下面的三种变换称为矩阵的初等行变换。

（1） 将矩阵的某一行元素同时乘以常数k，其他元素不变；

（2） 将矩阵的某一行所有元素乘以常数k并加到另一行上；

（3） 将矩阵的任意两行互换，其他行的元素不变。

定义4-5 如果把上面定义中的“行”替换成“列”，则变换称为初等列变换。

下面分别介绍这三种初等行变换方法，并通过实例演示变换矩阵的构造及其逆矩阵的直接列写方法。

1) 将矩阵的某一行遍乘常数

这里的目标是找到一个矩阵$\boldsymbol{E}$，使得$\boldsymbol{EA}$能够将$\boldsymbol{A}$矩阵的任意一行所有元素都乘以常数k，而其他各行的元素都不发生变化。

定理4-4 生成一个单位矩阵$\boldsymbol{E}$，再令$\boldsymbol{E}(i,i)=k$，则$\boldsymbol{EA}$会将$\boldsymbol{A}$矩阵第i行全部乘以k，其余元素不变，且$\det(\boldsymbol{EA})=k\ \det(\boldsymbol{A})$；矩阵$\boldsymbol{F}=\boldsymbol{E}^{-1}$的初值也是单位矩阵，且$\boldsymbol{F}(i,i)=1/k$；如果计算$\boldsymbol{AE}$，则会将$\boldsymbol{A}$矩阵的第$i$列全部乘以$k$，其余各列不变。

例4-4 考虑例4-1中的矩阵，试设计一个左乘矩阵$\boldsymbol{E}$，使得初等行变换$\boldsymbol{EA}$后，将$\boldsymbol{A}$矩阵的第2行全部元素都乘以1/5。

解 如果想构造变换矩阵，可以首先令$\boldsymbol{E}$为单位矩阵，若想将$\boldsymbol{A}$矩阵第2行全部元素都乘以1/5，则令$\boldsymbol{E}(2,2)=1/5$，这样就可以实现期望的行变换。

```
>> A=[2,3,5,9; 5,9,8,3; 0,3,2,4; 3,4,5,8];
   E=eye(4); E(2,2)=1/5, A1=E*A, inv(E)
```

得出的几个矩阵为

$$\boldsymbol{E}=\begin{bmatrix}1&0&0&0\\0&1/5&0&0\\0&0&1&0\\0&0&0&1\end{bmatrix},\ \boldsymbol{A}_1=\begin{bmatrix}2&3&5&9\\1&9/5&8/5&3/5\\0&3&2&4\\3&4&5&8\end{bmatrix},\ \boldsymbol{E}^{-1}=\begin{bmatrix}1&0&0&0\\0&5&0&0\\0&0&1&0\\0&0&0&1\end{bmatrix}$$

如果运行$\boldsymbol{A}*\boldsymbol{E}$命令，则将会把$\boldsymbol{A}$矩阵第二列所有元素乘以1/5，而其他元素不发生变化。

2) 将矩阵某一行遍乘常数后加到另一行

回顾定理3-8介绍的方法，可以将矩阵的一行乘以一个数值后加到另一行上，而不影响矩阵的行列式，这里将给出实现这种变化的初等行变换的方法。

定理 4-5 如果想将 $\boldsymbol{A}$ 矩阵的第 i 行乘以 k，加到第 j 行上，则需要建立一个 $\boldsymbol{E}$ 矩阵，其初值为单位矩阵，再设置 $\boldsymbol{E}(i,j)=k$ 即可得出变换矩阵。这时，$\det(\boldsymbol{EA})=\det(\boldsymbol{A})$；矩阵 $\boldsymbol{F}=\boldsymbol{E}^{-1}$ 的初值也是单位矩阵，且 $\boldsymbol{F}(i,j)=-k$；如果计算 $\boldsymbol{AE}$，则会将 $\boldsymbol{A}$ 矩阵的第 i 列乘以 k，加到第 j 列上。

例4-5 考虑例4-4中的 $\boldsymbol{A}_1$ 矩阵，试设计一个左乘矩阵 $\boldsymbol{E}$，使得初等行变换 $\boldsymbol{EA}_1$ 将第2行乘以 -3 遍加到第4行上。

解 可以直接使用例4-4得出的变换矩阵，选择单位矩阵 $\boldsymbol{E}$，并令 $\boldsymbol{E}(4,2)=-3$，这样可以给出如下语句：

```
>> A=[2,3,5,9; 5,9,8,3; 0,3,2,4; 3,4,5,8];
   E=eye(4); E(2,2)=1/5; A1=E*A; E=eye(4); E(4,2)=-3
   A2=E*A1, inv(E)
```

得出的几个矩阵为

$$\boldsymbol{E}=\begin{bmatrix}1&0&0&0\\0&1&0&0\\0&0&1&0\\0&-3&0&1\end{bmatrix},\ \boldsymbol{A}_2=\begin{bmatrix}2&3&5&9\\1&9/5&8/5&3/5\\0&3&2&4\\0&-7/5&1/5&31/5\end{bmatrix},\ \boldsymbol{E}^{-1}=\begin{bmatrix}1&0&0&0\\0&1&0&0\\0&0&1&0\\0&3&0&1\end{bmatrix}$$

3) 交换矩阵的任意两行

这里要实现的目标是如何构造矩阵 $\boldsymbol{E}$，使得 $\boldsymbol{EA}$ 可以交换矩阵 $\boldsymbol{A}$ 的任意两行，而不影响其他各行。

定理 4-6 如果想交换 $\boldsymbol{A}$ 矩阵的第 i 行和第 j 行，则需要首先建立一个 $\boldsymbol{E}$ 矩阵，其初值为单位矩阵，再令 $\boldsymbol{E}(i,i)=\boldsymbol{E}(j,j)=0$，并令 $\boldsymbol{E}(i,j)=\boldsymbol{E}(j,i)=1$。这时，$\boldsymbol{EA}$ 就是期望的矩阵，且 $\det(\boldsymbol{EA})=-\det(\boldsymbol{A})$；矩阵 $\boldsymbol{E}^{-1}=\boldsymbol{E}$；如果计算 $\boldsymbol{AE}$，则会将 $\boldsymbol{A}$ 矩阵的第 i 列、第 j 列交换。

例4-6 考虑例4-5中的矩阵，试设计一个 $\boldsymbol{E}$，使得初等行变换 $\boldsymbol{A}_2$ 第一行与第二行作交换，如果计算 $\boldsymbol{A}_2\boldsymbol{E}$ 又会得出什么结果？

解 保留例4-5中已经得到的 $\boldsymbol{A}_2$，再设计一个单位矩阵 $\boldsymbol{E}$，且令 $\boldsymbol{E}(1,1)=\boldsymbol{E}(2,2)=0$，$\boldsymbol{E}(1,2)=\boldsymbol{E}(2,1)=1$，由变换矩阵 $\boldsymbol{E}$ 可以得出 $\boldsymbol{A}_3$。

```
>> A=[2,3,5,9; 5,9,8,3; 0,3,2,4; 3,4,5,8];
   E1=eye(4); E1(2,2)=1/5, E2=eye(4); E2(4,2)=-3; A2=E2*E1*A;
   E=eye(4); E([1,2],[1,2])=[0,1; 1,0]; A3=E*A2, inv(E), A2*E
```

得出的几个矩阵如下所示。可见，交换矩阵的两行，变换矩阵的逆矩阵与原矩阵相同。$\boldsymbol{A}_2\boldsymbol{E}$ 将交换 $\boldsymbol{A}_2$ 矩阵的第一列与第二列元素。

$$\boldsymbol{E}=\begin{bmatrix}0&1&0&0\\1&0&0&0\\0&0&1&0\\0&0&0&1\end{bmatrix},\ \boldsymbol{A}_3=\begin{bmatrix}1&9/5&8/5&3/5\\2&3&5&9\\0&3&2&4\\0&-7/5&1/5&31/5\end{bmatrix},\ \boldsymbol{E}^{-1}=\begin{bmatrix}0&1&0&0\\1&0&0&0\\0&0&1&0\\0&0&0&1\end{bmatrix}$$

4.2.2 用初等行变换的方法求逆矩阵

一般线性代数课程中都给出了基于初等行变换的方法作矩阵求逆的思路：需要构造增广矩阵，然后多次初等行变换才能求出矩阵的逆。这样的方法比使用伴随矩阵求逆的方法更高效，适合处理大规模矩阵。依照前面给出的三种初等行变换方法，想消去每一行的某个元素都需要建立一个转换矩阵，这样处理比较麻烦，所以先给出下面一个例子演示更好的方法。

例4-7 重新考虑例4-1，如果想让左上角元素为1，并消去第一列除左上角元素外所有的其他元素，应该如何选择左乘矩阵 $\boldsymbol{E}$？

解 需要两个步骤：第一步是将第一行所有元素都乘以1/2，第二步是将第一行乘以 $-5,0,-3$ 后分别加到第2,3,4行上。故而可以给出下面的语句：

```
>> A=[2,3,5,9; 5,9,8,3; 0,3,2,4; 3,4,5,8];
   E1=eye(4); E1(1,1)=1/2, E2=eye(4);
   E2([2,3,4],1)=[-5; 0; -3], E=E2*E1, A1=E*A
```

得出的结果矩阵为

$$\boldsymbol{E}_2=\begin{bmatrix}1&0&0&0\\-5&1&0&0\\0&0&1&0\\-3&0&0&1\end{bmatrix},\ \boldsymbol{E}=\begin{bmatrix}1/2&0&0&0\\-5/2&1&0&0\\0&0&1&0\\-3/2&0&0&1\end{bmatrix}$$

$$\boldsymbol{A}_1=\begin{bmatrix}1&3/2&5/2&9/2\\0&3/2&-9/2&-39/2\\0&3&2&4\\0&-1/2&-5/2&-11/2\end{bmatrix}$$

更一般地，这两个步骤可以合并成一个步骤，设置 $\boldsymbol{E}$ 矩阵的语句可以修改成下面的通用形式。

```
>> E=eye(4); ii=1:4; j=1; ii=ii(ii~=j);
   E(ii,1)=-A(ii,1); E(:,1)=E(:,1)/A(1,1); E*A
```

利用前面介绍的初等行变换的几种方法，可以建立起出如下的思路：先构造一个增广矩阵 $\boldsymbol{A}_1=[\boldsymbol{A},\boldsymbol{I}]$，循环对每一列进行变换，则变换矩阵左侧子矩阵将变换成单位矩阵，右侧的子矩阵剩下的将是 $\boldsymbol{A}$ 的逆矩阵。

```
function [A2,E0]=new_inv1(A)
[n,m]=size(A); E=eye(n); A1=[A E]; aa=[]; E0=E;
for i=1:n
```

```
    ij=1:n; ij=ij(ij~=i); E1=E; a=A1(i,i);
    E1(i,i)=1/a; E1(ij,i)=-A1(ij,i)/a; A1=E1*A1; E0=E1*E0;
end
A2=A1(:,n+1:end);
```

例 4-8 试求例 4-1 中矩阵 $\boldsymbol{A}$ 的逆矩阵。

解 可以由下面语句得出逆矩阵的数值解与解析解，并分析误差。

```
>> A=[2,3,5,9; 5,9,8,3; 0,3,2,4; 3,4,5,8];
   A1=new_inv1(A), [A2,E0]=new_inv1(sym(A)),
   e1=norm(A*A1-eye(4)), e2=norm(inv(A)*A-eye(4)), A*A2
```

得出的数值解与解析解如下所示，而数值解的误差分别为 $e_1 = 2.2206\times10^{-15}$，$e_2 = 2.1696\times10^{-15}$。可见，这样得出的矩阵精度与 inv() 函数相仿。同时，还可以得出变换矩阵的解析解，变换矩阵乘以原矩阵将得到单位矩阵。

$$\boldsymbol{A}_1=\begin{bmatrix}-0.65833 & -0.091667 & -0.3 & 0.925\\ -0.48333 & -0.016667 & 0.4 & 0.35\\ 1.0083 & 0.24167 & -0.3 & -1.075\\ -0.14167 & -0.10833 & 0.1 & 0.275\end{bmatrix}$$

$$\boldsymbol{A}_2=\begin{bmatrix}-79/120 & -11/120 & -3/10 & 37/40\\ -29/60 & -1/60 & 2/5 & 7/20\\ 121/120 & 29/120 & -3/10 & -43/40\\ -17/120 & -13/120 & 1/10 & 11/40\end{bmatrix}$$

$$\boldsymbol{E}_0=\begin{bmatrix}-79/120 & -11/120 & -3/10 & 37/40\\ -29/60 & -1/60 & 2/5 & 7/20\\ 121/120 & 29/120 & -3/10 & -43/40\\ -17/120 & -13/120 & 1/10 & 11/40\end{bmatrix}$$

4.2.3 主元素方法求逆矩阵

前面介绍的算法有一个致命的缺陷，就是如果某个矩阵 $\boldsymbol{A}_1(i,i)$ 为零，则可能出现除数为零的现象，必须避免。此外，从数值运算角度看，除数越大，运算的整体误差越小。所以，在每一步循环中应该先找出 $\boldsymbol{A}_1$ 矩阵第 i 列第 i 行及后续各行元素的绝对值最大值，并将对应的行换到第 i 行。这里的最大值又称为主元素（pivot），考虑主元素的方法又称为主元素方法。

对 new_inv1() 函数稍加拓展，就可以实现基于主元素与初等行变换的方法来求矩阵的逆矩阵，具体的代码如下所示。从代码看，每步循环之前先进行主元素提取与换行处理，然后用 new_inv2() 函数直接进行行变换，该函数仍可以返回变换矩阵。

```
function [A2,E0]=new_inv2(A)
[n,m]=size(A); E=eye(n); A1=[A E]; aa=[];
E0=E; if strcmp(class(A),'sym'), E0=sym(E); end
```

```
for i=1:n
   [a,i0]=max(abs(A1(i:end,i))); i0=i0(1)+i-1;
   if i~=i0
      E1=E; E1([i,i0],[i,i0])=[0 1; 1 0]; A1=E1*A1; E0=E1*E0;
   end
   ij=1:n; ij=ij(ij~=i); E1=E; a=A1(i,i);
   E1(i,i)=1/a; E1(ij,i)=-A1(ij,i)/a; A1=E1*A1; E0=E1*E0;
end
A2=A1(:,n+1:end);
```

例4-9 用主元素方法重新求解例4-1中矩阵的逆矩阵问题。

解 由下面的语句可以直接求解所需的问题,得出的误差为$e_1 = 1.5846\times10^{-15}$,略小于inv()函数的误差。但是,从符号运算的执行效率看,new_inv2()函数明显低于inv()算法。

```
>> A=[2,3,5,9; 5,9,8,3; 0,3,2,4; 3,4,5,8];
   A1=new_inv2(A), tic, A2=new_inv2(sym(A)); toc
   e1=norm(A*A1-eye(4)), A*A2, tic, inv(sym(A)); toc
```

前面介绍过简化行阶梯rref()函数,其作用与这里给出的函数目标是一致的,都是试图将增广矩阵的左侧变换成单位矩阵,这里给出的是底层实现,读者还可以修改该函数的源程序,增加显示语句,更好地观察行变换的中间步骤。

4.3 矩阵的三角分解

矩阵三角分解问题源于线性代数方程的求解。本节先介绍线性方程的Gauss消去法及其MATLAB实现,并给出矩阵三角分解的算法。

4.3.1 线性方程组的Gauss消去法

线性代数方程求解有各种各样的方法,这里只介绍一种比较直接的方法——Gauss消去法。Gauss消去法是以德国数学家Johann Carl Friedrich Gauss(1777–1855)命名的,该方法类似于前面介绍的初等行变换法。

定理4-7 线性代数组$\boldsymbol{AX}=\boldsymbol{B}$可以通过下面的Gauss消去法直接求解。先建立一个矩阵$\boldsymbol{C}=[\boldsymbol{A},\boldsymbol{B}]$,对$\boldsymbol{C}$进行变换,可以变换成

$$\boldsymbol{C}^{(n)}=\begin{bmatrix} a_{11}^{(1)} & a_{12}^{(1)} & a_{13}^{(1)} & \cdots & a_{1n}^{(1)} & b_1^{(1)} \\ 0 & a_{22}^{(2)} & a_{13}^{(2)} & \cdots & a_{2n}^{(2)} & b_2^{(2)} \\ 0 & 0 & a_{33}^{(3)} & \cdots & a_{3n}^{(3)} & b_3^{(3)} \\ \vdots & \vdots & \vdots & \ddots & \vdots & \vdots \\ 0 & 0 & 0 & \cdots & a_{nn}^{(n)} & b_n^{(n)} \end{bmatrix} \tag{4-3-1}$$

其中，$k=1,2,\cdots,n-1$，可以得到消去方程为

$$d_{ik}=a_{ik}^{(k)}/a_{nn}^{(k)},\ a_{ik}^{(k+1)}=0 \tag{4-3-2}$$

$$a_{ij}^{(k+1)}=a_{ij}^{(k)}-d_{ik}a_{kj}^{(k)},\ b_i^{(k+1)}=b_i^{(k)}-d_{ik}b_k^{(k)} \tag{4-3-3}$$

式中，$i=k+1,k+2,\cdots,n,j=k+1,k+2,\cdots,n$。

由得出的消去方程，可以通过回代得出方程的解为

$$x_n=b_n^{(n)}/a_{nn}^{(n)},\ x_k=\frac{b_k^{(k)}-\sum\limits_{j=k+1}^{n}a_{kj}^{(k)}x_j}{a_{kk}^{(k)}},\ k=n-1,n-2,\cdots,1 \tag{4-3-4}$$

由定理4-7中给出的递推方法，可以编写出如下的MATLAB求解函数，该函数可以求解$\boldsymbol{B}$为矩阵形式的矩阵方程。

```
function x=gauss_eq(A,B)
n=length(A);
for k=1:n, i=k+1:n; j=k+1:n; d=A(i,k)/A(k,k);
   if length(d)>0,
      A(i,j)=A(i,j)-d*A(k,j); B(i,:)=B(i,:)-d*B(k,:); A(i,k)=0;
end, end
x(n,:)=B(n,:)/A(n,n);
for k=n-1:-1:1, x(k,:)=(B(k,:)-A(k,k+1:n)*x(k+1:n,:))/A(k,k); end
```

例4-10　试用Gauss消去法求例4-8中$\boldsymbol{A}$矩阵的逆矩阵。

解　求解逆矩阵也是解方程的一个特例，若将$\boldsymbol{B}$取作单位矩阵，则逆矩阵是$\boldsymbol{Ax}=\boldsymbol{B}$方程的解。可以由下面的语句求解逆矩阵的解析解$\boldsymbol{X}$，得出的结果与例4-8是完全一致的。

```
>> A=[2,3,5,9; 5,9,8,3; 0,3,2,4; 3,4,5,8];
   X=gauss_eq(A,sym(eye(4)))
```

这里给出的方法与实现也是有漏洞的，因为没有考虑某个$\boldsymbol{A}_i^{(i)}(i,i)$等于零的情形，也应该考虑引入主元素方法来修正。

4.3.2　一般矩阵的三角分解算法与实现

矩阵三角分解方法是波兰数学家Tadeusz Banachiewicz（1882–1954）提出的矩阵分解方法。

定理4-8　矩阵的三角分解又称为LU分解，它的目的是将一个矩阵分解成一个下三角矩阵$\boldsymbol{L}$和一个上三角矩阵$\boldsymbol{U}$的乘积，即$\boldsymbol{A}=\boldsymbol{LU}$。其中，$\boldsymbol{L}$和$\boldsymbol{U}$矩阵可以分别写成

$$\boldsymbol{L}=\begin{bmatrix}1 & & & \\ l_{21} & 1 & & \\ \vdots & \vdots & \ddots & \\ l_{n1} & l_{n2} & \cdots & 1\end{bmatrix},\ \boldsymbol{U}=\begin{bmatrix}u_{11} & u_{12} & \cdots & u_{1n} \\ & u_{22} & \cdots & u_{2n} \\ & & \ddots & \vdots \\ & & & u_{nn}\end{bmatrix} \tag{4-3-5}$$

这样产生的矩阵与原来的 $\boldsymbol{A}$ 矩阵的关系可以写成

$$\begin{array}{llll} a_{11}=u_{11}, & a_{12}=u_{12}, & \cdots & a_{1n}=u_{1n} \\ a_{21}=l_{21}u_{11}, & a_{22}=l_{21}u_{12}+u_{22}, & \cdots & u_{2n}=l_{21}u_{1n}+u_{2n} \\ \vdots & \vdots & \ddots & \vdots \\ a_{n1}=l_{n1}u_{11}, & a_{n2}=l_{n1}u_{12}+l_{n2}u_{22}, & \cdots & a_{nn}=\sum\limits_{k=1}^{n-1} l_{nk}u_{kn}+u_{nn} \end{array} \tag{4-3-6}$$

由式(4-3-6)可以立即得出求取 l_{ij} 和 u_{ij} 的递推计算公式：

$$l_{ij}=\frac{a_{ij}-\sum\limits_{k=1}^{j-1} l_{ik}u_{kj}}{u_{jj}},\ (j<i),\ u_{ij}=a_{ij}-\sum_{k=1}^{i-1} l_{ik}u_{kj},\ (j\geqslant i) \tag{4-3-7}$$

该公式的递推初值为

$$u_{1i}=a_{1i}, i=1,2,\cdots,n \tag{4-3-8}$$

注意，上述算法并未对主元素进行任何选取，因此在实际运算时可能出现除数为零的现象，导致LU分解算法失败。根据这里给出的算法，可以编写出如下的MATLAB求解函数。如果失效，则采用MATLAB自带的函数。

```
function [L,U]=lusym(A)
n=length(A); U=sym(zeros(size(A))); L=sym(eye(size(A)));
U(1,:)=A(1,:); L(:,1)=A(:,1)/U(1,1);
for i=2:n,
   for j=2:i-1, L(i,j)=(A(i,j)-L(i,1:j-1)*U(1:j-1,j))/U(j,j); end
   for j=i:n, U(i,j)=A(i,j)-L(i,1:i-1)*U(1:i-1,j); end
end
```

4.3.3 MATLAB三角分解函数

前面介绍的三角分解的方法可以对很多矩阵进行处理，但如果出现 $\boldsymbol{a}_{ii}$ 为零的情形，则分解方法不能继续下去，因此需要给出基于主元素的三角分解方法。在MATLAB中给出了这样的矩阵LU分解函数 `lu()`，该函数的调用格式为

[$\boldsymbol{L}$,$\boldsymbol{U}$]=lu($\boldsymbol{A}$)　　%LU分解，$\boldsymbol{A}=\boldsymbol{LU}$

[$\boldsymbol{L}$,$\boldsymbol{U}$,$\boldsymbol{P}$]=lu($\boldsymbol{A}$) %$\boldsymbol{P}$为置换矩阵，$\boldsymbol{A}=\boldsymbol{P}^{-1}\boldsymbol{LU}$

其中，$\boldsymbol{L}$,$\boldsymbol{U}$ 分别为变换后的下三角和上三角矩阵。MATLAB的 `lu()` 函数考虑了主元素选取的问题，所以该函数一般会给出可靠的结果。由该函数得出的下三角矩阵 $\boldsymbol{L}$ 并不一定是一个真正的下三角矩阵，因为它可能进行了一些元素行的交换，这样

主对角线的元素可能不是1，而在矩阵 $\boldsymbol{L}$ 内存在一个唯一的如式(3-1-1)中定义的置换，其各个元素的值均是1。如果想获得有关换行信息，则可以由后一种格式调用 lu() 函数，这时 $\boldsymbol{P}$ 为单位阵变换出的置换矩阵，$\boldsymbol{A}$ 矩阵可以分解成 $\boldsymbol{A}=\boldsymbol{P}^{-1}\boldsymbol{LU}$。在新版本中 $\boldsymbol{A}$ 可以为符号型矩阵。

例4-11　再考虑例3-2中矩阵的LU分解问题。分别用两种方法调用MATLAB中的 lu() 函数，得出不同的结果。

解　先输入 $\boldsymbol{A}$ 矩阵，并求出三角分解矩阵。

```
>> A=[16 2 3 13; 5 11 10 8; 9 7 6 12; 4 14 15 1]; [L1,U1]=lu(A)
```

得出的分解矩阵分别为

$$\boldsymbol{L}_1=\begin{bmatrix}1&0&0&0\\0.3125&0.7685&1&1\\0.5625&0.4352&1&0\\0.25&1&0&0\end{bmatrix},\quad \boldsymbol{U}_1=\begin{bmatrix}16&2&3&13\\0&13.5&14.25&-2.25\\0&0&-1.8889&5.6667\\0&0&0&3.55\times10^{-15}\end{bmatrix}$$

可见，这样得出的 $\boldsymbol{L}_1$ 矩阵并非下三角矩阵，这是因为在分解过程中采用了主元素交换的方法。现在考虑 lu() 函数的另一种调用方法。

```
>> [L,U,P]=lu(A), inv(P)*L %考虑主元素的矩阵三角分解
```

这样可以得出新的分解矩阵为

$$\boldsymbol{L}=\begin{bmatrix}1&0&0&0\\0.25&1&0&0\\0.3125&0.7685&1&0\\0.5625&0.4352&1&1\end{bmatrix},\quad \boldsymbol{U}=\begin{bmatrix}16&2&3&13\\0&13.5&14.25&-2.25\\0&0&-1.8889&5.6667\\0&0&0&3.55\times10^{-15}\end{bmatrix}$$

$$\boldsymbol{P}=\begin{bmatrix}1&0&0&0\\0&0&0&1\\0&1&0&0\\0&0&1&0\end{bmatrix},\quad \boldsymbol{P}^{-1}\boldsymbol{L}=\begin{bmatrix}1&0&0&0\\0.3125&0.7685&1&0\\0.5625&0.4352&1&1\\0.25&1&0&0\end{bmatrix}$$

注意，这里得出的 $\boldsymbol{P}$ 矩阵不是一个单位矩阵，而是单位矩阵的置换矩阵。结合得出的 $\boldsymbol{L}_1$ 矩阵可以看出，$\boldsymbol{P}$ 矩阵的 $p_{2,4}=1$，表明需要将 $\boldsymbol{L}_1$ 矩阵的第四行换到第二行，$p_{3,2}=p_{4,3}=1$ 表明需要将 $\boldsymbol{L}_1$ 的第二行换至第三行，将原第三行换至第四行，这样就可以得出一个真正的下三角矩阵 $\boldsymbol{L}$ 了。将 $\boldsymbol{P},\boldsymbol{L},\boldsymbol{U}$ 代入并检验，即由 inv($\boldsymbol{P}$)*$\boldsymbol{L}$*$\boldsymbol{U}$ 命令可以精确地还原 $\boldsymbol{A}$ 矩阵。

采用解析解函数，可以对原矩阵重新进行三角分解。

```
>> [L2,U2]=lu(sym(A)) %用符号运算的方式求矩阵三角分解的解析解
```

这样，可以分别得出三角分解矩阵的解析解为

$$\boldsymbol{L}_2=\begin{bmatrix}1&0&0&0\\5/16&1&0&0\\9/16&47/83&1&0\\1/4&108/83&-3&1\end{bmatrix},\quad \boldsymbol{U}_2=\begin{bmatrix}16&2&3&13\\0&83/8&145/16&63/16\\0&0&-68/83&204/83\\0&0&0&0\end{bmatrix}$$

例4-12　试对任意 3×3 矩阵进行三角分解。

解　可以直接使用下面的语句来生成任意矩阵并进行三角分解。

```
>> A=sym('a%d%d',3); [L U]=lu(A) %任意矩阵的LU分解
```

分解的结果为

$$L = \begin{bmatrix} 1 & 0 & 0 \\ a_{21}/a_{11} & 1 & 0 \\ a_{31}/a_{11} & (a_{32}-a_{12}a_{31}/a_{11})(a_{22}-a_{12}a_{21}/a_{11}) & 1 \end{bmatrix}$$

$$U = \begin{bmatrix} a_{11} & a_{12} & a_{13} \\ 0 & a_{22}-a_{12}a_{21}/a_{11} & a_{23}-a_{13}a_{21}/a_{11} \\ 0 & 0 & a_{33}-\dfrac{(a_{23}-a_{13}a_{21}/a_{11})(a_{32}-a_{12}a_{31}/a_{11})}{a_{22}-a_{12}a_{21}/a_{11}}-\dfrac{a_{13}a_{31}}{a_{11}} \end{bmatrix}$$

由于a_{11}与$a_{22}-a_{12}a_{21}/a_{11}$都出现在三角分解的分子表达式上，所以$a_{11}=0$或$a_{11}a_{22}-a_{12}a_{21}$时不能由该函数进行矩阵的三角分解，可以调用lu()函数直接求解，或者修改分解函数，引入主元素选取的方法。

4.4 矩阵的Cholesky分解

本节以对称矩阵为研究对象，首先介绍Cholesky分解方法。该分解方法是以法国数学家André-Louis Cholesky（1875–1918）的名字命名的，然后给出正定矩阵、正规矩阵的基本概念与判定方法。

4.4.1 对称矩阵的Cholesky分解

定理4-9 如果A为对称矩阵，利用对称矩阵的特点，则可以用类似LU分解的方法对之进行分解，这样可以将原来矩阵A分解成

$$A = LL^{\mathrm{T}} = \begin{bmatrix} l_{11} & & & \\ l_{21} & l_{22} & & \\ \vdots & \vdots & \ddots & \\ l_{n1} & l_{n2} & \cdots & l_{nn} \end{bmatrix} \begin{bmatrix} l_{11} & l_{21} & \cdots & l_{n1} \\ & l_{22} & \cdots & l_{n2} \\ & & \ddots & \vdots \\ & & & l_{nn} \end{bmatrix} \tag{4-4-1}$$

如果利用对称矩阵的性质，则分解矩阵可以如下递推地求出：

$$l_{ii} = \sqrt{a_{ii}-\sum_{k=1}^{i-1} l_{ik}^2},\quad l_{ji} = \frac{1}{l_{jj}}\left(a_{ij}-\sum_{k=1}^{j-1} l_{ik}l_{jk}\right),\quad j<i \tag{4-4-2}$$

且初始条件为$l_{11}=\sqrt{a_{11}}$，$l_{j1}=a_{j1}/l_{11}$。该算法又称为对称矩阵的Cholesky分解算法。

MATLAB提供了chol()函数来求取矩阵的Cholesky分解矩阵D，其结果为一个上三角矩阵。该函数的调用格式为D=chol(A)，其中，$D=L^{\mathrm{T}}$。新版本中A可以是符号型矩阵。

例4-13　试求出对称的四阶 $\boldsymbol{A}$ 矩阵的Cholesky分解。

$$\boldsymbol{A}=\begin{bmatrix}9&3&4&2\\3&6&0&7\\4&0&6&0\\2&7&0&9\end{bmatrix}$$

解　用下面的语句可以对 $\boldsymbol{A}$ 进行Cholesky分解，得出 $\boldsymbol{D}$ 矩阵。

```
>> A=[9,3,4,2; 3,6,0,7; 4,0,6,0; 2,7,0,9];
   D=chol(A), D1=chol(sym(A))
```

可以由解析法和数值法分别得出分解矩阵为

$$\boldsymbol{D}=\begin{bmatrix}3&1&1.3333&0.6667\\0&2.2361&-0.5963&2.8324\\0&0&1.9664&0.4068\\0&0&0&0.6065\end{bmatrix}$$

$$\boldsymbol{D}_1=\begin{bmatrix}3&1&4/3&2/3\\0&\sqrt{5}&-4\sqrt{5}/15&19\sqrt{5}/15\\0&0&\sqrt{15}\sqrt{58}/15&2\sqrt{15}\sqrt{58}/145\\0&0&0&4\sqrt{2}\sqrt{87}/87\end{bmatrix}$$

4.4.2　对称矩阵的二次型表示

定义4-6　如果对称矩阵 $\boldsymbol{A}$ 的数学形式为

$$\boldsymbol{A}=\begin{bmatrix}a_{11}&a_{12}&\cdots&a_{1n}\\a_{12}&a_{22}&\cdots&a_{2n}\\\vdots&\vdots&\ddots&\vdots\\a_{1n}&a_{2n}&\cdots&a_{nn}\end{bmatrix}\tag{4-4-3}$$

若选择二次型 $\boldsymbol{x}=[x_1,x_2,\cdots,x_n]^{\mathrm{T}}$，则其二次型的数学形式为

$$f(\boldsymbol{x})=\boldsymbol{x}^{\mathrm{T}}\boldsymbol{A}\boldsymbol{x}=a_{11}x_1^2+\cdots+a_{nn}x_n^2+2a_{12}x_1x_2+\cdots+2a_{(n-1)n}x_{n-1}x_n\tag{4-4-4}$$

其实，由MATLAB的符号运算可以立即得出二次型表达式的数学形式。下面通过例子演示矩阵的二次型展开表达式的方法。

例4-14　试由例4-17中给出的对称矩阵得出其二次型表示。

解　由下面的语句可以直接展开二次型表达式。

```
>> A=[7,5,5,8; 5,6,9,7; 5,9,9,0; 8,7,0,1];
   x=sym('x',[4,1]); F=expand(x.'*A*x)
```

得出的二次型表达式展开形式如下：

$$F(\boldsymbol{x})=7x_1^2+6x_2^2+9x_3^2+x_4^2+10x_1x_2+10x_1x_3+16x_1x_4+18x_2x_3+14x_2x_4$$

其实，这里介绍的方法还可以对非对称矩阵 $\boldsymbol{A}$ 进行二次型展开。但是为研究方便起见，必须使用对称的二次型矩阵 $\boldsymbol{B}$，且 $\boldsymbol{B}=(\boldsymbol{A}+\boldsymbol{A}^{\mathrm{T}})/2$，二者的二次型表达式是一致的，即 $\boldsymbol{x}^{\mathrm{T}}\boldsymbol{A}\boldsymbol{x}=\boldsymbol{z}^{\mathrm{T}}\boldsymbol{B}\boldsymbol{z}$。

例4-15　试写出下面非对称矩阵的二次型表达式，并找出一个对称矩阵，使得其具有相同的二次型表达式。

$$\boldsymbol{A}=\begin{bmatrix}16&2&3&0\\5&11&10&8\\9&7&6&12\\0&14&15&1\end{bmatrix}$$

解　可以用下面的语句构造出非对称矩阵对应的二次型表达式。

```
>> A=[16,2,3,0; 5,11,10,8; 9,7,6,12; 0,14,15,1];
   x=sym('x',[4,1]); assume(x,'real')
   f=expand(x'*A*x), B=(A+A')/2
```

得到的二次型表达式为

$$f(\boldsymbol{x})=16x_1^2+6x_3^2+x_4^2+7x_1x_2+12x_1x_3+11x_2^2+17x_2x_3+22x_2x_4+27x_3x_4$$

对称的二次型矩阵 $\boldsymbol{B}$ 为

$$\boldsymbol{B}=\begin{bmatrix}16&3.5&6&0\\3.5&11&8.5&11\\6&8.5&6&13.5\\0&11&13.5&1\end{bmatrix}$$

4.4.3　正定矩阵与正规矩阵

正定矩阵与正规矩阵都是在对称矩阵的基础上建立起来的概念，本节给出这两个概念并给出判定方法。

定义4-7　对给定的 $n\times n$ Hermite矩阵 $\boldsymbol{A}$，如果对任意 n 维列向量 $\boldsymbol{x}$，二次型 $\boldsymbol{x}^{\mathrm{H}}\boldsymbol{A}\boldsymbol{x}$ 都为正的标量，则矩阵 $\boldsymbol{A}$ 称为正定矩阵（positive-definite matrix）。

相应地，还可以引入对称矩阵的半正定与负定的概念，

定义4-8　如果任意 $\boldsymbol{x}$ 都使得二次型 $\boldsymbol{x}^{\mathrm{H}}\boldsymbol{A}\boldsymbol{x}\geqslant 0$，则称为半正定矩阵；若 $\boldsymbol{x}^{\mathrm{H}}\boldsymbol{A}\boldsymbol{x}<0$，则称为负定矩阵。

MATLAB的函数 `chol()` 可以用来判定矩阵的正定性。该函数的另一种调用格式为 `[`$\boldsymbol{D}$`,`p`]=chol(`$\boldsymbol{A}$`)`，式中，对正定的 $\boldsymbol{A}$ 矩阵，返回的 $p=0$。所以，可以利用这个性质来判定一个对称矩阵是否为正定矩阵。对非正定矩阵，则返回一个正的 p 值，$p-1$ 为 $\boldsymbol{A}$ 矩阵中正定的子矩阵的阶次，即 $\boldsymbol{D}$ 将为 $(p-1)$ 阶方阵。

例4-16　试判定二次型 $x_1^2+3x_2^2+5x_3^2+2x_1x_2-4x_1x_3$ 的正定性。

解　如果想判定二次型的正定性，需要将其写成矩阵形式 $\boldsymbol{x}^{\mathrm{T}}\boldsymbol{Q}\boldsymbol{x}$，得出对称矩阵 $\boldsymbol{Q}$。其实，由前面的二次型表达式不难写出对称的 $\boldsymbol{Q}$ 矩阵为

$$\boldsymbol{Q}=\begin{bmatrix}1&1&-2\\1&3&0\\-2&0&5\end{bmatrix}$$

由给出的$\boldsymbol{Q}$矩阵，可以尝试Cholesky分解，得出的$p=2\neq 3$，所以该二次型表达式不是正定的。

```
>> Q=[1 1 -2; 1 3 0; -2 0 5]; [a p]=chol(Q)
```

定义4-9 如果复数方阵满足

$$\boldsymbol{A}^{\mathrm{H}}\boldsymbol{A}=\boldsymbol{A}\boldsymbol{A}^{\mathrm{H}} \tag{4-4-5}$$

其中，$\boldsymbol{A}^{\mathrm{H}}$为$\boldsymbol{A}$的Hermite转置，即共轭转置，该矩阵称为正规矩阵。

正规矩阵可由定义直接判定norm($\boldsymbol{A}$'*$\boldsymbol{A}$-$\boldsymbol{A}$*$\boldsymbol{A}$')<ϵ，如果得出的结果为1，则$\boldsymbol{A}$为正规矩阵。

例4-17 试判定对称矩阵$\boldsymbol{A}$是否为正定矩阵，并对其进行Cholesky分解。

$$\boldsymbol{A}=\begin{bmatrix}7&5&5&8\\5&6&9&7\\5&9&9&0\\8&7&0&1\end{bmatrix}$$

解 用下面的语句可以对$\boldsymbol{A}$矩阵进行分解，得出$\boldsymbol{D}$矩阵，并求出正定的阶次为2，从而说明原矩阵并非正定矩阵，因为$p\neq 0$。

```
>> A=[7,5,5,8; 5,6,9,7; 5,9,9,0; 8,7,0,1];
   [D,p]=chol(A) %可以判定矩阵是否为正定
```

矩阵的正定子矩阵$\boldsymbol{D}$如下所示。其中，$p=3\neq 0$，说明正定子矩阵为2×2矩阵，与前面得出的结果一致。

$$\boldsymbol{D}=\begin{bmatrix}2.6458&1.8898\\0&1.5584\end{bmatrix}$$

注意，非对称矩阵也可以调用chol()函数，但结果是错误的，它将首先将给定的矩阵强制按上三角子矩阵转换成对称矩阵。在严格的数学意义下，非正定矩阵是没有实Cholesky分解的。

4.4.4 非正定矩阵的Cholesky分解

前面介绍的chol()函数只能处理正定矩阵的Cholesky分解，对非正定的矩阵而言，则需要根据定理4-9中给出的方法，设计底层的对称矩阵Cholesky分解函数，如下所示。其中，$\boldsymbol{A}$为符号型矩阵。

```
function D=cholsym(A)
n=length(A); D(1,1)=sqrt(A(1,1)); D(1,2:n)=A(2:n,1)/D(1,1);
for i=2:n, k=1:i-1; D(i,i)=sqrt(A(i,i)-sum(D(k,i).^2));
   for j=i+1:n, D(i,j)=(A(j,i)-sum(D(k,j).*D(k,i)))/D(i,i);
end, end
```

例4-18 试重新计算例4-17中$\boldsymbol{A}$矩阵的Cholesky分解矩阵。

解 例4-17中的矩阵不是正定矩阵，利用chol()函数只能求出正定子矩阵的分解。如果采用cholsym()函数进行符号运算，则可以给出下面的语句。

```
>> A=[7,5,5,8; 5,6,9,7; 5,9,9,0; 8,7,0,1];
   D=cholsym(sym(A))
```

执行上面的语句将得出如下的上三角矩阵。可见,由于矩阵含有虚数j,所以原矩阵不是正定矩阵。不含虚数的左上角 2×2 矩阵与例4-17结果是一致的。

$$\boldsymbol{D}=\begin{bmatrix}\sqrt{7} & 5\sqrt{7}/7 & 5\sqrt{7}/7 & 8\sqrt{7}/7\\ 0 & \sqrt{7}\sqrt{17}/7 & 38\sqrt{7}\sqrt{17}/119 & 9\sqrt{7}\sqrt{17}/119\\ 0 & 0 & \sqrt{17}\sqrt{114}\mathrm{j}/17 & 73\sqrt{17}\sqrt{114}\mathrm{j}/969\\ 0 & 0 & 0 & 2\sqrt{31}\sqrt{57}/57\end{bmatrix}$$

4.5 相伴变换与Jordan变换

前面介绍过,通过引入相似变换的方法,可以将已知的矩阵变换成预先指定的特定形式。本节将探讨如何将一般矩阵变换成相伴矩阵,也将探讨如何将一般矩阵变换成对角矩阵和Jordan标准型,最后还探讨含有重特征值的矩阵Jordan变换方法与实Jordan矩阵方法。

4.5.1 一般矩阵变换成相伴矩阵

定理4-10 给定矩阵 $\boldsymbol{A}$,若存在列向量 $\boldsymbol{x}$,使得矩阵 $\boldsymbol{T}=\left[\boldsymbol{x},\boldsymbol{A}\boldsymbol{x},\cdots,\boldsymbol{A}^{n-1}\boldsymbol{x}\right]$ 为非奇异,则矩阵 $\boldsymbol{A}$ 可以通过线性相似变换的方式变换成类似相伴矩阵的形式。

能够进行这样变换的矩阵有无穷多个。若想得出式(2-2-6)中定义的相伴矩阵,则还需要一个左右翻转的单位矩阵。下面通过例子演示这样的变换方法。

例4-19 试将例3-45中的矩阵变换成相伴矩阵。

解 可以随机生成一个列向量 $\boldsymbol{x}$,判定生成的 $\boldsymbol{T}$ 矩阵是否为非奇异,如果奇异则重新生成随机列向量。得到非奇异矩阵 $\boldsymbol{T}$ 后,通过线性相似变换可以对原矩阵进行处理。

```
>> A=[5,7,6,5; 7,10,8,7; 6,8,10,9; 5,7,9,10]; %输入矩阵
   while(1)
      x=randi([0,1],[4,1]); T=sym([x A*x A^2*x A^3*x]);
      if rank(T)==4, break;   %生成满秩的整数变换矩阵
   end, end, T, A1=inv(T)*A*T %循环直到找出非奇异变换矩阵
```

上述语句可以得出

$$\boldsymbol{T}=\begin{bmatrix}1 & 11 & 326 & 9853\\ 0 & 15 & 453 & 13696\\ 1 & 16 & 472 & 14296\\ 0 & 14 & 444 & 13489\end{bmatrix},\quad \boldsymbol{A}_1=\begin{bmatrix}0 & 0 & 0 & -1\\ 1 & 0 & 0 & 100\\ 0 & 1 & 0 & -146\\ 0 & 0 & 1 & 35\end{bmatrix}$$

可见,这样得出的 $\boldsymbol{T}$ 矩阵不唯一。得出的矩阵 $\boldsymbol{A}_1$ 类似于式(2-2-6)中定义的相伴矩阵。下面的语句可以将原矩阵变换成相伴矩阵的标准形式。

```
>> T1=inv(T*fliplr(eye(4)))'
   A2=inv(T1)*A*T1 %将矩阵变换为相伴标准型
```

这样,变换矩阵和得出的相伴矩阵分别为

$$\boldsymbol{T}=\frac{1}{14053}\begin{bmatrix}-318 & 10591 & -29493 & 19064\\ -176 & 5243 & 3298 & -11368\\ 318 & -10591 & 29493 & -5011\\ 75 & -1835 & -13063 & 2928\end{bmatrix}$$

$$\boldsymbol{A}_2=\begin{bmatrix}35 & -146 & 100 & -1\\ 1 & 0 & 0 & 0\\ 0 & 1 & 0 & 0\\ 0 & 0 & 1 & 0\end{bmatrix}$$

4.5.2 矩阵的对角化

定理4-11 如果矩阵$\boldsymbol{A}$的特征值互异,则特征向量矩阵$\boldsymbol{T}$为非奇异方阵,选择该矩阵即可将原矩阵变换成对角矩阵。

由于MATLAB可以处理复数矩阵,所以含有复数特征值的矩阵能得出复数的对角矩阵和复数相似变换矩阵。

例4-20 试求出矩阵$\boldsymbol{A}$的对角矩阵及变换矩阵。

$$\boldsymbol{A}=\begin{bmatrix}3 & 2 & 2 & 2\\ 1 & 2 & -2 & -2\\ -1 & -2 & 0 & -2\\ 0 & 1 & 3 & 5\end{bmatrix}$$

解 可以由下面的语句得出矩阵的特征值为1,2,3,4,因为它们互不相同,变换矩阵即其特征向量矩阵。所以,问题可以由下面的语句直接求解。

```
>> A=[3,2,2,2; 1,2,-2,-2; -1,-2,0,-2; 0,1,3,5];
   [v,d]=eig(sym(A)); A1=inv(v)*A*v
```

变换矩阵和对角矩阵分别为

$$\boldsymbol{v}=\begin{bmatrix}1 & 0 & -1 & 0\\ -1 & 0 & 1 & -1\\ -1 & -1 & 1 & 0\\ 1 & 1 & -2 & 1\end{bmatrix},\quad \boldsymbol{A}_1=\begin{bmatrix}1 & 0 & 0 & 0\\ 0 & 2 & 0 & 0\\ 0 & 0 & 3 & 0\\ 0 & 0 & 0 & 4\end{bmatrix}$$

若某矩阵$\boldsymbol{A}$含有重特征值,则必定会使得特征向量矩阵为奇异矩阵,这会约束特征向量矩阵的某些应用。为了保证特征向量矩阵非奇异,则需要引入广义特征向量的概念。

例4-21 试求出下面含有复数特征值的矩阵$\boldsymbol{A}$的对角矩阵变换。

$$\boldsymbol{A}=\begin{bmatrix}1 & 0 & 4 & 0\\ 0 & -3 & 0 & 0\\ -2 & 2 & -3 & 0\\ 0 & 0 & 0 & -2\end{bmatrix}$$

解 复数特征值矩阵的特征值及特征向量矩阵也可以由eig()函数求取。可以用下面的语句得出相应的特征向量矩阵与特征值矩阵为

```
>> A=[1,0,4,0; 0,-3,0,0; -2,2,-3,0; 0,0,0,-2];
   [V,D]=eig(sym(A)) %特征值解析解
```

得出的分解矩阵分别为

$$\boldsymbol{V}=\begin{bmatrix}-1&0&-1+\mathrm{j}&-1-\mathrm{j}\\-1&0&0&0\\1&0&1&1\\0&1&0&0\end{bmatrix},\quad \boldsymbol{D}=\begin{bmatrix}-3&0&0&0\\0&-2&0&0\\0&0&-1-2\mathrm{j}&0\\0&0&0&-1+2\mathrm{j}\end{bmatrix}$$

4.5.3 矩阵的Jordan变换

对含有重特征值的矩阵$\boldsymbol{A}$通常不能直接分解成对角矩阵，而用纯特征值求解方法必定能使矩阵的特征向量矩阵$\boldsymbol{V}$含有若干相同的列，使得该矩阵为奇异矩阵。

例4-22 分别用数值方法和解析方法求$\boldsymbol{A}$的特征值以及特征向量矩阵。

$$\boldsymbol{A}=\begin{bmatrix}-71&-65&-81&-46\\75&89&117&50\\0&4&8&4\\-67&-121&-173&-58\end{bmatrix}$$

解 用MATLAB语言中的数值算法和解析方法可以求出该矩阵的特征值。

```
>> A=[-71,-65,-81,-46; 75,89,117,50; 0,4,8,4; -67,-121,-173,-58];
   D=eig(A), [v,d]=eig(sym(A)) %特征值特征向量的数值解与解析解
```

得出的数值解和解析解分别为

$$\boldsymbol{D}=\begin{bmatrix}-8.0061\\-8+\mathrm{j}0.0061\\-8-\mathrm{j}0.0061\\-7.9939\end{bmatrix},\quad \boldsymbol{v}=\begin{bmatrix}-17/19\\13/19\\-8/19\\1\end{bmatrix},\quad \boldsymbol{d}=\begin{bmatrix}-8&0&0&0\\0&-8&0&0\\0&0&-8&0\\0&0&0&-8\end{bmatrix}$$

该矩阵的特征值为位于-8的4重根，所以用数值解方法得出的特征值有很大的误差，故在这样的问题上不适合采用数值算法。而解析解方法可以得出精确的解，故而得出的特征向量矩阵实际上是奇异矩阵，因为四列均相同，所以只保留了一列。

定义4-10 含有重特征值的矩阵可以转换成Jordan块对角矩阵，对应于重特征值，第i个Jordan块的形式为

$$\boldsymbol{J}_i=\begin{bmatrix}\lambda_i&1&&\\&\lambda_i&1&\\&&\ddots&1\\&&&\lambda_i\end{bmatrix}=\lambda_i\boldsymbol{I}+\boldsymbol{H} \tag{4-5-1}$$

其中，$\boldsymbol{I}$为单位矩阵，$\boldsymbol{H}$为幂零矩阵，其第一次对角线元素为1，其余都为零。

Jordan矩阵的概念是由法国数学家Marie Ennemond Camille Jordan(1838–

1922)提出的。对一般的矩阵问题,可以使用符号运算工具箱中的`jordan()`函数来分解出Jordan标准型,并求出非奇异的广义特征向量矩阵。该函数的调用格式为

$\boldsymbol{J}$=jordan($\boldsymbol{A}$)　　　%只返回Jordan矩阵$\boldsymbol{J}$

[$\boldsymbol{V}$,$\boldsymbol{J}$]=jordan($\boldsymbol{A}$) %返回Jordan矩阵$\boldsymbol{J}$和广义特征向量矩阵$\boldsymbol{V}$

有了广义特征向量矩阵$\boldsymbol{V}$,则Jordan标准型可以由$\boldsymbol{J}=\boldsymbol{V}^{-1}\boldsymbol{A}\boldsymbol{V}$变换出来。注意,Jordan矩阵主对角线为矩阵的特征值,次主对角线为1。

例4-23　试对例4-22中给出的矩阵进行Jordan分解。

解　符号型矩阵的Jordan分解可以用`jordan()`函数直接进行分解,得出所需要的矩阵。

```
>> A=[-71,-65,-81,-46; 75,89,117,50; 0,4,8,4; -67,-121,-173,-58];
   [V,J]=jordan(sym(A)) %矩阵Jordan分解的解析运算
```

这样得出的分解矩阵为

$$\boldsymbol{V}=\begin{bmatrix}-18496 & 2176 & -63 & 1\\ 14144 & -800 & 75 & 0\\ -8704 & 32 & 0 & 0\\ 20672 & -1504 & -67 & 0\end{bmatrix},\quad \boldsymbol{J}=\begin{bmatrix}-8 & 1 & 0 & 0\\ 0 & -8 & 1 & 0\\ 0 & 0 & -8 & 1\\ 0 & 0 & 0 & -8\end{bmatrix}$$

得出的$\boldsymbol{V}$矩阵就是满秩的矩阵,对它求逆,就可以实现用普通数值运算难以实现的功能。该问题将在后面矩阵函数的例子中演示。

4.5.4　复特征值矩阵的实Jordan分解

在实际矩阵分析中,可能会遇到带有复数特征值的矩阵问题,有时矩阵还可能有重复特征值,所以矩阵Jordan标准型与特征向量矩阵可能含有复数。可以考虑采用下面的函数将相应的矩阵转换成实数矩阵,该函数的局限性是至多能处理两重复特征值的实Jordan分解问题。

```
function [V,J]=jordan_real(A)
[V,J]=jordan(A); n=length(V); i=0;
vr=real(V); vi=imag(V); n1=n; k=[];
while(i<n1)
   i=i+1; V(:,i)=vr(:,i); v=vi(:,i); %提取矩阵的实部与虚部
   if any(v~=0), k=[k,i+1];
      for j=i+1:n, if all(vi(:,j)+v==0), V(:,j)=v; n1=n1-1;
end, end, end, end
E=eye(size(V)); E(:,k)=E(:,k(end:-1:1));
V=V*E; J=inv(V)*A*V; %重新计算Jordan变换
```

例4-24　重新考虑例4-21中的带有复数特征值的矩阵,试得出实数型的特征值矩阵与特征向量矩阵。

解　变换后的对角矩阵含有复数值。如果将含有的共轭复数特征向量分别用其实

部和虚部取代,则可以由下面的函数重新构造变换矩阵。由下面的语句可以构造出新的实数 Jordan 矩阵。

```
>> A=[1,0,4,0; 0,-3,0,0; -2,2,-3,0; 0,0,0,-2];      %输入矩阵
   [V,D]=eig(sym(A)); [V1,A1]=jordan_real(sym(A)) %构造实Jordan形式
```

得到的新变换矩阵和实数 Jordan 矩阵分别为

$$\boldsymbol{V}_1=\begin{bmatrix}-1&0&-1&1\\-1&0&0&0\\1&0&1&0\\0&1&0&0\end{bmatrix},\ \boldsymbol{A}_1=\left[\begin{array}{cc:cc}-3&0&0&0\\0&-2&0&0\\ \hdashline 0&0&-1&-2\\0&0&2&-1\end{array}\right]$$

可见,得到的 $\boldsymbol{A}_1$ 矩阵不再是对角矩阵,新矩阵 $\boldsymbol{A}_1$ 的左上角含有实数 Jordan 块。

例4-25 试得出下面矩阵的 Jordan 标准型和变换矩阵。

$$\boldsymbol{A}=\begin{bmatrix}0&-1&0&0&-1&1\\0.5&0&-0.5&0&-1&0.5\\-0.5&0&-0.5&0&0&0.5\\468.5&452&304.5&577&225&360.5\\-468&-450&-303&-576&-223&-361\\-467.5&-451&-303.5&-576&-223&-361.5\end{bmatrix}$$

解 以下语句可以输入 $\boldsymbol{A}$ 矩阵,并求出矩阵的特征值。

```
>> A=[0,-1,0,0,-1,1; 0.5,0,-0.5,0,-1,0.5; -0.5,0,-0.5,0,0,0.5;
      468.5,452,304.5,577,225,360.5; -468,-450,-303,-576,-223,-361;
      -467.5,-451,-303.5,-576,-223,-361.5]; %输入矩阵
   A=sym(A); eig(A), [v,J]=jordan(A) %求矩阵的特征值与Jordan矩阵
```

得出的特征值分别为 $-2,-2,-1\pm \mathrm{j}2,-1\pm \mathrm{j}2$,即包含2重实特征值 -2 和2重复特征值 $-1\pm \mathrm{j}2$。用下面的语句可以得出 Jordan 矩阵为

$$\boldsymbol{J}=\left[\begin{array}{cc:cc:cc}-2&1&0&0&0&0\\0&-2&0&0&0&0\\ \hdashline 0&0&-1+\mathrm{j}2&1&0&0\\0&0&0&-1+\mathrm{j}2&0&0\\ \hdashline 0&0&0&0&-1-\mathrm{j}2&1\\0&0&0&0&0&-1-\mathrm{j}2\end{array}\right]$$

而变换矩阵是复数矩阵,显示从略。如下修改变换矩阵:

```
>> [V,J]=jordan_real(sym(A)) %将变换矩阵处理成等效的实数矩阵的形式
```

则可以得到新的实变换矩阵与变换后的实 Jordan 块变形矩阵分别为

$$\boldsymbol{J}=\left[\begin{array}{cc:cc:cc}-2&1&0&0&0&0\\0&-2&0&0&0&0\\ \hdashline 0&0&-1&-2&1&0\\0&0&2&-1&0&1\\ \hdashline 0&0&0&0&-1&-2\\0&0&0&0&2&-1\end{array}\right]$$

$$V=\left[\begin{array}{cccccc} 423/25 & -543/125 & 851/100 & 757/100 & 334/125 & -9321/1000 \\ -423/25 & 7431/250 & 2459/100 & 663/100 & -7431/500 & -509/1000 \\ 423/5 & -471/10 & -757/40 & 851/40 & 471/20 & -1887/80 \\ 4371/25 & -70677/250 & -47327/400 & -9191/100 & 70677/500 & 247587/4000 \\ -4653/25 & 31353/125 & 16263/200 & 15991/200 & -31353/250 & -96843/2000 \\ -5922/25 & 76539/250 & 22507/200 & 12399/200 & -76539/500 & -74767/2000 \end{array}\right]$$

4.5.5 正定矩阵的同时对角化

前面介绍了单个矩阵的对角化方法。在实际应用中，如果需要对两个正定矩阵同时作对角化处理，则需要引入同时对角化（simultaneous diagonalization）方法[13]。本节首先给出同时对角化的定理，然后通过例子演示两个矩阵的同时对角化变换。

定理4-12　假设$\boldsymbol{A}$、$\boldsymbol{B}\in\mathscr{R}^{n\times n}$均为正定矩阵，则存在一个非奇异矩阵$\boldsymbol{Q}$，使得

$$\boldsymbol{Q}^{\mathrm{T}}\boldsymbol{A}\boldsymbol{Q}=\boldsymbol{D},\quad \boldsymbol{Q}^{\mathrm{T}}\boldsymbol{B}\boldsymbol{Q}=\boldsymbol{I} \tag{4-5-2}$$

其中，$\boldsymbol{D}$为对角矩阵，其对角元素为$\boldsymbol{A}\boldsymbol{B}^{-1}$的特征值。

由正定矩阵$\boldsymbol{B}$进行Cholesky分解，则可以找出$\boldsymbol{L}$矩阵，使得$\boldsymbol{B}=\boldsymbol{L}\boldsymbol{L}^{\mathrm{T}}$。令$\boldsymbol{C}=\boldsymbol{L}^{-1}\boldsymbol{A}\boldsymbol{L}^{-\mathrm{T}}$，则存在正交矩阵$\boldsymbol{P}$，使得$\boldsymbol{P}^{\mathrm{T}}\boldsymbol{C}\boldsymbol{P}=\boldsymbol{D}$，其中，$\boldsymbol{D}$为对角矩阵。这样，变换矩阵$\boldsymbol{Q}=\boldsymbol{L}^{-\mathrm{T}}\boldsymbol{P}$可以实现两个矩阵的同时对角化。下面通过例子演示矩阵的同时对角化实现。

例4-26　已知两个正定矩阵$\boldsymbol{A}$、$\boldsymbol{B}$如下所示，试找出$\boldsymbol{Q}$矩阵对它们同时对角化。

$$\boldsymbol{A}=\begin{bmatrix} 4 & 1 & 2 & 0 \\ 1 & 2 & -1 & 0 \\ 2 & -1 & 4 & 2 \\ 0 & 0 & 2 & 4 \end{bmatrix},\quad \boldsymbol{B}=\begin{bmatrix} 2 & 0 & 0 & -1 \\ 0 & 4 & -1 & -1 \\ 0 & -1 & 4 & 2 \\ -1 & -1 & 2 & 4 \end{bmatrix}$$

解　可以先将$\boldsymbol{A}$与$\boldsymbol{B}$矩阵输入MATLAB环境，然后依照上面介绍的矩阵$\boldsymbol{Q}$的构造步骤得出变换矩阵，然后进行对角化检验。

```
>> A=[4,1,2,0; 1,2,-1,0; 2,-1,4,2; 0,0,2,4];
   B=[2,0,0,-1; 0,4,-1,-1; 0,-1,4,2; -1,-1,2,4];
   L=chol(B); L=L'; C=inv(L)*A*inv(L');
   [P,D]=eig(C); Q=inv(L')*P, Q'*A*Q, Q'*B*Q
```

得出的变换矩阵如下所示，经检验，该矩阵确实可以同时对角化$\boldsymbol{A}$与$\boldsymbol{B}$矩阵。

$$\boldsymbol{Q}=\begin{bmatrix} 0.6864 & 0.2967 & 0.2047 & 0.0396 \\ 0.1774 & -0.4138 & 0.1774 & -0.1996 \\ 0.0842 & -0.3635 & -0.2937 & 0.3615 \\ 0.2902 & 0.1855 & -0.1371 & -0.5230 \end{bmatrix}$$

4.6 奇异值分解

矩阵的奇异值是数值线性代数引入的概念，可以将其看成是矩阵的一种测度。在介绍矩阵奇异值的概念之前，先看一个简单的例子，然后给出矩阵奇异值与条件数的概念，并介绍矩阵奇异值分解的方法。

例4-27 对一个长方形矩阵求秩是比较麻烦的，但由定理3-21的方法，可以利用方阵$\boldsymbol{A}\boldsymbol{A}^{\mathrm{T}}$或$\boldsymbol{A}^{\mathrm{T}}\boldsymbol{A}$来求解秩的问题。假设矩阵$\boldsymbol{A}$如下所示，其中，$\mu=5\mathrm{eps}$，试求取$\boldsymbol{A}$矩阵的秩[14]。

$$\boldsymbol{A}=\begin{bmatrix} 1 & 1 \\ \mu & 0 \\ 0 & \mu \end{bmatrix}$$

解 显然，$\boldsymbol{A}$矩阵的秩为2。用MATLAB运算也将得出同样的结论。

```
>> A=[1 1; 5*eps,0; 0,5*eps]; rank(A) %矩阵的直接求秩
```

由维数分析可知，$\boldsymbol{A}\boldsymbol{A}^{\mathrm{T}}$为$3\times3$矩阵，$\boldsymbol{A}^{\mathrm{T}}\boldsymbol{A}$为$2\times2$矩阵，所以应该考虑由$\boldsymbol{A}^{\mathrm{T}}\boldsymbol{A}$矩阵计算矩阵$\boldsymbol{A}$的秩。理论推导可见

$$\boldsymbol{A}^{\mathrm{T}}\boldsymbol{A}=\begin{bmatrix} 1+\mu^2 & 1 \\ 1 & 1+\mu^2 \end{bmatrix}$$

在双精度数值运算中，由于μ^2为10^{-30}级数值，所以加到1上事实上就已经被忽略了，$\boldsymbol{A}^{\mathrm{T}}\boldsymbol{A}$矩阵将退化成幺矩阵，再求其秩显然为1，从而可以断定原矩阵$\boldsymbol{A}$的秩为1，这与实际矛盾。因此，对这样的问题应该引入一个新的量作为矩阵秩的测度，即需要引入奇异值的概念。

4.6.1 奇异值与条件数

定义4-11 假设$\boldsymbol{A}$矩阵为$n\times m$实矩阵，则$\boldsymbol{A}$矩阵可以分解为

$$\boldsymbol{A}=\boldsymbol{L}\boldsymbol{A}_1\boldsymbol{M}^{\mathrm{T}} \tag{4-6-1}$$

其中，$\boldsymbol{L}$和$\boldsymbol{M}$分别为$n\times n$与$m\times m$的正交矩阵，$\boldsymbol{A}_1=\mathrm{diag}(\sigma_1,\cdots,\sigma_p)$为$n\times m$对角矩阵，其对角元素满足不等式$\sigma_1\geqslant\cdots\geqslant\sigma_p\geqslant0$，$p=\min(n,m)$。若$\sigma_p=0$，则矩阵$\boldsymbol{A}$为奇异矩阵。矩阵$\boldsymbol{A}$的秩应该等于矩阵$\boldsymbol{A}_1$中非零对角元素的个数。

定理4-13 如果$\boldsymbol{A}$为$n\times m$矩阵，则$||\boldsymbol{A}||_2=\sigma_1$，$||\boldsymbol{A}||_{\mathrm{F}}=\sqrt{\sigma_1^2+\cdots+\sigma_{\min(n,m)}^2}$。

定理4-14 可以证明，$\boldsymbol{A}^{\mathrm{T}}\boldsymbol{A}$与$\boldsymbol{A}\boldsymbol{A}^{\mathrm{T}}$有相同的非负特征值$\lambda_i$，在数学上把这些非负特征值的平方根称作矩阵$\boldsymbol{A}$的奇异值，记$\sigma_i(\boldsymbol{A})=\sqrt{\lambda_i(\boldsymbol{A}^{\mathrm{T}}\boldsymbol{A})}$。

矩阵的奇异值分解是由意大利数学家Eugenio Beltrami（1835−1900）与法国数学家Marie Ennemond Camille Jordan（1838−1922）分别于1873年和1874年独立提出的。英国数学家James Joseph Sylvester（1814−1897）也在1889年独立地得到了实数方阵奇异值分解的结果，后来出现了各种各样的分解算法，直至1970年才出现了现在所用的分解方法[15]。

MATLAB提供了直接求取矩阵奇异值分解的函数svd()，其调用方式为

$\boldsymbol{S}$=svd($\boldsymbol{A}$)　　　　　　%只计算矩阵的奇异值

[$\boldsymbol{L}$,$\boldsymbol{A}_1$,$\boldsymbol{M}$]=svd($\boldsymbol{A}$)　%计算矩阵奇异值与变换矩阵

其中，$\boldsymbol{A}$为原始矩阵，返回的$\boldsymbol{A}_1$为对角矩阵，而$\boldsymbol{L}$和$\boldsymbol{M}$均为正交矩阵，且$\boldsymbol{A}=\boldsymbol{L}\boldsymbol{A}_1\boldsymbol{M}^{\mathrm{T}}$。

矩阵的奇异值大小通常决定矩阵的性态。如果矩阵的奇异值变化特别大，则矩阵中某个元素有一个微小的变化将严重影响到原矩阵的性质，这样的矩阵又称为病态矩阵或坏条件矩阵，而在矩阵存在零奇异值时称为奇异矩阵。

定义4-12　矩阵的最大奇异值$\sigma_{\max}$和最小奇异值$\sigma_{\min}$的比值又称为该矩阵的条件数，记作cond($\boldsymbol{A}$)，即$\mathrm{cond}(\boldsymbol{A})=\sigma_{\max}/\sigma_{\min}$。

矩阵的条件数越大，则线性方程的解对元素变化越敏感。矩阵的最大奇异值和最小奇异值还分别记作$\bar{\sigma}(\boldsymbol{A})$和$\underline{\sigma}(\boldsymbol{A})$。

MATLAB也提供了函数c=cond($\boldsymbol{A}$)来求取矩阵$\boldsymbol{A}$的条件数。

例4-28　试对例4-27中的矩阵$\boldsymbol{A}$作奇异值分解。

解　由下面的语句可以进行矩阵的奇异值分解。

```
>> A=[1 1; 5*eps,0; 0,5*eps]; [u b v]=svd(A), d=cond(A)
```

得出的奇异值分解矩阵如下所示，并得出矩阵的条件数为$d=1.2738\times10^{15}$。

$$\boldsymbol{u}=\begin{bmatrix}-1&0&0\\0&-0.7071&0.7071\\0&0.7071&0.7071\end{bmatrix},\boldsymbol{b}=\begin{bmatrix}1.4142&0\\0&1.11\times10^{-15}\\0&0\end{bmatrix},\boldsymbol{v}=\begin{bmatrix}-0.7071&-0.7071\\-0.7071&0.7071\end{bmatrix}$$

例4-29　试对例3-2中给出的奇异矩阵$\boldsymbol{A}$进行奇异值分解。

解　如果调用MATLAB给出的矩阵奇异值分解函数svd()，则可以容易地求出$\boldsymbol{L}$，$\boldsymbol{A}_1$和$\boldsymbol{M}$矩阵，并可以容易地求出该矩阵的条件数。

```
>> A=[16,2,3,13; 5,11,10,8; 9,7,6,12; 4,14,15,1];
   [L,A1,M]=svd(A) %奇异值分解
```

得出的分解矩阵为

$$\boldsymbol{L}=\begin{bmatrix}-0.5&0.6708&0.5&-0.2236\\-0.5&-0.2236&-0.5&-0.6708\\-0.5&0.2236&-0.5&0.6708\\-0.5&-0.6708&0.5&0.2236\end{bmatrix},\quad\boldsymbol{A}_1=\begin{bmatrix}34&0&0&0\\0&17.8885&0&0\\0&0&4.4721&0\\0&0&0&0\end{bmatrix}$$

$$\boldsymbol{M}=\begin{bmatrix}-0.5 & 0.5 & 0.6708 & -0.2236\\ -0.5 & -0.5 & -0.2236 & -0.6708\\ -0.5 & -0.5 & 0.2236 & 0.6708\\ -0.5 & 0.5 & -0.6708 & 0.2236\end{bmatrix}$$

可见，该矩阵含有0奇异值，故原矩阵为奇异矩阵。该矩阵的条件数可以由cond($\boldsymbol{A}$)函数得出，趋于∞，但在双精度数值运算上有一定的误差。如果先将$\boldsymbol{A}$矩阵转换成符号型矩阵，则调用svd()将得出更精确的奇异值分解矩阵。

4.6.2 长方形矩阵的奇异值分解

例4-30 对于$n\neq m$的矩阵$\boldsymbol{A}$，也可以对之作奇异值分解。例如，可以对下面的长方形矩阵进行奇异值分解，并检验分解的结果。

$$\boldsymbol{A}=\begin{bmatrix}1 & 3 & 5 & 7\\ 2 & 4 & 6 & 8\end{bmatrix}$$

解 使用如下命令进行求解：

```
>> A=[1,3,5,7; 2,4,6,8]; [L,A1,M]=svd(A), A2=L*A1*M'
   norm(A-A2) %奇异值分解
```

可以得出如下的分解矩阵，并可得出$||\boldsymbol{L}\boldsymbol{A}_1\boldsymbol{M}^{\mathrm{T}}-\boldsymbol{A}||=9.7277\times10^{-15}$，$\boldsymbol{L}\boldsymbol{A}_1\boldsymbol{M}^{\mathrm{T}}$能恢复$\boldsymbol{A}$矩阵。

$$\boldsymbol{L}=\begin{bmatrix}-0.6414 & -0.7672\\ -0.7672 & 0.6414\end{bmatrix},\ \boldsymbol{A}_1=\begin{bmatrix}14.2691 & 0 & 0 & 0\\ 0 & 0.6268 & 0 & 0\end{bmatrix}$$

$$\boldsymbol{M}=\begin{bmatrix}-0.1525 & 0.8226 & -0.3945 & -0.38\\ -0.3499 & 0.4214 & 0.2428 & 0.8007\\ -0.5474 & 0.0201 & 0.6979 & -0.4614\\ -0.7448 & -0.3812 & -0.5462 & 0.0407\end{bmatrix}$$

例4-31 传统奇异值分解的定义是基于实矩阵的，试求例2-2中复数矩阵的奇异值分解。

$$\boldsymbol{A}=\begin{bmatrix}-1+6\mathrm{j} & 5+3\mathrm{j} & 4+2\mathrm{j} & 6-2\mathrm{j}\\ \mathrm{j} & 2-\mathrm{j} & 4 & -2-2\mathrm{j}\\ 4 & -\mathrm{j} & -2+2\mathrm{j} & 5-2\mathrm{j}\end{bmatrix}$$

解 利用MATLAB的svd()函数同样可以处理复数矩阵：

```
>> A=[-1+6i,5+3i,4+2i,6-2i; 1i,2-1i,4,-2-2i; 4,-1i,-2+2i,5-2i];
   [u,A1,v]=svd(A), A2=u*A1*v', norm(A-A2)
```

得出的$\boldsymbol{u}$与$\boldsymbol{v}$矩阵都是复数矩阵，而$\boldsymbol{A}_1$为实对角矩阵，$\boldsymbol{A}_2$还原了矩阵$\boldsymbol{A}$，还原误差为8.0234×10^{-15}，还原条件为$\boldsymbol{u}\boldsymbol{A}_1\boldsymbol{v}^{\mathrm{H}}$，而不是$\boldsymbol{u}\boldsymbol{A}_1\boldsymbol{v}^{\mathrm{T}}$。

$$\boldsymbol{A}_1=\begin{bmatrix}12.3873 & 0 & 0 & 0\\ 0 & 7.7087 & 0 & 0\\ 0 & 0 & 1.4599 & 0\end{bmatrix}$$

4.6.3 基于奇异值分解的同时对角化

4.5.5节介绍了一种正定矩阵的同时对角化方法，并给出了例子，本节介绍解决同样问题的另一种方法[13]。

定理 4-15 如果正定矩阵 $\boldsymbol{A}$、$\boldsymbol{B}$ 通过Cholesky分解可以分解成 $\boldsymbol{A}=\boldsymbol{L}_A\boldsymbol{L}_A^{\mathrm{T}}$，$\boldsymbol{B}=\boldsymbol{L}_B\boldsymbol{L}_B^{\mathrm{T}}$，可以对 $\boldsymbol{L}_B^{-1}\boldsymbol{L}_A$ 进行奇异值分解，得到

$$\boldsymbol{L}_B^{-1}\boldsymbol{L}_A=\boldsymbol{U}\boldsymbol{\Sigma}\boldsymbol{V} \tag{4-6-2}$$

则变换矩阵选作 $\boldsymbol{Q}=\boldsymbol{L}_B^{-\mathrm{T}}\boldsymbol{U}$ 可以实现同时对角化

$$\boldsymbol{Q}^{\mathrm{T}}\boldsymbol{A}\boldsymbol{Q}=\boldsymbol{\Sigma}^2,\ \boldsymbol{Q}^{\mathrm{T}}\boldsymbol{B}\boldsymbol{Q}=\boldsymbol{I} \tag{4-6-3}$$

例 4-32 试用基于奇异值分解的同时对角化方法重新解决例4-26中的问题。

解 先将矩阵 $\boldsymbol{A}$ 与 $\boldsymbol{B}$ 输入MATLAB环境，然后依照上面介绍的矩阵 $\boldsymbol{Q}$ 的构造步骤得出变换矩阵，然后进行对角化检验。

```
>> A=[4,1,2,0; 1,2,-1,0; 2,-1,4,2; 0,0,2,4];
   B=[2,0,0,-1; 0,4,-1,-1; 0,-1,4,2; -1,-1,2,4];
   La=chol(A)'; Lb=chol(B)'; C=inv(Lb)*La;
   [U,S,V]=svd(C); Q=inv(Lb')*U, Q'*A*Q, Q'*B*Q
```

得出的变换矩阵如下所示，经检验，该矩阵确实可以同时对角化矩阵 $\boldsymbol{A}$ 与 $\boldsymbol{B}$。和例4-26相比，这两个变换矩阵稍有区别，但都可以达到同样的目的。

$$\boldsymbol{Q}=\begin{bmatrix}-0.6864 & 0.0396 & 0.2047 & 0.2967\\ -0.1774 & -0.1996 & 0.1774 & -0.4138\\ -0.0842 & 0.3615 & -0.2937 & -0.3635\\ -0.2902 & -0.5230 & -0.1371 & 0.1855\end{bmatrix}$$

4.7 Givens变换与Householder变换

本节介绍两种变换方法：Givens变换与Householder变换。Givens变换是以美国数学家、计算机科学家James Wallace Givens Jr（1910—1993）命名的变换，经常用于坐标的旋转处理。Householder变换是以美国数学家Alston Scott Householder（1903—1993）命名的变换，可以将一个向量变换成超平面反射的镜像，在数值线性代数领域是很实用的变换。

4.7.1 二维坐标的旋转变换

定义 4-13 假设有一个二维坐标系下的点 (x,y)，将该点以坐标原点为轴逆时针旋转 θ 角度，则可以生成一个变换矩阵。由下面的公式直接变换，得出变换后的坐标 (x_1,y_1) 为

$$\begin{bmatrix}x_1\\ y_1\end{bmatrix}=\begin{bmatrix}\cos\theta & \sin\theta\\ -\sin\theta & \cos\theta\end{bmatrix}\begin{bmatrix}x\\ y\end{bmatrix} \tag{4-7-1}$$

这种变换又称为Givens变换。

例 4-33 分形树的数学模型：任意选定一个二维平面上的初始点坐标 (x_0,y_0)，假

设可以生成一个在区间 $[0,1]$ 上均匀分布的随机数 γ_i，那么根据其取值的大小，可以按下面的公式生成一个新的坐标点 (x_1,y_1) [16]。

$$(x_1,y_1) \Leftarrow \begin{cases} x_1=0, y_1=y_0/2, & \gamma_i<0.05 \\ x_1=0.42(x_0-y_0), y_1=0.2+0.42(x_0+y_0), & 0.05\leqslant\gamma_i<0.45 \\ x_1=0.42(x_0+y_0), y_1=0.2-0.42(x_0-y_0), & 0.45\leqslant\gamma_i<0.85 \\ x_1=0.1x_0, y_1=0.2+0.1y_0, & \text{其他} \end{cases}$$

试用这样的方法计算出10000个点，然后用描点的方法绘制出分形树，并将分形树分别旋转45°与200°，绘制出旋转后的分形树。

解 可以用下面的语句生成伪随机数向量，并计算分形树的坐标点，然后直接绘制出分形树的描点图，如图4-1所示。

```
>> v=rand(10000,1); N=length(v); x=0; y=0;
   for k=2:N, gam=v(k);
      if gam<0.05, x(k)=0; y(k)=0.5*y(k-1);
      elseif gam<0.45
         x(k)=0.42*(x(k-1)-y(k-1)); y(k)=0.2+0.42*(x(k-1)+y(k-1));
      elseif gam<0.85
         x(k)=0.42*(x(k-1)+y(k-1)); y(k)=0.2-0.42*(x(k-1)-y(k-1));
      else, x(k)=0.1*x(k-1); y(k)=0.1*y(k-1)+0.2;
   end, end
   plot(x,y,'.')
```

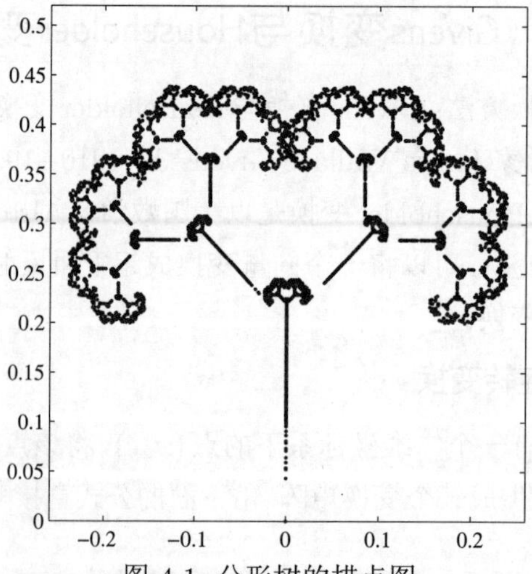

图4-1 分形树的描点图

如果要将该图形逆时针旋转45°，则需要先生成Givens旋转矩阵，再进行坐标变换，最后绘制出如图4-2(a)所示的旋转图形。可以看出，经过Givens变换，可以将原坐标系的图形逐点映射到旋转后的坐标系下。

```
>> theta=45;
   G1=[cosd(theta),sind(theta); -sind(theta) cosd(theta)];
   X=[x.' y.']; X1=X*G1; x1=X1(:,1); y1=X1(:,2); plot(x1,y1,'.')
```

如果要将分形树图形旋转 200°，则采用下面的命令，结果如图 4-2(b)所示。从效果看，新图形也实现了预期的旋转效果。

```
>> theta=200;
   G2=[cosd(theta),sind(theta); -sind(theta) cosd(theta)];
   X2=X*G2; x1=X2(:,1); y1=X2(:,2); plot(x1,y1,'.')
```

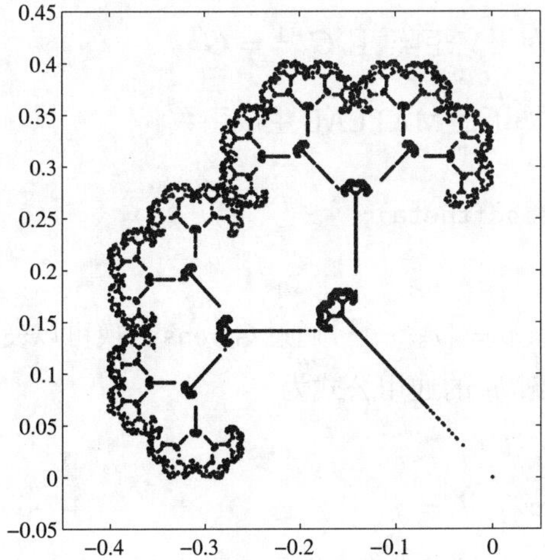

(a)旋转 45°

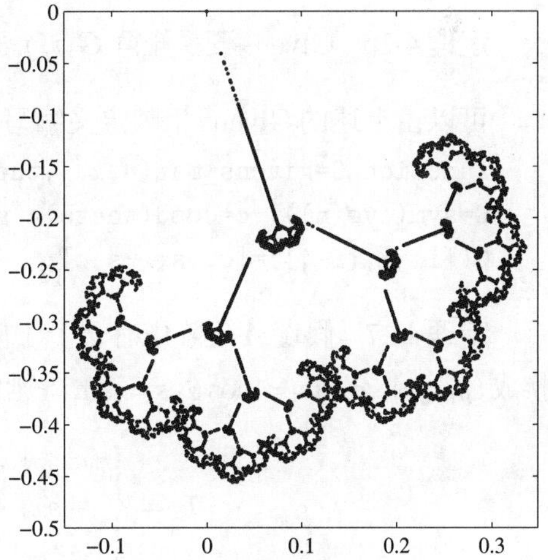

(b)旋转 200°

图 4-2　旋转后的分形树

200° 的旋转还可以通过 −160° 旋转（即顺时针 160° 旋转）来实现，得到的图形与图 4-2(b)完全一致。

```
>> theta=-160;
   G3=[cosd(theta),sind(theta); -sind(theta) cosd(theta)];
   X=[x.' y.']; X1=X*G3; x1=X1(:,1); y1=X1(:,2); plot(x1,y1,'.')
```

这些变换矩阵分别为

$$\boldsymbol{G}_1=\begin{bmatrix} 0.70711 & 0.70711 \\ -0.70711 & 0.70711 \end{bmatrix},\quad \boldsymbol{G}_2=\boldsymbol{G}_3=\begin{bmatrix} -0.93969 & -0.34202 \\ 0.34202 & -0.93969 \end{bmatrix}$$

4.7.2　一般矩阵的 Givens 变换

前面介绍的 Givens 旋转变换只能用于二维坐标的处理，如果要处理多维问题，则需要引入下面的旋转变换矩阵。

定义 4-14　如果只想对矩阵 $\boldsymbol{A}$ 的第 i、j 列与第 i、j 行元素作旋转变换，则可以引入如下的Givens变换矩阵。

$$
\boldsymbol{G}(i,j,\theta)=\begin{bmatrix}1 & \cdots & 0 & \cdots & 0 & \cdots & 0\\ \vdots & \ddots & \vdots & & \vdots & & \vdots\\ 0 & \cdots & \cos\theta & \cdots & \sin\theta & \cdots & 0\\ \vdots & & \vdots & \ddots & \vdots & & \vdots\\ 0 & \cdots & -\sin\theta & \cdots & \cos\theta & \cdots & 0\\ \vdots & & \vdots & & \vdots & \ddots & \vdots\\ 0 & \cdots & 0 & \cdots & 0 & \cdots & 1\end{bmatrix}\begin{matrix}\\ \\ \leftarrow 第\,i\,行\\ \\ \leftarrow 第\,j\,行\\ \\ \\ \end{matrix} \tag{4-7-2}
$$

第 i 列　　第 j 列

定理4-16 Givens变换矩阵 $\boldsymbol{G}(i,j,\theta)$ 为正交矩阵,且 $\boldsymbol{G}^{-1}=\boldsymbol{G}^{\mathrm{T}}$。

可以由上述的Givens矩阵定义编写出如下的MATLAB生成函数。

```
function G=givens_mat(n,i,j,theta)
G=sym(eye(n)); c=cosd(theta); s=sind(theta);
G([i j],[i j])=[c, s; -s,c];
```

定理4-17 假设 $\boldsymbol{A}$ 矩阵中有一个子向量 $\boldsymbol{v}=[x_i,x_j]^{\mathrm{T}}$,通过Givens变换可以变换成 (y_i,y_j),简记 $c=\cos\theta$,$s=\sin\theta$,则映射 y_k 的通用公式为

$$
y_k=\begin{cases}cx_i+sx_j, & k=i\\ -sx_i+cx_j, & k=j\\ x_k, & k\neq i,j\end{cases} \tag{4-7-3}
$$

若想让 y_j 旋转后的值为零,则应该如下选择旋转矩阵参数。

$$
c=\frac{x_i}{\sqrt{x_i^2+x_j^2}},\quad s=\frac{x_j}{\sqrt{x_i^2+x_j^2}} \tag{4-7-4}
$$

定理4-18 通过前面选择的Givens变换矩阵,可以得出变换结果为

$$
\boldsymbol{G}(i,j,\theta)\begin{bmatrix}x_i\\ x_j\end{bmatrix}=\begin{bmatrix}c & s\\ -s & c\end{bmatrix}\begin{bmatrix}x_i\\ x_j\end{bmatrix}=\begin{bmatrix}\sqrt{x_i^2+x_j^2}\\ 0\end{bmatrix} \tag{4-7-5}
$$

可见,如果想将向量中的一个值旋转成零是比较容易的,因为可以根据上面的定理生成 2×2 旋转矩阵。MATLAB提供了 `givens()` 函数用于计算变换矩阵 $\boldsymbol{G}$,其调用格式为 $\boldsymbol{G}$=`givens`(x_i,x_j)。下面通过例子演示具体的Givens变换方法。

注意,由 `givens()` 函数得出的变换矩阵是 2×2 矩阵,不是也没有必要写成式(4-7-2)的形式,不能对整个 $\boldsymbol{A}$ 矩阵进行变换,必须对相关的行进行变换。用MATLAB实现的语句可以简化为

$\boldsymbol{A}$([i,j],:)=$\boldsymbol{G}$*$\boldsymbol{A}$([i,j],:)

例4-34　试通过 Givens 变换将下面 $\boldsymbol{A}$ 矩阵的 $(3,2)$ 位置元素变换为零。

$$\boldsymbol{A}=\begin{bmatrix}2&2&3&2\\3&1&3&1\\4&3&2&1\\3&3&2&1\end{bmatrix}$$

解　因为要变换第三行，所以 $j=3$，而 i 可以从 $1,2,4$ 中任取，不妨设 $i=1$。由于要变换 $(3,2)$ 元素，所以列号为 2，即 $x_i=2$，$x_j=3$。用下面的语句可以直接计算 Givens 变换矩阵的数值解与解析解。

```
>> G1=givens(2,3), G2=givens(sym(2),3)
```

得出的 Givens 变换矩阵分别为

$$\boldsymbol{G}_1=\begin{bmatrix}0.5547&0.83205\\-0.83205&0.5547\end{bmatrix},\ \boldsymbol{G}_2=\frac{\sqrt{13}}{13}\begin{bmatrix}2&3\\-3&2\end{bmatrix}$$

用得出的变换矩阵对原矩阵进行变换：

```
>> A=[2,2,3,2; 3,1,3,1; 4,3,2,1; 3,3,2,1]; A1=A; A2=sym(A);
   A1([1,3],:)=G1*A1([1,3],:), A2([1,3],:)=G2*A2([1,3],:)
```

则得出的变换结果如下所示。可见，Givens 变换确实能实现预期的变换效果。

$$\boldsymbol{A}_1=\begin{bmatrix}4.4376&3.6056&3.3282&1.9415\\3&1&3&1\\0.5547&0&-1.3868&-1.1094\\3&3&2&1\end{bmatrix}$$

$$\boldsymbol{A}_2=\begin{bmatrix}16\sqrt{13}/13&\sqrt{13}&12\sqrt{13}/13&7\sqrt{13}/13\\3&1&3&1\\2\sqrt{13}/13&0&-5\sqrt{13}/13&-4\sqrt{13}/13\\3&3&2&1\end{bmatrix}$$

还可以将 i 选作 2 或 4，这样将得到不同的 Givens 变换矩阵，同样能将 $\boldsymbol{A}(3,2)$ 变换为零。读者可以自行尝试这样的变换并观察结果。

4.7.3 Householder 变换

Householder 变换是另一类在数值线性代数领域关于矩阵变换的重要函数，可以将一个向量变换成超平面反射的镜像。本节将介绍 Householder 变换的基本概念与实现方法。

定义 4-15　若 $\boldsymbol{u}$ 是 n 维列向量，则可以构造出如下的 Householder 矩阵：

$$\boldsymbol{H}=\boldsymbol{I}-2\frac{\boldsymbol{v}\boldsymbol{v}^{\mathrm{H}}}{\boldsymbol{v}^{\mathrm{H}}\boldsymbol{v}} \tag{4-7-6}$$

定理 4-19　如果已知列向量 $\boldsymbol{x}_1$，想通过相似变换 $\boldsymbol{H}$ 将其变换成 $\boldsymbol{x}_2$，即 $\boldsymbol{x}_2=\boldsymbol{H}\boldsymbol{x}_1$，且 $||\boldsymbol{x}_1||=||\boldsymbol{x}_2||$，则可以建立列向量 $\boldsymbol{v}=\boldsymbol{x}_2-\boldsymbol{x}_1$，并构造 Householder 变换矩阵 $\boldsymbol{H}$。

定理4-20 Householder矩阵$\boldsymbol{H}$是对称的正交矩阵,且$\boldsymbol{H}=\boldsymbol{H}^{-1}$。

例4-35 考虑例4-34中给出的$\boldsymbol{A}$矩阵,试设计一个Householder矩阵$\boldsymbol{H}$,使得变换$\boldsymbol{A}_1=\boldsymbol{H}\boldsymbol{A}$可以将$\boldsymbol{A}_1$的第一列变换成$\boldsymbol{x}_2=\alpha[1,0,0,0]^{\mathrm{T}}$。

解 如果按定理4-19的方式构造$\boldsymbol{v}$向量,则$\alpha=||\boldsymbol{x}_1||$。可以由下面的语句直接选择向量$\boldsymbol{v}$,然后构造Householder矩阵$\boldsymbol{H}$,并得出变换后的结果矩阵$\boldsymbol{A}_1$。

```
>> A=[2,2,3,2; 3,1,3,1; 4,3,2,1; 3,3,2,1]; A=sym(A);
   x1=A(:,1); x2=[1; 0; 0; 0]; v=norm(x1)*x2-x1;
   H=eye(4)-2*(v*v')/(v'*v), A1=H*A
```

得出的结果如下所示。可以看出,通过选择Householder变换矩阵,可以将$\boldsymbol{A}_1$矩阵的第一列变换成预期的形式。

$$\boldsymbol{H}=\begin{bmatrix}\sqrt{38}/19 & 3\sqrt{38}/38 & 2\sqrt{38}/19 & 3\sqrt{38}/38\\ 3\sqrt{38}/38 & 25/34-9\sqrt{38}/646 & -6\sqrt{38}/323-6/17 & -9\sqrt{38}/646-9/34\\ 2\sqrt{38}/19 & -6\sqrt{38}/323-6/17 & 9/17-8\sqrt{38}/323 & -6\sqrt{38}/323-6/17\\ 3\sqrt{38}/38 & -9\sqrt{38}/646-9/34 & -6\sqrt{38}/323-6/17 & 25/34-9\sqrt{38}/646\end{bmatrix}$$

$$\boldsymbol{A}_1=\begin{bmatrix}\sqrt{38} & 14\sqrt{38}/19 & 29\sqrt{38}/38 & 7\sqrt{38}/19\\ 0 & 15\sqrt{38}/323-19/17 & 42\sqrt{38}/323+33/34 & 36\sqrt{38}/323+2/17\\ 0 & 20\sqrt{38}/323+3/17 & 56\sqrt{38}/323-12/17 & 48\sqrt{38}/323-3/17\\ 0 & 15\sqrt{38}/323+15/17 & 42\sqrt{38}/323-1/34 & 36\sqrt{38}/323+2/17\end{bmatrix}$$

本章习题

4.1 试判定下面的矩阵是否为正交矩阵。

$$\boldsymbol{A}=\begin{bmatrix}0 & 2/\sqrt{6} & -1/\sqrt{3}\\ 1/\sqrt{2} & 1/\sqrt{6} & 1/\sqrt{3}\\ -1/\sqrt{2} & 1/\sqrt{6} & 1/\sqrt{3}\end{bmatrix}$$

4.2 试用初等行变换方法与主元素方法求取矩阵的逆矩阵,并比较构造方法的效率。

$$\boldsymbol{A}=\begin{bmatrix}3 & 5 & 5 & 0 & 1 & 2 & 3\\ 3 & 2 & 5 & 4 & 6 & 2 & 5\\ 1 & 2 & 1 & 1 & 3 & 4 & 6\\ 3 & 5 & 1 & 5 & 2 & 1 & 2\\ 4 & 1 & 0 & 1 & 2 & 0 & 1\\ -3 & -4 & -7 & 3 & 7 & 8 & 12\\ 1 & -10 & 7 & -6 & 8 & 1 & 5\end{bmatrix}$$

4.3 试用Gauss消去法求解线性方程。

$$\begin{bmatrix}16 & 2 & 3 & 13\\ 5 & 11 & 10 & 8\\ 9 & 7 & 6 & 12\\ 4 & 14 & 15 & 1\end{bmatrix}\boldsymbol{X}=\begin{bmatrix}1\\3\\4\\7\end{bmatrix}$$

4.4 试将Gauss消去法求解函数gauss_eq()加入主元素的内容。

4.5 试对下列矩阵进行LU分解与奇异值分解。

$$\boldsymbol{A}=\begin{bmatrix}8&0&1&1&6\\9&2&9&4&0\\1&5&9&9&8\\9&9&4&7&9\\6&9&8&9&6\end{bmatrix},\quad \boldsymbol{B}=\begin{bmatrix}1&2&2&2\\1&1&2&0\\1&1&1&0\\0&0&2&0\end{bmatrix}$$

4.6 试判定下面的矩阵是否为正定矩阵。如果是，则得出其Cholesky分解矩阵。

$$\boldsymbol{A}=\begin{bmatrix}9&2&1&2&2\\2&4&3&3&3\\1&3&7&3&4\\2&3&3&5&4\\2&3&4&4&5\end{bmatrix},\quad \boldsymbol{B}=\begin{bmatrix}16&17&9&12&12\\17&12&12&2&18\\9&12&18&7&13\\12&2&7&18&12\\12&18&13&12&10\end{bmatrix}$$

4.7 试判定下面的矩阵是否为正定矩阵。如果是正定矩阵，则求出其Cholesky分解。

$$\boldsymbol{A}=\begin{bmatrix}1&3&4&8\\3&2&7&2\\4&7&2&8\\8&2&8&6\end{bmatrix},\quad \boldsymbol{B}=\begin{bmatrix}12&13&24&26\\31&12&27&11\\10&9&22&18\\42&22&10&16\end{bmatrix}$$

4.8 试判定下面的二次型表达式是否是正定的。

$$f_1(\boldsymbol{x})=x_1^2+2x_3^2+2x_1x_3+2x_2x_3$$

$$f_2(\boldsymbol{x})=2x_1^2+x_2^2+5x_3^2+2x_1x_2-2x_2x_3$$

4.9 试判定下面的二次型是否是正定的（提示：可以将二次型用对称矩阵表示，再判定是否正定）。

（1） $f_1(\boldsymbol{x})=99x_1^2-12x_1x_2+48x_1x_3+130x_2^2-60x_2x_3+71x_3^2$

（2） $f_2(\boldsymbol{x})=x_1^2+x_2^2+4x_3^2+7x_4^2+6x_1x_3+4x_1x_4-4x_2x_3+2x_2x_4+4x_3x_4$

4.10 试对下列矩阵进行Jordan变换，并得出变换矩阵。

$$\boldsymbol{A}=\begin{bmatrix}-2&0.5&-0.5&0.5\\0&-1.5&0.5&-0.5\\2&0.5&-4.5&0.5\\2&1&-2&-2\end{bmatrix},\quad \boldsymbol{B}=\begin{bmatrix}-2&-1&-2&-2\\-1&-2&2&2\\0&2&0&3\\1&-1&-3&-6\end{bmatrix}$$

4.11 试选择合适的变换矩阵，将矩阵$\boldsymbol{A}$变换为相伴矩阵的形式。

$$\boldsymbol{A}=\begin{bmatrix}2&-2&2&-1&0\\-2&1&-1&2&1\\1&-1&-1&-2&2\\1&1&-1&2&2\\1&0&2&2&-2\end{bmatrix}$$

4.12 试判定能否将矩阵$\boldsymbol{A}$变换成对角矩阵，如果能，变换矩阵是什么？

$$\boldsymbol{A}=\begin{bmatrix}2&2&-2&7&-2\\38&15&-28&56&-10\\17&8&-15&24&-5\\-4&-2&2&-9&2\\20&10&-16&31&-8\end{bmatrix}$$

4.13 试求出下面矩阵的特征值与Jordan标准型。已知原矩阵含有复数特征值，试找出实变换矩阵并实现Jordan标准型的变换。

$$A=\begin{bmatrix}-5&-2&-4&0&-1&0\\1&-2&2&0&-1&-2\\2&2&0&3&2&0\\1&3&1&0&3&1\\-1&-2&-3&-4&-4&1\\3&4&3&1&2&-1\end{bmatrix}$$

4.14 试将下面含有复数特征值的复数矩阵变换成Jordan形式。有可能将其变换成实型的Jordan矩阵吗？如何变换？

$$A=\begin{bmatrix}-2+5\mathrm{j}&0&0&6\mathrm{j}&0\\-3+41\mathrm{j}&-2-1\mathrm{j}&-3+5\mathrm{j}&56\mathrm{j}&3-1\mathrm{j}\\-1+17\mathrm{j}&0&-3+2\mathrm{j}&+24\mathrm{j}&1-1\mathrm{j}\\-4\mathrm{j}&0&0&-2-5\mathrm{j}&0\\-2+22\mathrm{j}&0&-2+2\mathrm{j}&30\mathrm{j}&-1\mathrm{j}\end{bmatrix}$$

4.15 试求出下面复数矩阵的奇异值分解。

$$A=\begin{bmatrix}-2&-2&1&-1\\0&-1&-2&2\\0&-2&2&-1\\1&0&-2&-1\end{bmatrix}+\mathrm{j}\begin{bmatrix}2&0&-2&0\\2&1&-2&1\\0&0&-1&2\\0&0&-1&-1\end{bmatrix}$$

第5章

薛定宇教授大讲堂 MATLAB 线性代数运算

矩阵方程求解

线性代数与矩阵理论的研究起源于线性方程的求解。本章将介绍各种矩阵方程的计算机求解方法。5.1 节介绍线性代数方程组的数值与解析求解方法，对线性代数方程进行分类，分别求解代数方程的唯一解、无穷解与最小二乘解。5.2 节介绍其他形式的简单线性方程组的求解方法。5.3 节介绍各种 Lyapunov 方程的数值求解方法，并基于 Kronecker 乘积得出 Lyapunov 方程的解析求解公式与 MATLAB 实现。5.4 节介绍更一般的 Sylvester 方程求解方法，并给出一般 Sylvester 甚至 Lyapunov 方程的解析求解通用 MATLAB 函数。5.5 节介绍 Riccati 方程的数值求解方法，并试图求解出不同类型的 Riccati 方程的尽可能多的根，包括复数根，该节还给出一般非线性矩阵方程的通用求解 MATLAB 函数。5.6 节介绍一般多项式方程的求解方法，主要介绍 Diophantine 方程的解析解方法，还将介绍 Bézout 恒等式的求解方法。

5.1 线性方程组

定义 5-1 线性代数方程的一般数学形式为

$$\begin{cases} a_{11}x_1 + a_{12}x_2 + \cdots + a_{1n}x_n = b_1 \\ a_{21}x_1 + a_{22}x_2 + \cdots + a_{2n}x_n = b_2 \\ \quad\vdots \\ a_{m1}x_1 + a_{m2}x_2 + \cdots + a_{mn}x_n = b_m \end{cases} \tag{5-1-1}$$

如果 b_i 是一个 $1 \times p$ 行向量，则解 $\boldsymbol{X}$ 为 $n \times p$ 矩阵。

定义 5-2 定义 5-1 给出的线性代数方程的矩阵形式为

$$\boldsymbol{A}\boldsymbol{x} = \boldsymbol{B} \tag{5-1-2}$$

其中，$\boldsymbol{A}$ 和 $\boldsymbol{B}$ 均为给定矩阵。

$$\boldsymbol{A}=\begin{bmatrix} a_{11} & a_{12} & \cdots & a_{1n} \\ a_{21} & a_{22} & \cdots & a_{2n} \\ \vdots & \vdots & \ddots & \vdots \\ a_{m1} & a_{m2} & \cdots & a_{mn} \end{bmatrix},\quad \boldsymbol{B}=\begin{bmatrix} b_{11} & b_{12} & \cdots & b_{1p} \\ b_{21} & b_{22} & \cdots & b_{2p} \\ \vdots & \vdots & \ddots & \vdots \\ b_{m1} & b_{m2} & \cdots & b_{mp} \end{bmatrix} \tag{5-1-3}$$

定义5-3　由给定的矩阵$\boldsymbol{A}$和$\boldsymbol{B}$可以构造出方程解的判定矩阵$\boldsymbol{C}$。

$$\boldsymbol{C}=\left[\begin{array}{cccc:cccc} a_{11} & a_{12} & \cdots & a_{1n} & b_{11} & b_{12} & \cdots & b_{1p} \\ a_{21} & a_{22} & \cdots & a_{2n} & b_{21} & b_{22} & \cdots & b_{2p} \\ \vdots & \vdots & \ddots & \vdots & \vdots & \vdots & \ddots & \vdots \\ a_{m1} & a_{m2} & \cdots & a_{mn} & b_{m1} & b_{m2} & \cdots & b_{mp} \end{array}\right] \tag{5-1-4}$$

这样，可以不加证明地给出线性方程组解的性质的判定定理[17]。

定理5-1　线性方程$\boldsymbol{Ax}=\boldsymbol{B}$的解应该分三种情况讨论。

（1）当$m=n$且$\mathrm{rank}(\boldsymbol{A})=n$时，方程组式（5-1-2）有唯一解：

$$\boldsymbol{x}=\boldsymbol{A}^{-1}\boldsymbol{B} \tag{5-1-5}$$

（2）当$\mathrm{rank}(\boldsymbol{A})=\mathrm{rank}(\boldsymbol{C})=r<n$时，方程组式（5-1-2）有无穷多解。

（3）若$\mathrm{rank}(\boldsymbol{A})<\mathrm{rank}(\boldsymbol{C})$，则方程组式（5-1-2）为矛盾方程，没有解，这时只能利用Moore–Penrose广义逆求解出方程的最小二乘解。

5.1.1　唯一解的求解

第4章曾介绍了一些线性代数方程求解的MATLAB函数，可以得出方程的数值解与解析解。这里介绍线性方程有唯一解的情形。

定理5-1（1）指出，如果$\boldsymbol{A}$为非奇异方阵，则方程的唯一解为$\boldsymbol{x}=\boldsymbol{A}^{-1}\boldsymbol{B}$，用MATLAB可以立即得出该方程的解为`x=inv(A)*B`。但是，`inv()`函数的调用也有需要注意的地方。例如，若$\boldsymbol{A}$矩阵为奇异的或接近奇异的，利用此函数进行数值运算可能产生错误的结果。

若采用符号运算工具箱，则可以直接使用`inv()`函数。如果能得到方程的解，则解是唯一的；如果出现错误信息，则再考虑其他情形。

例5-1　试用底层行变换方法求解下面的线性代数方程组。

$$\begin{bmatrix} 1 & 2 & 3 & 4 \\ 4 & 3 & 2 & 1 \\ 1 & 3 & 2 & 4 \\ 4 & 1 & 3 & 2 \end{bmatrix}\boldsymbol{X}=\begin{bmatrix} 5 & 1 \\ 4 & 2 \\ 3 & 3 \\ 2 & 4 \end{bmatrix}$$

解　由给出的矩阵$\boldsymbol{A}$与$\boldsymbol{B}$构造出增广矩阵$\boldsymbol{C}_1=[\boldsymbol{A},\boldsymbol{B}]$。

```
>> A=[1 2 3 4; 4 3 2 1; 1 3 2 4; 4 1 3 2];
   B=[5 1; 4 2; 3 3; 2 4]; A=sym(A); C1=[A,B]
```

得出如下的增广矩阵$\boldsymbol{C}_1$。

$$\boldsymbol{C}_1=\begin{bmatrix}1&2&3&4&5&1\\4&3&2&1&4&2\\1&3&2&4&3&3\\4&1&3&2&2&4\end{bmatrix}$$

将$\boldsymbol{C}_1$赋给$\boldsymbol{C}_2$,将其第一行乘-4后加到第二行上,将第三行减第一行,将第一行乘以-4加到第四行上,则可以得出新的$\boldsymbol{C}_2$矩阵。

```
>> C2=C1; C2(2,:)=C2(2,:)-4*C2(1,:);
   C2(3,:)=C2(3,:)-C2(1,:); C2(4,:)=C2(4,:)-4*C2(1,:)
```

得到的变换后的矩阵$\boldsymbol{C}_2$如下所示。可见,第一列的第一个元素为1,其余为0。

$$\boldsymbol{C}_2=\begin{bmatrix}1&2&3&4&5&1\\0&-5&-10&-15&-16&-2\\0&1&-1&0&-2&2\\0&-7&-9&-14&-18&0\end{bmatrix}$$

将$\boldsymbol{C}_2$赋给$\boldsymbol{C}_3$,由于$\boldsymbol{C}_2(2,2)=-5$,将$\boldsymbol{C}_2$第二行遍除-5,再将新第二行乘-2后加到第一行上,将第三行减第二行,将第二行乘以7加到第四行上,则可以得出新的$\boldsymbol{C}_3$矩阵。

```
>> C3=C2; C3(2,:)=-C3(2,:)/5; C3(1,:)=C3(1,:)-2*C3(2,:);
   C3(3,:)=C3(3,:)-C3(2,:); C3(4,:)=C3(4,:)+7*C3(2,:)
```

得出的新矩阵$\boldsymbol{C}_3$为

$$\boldsymbol{C}_3=\begin{bmatrix}1&0&-1&-2&-7/5&1/5\\0&1&2&3&16/5&2/5\\0&0&-3&-3&-26/5&8/5\\0&0&5&7&22/5&14/5\end{bmatrix}$$

将第三行乘以$-1/3$,再加到第一行上,将第三行乘-2加到第二行上,将第三行乘-5加到第四行上,则可以得出新的$\boldsymbol{C}_4$矩阵。

```
>> C4=C3; C4(3,:)=-C4(3,:)/3; C4(1,:)=C4(1,:)+C4(3,:);
   C4(2,:)=C4(2,:)-2*C4(3,:); C4(4,:)=C4(4,:)-5*C4(3,:)
```

得到的结果为

$$\boldsymbol{C}_4=\begin{bmatrix}1&0&0&-1&1/3&-1/3\\0&1&0&1&-4/15&22/15\\0&0&1&1&26/15&-8/15\\0&0&0&2&-64/15&82/15\end{bmatrix}$$

现在看第四行,由于第四个元素为2,所以整个第四行先乘以1/2,将第四行加到第一行上,且第二行、第三行减去第四行,最终可以得到所需要的矩阵。

```
>> C5=C4; C5(4,:)=C5(4,:)/2; C5(1,:)=C5(1,:)+C5(4,:);
   C5(2,:)=C5(2,:)-C5(4,:); C5(3,:)=C5(3,:)-C5(4,:)
   X=C5(:,5:6), A*X-B
```

得到的结果如下所示。从得到的结果看,$\boldsymbol{C}_5$矩阵的左半矩阵为单位矩阵,所以右侧的矩阵（第五行、第六行）就是方程的解矩阵 $\boldsymbol{X}$。将其提取出来并代入原方程，可见误差矩阵为零，说明得到的结果是正确的。

$$\boldsymbol{C}_5=\begin{bmatrix}1&0&0&0&-9/5&12/5\\0&1&0&0&28/15&-19/15\\0&0&1&0&58/15&-49/15\\0&0&0&1&-32/15&41/15\end{bmatrix},\quad \boldsymbol{X}=\begin{bmatrix}-9/5&12/5\\28/15&-19/15\\58/15&-49/15\\-32/15&41/15\end{bmatrix}$$

例5-2　试推导一般 2×2 方程的Kronecker乘积表示。

$$\begin{bmatrix}a_{11}&a_{12}\\a_{21}&a_{22}\end{bmatrix}\begin{bmatrix}x_1&x_3\\x_2&x_4\end{bmatrix}=\begin{bmatrix}b_1&b_3\\b_2&b_4\end{bmatrix}$$

解　定义符号变量，则可以将

```
>> A=sym('a%d%d',2);
   syms x1 x2 x3 x4 real; X=[x1 x3; x2 x4];
   syms b1 b2 b3 b4 real; B=[b1 b3; b2 b4]; M=A*X
```

可以得到方程的等效形式为

$$\left[\begin{array}{cc:cc}a_{11}&a_{12}&0&0\\a_{21}&a_{22}&0&0\\\hdashline 0&0&a_{11}&a_{12}\\0&0&a_{21}&a_{22}\end{array}\right]\begin{bmatrix}x_1\\x_2\\x_3\\x_4\end{bmatrix}=\begin{bmatrix}b_1\\b_2\\b_3\\b_4\end{bmatrix}$$

可见，方程左边的系数矩阵可以写成 $\boldsymbol{I}\otimes\boldsymbol{A}$，向量 $\boldsymbol{x}$ 与 $\boldsymbol{b}$ 是原来矩阵按列展开而得到的列向量。

定义5-4　按下面给出的方式对矩阵 $\boldsymbol{X}\in\mathscr{C}^{n\times m}$ 作列展开。

$$\boldsymbol{X}=\begin{bmatrix}x_1&x_{n+1}&\cdots&x_{(m-1)n+1}\\x_2&x_{n+2}&\cdots&x_{(m-1)n+2}\\\vdots&\vdots&\ddots&\vdots\\x_n&x_{2n}&\cdots&x_{mn}\end{bmatrix}\tag{5-1-6}$$

按列展开的列向量 $[x_1,x_2,\cdots,x_{nm}]^{\mathrm{T}}$ 记作 $\mathrm{vec}(\boldsymbol{X})$。如果对矩阵 $\boldsymbol{X}$ 按行展开得到列向量，则记作 $\mathrm{vec}(\boldsymbol{X}^{\mathrm{T}})$。

已知矩阵 $\boldsymbol{C}$，如果想在MATLAB下求 $\boldsymbol{c}=\mathrm{vec}(\boldsymbol{C})$，采用命令 `c=C(:)` 即可。如果想由 $\boldsymbol{c}$ 还原出 $n\times m$ 矩阵 $\boldsymbol{C}$，则使用命令 `C=reshape(c,n,m)`。

定理5-2　给出方程 $\boldsymbol{AX}=\boldsymbol{B}$，该方程可以等效变换为

$$(\boldsymbol{I}_m\otimes\boldsymbol{A})\boldsymbol{x}=\boldsymbol{b}\tag{5-1-7}$$

其中，$\boldsymbol{A}\in\mathscr{C}^{n\times n}$，$\boldsymbol{B}\in\mathscr{C}^{n\times m}$，且 $\boldsymbol{x}$、$\boldsymbol{b}$ 为矩阵 $\boldsymbol{X}$、$\boldsymbol{B}$ 按列展开后构成的列向量，即 $\boldsymbol{x}=\mathrm{vec}(\boldsymbol{X})$，$\boldsymbol{b}=\mathrm{vec}(\boldsymbol{B})$。

例5-3　试用MATLAB直接求解例5-1中的代数方程组。

解　上述方程可以用下面的语句直接求出，并验证其精度。

```
>> A=[1 2 3 4; 4 3 2 1; 1 3 2 4; 4 1 3 2]; B=[5 1; 4 2; 3 3; 2 4];
   x=inv(A)*B, e1=norm(A*x-B), x1=inv(sym(A))*B
   e2=norm(A*x1-B) %验证方程的数值解
   x2=inv(kron(eye(2),sym(A)))*B(:); x2=reshape(x2,4,2)
```

得到的数值解和解析解如下所示,代回方程后产生的误差范数分别为$e_1=8.4447\times 10^{-15}$和$e_2=0$,可见用解析解方法可以得出没有误差的解。由Kronecker乘积的方式也可以得出完全一致的结果。

$$\boldsymbol{x}=\begin{bmatrix}-1.8 & 2.4\\ 1.8667 & -1.2667\\ 3.8667 & -3.2667\\ -2.1333 & 2.7333\end{bmatrix},\quad \boldsymbol{x}_1=\boldsymbol{x}_2=\begin{bmatrix}-9/5 & 12/5\\ 28/15 & -19/15\\ 58/15 & -49/15\\ -32/15 & 41/15\end{bmatrix}$$

例5-4 试用初等行变换方法重新求解例5-1中给出的方程。

解 前面介绍了初等行变换求解代数方程的几种方法,如Gauss消去法与简化行阶梯方法。可以由下面的语句求解方程的解析解,得到的结果是完全一致的。

```
>> A=[1 2 3 4; 4 3 2 1; 1 3 2 4; 4 1 3 2]; A=sym(A);
   B=[5 1; 4 2; 3 3; 2 4]; x1=gauss_eq(A,B)
   C=[A,B]; C1=rref(C); x2=C1(:,5:6)
```

例5-5 试比较几种不同方法求解15阶代数方程解析解的效率。

解 可以生成随机数符号型矩阵并构造线性代数方程,然后使用三种不同的方法求解这一方程,并测试耗费时间,分别为0.84 s, 1.3 s和0.34 s。可以看出,rref()函数求解的效率最高,MATLAB提供的逆矩阵方法次之,最慢的是Gauss消去法的MATLAB底层实现方法。

```
>> n=15; A=sym(rand(n)); B=sym(rand(n,5));
   tic, x1=inv(A)*B; toc, tic, x2=gauss_eq(A,B); toc
   tic, C=[A,B]; C1=rref(C); x3=C1(:,n+1:n+5); toc
   norm(A*x1-B), norm(A*x2-B), norm(A*x3-B)
```

5.1.2 方程无穷解的求解与构造

前面介绍的方法只能求解系数矩阵为非奇异方阵的方程,如果矩阵是长方形矩阵,或为奇异矩阵,则必须采用其他方法求解。定理5-1(2)给出了无穷解方程的求解方法。

定义5-5 使得齐次方程$\boldsymbol{A}\boldsymbol{z}=\boldsymbol{0}$成立的非零$\boldsymbol{z}$向量称为化零向量(null vector),一组线性无关的化零向量张成化零空间$\boldsymbol{Z}$。

在MATLAB中可以由null()直接求出化零空间,其调用格式为

$\boldsymbol{Z}$=null($\boldsymbol{A}$), 或 $\boldsymbol{Z}$=null(sym($\boldsymbol{A}$))

该函数也可以用于数值解问题。其中,$\boldsymbol{Z}$的列数为$n-r$,而各列构成的向量又

称为矩阵$\boldsymbol{A}$的基础解系。

定理5-3　当$\operatorname{rank}(\boldsymbol{A})=\operatorname{rank}(\boldsymbol{C})=r<n$时，方程（5-1-2）有无穷多解，可以构造线性方程组的$n-r$个化零向量$\boldsymbol{z}_i, i=1,2,\cdots,n-r$，原方程组对应的齐次方程组$\boldsymbol{A}\boldsymbol{z}=\boldsymbol{0}$的解$\hat{\boldsymbol{z}}$可以由$\boldsymbol{z}_i$的线性组合来表示，即

$$\hat{\boldsymbol{z}}=\alpha_1\boldsymbol{z}_1+\alpha_2\boldsymbol{z}_2+\cdots+\alpha_{n-r}\boldsymbol{z}_{n-r} \tag{5-1-8}$$

其中，α_i为任意常数，$i=1,2,\cdots,n-r$。

定理5-4　当$\operatorname{rank}(\boldsymbol{A})=\operatorname{rank}(\boldsymbol{C})=r<n$时，方程（5-1-2）的一个特解为$x_0=\boldsymbol{A}^+\boldsymbol{B}$。

定理5-5　当$\operatorname{rank}(\boldsymbol{A})=\operatorname{rank}(\boldsymbol{C})=r<n$时，方程（5-1-2）的通解为

$$\boldsymbol{x}=\alpha_1\boldsymbol{z}_1+\alpha_2\boldsymbol{z}_2+\cdots+\alpha_{n-r}\boldsymbol{z}_{n-r}+\boldsymbol{x}_0 \tag{5-1-9}$$

求解式（5-1-2）中给出的非齐次方程组也是较简单的，只要能求出该方程的任意一个特解$\boldsymbol{x}_0$，则原非齐次方程组的解为$\boldsymbol{x}=\hat{\boldsymbol{x}}+\boldsymbol{x}_0$。其实，在MATLAB中求解该方程的一个特解并非难事，用$\boldsymbol{x}_0$=pinv($\boldsymbol{A}$)*$\boldsymbol{B}$即可求出。

例5-6　求解线性代数方程组[18]。

$$\begin{bmatrix} 1 & 4 & 0 & -1 & 0 & 7 & -9 \\ 2 & 8 & -1 & 3 & 9 & -13 & 7 \\ 0 & 0 & 2 & -3 & -4 & 12 & -8 \\ -1 & -4 & 2 & 4 & 8 & -31 & 37 \end{bmatrix}\boldsymbol{X}=\begin{bmatrix} 3 \\ 9 \\ 1 \\ 4 \end{bmatrix}$$

解　输入矩阵$\boldsymbol{A}$和$\boldsymbol{B}$，并构造矩阵$\boldsymbol{C}$，从而判定矩阵方程的可解性。

```
>> A=[1,4,0,-1,0,7,-9;2,8,-1,3,9,-13,7;
      0,0,2,-3,-4,12,-8;-1,-4,2,4,8,-31,37];
   B=[3; 9; 1; 4]; C=[A B]; rank(A), rank(C) %判定矩阵求秩
```

通过检验秩的方法得出矩阵$\boldsymbol{A}$和$\boldsymbol{C}$的秩相同，都等于3，小于矩阵$\boldsymbol{A}$的列数7。由此可以得出结论，原线性代数方程组有无穷多组解。如需求解原代数方程组，可以先求出化零空间$\boldsymbol{Z}$，并得出满足方程的一个特解$\boldsymbol{x}_0$。

```
>> Z=null(sym(A)), x0=sym(pinv(A)*B)      %求基础解系和一个特解
   a=sym('a%d',[4,1]); x=Z*a+x0, E=A*x-B %构造通解并检验结果
```

可以先得到基础解系$\boldsymbol{Z}$及一个特解$\boldsymbol{x}_0$。对任意的a_1、a_2、a_3和a_4，可以构造出原线性代数方程全部的解析解，得到的误差矩阵为零矩阵。

$$\boldsymbol{Z}=\begin{bmatrix} -4 & -2 & -1 & 3 \\ 1 & 0 & 0 & 0 \\ 0 & -1 & 3 & -5 \\ 0 & -2 & 6 & -6 \\ 0 & 1 & 0 & 0 \\ 0 & 0 & 1 & 0 \\ 0 & 0 & 0 & 1 \end{bmatrix},\quad \boldsymbol{x}_0=\begin{bmatrix} 92/395 \\ 368/395 \\ 459/790 \\ -24/79 \\ 347/790 \\ 247/790 \\ 303/790 \end{bmatrix}$$

$$x = \begin{bmatrix} -4a_1 - 2a_2 - a_3 + 3a_4 + 92/395 \\ a_1 + 368/395 \\ -a_2 + 3a_3 - 5a_4 + 459/790 \\ -2a_2 + 6a_3 - 6a_4 - 24/79 \\ a_2 + 347/790 \\ a_3 + 247/790 \\ a_4 + 303/790 \end{bmatrix}$$

例5-7　试用简化行阶梯方法求解例5-6中的矩阵方程。

解　采用简化行阶梯方法也能求解该方程。

```
>> C=[A B]; D=rref(C) %矩阵先增广,然后作简化行阶梯得出阶梯形式
```

得出简化行阶梯为

$$D = \begin{bmatrix} 1 & 4 & 0 & 0 & 2 & 1 & -3 & 4 \\ 0 & 0 & 1 & 0 & 1 & -3 & 5 & 2 \\ 0 & 0 & 0 & 1 & 2 & -6 & 6 & 1 \\ 0 & 0 & 0 & 0 & 0 & 0 & 0 & 0 \end{bmatrix}$$

可见，这时的自由变量为x_2、x_5、x_6和x_7，它们可以选择任意数值。令$x_2 = b_1$，$x_5 = b_2, x_6 = b_3, x_7 = b_4$，由$D$可以写出方程的解为

$$x = \begin{bmatrix} -4b_1 - 2b_2 - b_3 + 3b_4 + 4 \\ b_1 \\ -b_2 + 3b_3 - 5b_4 + 2 \\ -2b_2 + 6b_3 - 6b_4 + 1 \\ b_2 \\ b_3 \\ b_4 \end{bmatrix}$$

例5-8　试求解线性代数方程组。

$$\begin{bmatrix} 4 & 7 & 1 & 4 \\ 3 & 7 & 4 & 6 \end{bmatrix} x = \begin{bmatrix} 3 \\ 4 \end{bmatrix}$$

解　可以使用下面的语句直接求解方程。

```
>> A=[4,7,1,4; 3,7,4,6]; B=[3; 4]; C=[A B];
   rank(A), rank(C)          %判定解的形式
```

显然，矩阵A和C的秩相同，都为2所以，原方程有无穷多组解。方程的解析解可以用下面两种方法直接求解。

```
>> syms a1 a2 b1 b2; x1=null(sym(A))*[a1; a2]+sym(A\B)    %方法一
   a=rref(sym([A B])); x2=[a(:,3:5)*[-b1; -b2; 1]; b1; b2] %方法二
   e1=A*x1-B, e2=A*x2-B
```

可以得到下面两组解，经验证，这两组解均满足原方程。

$$x_1 = \begin{bmatrix} a_1 \\ a_2 + 8/21 \\ 6a_1/5 + 7a_2/5 + 1/3 \\ -13a_1/10 - 21a_2/10 \end{bmatrix}, \quad x_2 = \begin{bmatrix} 3b_1 + 2b_2 - 1 \\ -13b_1/7 - 12b_2/7 + 1 \\ b_1 \\ b_2 \end{bmatrix}$$

5.1.3 矛盾方程的求解

定理5-6 若 $\operatorname{rank}(\boldsymbol{A}) < \operatorname{rank}(\boldsymbol{C})$，则方程（5-1-2）为矛盾方程。这时，只能利用Moore–Penrose广义逆求解出方程的最小二乘解为 $\boldsymbol{x} = \boldsymbol{A}^{+}\boldsymbol{B}$。

由于涉及伪逆，可以使用 $\boldsymbol{x}$=`pinv(`$\boldsymbol{A}$`)*`$\boldsymbol{B}$ 直接求取代数方程的最小二乘解，该解不满足原方程，只能使误差的范数测度 $||\boldsymbol{Ax}-\boldsymbol{B}||$ 取最小值。

例5-9 试求解线性代数方程 $\begin{bmatrix}1&2&3&4\\2&2&1&1\\2&4&6&8\\4&4&2&2\end{bmatrix}\boldsymbol{X}=\begin{bmatrix}1\\2\\3\\4\end{bmatrix}$。

解 先输入两个矩阵，并构建解的判定矩阵 $\boldsymbol{C}$，再求解它们的秩。

```
>> A=[1 2 3 4; 2 2 1 1; 2 4 6 8; 4 4 2 2]; B=[1:4]';
   C=[A B]; rank(A), rank(C)
```

可见，$\operatorname{rank}(\boldsymbol{A})=2\neq\operatorname{rank}(\boldsymbol{C})=3$，故原始方程是矛盾方程，不存在任何解。可以使用pinv()函数求取Moore–Penrose广义逆，从而求出原始方程的最小二乘解为

```
>> X=pinv(A)*B, norm(A*X-B) %求矛盾方程的最小二乘解并检验结果
```

得到的解为 $\boldsymbol{X}=[0.5466, 0.4550, 0.0443, -0.0473]^{\mathrm{T}}$，该解不满足原始代数方程组，但它能使得最小二乘误差最小。这时，得出的误差矩阵的范数为0.4472。

5.1.4 线性方程解的几何解释

可以将二元线性方程中每个方程理解成一条直线。如果有两个方程，则其解就是两条直线的交点；如果有三个或多个方程，则几条直线碰巧相交到同一个点，则方程有解；如果交点不止一个，则方程组是由矛盾方程组成的，没有解。

有时，即使只有两个方程，方程也可能没有解。什么时候会发生这样的现象呢？从定理5-1看，当矩阵 $\boldsymbol{A}$ 非满秩，且矩阵 $\boldsymbol{A}$ 与 $\boldsymbol{C}$ 的秩不同时，方程无解。从几何角度，可以理解成两条直线平行不重合时，方程为矛盾方程，是无解的。怎么理解定理5-1中所谓的无穷解呢？如果两条直线重合，则有无穷解，直线上每个点都是方程的解。

例5-10 试用图示的方法表示例1-4中鸡兔同笼方程的解。

解 以第一个方程 $x+y=35$ 为例，将 x 移到等号右边，得到的就是显式方程，可以用fplot()函数直接绘制直线。如果不移项，则原来的方程可以认为是 x、y 的隐函数，可以调用MATLAB的fimplicit()函数绘制直线。所以，由下面的语句可以绘制出两条曲线，如图5-1所示，其交点 $x=23, y=12$ 就是联立方程的解。对这个具体例子而言，绘图时应该指定 x、y 的范围，如 $x, y\in[-80, 80]$。

```
>> syms x y; fimplicit(x+y==35,[-80,80])
   hold on; fimplicit(2*x+4*y==94,[-80,80])
```

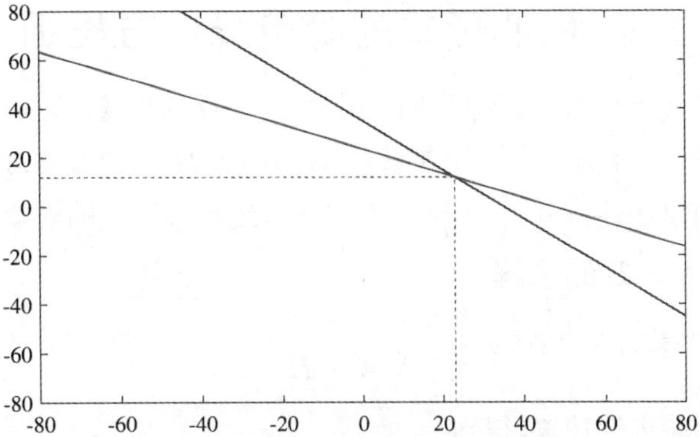

图 5-1　鸡兔同笼问题解的图示

三元线性方程中,每一个方程可以理解成三维空间的一个曲面,曲面相交得到一条直线。如果三个曲面两两相交则得到三条直线,这三条直线碰巧相交于一个点,则该点就是三元线性方程的解。

例5-11　试用三维图形的方法理解下面方程的解。

$$\begin{cases} 2x_1+3x_2+x_3=2 \\ 3x_1+3x_2+2x_3=3 \\ 3x_1+2x_2+2x_3=4 \end{cases}$$

解　三维隐函数的MATLAB绘制命令是fimplicit3(),所以可以由下面的语句绘制出三个三维平面。从图形绘制角度看,占用空间较大,所以改用surf()函数绘制三个平面,如图5-2所示。不过,由于现有的MATLAB函数并不能清晰地绘制出交线,所以很难绘制出方程的解。这三个平面相交于点$(4,-1,3)$,该点就是联立方程的解。

```
>> [x1 x2]=meshgrid([0, 5]);
   z1=2-x1-3*x2; z2=1.5*(1-x1-x2); z3=2-1.5*x1-x2;
   surf(x1,x2,z1), hold on; surf(x1,x2,z2), surf(x1,x2,z3)
```

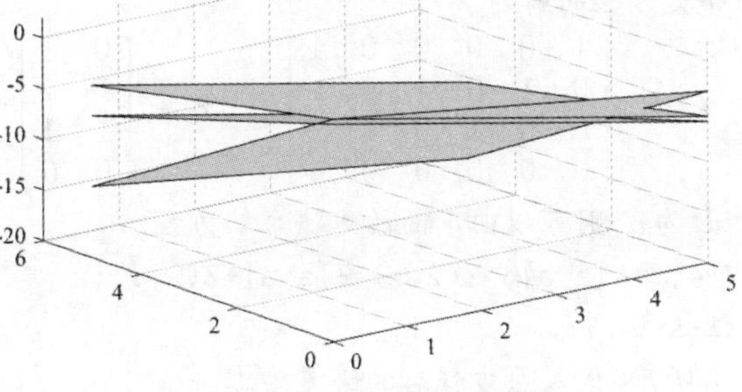

图 5-2　三个平面相交的图示

四元和四元以上的方程,由于无法用可视的四维空间图形表示,所以不能用几何方法描述方程的解。

5.2 其他形式的简单线性方程组

前面介绍的线性代数方程都是标准的$\boldsymbol{AX}=\boldsymbol{B}$的形式，在实际应用中还可能遇到其他形式的线性代数方程，如$\boldsymbol{XA}=\boldsymbol{B}$或$\boldsymbol{AXB}=\boldsymbol{C}$或多项方程的形式，这里将其归类为简单线性方程组。本节将探讨这些线性方程组的求解方法。

5.2.1 方程$\boldsymbol{XA}=\boldsymbol{B}$的求解

定理5-7 如果线性方程为

$$\boldsymbol{XA}=\boldsymbol{B} \tag{5-2-1}$$

则可以对上式两端进行转置，得到

$$\boldsymbol{A}^{\mathrm{T}}\boldsymbol{Z}=\boldsymbol{B}^{\mathrm{T}} \tag{5-2-2}$$

式中，$\boldsymbol{Z}=\boldsymbol{X}^{\mathrm{T}}$，即可以得到形为式(5-1-2)的新线性代数方程，则可以采用介绍过的方法求解原始线性方程组。

注意，这里使用的转置是直接转置而不是Hermite转置，否则得到的方程的解不满足原始的方程(5-2-1)。

例5-12 试求解下面的线性方程。

$$\boldsymbol{X}\begin{bmatrix}1&0&0&1\\0&1&1&0\\0&1&1&1\\0&1&1&0\end{bmatrix}=\begin{bmatrix}0&2&2&1\\1&2&2&2\end{bmatrix}$$

解 将这两个矩阵输入计算机，然后求得矩阵$\boldsymbol{A}$的秩为3。

```
>> A=[1,0,0,1; 0,1,1,0; 0,1,1,1; 0,1,1,0]; A=sym(A);
   B=[0,2,2,1; 1,2,2,2]; rank(A)
```

可以构造出解的判定矩阵$\boldsymbol{C}=\left[\boldsymbol{A}^{\mathrm{T}},\boldsymbol{B}^{\mathrm{T}}\right]$，可以得到矩阵$\boldsymbol{C}$的秩也为3，故方程有无穷多解。由下面的语句可以得到简化行阶梯矩阵，并提取出齐次方程的解。

```
>> C=[A.', B.'], C1=rref(C), Z=C1(:,5:6)
```

得出的变换矩阵与齐次方程的解为

$$\boldsymbol{C}_1=\begin{bmatrix}1&0&0&0&0&1\\0&1&0&1&1&1\\0&0&1&0&1&1\\0&0&0&0&0&0\end{bmatrix},\quad \boldsymbol{Z}=\begin{bmatrix}0&1\\1&1\\1&1\\0&0\end{bmatrix}$$

定义自由变量x_4为a，则可以由下面的方法求解方程。

```
>> syms a; Z(4,:)=[a a]; Z(2,:)=-[a a]+Z(2,:);
   x1=Z.', x1*A-B
```

得到的方程通解如下所示，代入原方程后的误差为零。

$$\boldsymbol{Z}=\begin{bmatrix}0&1\\1-a&1-a\\1&1\\a&a\end{bmatrix},\quad \boldsymbol{x}_1=\begin{bmatrix}0&1-a&1&a\\1&1-a&1&a\end{bmatrix}$$

另外,定义任意变量b,则可以求解方程的通解。

```
>> syms b; x=null(A)*b+pinv(A.')*B.'; x2=x.', x2*A-B
```

得到方程的条件如下所示,经验证满足方程。

$$\boldsymbol{x}_2 = \begin{bmatrix} 0 & 1/2-b & 1 & b+1/2 \\ 1 & 1/2-b & 1 & b+1/2 \end{bmatrix}$$

定理5-8 方程$\boldsymbol{XA}=\boldsymbol{B}$也可以由Kronecker乘积的形式转换为

$$(\boldsymbol{A}^{\mathrm{T}} \otimes \boldsymbol{I}_n)\boldsymbol{x} = \boldsymbol{b} \tag{5-2-3}$$

其中,$\boldsymbol{X} \in \mathscr{C}^{m\times n}$,$\boldsymbol{A} \in \mathscr{C}^{n\times n}$,且$\boldsymbol{x}$与$\boldsymbol{b}$为矩阵$\boldsymbol{X}$与$\boldsymbol{B}$按列展开得出的列向量,即$\boldsymbol{x}=\mathrm{vec}(\boldsymbol{X})$,$\boldsymbol{b}=\mathrm{vec}(\boldsymbol{B})$。

注意,式(5-2-3)中使用的转置是直接转置,不是Hermite转置。

例5-13 试求解下面的复系数代数方程$\boldsymbol{XA}=\boldsymbol{B}$,并检验结果。

$$\boldsymbol{A} = \begin{bmatrix} 5+\mathrm{j} & 3\mathrm{j} & 2+2\mathrm{j} \\ 2 & 0 & 2\mathrm{j}+4 \\ 3+2\mathrm{j} & 2+6\mathrm{j} & 6 \end{bmatrix},\ \boldsymbol{B} = \begin{bmatrix} 0 & 2 & 1 \\ 0 & 2 & 1 \\ 1 & 0 & 0 \end{bmatrix}$$

解 将矩阵输入MATLAB工作空间,然后求解方程。

```
>> A=[5+1i,3i,2+2i; 2,0,4+2i; 3+2i,2+6i,6]; A=sym(A);
   B=[0,2,1; 0,2,1; 1,0,0]; X=inv(A.')*B.';
   X1=X.', X1*A-B
   X2=inv(kron(A.',eye(3))); X2=reshape(X2,3,3), X2*A-B
```

由两种方法得到的解如下所示,经检验确实满足原方程。

$$\boldsymbol{X}_1 = \boldsymbol{X}_2 = \frac{1}{3389}\begin{bmatrix} -1150-216\mathrm{j} & 784+2823\mathrm{j}/2 & 824-747\mathrm{j} \\ -1150-216\mathrm{j} & 784+2823\mathrm{j}/2 & 824-747\mathrm{j} \\ 802+186\mathrm{j} & 78-227\mathrm{j} & -333-204\mathrm{j} \end{bmatrix}$$

5.2.2 方程$\boldsymbol{AXB}=\boldsymbol{C}$的求解

$\boldsymbol{AXB}=\boldsymbol{C}$这类方程的求解比前面介绍的方程求解方法更麻烦一些,本节分两种情况讨论方程的求解方法。

1) $\boldsymbol{A}$与$\boldsymbol{B}$均非奇异

已知方程$\boldsymbol{AXB}=\boldsymbol{C}$,若矩阵$\boldsymbol{A}$或$\boldsymbol{B}$非奇异,则两边左乘$\boldsymbol{A}^{-1}$,或右乘$\boldsymbol{B}^{-1}$,即可将方程变换成可解的形式。

例5-14 试求解如下的矩阵方程。

$$\begin{bmatrix} 8 & 1 & 6 \\ 3 & 5 & 7 \\ 4 & 9 & 2 \end{bmatrix} \boldsymbol{X} \begin{bmatrix} 0 & 1 & 0 & 0 & 1 \\ 1 & 0 & 1 & 2 & 2 \\ 1 & 2 & 0 & 0 & 2 \\ 0 & 0 & 1 & 1 & 1 \\ 1 & 0 & 0 & 2 & 1 \end{bmatrix} = \begin{bmatrix} 0 & 2 & 0 & 0 & 2 \\ 1 & 2 & 1 & 0 & 0 \\ 2 & 1 & 1 & 1 & 0 \end{bmatrix}$$

解 其实，本例给出的矩阵方程可以更简略地表示成$\boldsymbol{AXB}=\boldsymbol{C}$，如果$\boldsymbol{A}$、$\boldsymbol{B}$都是非奇异方阵，则矩阵方程的解为$\boldsymbol{X}=\boldsymbol{A}^{-1}\boldsymbol{C}\boldsymbol{B}^{-1}$。所以，可以利用下面的语句直接求解给定的方程，得到方程的解析解与数值解。

```
>> B=[0,1,0,0,1; 1,0,1,2,2; 1,2,0,0,2; 0,0,1,1,1; 1,0,0,2,1];
   C=[0,2,0,0,2; 1,2,1,0,0; 2,1,1,1,0];
   A=[8,1,6; 3,5,7; 4,9,2]; X=inv(A)*C*inv(sym(B))
   A*X*B-C, X1=inv(A)*C*inv(B), norm(A*X1*B-C)
```

得到方程的解析解与数值解如下所示，将它们代入方程后可以发现，解析解的误差矩阵为零矩阵，数值解的误差矩阵范数为2.3955×10^{-15}。

$$\boldsymbol{X}=\begin{bmatrix}257/360 & 7/15 & -29/90 & -197/360 & -29/180\\ -179/180 & -8/15 & 23/45 & 119/180 & 23/90\\ -163/360 & -8/15 & 31/90 & 223/360 & 31/180\end{bmatrix}$$

$$\boldsymbol{X}_1=\begin{bmatrix}0.71389 & 0.46667 & -0.32222 & -0.54722 & -0.16111\\ -0.99444 & -0.53333 & 0.51111 & 0.66111 & 0.25556\\ -0.45278 & -0.53333 & 0.34444 & 0.61944 & 0.17222\end{bmatrix}$$

可以看出，只要$\boldsymbol{A}$与$\boldsymbol{B}$至少有一个是非奇异方阵，则可以由前面介绍的方法构造出方程的解。下面考虑二者都不是非奇异方阵时，如何求解矩阵方程。

2) $\boldsymbol{A}$、$\boldsymbol{B}$奇异

如果两个系数矩阵都不是非奇异方阵，则应先判定矩阵方程的解是否存在，再构造解，或求出某种意义下的解。

定理5-9 当且仅当$\boldsymbol{AA}^-\boldsymbol{CB}^-\boldsymbol{B}=\boldsymbol{C}$，方程$\boldsymbol{AXB}=\boldsymbol{C}$有解[19]。

定理5-10 若$\boldsymbol{A}\in\mathscr{C}^{m\times n}$，$\boldsymbol{B}\in\mathscr{C}^{p\times q}$，$\boldsymbol{C}\in\mathscr{C}^{m\times q}$，方程$\boldsymbol{AXB}=\boldsymbol{C}$的一般解可由下式得出[19]。

$$\boldsymbol{X}=\boldsymbol{A}^-\boldsymbol{C}\boldsymbol{B}^-+\left(\boldsymbol{Z}-\boldsymbol{A}^-\boldsymbol{AZBB}^-\right) \tag{5-2-4}$$

其中，$\boldsymbol{Z}\in\mathscr{C}^{n\times p}$为任意矩阵。

例5-15 试求解矩阵方程。

$$\begin{bmatrix}1 & 3\\ 4 & 2\end{bmatrix}\boldsymbol{X}\begin{bmatrix}16 & 2 & 3 & 13\\ 5 & 11 & 10 & 8\\ 9 & 7 & 6 & 12\\ 4 & 14 & 15 & 1\end{bmatrix}=\begin{bmatrix}219 & 181 & 190 & 192\\ 296 & 264 & 280 & 248\end{bmatrix}$$

解 从给定的方程可以看出

$$\boldsymbol{A}=\begin{bmatrix}1 & 3\\ 4 & 2\end{bmatrix},\quad \boldsymbol{B}=\begin{bmatrix}16 & 2 & 3 & 13\\ 5 & 11 & 10 & 8\\ 9 & 7 & 6 & 12\\ 4 & 14 & 15 & 1\end{bmatrix},\quad \boldsymbol{C}=\begin{bmatrix}219 & 181 & 190 & 192\\ 296 & 264 & 280 & 248\end{bmatrix}$$

其实，如果矩阵$\boldsymbol{A}$与$\boldsymbol{B}$都不是非奇异方阵，判定方程是否有解不一定非得验证定理5-9中的条件是否成立，可以考虑直接求解$\boldsymbol{X}=\boldsymbol{A}^+\boldsymbol{C}\boldsymbol{B}^+$，看看得到的解是否满足原始方程即可。

```
>> A=[1,3; 4,2]; C=[219,181,190,192; 296,264,280,248];
   B=[16,2,3,13; 5,11,10,8; 9,7,6,12; 4,14,15,1];
   X1=pinv(A)*C*pinv(B), e=norm(A*X1*B-C)
```

得到如下的方程解，且误差矩阵的范数为 $e = 7.0451\times10^{-13}$，说明方程有无穷多解。

$$\boldsymbol{X}_1 = \begin{bmatrix} 1.85 & 0.55 & 0.45 & 2.15 \\ 2.30 & 0.90 & 1.10 & 1.70 \end{bmatrix}$$

由于Moore–Penrose广义逆也满足广义逆矩阵的条件，所以完全可以用Moore–Penrose广义逆替代定理5-10中的广义逆 $\boldsymbol{A}^-$，构造出方程的全部根。

```
>> Z=sym('z%d%d',[2,4]); A=sym(A);
   Y=pinv(A)*C*pinv(B)+(Z-pinv(A)*A*Z*B*pinv(B))
   A*Y*B-C
```

得到的任意解可以如下构造，经检验，该解满足原始方程。

$$\boldsymbol{Y} = \frac{1}{20}\left[\begin{matrix} z_{11}+3z_{12}-3z_{13}-z_{14}+37 & 3z_{11}+9z_{12}-9z_{13}-3z_{14}+11 \\ z_{21}+3z_{22}-3z_{23}-z_{24}+46 & 3z_{21}+9z_{22}-9z_{23}-3z_{24}+18 \end{matrix}\right.$$
$$\left.\begin{matrix} 9z_{13}-9z_{12}-3z_{11}+3z_{14}+9 & 3z_{13}-3z_{12}-z_{11}+z_{14}+43 \\ 9z_{23}-9z_{22}-3z_{21}+3z_{24}+22 & 3z_{23}-3z_{22}-z_{21}+z_{24}+34 \end{matrix}\right]$$

定理5-11 方程 $\boldsymbol{AXB}=\boldsymbol{C}$ 无解时，其最小Frobenius范数解为 $\boldsymbol{X}=\boldsymbol{A}^+\boldsymbol{C}\boldsymbol{B}^+$。

5.2.3 基于Kronecker乘积的方程解法

这里考虑方程 $\boldsymbol{AXB} = \boldsymbol{C}$ 的另一种求解方法，先通过Kronecker乘积将给定的方程变换成一般线性代数方程的形式，再通过前面介绍的 $\boldsymbol{Ax} = \boldsymbol{b}$ 形式得到方程的解析解或数值解。

定理5-12 方程 $\boldsymbol{AXB} = \boldsymbol{C}$ 可以转换成下面的线性方程。

$$(\boldsymbol{B}^{\mathrm{T}} \otimes \boldsymbol{A})\boldsymbol{x} = \boldsymbol{c} \tag{5-2-5}$$

其中，$\boldsymbol{c} = \mathrm{vec}(\boldsymbol{C})$，$\boldsymbol{x} = \mathrm{vec}(\boldsymbol{X})$ 是矩阵 $\boldsymbol{C}$ 与 $\boldsymbol{X}$ 按列展开得到的列向量。

例5-16 试用Kronecker乘积的方法重新求解例5-14中的方程。

解 可以由下面的语句直接得到方程的解析解，与例5-14的结果完全一致。

```
>> B=[0,1,0,0,1; 1,0,1,2,2; 1,2,0,0,2; 0,0,1,1,1; 1,0,0,2,1];
   C=[0,2,0,0,2; 1,2,1,0,0; 2,1,1,1,0];
   A=[8,1,6; 3,5,7; 4,9,2]; A=sym(A); c=C(:);
   x=inv(kron(B.',A))*c; X=reshape(x,3,5), A*X*B-C
```

5.2.4 多项方程 $\boldsymbol{AXB} = \boldsymbol{C}$ 的求解

定义5-6 多项（multi-term）方程 $\boldsymbol{AXB} = \boldsymbol{C}$ 的数学形式为

$$\boldsymbol{A}_1\boldsymbol{X}\boldsymbol{B}_1 + \boldsymbol{A}_2\boldsymbol{X}\boldsymbol{B}_2 + \cdots + \boldsymbol{A}_k\boldsymbol{X}\boldsymbol{B}_k = -\boldsymbol{C} \tag{5-2-6}$$

其中，$\boldsymbol{A}_i \in \mathscr{C}^{n\times n}$，$\boldsymbol{B}_i \in \mathscr{C}^{m\times m}$，$i = 1,2,\cdots,k$，且 $\boldsymbol{C},\boldsymbol{X} \in \mathscr{C}^{n\times m}$。

定理5-13　多项方程$\boldsymbol{AXB}=\boldsymbol{C}$可以转换成下面的线性代数方程：

$$\left(\boldsymbol{B}_1^{\mathrm{T}}\otimes\boldsymbol{A}_1+\boldsymbol{B}_2^{\mathrm{T}}\otimes\boldsymbol{A}_2+\cdots+\boldsymbol{B}_k^{\mathrm{T}}\otimes\boldsymbol{A}_k\right)\boldsymbol{x}=-\boldsymbol{c} \tag{5-2-7}$$

其中，$\boldsymbol{c}=\mathrm{vec}(\boldsymbol{C})$，$\boldsymbol{x}=\mathrm{vec}(\boldsymbol{X})$为矩阵$\boldsymbol{C}$与$\boldsymbol{X}$按列展开后得出的列向量。

例5-17　如果多项方程$\boldsymbol{AXB}=\boldsymbol{C}$中各个矩阵如下给出，试求解该方程。

$$\boldsymbol{A}_1=\begin{bmatrix}2&0\\2&2\end{bmatrix},\quad \boldsymbol{A}_2=\begin{bmatrix}1&0\\0&1\end{bmatrix},\quad \boldsymbol{C}=-\begin{bmatrix}17&9&9&7\\21&17&13&13\end{bmatrix}$$

$$\boldsymbol{B}_1=\begin{bmatrix}2&2&1&1\\2&1&2&0\\0&2&2&2\\2&0&2&2\end{bmatrix},\quad \boldsymbol{B}_2=\begin{bmatrix}2&1&0&2\\2&0&0&0\\2&2&0&2\\1&0&2&0\end{bmatrix}$$

解　可以使用下面的命令求解方程。

```
>> A1=[2,0; 2,2]; A2=[1,0; 0,1]; A1=sym(A1);
   C=-[17,9,9,7; 21,17,13,13]; c=C(:);
   B1=[2,2,1,1; 2,1,2,0; 0,2,2,2; 2,0,2,2];
   B2=[2,1,0,2; 2,0,0,0; 2,2,0,2; 1,0,2,0];
   x=inv(kron(B1.',A1)+kron(B2.',A2))*c;
   X=reshape(x,2,4), A1*X*B1+A2*X*B2-C
```

得到的方程的解如下所示，经检验，该解满足原方程。

$$\boldsymbol{X}=\begin{bmatrix}-279/182&-369/364&3/26&-71/182\\-23923/16562&1405/8281&-477/1183&-1321/8281\end{bmatrix}$$

事实上，这里给出的多项方程是多个$\boldsymbol{A}_i\boldsymbol{X}\boldsymbol{B}_i=\boldsymbol{C}_i$，$i=1,2,\cdots,k$的联立方程，其中$\boldsymbol{C}=\boldsymbol{C}_1+\boldsymbol{C}_2+\cdots+\boldsymbol{C}_k$。

5.3　Lyapunov方程

一般线性代数课程介绍的方程都是$\boldsymbol{AX}=\boldsymbol{B}$型的简单方程，实际应用中还可以出现其他形式的方程，如Lyapunov方程等，这些方程需要特殊的求解方法。本节探讨各种Lyapunov方程的求解方法。

5.3.1　连续Lyapunov方程

定义5-7　连续Lyapunov方程可以表示成

$$\boldsymbol{AX}+\boldsymbol{XA}^{\mathrm{H}}=-\boldsymbol{C} \tag{5-3-1}$$

其中，矩阵$\boldsymbol{A},\boldsymbol{C},\boldsymbol{X}\in\mathscr{C}^{n\times n}$。

Lyapunov方程是俄国数学家Aleksandr Mikhailovich Lyapunov（1857—1918）提出的。Lyapunov方程来源于微分方程稳定性理论，其中，要求$-\boldsymbol{C}$为对称正定的

$n \times n$矩阵，从而可以证明解$\boldsymbol{X}$亦为$n \times n$对称矩阵。实际应用中，$\boldsymbol{C}$可以为任意矩阵，不局限于对称矩阵。

直接求解这类方程是很困难的，不过有了MATLAB这样的计算机数学语言，求解这样的问题就轻而易举了。可以由控制系统工具箱中提供的lyap()函数立即得出方程的解，该函数的调用格式为$\boldsymbol{X}$=lyap($\boldsymbol{A}$,$\boldsymbol{C}$)。所以，若给出Lyapunov方程中的$\boldsymbol{A}$和$\boldsymbol{C}$，则可以立即获得相应Lyapunov方程的数值解。下面通过例子演示一般Lyapunov方程的求解。

例5-18 假设式(5-3-1)中$\boldsymbol{A}$、$\boldsymbol{C}$矩阵如下所示，试求解Lyapunov方程，并验证解的精度。

$$\boldsymbol{A}=\begin{bmatrix}1&2&3\\4&5&6\\7&8&0\end{bmatrix},\ \boldsymbol{C}=-\begin{bmatrix}10&5&4\\5&6&7\\4&7&9\end{bmatrix}$$

解 输入给定的矩阵，可以由下面的MATLAB语句求出该方程的解。

```
>> A=[1 2 3;4 5 6; 7 8 0]; C=-[10,5,4; 5,6,7; 4,7,9]; %输入已知矩阵
   X=lyap(A,C), norm(A*X+X*A'+C)  %求Lyapunov方程的数值解并检验结果
```

可以得到方程的数值解如下所示。从最后一行语句得出解的误差为$||\boldsymbol{AX}+\boldsymbol{XA}^{\mathrm{T}}+\boldsymbol{C}||=2.3211\times10^{-14}$，可见得到的方程解$\boldsymbol{X}$基本满足原方程，且有较高精度。

$$\boldsymbol{X}=\begin{bmatrix}-3.9444444444442&3.8888888888887&0.38888888888891\\3.8888888888887&-2.7777777777775&0.22222222222221\\0.38888888888891&0.22222222222221&-0.11111111111111\end{bmatrix}$$

例5-19 传统Lyapunov方程的条件($\boldsymbol{C}$为实对称正定矩阵)能否突破？

解 受微分方程稳定性理论的影响，传统观念似乎认为Lyapunov类方程有唯一解的充分必要条件是$-\boldsymbol{C}$矩阵为实对称正定矩阵。事实上，式(5-3-1)中给出的线性矩阵方程在不满足该条件的情况下仍有唯一解。例如，例5-18中给出的$\boldsymbol{A}$矩阵不变，将$\boldsymbol{C}$矩阵改为复数非对称矩阵。

$$\boldsymbol{C}=-\begin{bmatrix}1+1\mathrm{j}&3+3\mathrm{j}&12+10\mathrm{j}\\2+5\mathrm{j}&6&11+6\mathrm{j}\\5+2\mathrm{j}&11+\mathrm{j}&2+12\mathrm{j}\end{bmatrix}$$

则可以由下面的语句求解方程。

```
>> A=[1 2 3;4 5 6; 7 8 0]; %输入已知矩阵
   C=-[1+1i, 3+3i, 12+10i; 2+5i, 6, 11+6i; 5+2i, 11+1i, 2+12i];
   X=lyap(A,C), norm(A*X+X*A'+C)
```

得到的结果如下所示，代入方程后误差矩阵的范数为2.3866×10^{-14}。

$$\boldsymbol{X}=\begin{bmatrix}-0.0490+1.5871\mathrm{j}&0.8824-0.8083\mathrm{j}&-0.1993+0.3617\mathrm{j}\\0.2353-1.3638\mathrm{j}&-0.1961+0.3486\mathrm{j}&0.7516+1.3224\mathrm{j}\\-0.1797+0.3617\mathrm{j}&-0.1699-0.4553\mathrm{j}&1.3268+0.7832\mathrm{j}\end{bmatrix}$$

故可以得出结论，如果不考虑Lyapunov方程稳定性的物理意义和Lyapunov函数为能量的物理原型，完全可以将Lyapunov方程进一步扩展成能处理任意矩阵$\boldsymbol{C}$的情形，可以利用lyap()方程直接求解。

5.3.2　二阶Lyapunov方程的Kronecker乘积表示

本节以一个二阶Lyapunov方程为例，通过推导，探讨其Kronecker乘积的变换思路，然后给出一般Lyapunov方程的解析求解方法与MATLAB实现。

例5-20　已知一个2×2的Lyapunov方程，试考虑其解析解的方法。

解　可以将$\boldsymbol{X}$与$\boldsymbol{C}$矩阵按列展开，可由下面的语句构造出相应的符号型矩阵，然后将方程左边的表达式化简。

```
>> A=sym('a%d%d',2); assume(A,'real');
   syms x1 x2 x3 x4 c1 c2 c3 c4;
   X=[x1 x3; x2 x4]; C=[c1 c3; c2 c4]; simplify(A*X+X*A')
```

可以推导出方程为

$$\begin{bmatrix} 2a_{11}x_1+a_{12}x_2+a_{12}x_3 & a_{21}x_1+(a_{11}+a_{22})x_3+a_{12}x_4 \\ a_{21}x_1+(a_{11}+a_{22})x_2+a_{12}x_4 & a_{21}x_2+a_{21}x_3+2a_{22}x_4 \end{bmatrix}=-\begin{bmatrix} c_1 & c_3 \\ c_2 & c_4 \end{bmatrix}$$

可以将方程改写成下面的形式

$$\left[\begin{array}{cc:cc} 2a_{11} & a_{12} & a_{12} & 0 \\ a_{21} & a_{11}+a_{22} & 0 & a_{12} \\ \hdashline a_{21} & 0 & a_{11}+a_{22} & a_{12} \\ 0 & a_{21} & a_{21} & 2a_{22} \end{array}\right]\begin{bmatrix} x_1 \\ x_2 \\ x_3 \\ x_4 \end{bmatrix}=-\begin{bmatrix} c_1 \\ c_2 \\ c_3 \\ c_4 \end{bmatrix}$$

可以看出，方程左侧的系数矩阵实际上是$\boldsymbol{I}\otimes\boldsymbol{A}+\boldsymbol{A}\otimes\boldsymbol{I}$，通过转换可以将原始方程变换成$\boldsymbol{AX}=\boldsymbol{B}$型方程，所以可以得到其解析解。

```
>> I=eye(2); A0=kron(I,A)+kron(A,I)
   x=-inv(A0)*[c1;c3;c2;c4]; simplify(x)
```

得到方程的解析解向量如下所示，由此可以得到方程的解析解。

$$\boldsymbol{x}=\frac{1}{\Delta}\begin{bmatrix} (a_{12}a_{21}-a_{11}a_{22}-a_{22}^2)c_1+a_{12}a_{22}c_2+a_{12}a_{22}c_3-a_{12}^2c_4 \\ a_{21}a_{22}c_1+(a_{12}a_{21}-2a_{11}a_{22})c_2-a_{12}a_{21}c_3+a_{11}a_{12}c_4 \\ a_{21}a_{22}c_1-a_{12}a_{21}c_2+(a_{12}a_{21}-2a_{11}a_{22})c_3+a_{11}a_{12}c_4 \\ -a_{21}^2c_1+a_{11}a_{21}c_2+a_{11}a_{21}c_3+(a_{12}a_{21}-a_{11}a_{22}-a_{11}^2)c_4 \end{bmatrix}$$

其中，$\Delta=2(a_{11}+a_{22})(a_{11}a_{22}-a_{12}a_{21})$，且若$\Delta=0$则方程无解。

5.3.3　一般Lyapunov方程的解析解

由前面介绍的二阶Lyapunov方程的特例可以直接拓展出一般高阶Lyapunov方程的解析解求解方法。

定理5-14　利用Kronecker乘积的表示方法，可以将Lyapunov方程写成

$$(\boldsymbol{I}\otimes\boldsymbol{A}+\boldsymbol{A}\otimes\boldsymbol{I})\boldsymbol{x}=-\boldsymbol{c} \tag{5-3-2}$$

其中，$\boldsymbol{A}\otimes\boldsymbol{B}$表示矩阵$\boldsymbol{A}$和$\boldsymbol{B}$的Kronecker乘积。$\boldsymbol{x}$、$\boldsymbol{c}$为矩阵$\boldsymbol{X}$、$\boldsymbol{C}$作列展开构造出的列向量，即$\boldsymbol{c}=\mathrm{vec}(\boldsymbol{C})$，$\boldsymbol{x}=\mathrm{vec}(\boldsymbol{X})$。

可见，这样的方程有唯一解的条件并不局限于 $-\boldsymbol{C}$ 为对称正定矩阵，形如式(5-3-1)的方程只要满足 $(\boldsymbol{I}\otimes\boldsymbol{A}+\boldsymbol{A}\otimes\boldsymbol{I})$ 为非奇异方阵即可保证唯一解。可以证明，如果 $\boldsymbol{A}$ 非奇异，则方程有唯一解。

例5-21 仍考虑例5-18中给出的Lyapunov方程，试求出其解析解。

解 由下面的语句可以求出其解析解，将解代入原方程可以验证这一点。

```
>> A=[1 2 3;4 5 6; 7 8 0]; C=-[10,5,4; 5,6,7; 4,7,9];
   A0=sym(kron(eye(3),A)+kron(A,eye(3)));
   c=C(:); x0=-inv(A0)*c; x=reshape(x0,3,3)
   norm(A*x+x*A'+C) %求解析解,恢复解矩阵,验证
```

方程的解析解为 $\boldsymbol{x}$，经检验该解没有误差。

$$\boldsymbol{x}=\begin{bmatrix}-71/18 & 35/9 & 7/18\\ 35/9 & -25/9 & 2/9\\ 7/18 & 2/9 & -1/9\end{bmatrix}$$

例5-22 试求出例5-19中非对称Lyapunov方程的解析解。

解 输入矩阵 $\boldsymbol{A}$ 和 $\boldsymbol{C}$，可以立即解出满足该方程的复数解。

```
>> A=[1 2 3;4 5 6; 7 8 0]; %输入已知矩阵
   C=-[1+1i, 3+3i, 12+10i; 2+5i, 6, 11+6i; 5+2i, 11+1i, 2+12i];
   A0=sym(kron(eye(3),A)+kron(A,eye(3)));
   c=C(:); x0=-inv(A0)*c; x=reshape(x0,3,3)
   norm(A*x+x*A'+C)         %求解析解并检验
```

可以得到方程的解析解如下所示，经验证，该解没有误差。

$$\boldsymbol{x}=\begin{bmatrix}-5/102+\mathrm{j}1457/918 & 15/17-\mathrm{j}371/459 & -61/306+\mathrm{j}166/459\\ 4/17-\mathrm{j}626/459 & -10/51+\mathrm{j}160/459 & 115/153+\mathrm{j}607/459\\ -55/306+\mathrm{j}166/459 & -26/153-\mathrm{j}209/459 & 203/153+\mathrm{j}719/918\end{bmatrix}$$

5.3.4 Stein方程的求解

定义5-8 Stein方程的一般形式为

$$\boldsymbol{AXB}-\boldsymbol{X}+\boldsymbol{Q}=\boldsymbol{0} \tag{5-3-3}$$

其中，$\boldsymbol{A}\in\mathscr{C}^{n\times n}$，$\boldsymbol{B}\in\mathscr{C}^{m\times m}$，$\boldsymbol{X},\boldsymbol{Q}\in\mathscr{C}^{n\times m}$。

定理5-15 Stein方程可以变换成下面的线性方程。

$$(\boldsymbol{I}_{nm}-\boldsymbol{B}^{\mathrm{H}}\otimes\boldsymbol{A})\boldsymbol{x}=\boldsymbol{q} \tag{5-3-4}$$

其中，$\boldsymbol{q}$、$\boldsymbol{x}$ 分别为 $\boldsymbol{Q}$、$\boldsymbol{X}$ 矩阵按列展开的列向量，即 $\boldsymbol{q}=\mathrm{vec}(\boldsymbol{Q})$，$\boldsymbol{x}=\mathrm{vec}(\boldsymbol{X})$。

例5-23 试求解Stein方程。

$$\begin{bmatrix}-2 & 2 & 1\\ -1 & 0 & -1\\ 1 & -1 & 2\end{bmatrix}\boldsymbol{X}\begin{bmatrix}-2 & -1 & 2\\ 1 & 3 & 0\\ 3 & -2 & 2\end{bmatrix}-\boldsymbol{X}+\begin{bmatrix}0 & -1 & 0\\ -1 & 1 & 0\\ 1 & -1 & -1\end{bmatrix}=\boldsymbol{0}$$

解 由下面的语句可以直接求解该方程。

```
>> A=[-2,2,1; -1,0,-1; 1,-1,2]; B=[-2,-1,2; 1,3,0; 3,-2,2];
   Q=[0,-1,0; -1,1,0; 1,-1,-1]; x=inv(sym(eye(9))-kron(B.',A))*Q(:);
   X=reshape(x,3,3), norm(A*X*B-X+Q)
```

可以得到方程的解析解为

$$\boldsymbol{X}=\begin{bmatrix} 4147/47149 & 3861/471490 & -40071/235745 \\ -2613/94298 & 2237/235745 & -43319/235745 \\ 20691/94298 & 66191/235745 & -10732/235745 \end{bmatrix}$$

5.3.5 离散Lyapunov方程

定义5-9 离散Lyapunov方程的一般形式为

$$\boldsymbol{A}\boldsymbol{X}\boldsymbol{A}^{\mathrm{H}}-\boldsymbol{X}+\boldsymbol{Q}=\boldsymbol{0} \tag{5-3-5}$$

其中，$\boldsymbol{A},\boldsymbol{Q},\boldsymbol{X}\in\mathscr{C}^{n\times n}$。

定理5-16 离散Lyapunov方程的Kronecker乘积表示形式为

$$(\boldsymbol{I}_{n^2}-\boldsymbol{A}\otimes\boldsymbol{A})\boldsymbol{x}=\boldsymbol{q} \tag{5-3-6}$$

其中，$\boldsymbol{x}=\mathrm{vec}(\boldsymbol{X})$，$\boldsymbol{q}=\mathrm{vec}(\boldsymbol{Q})$为矩阵$\boldsymbol{X}$与$\boldsymbol{Q}$按列展开的列向量。

该方程是Stein方程的一个特例。该方程还可以由MATLAB控制系统工具箱的`dlyap()`函数直接求解。该函数的调用格式为$\boldsymbol{X}$=`dlyap(`$\boldsymbol{A},\boldsymbol{Q}$`)`。

例5-24 求解离散Lyapunov方程。

$$\begin{bmatrix} 8 & 1 & 6 \\ 3 & 5 & 7 \\ 4 & 9 & 2 \end{bmatrix}\boldsymbol{X}\begin{bmatrix} 8 & 1 & 6 \\ 3 & 5 & 7 \\ 4 & 9 & 2 \end{bmatrix}^{\mathrm{T}}-\boldsymbol{X}+\begin{bmatrix} 16 & 4 & 1 \\ 9 & 3 & 1 \\ 4 & 2 & 1 \end{bmatrix}=\boldsymbol{0}$$

解 可以直接使用`dlyap()`函数求解该方程。

```
>> A=[8,1,6; 3,5,7; 4,9,2]; Q=[16,4,1; 9,3,1; 4,2,1];
   X=dlyap(A,Q), norm(A*X*A'-X+Q)    %精度验证
```

可以得到方程的数值解如下所示，其误差为1.7909×10^{-14}。

$$\boldsymbol{X}=\begin{bmatrix} -0.1647 & 0.0691 & -0.0168 \\ 0.0528 & -0.0298 & -0.0062 \\ -0.102 & 0.045 & -0.0305 \end{bmatrix}$$

利用定理5-15还可以得到离散Lyapunov方程的解析解。

```
>> x=inv(sym(eye(9))-kron(A,A))*Q(:);
   X=reshape(x,3,3), norm(A*X*A'-X+Q)
```

得到的解析解如下所示，得出误差矩阵的范数为零。

$$\boldsymbol{x}=\begin{bmatrix} -22912341/139078240 & 48086039/695391200 & -11672009/695391200 \\ 36746487/695391200 & -20712201/695391200 & -4279561/695391200 \\ -70914857/695391200 & 31264087/695391200 & -4247541/139078240 \end{bmatrix}$$

5.4 Sylvester方程

重新观察Lyapunov方程，注意到左边是由两项构成的，$\boldsymbol{AX}$ 与 $\boldsymbol{XA}^{\mathrm{H}}$，如果将后面的一项变换成自由项 $\boldsymbol{XB}$，则方程就拓展成Sylvester方程。Sylvester方程是英国数学家James Joseph Sylvester（1814−1897）提出的。本节将探讨Sylvester方程的数值解法与解析解方法。

5.4.1 Sylvester方程的数学形式与数值解

定义5-10 Sylvester方程的一般形式为

$$\boldsymbol{AX}+\boldsymbol{XB}=-\boldsymbol{C} \tag{5-4-1}$$

其中，$\boldsymbol{A}\in\mathscr{C}^{n\times n}$，$\boldsymbol{B}\in\mathscr{C}^{m\times m}$，$\boldsymbol{C},\boldsymbol{X}\in\mathscr{C}^{n\times m}$。该方程又称为广义Lyapunov方程。

仍可以利用MATLAB控制系统工具箱中的`lyap()`函数直接求解该方程，其调用格式为 $\boldsymbol{X}$=`lyap(`$\boldsymbol{A},\boldsymbol{B},\boldsymbol{C}$`)`，该函数采用Schur分解的数值解法求解方程。此外，MATLAB还提供了Sylvester方程数值求解的函数`sylvester()`，其调用格式为 $\boldsymbol{X}$=`sylvester(`$\boldsymbol{A},\boldsymbol{B},-\boldsymbol{C}$`)`，注意这里是 $-\boldsymbol{C}$，因为该函数求解的方程为 $\boldsymbol{AX}+\boldsymbol{XB}=\boldsymbol{C}$。

例5-25 求解下面的Sylvester方程。

$$\begin{bmatrix}8&1&6\\3&5&7\\4&9&2\end{bmatrix}\boldsymbol{X}+\boldsymbol{X}\begin{bmatrix}16&4&1\\9&3&1\\4&2&1\end{bmatrix}=\begin{bmatrix}1&2&3\\4&5&6\\7&8&0\end{bmatrix}$$

解 调用`lyap()`函数可以立即得到原方程的数值解。

```
>> A=[8,1,6; 3,5,7; 4,9,2]; B=[16,4,1; 9,3,1; 4,2,1]; %输入已知矩阵
   C=-[1,2,3; 4,5,6; 7,8,0]; X=lyap(A,B,C)
   norm(A*X+X*B+C) %求数值解并检验
```

该方程的数值解如下所示，经检验该解的误差为 7.5409×10^{-15}，精度较高。

$$\boldsymbol{X}=\begin{bmatrix}0.0749&0.0899&-0.4329\\0.0081&0.4814&-0.216\\0.0196&0.1826&1.1579\end{bmatrix}$$

`sylvester()`函数的误差为 9.6644×10^{-15}，注意其调用格式。

```
>> x=lyapsym(A,B,C), norm(A*x+x*B+C)
   X=sylvester(A,B,-C), norm(A*X+X*B+C)
```

5.4.2 Sylvester方程的解析求解

定理5-17 如果想得到解析解，类似于前述的一般Lyapunov方程，可以采用Kronecker乘积的形式将原始方程进行变换，得到下面的线性代数方程：

$$\left(\boldsymbol{I}_m\otimes\boldsymbol{A}+\boldsymbol{B}^{\mathrm{T}}\otimes\boldsymbol{I}_n\right)\boldsymbol{x}=-\boldsymbol{c} \tag{5-4-2}$$

其中，$\boldsymbol{c}=\mathrm{vec}(\boldsymbol{C})$，$\boldsymbol{x}=\mathrm{vec}(\boldsymbol{X})$为矩阵按列展开的列向量。

如果矩阵$\left(\boldsymbol{I}_m\otimes\boldsymbol{A}+\boldsymbol{B}^{\mathrm{T}}\otimes\boldsymbol{I}_n\right)$为非奇异方阵，则Sylvester方程有唯一解。

注意，式(5-4-2)中使用的转置是直接转置，不是Hermite转置。

综合上述算法，可以编写出Sylvester型方程的解析解求解函数`lyapsym()`。

```
function X=lyapsym(A,B,C)
if nargin==2, C=B; B=A'; end %若输入个数为2，则设置成Lyapunov方程
[nr,nc]=size(C); A0=kron(eye(nc),A)+kron(B.',eye(nr));  %系数矩阵
if rank(A0)==nr*nc, x0=-inv(A0)*C(:); X=reshape(x0,nr,nc);
else, error('singular matrix found.'), end
```

定理5-18 考虑式(5-22)中给出的离散Lyapunov方程，两端同时右乘$(\boldsymbol{A}^{\mathrm{H}})^{-1}$，则离散Lyapunov方程可以变换成

$$\boldsymbol{A}\boldsymbol{X}+\boldsymbol{X}\left[-(\boldsymbol{A}^{\mathrm{H}})^{-1}\right]=-\boldsymbol{Q}\left(\boldsymbol{A}^{\mathrm{H}}\right)^{-1} \tag{5-4-3}$$

令$\boldsymbol{B}=-(\boldsymbol{A}^{\mathrm{H}})^{-1}$，$\boldsymbol{C}=\boldsymbol{Q}(\boldsymbol{A}^{\mathrm{H}})^{-1}$，则可以将其变换成式(5-4-1)所示的Sylvester方程，故也可以通过新的`lyapsym()`函数求解该方程。该函数的具体调用格式为

`X=lyapsym(sym(A),C)`，%连续Lyapunov方程

`X=lyapsym(sym(A),-inv(B),Q*inv(B))`，%Stein方程

`X=lyapsym(sym(A),-inv(A'),Q*inv(A'))`，%离散Lyapunov方程

`X=lyapsym(sym(A),B,C)`，%一般Sylvester方程

例5-26 试求解例5-25中Sylvester方程的解析解。

解 调用`lyapsym()`函数可以立即得到原方程的解析解。

```
>> A=[8,1,6; 3,5,7; 4,9,2]; B=[16,4,1; 9,3,1; 4,2,1]; %输入已知矩阵
   C=-[1,2,3; 4,5,6; 7,8,0]; x=lyapsym(sym(A),B,C)
   norm(A*x+x*B+C)              %求解析解并检验
```

方程的解如下所示，经检验，该解是原方程的解析解。

$$\boldsymbol{x}=\begin{bmatrix}1349214/18020305 & 648107/7208122 & -15602701/36040610\\ 290907/36040610 & 3470291/7208122 & -3892997/18020305\\ 70557/3604061 & 1316519/7208122 & 8346439/7208122\end{bmatrix}$$

当然，`lyapsym()`函数仍然可以用于求解Sylvester方程。

例5-27 重新考虑例5-24中给出的离散Lyapunov方程，试求其解析解。

解 可以通过下面的语句求解该方程的解析解。

```
>> A=[8,1,6; 3,5,7; 4,9,2]; Q=[16,4,1; 9,3,1; 4,2,1]; %输入已知矩阵
   x=lyapsym(sym(A),-inv(A'),Q*inv(A'))
   norm(A*x*A'-x+Q) %求离散方程解析解并验证
```

方程的解析解与例5-24的结果完全一致。

例5-28　求解下面的Sylvester方程。

$$\boldsymbol{A}=\begin{bmatrix}8&1&6\\3&5&7\\4&9&2\end{bmatrix},\quad \boldsymbol{B}=\begin{bmatrix}2&3\\4&5\end{bmatrix},\quad \boldsymbol{C}=-\begin{bmatrix}1&2\\3&4\\5&6\end{bmatrix}$$

解　Sylvester方程能解决的问题中并未要求矩阵$\boldsymbol{C}$为方阵，利用上面的语句仍然能求出此方程的解析解，这里还可以尝试上面编写的求解Lyapunov方程解析解的新函数lyapsym()，可以直接求解上述方程。

```
>> A=[8,1,6; 3,5,7; 4,9,2]; B=[2,3; 4,5]; C=-[1,2; 3,4; 5,6]
   X=lyapsym(sym(A),B,C), norm(A*X+X*B+C) %解析解求解，经检验没有误差
```

得到的解如下所示，经检验，该解是原方程的解析解。

$$\boldsymbol{X}=\begin{bmatrix}-2853/14186&-11441/56744\\-557/14186&-8817/56744\\9119/14186&50879/56744\end{bmatrix}$$

MATLAB提供的solve()函数也可以用来求解矩阵方程，不过求解过程比较烦琐，下面通过例子演示该函数的使用方法。

例5-29　试用solve()函数重新求解例5-28中的方程并检验结果。

解　可以用下面的语句重新求解该方程，得出原问题的解析解，该解与例5-28得出的解析解完全一致。

```
>> A=[8,1,6; 3,5,7; 4,9,2]; B=[2,3; 4,5]; C=-[1,2; 3,4; 5,6];
   X=sym('x%d%d',[3,2]); X=solve(A*X+X*B==-C,X)
   X=[X.x11 X.x12; X.x21 X.x22; X.x31 X.x32], A*X+X*B+C
```

例5-30　试求解Sylvester方程，并验证得出的解。

$$\boldsymbol{A}=\begin{bmatrix}5&0&2\\2&0&4\\3&2&6\end{bmatrix},\quad \boldsymbol{B}=\begin{bmatrix}1&3&2\\0&0&2\\2&6&0\end{bmatrix},\quad \boldsymbol{C}=\begin{bmatrix}0&2&1\\0&2&1\\1&0&0\end{bmatrix}$$

解　输入矩阵并求矩阵的秩，可以发现$\boldsymbol{B}$为奇异矩阵，不过仍然可以尝试采用下面的命令求解Sylvester方程。

```
>> A=[5,0,2; 2,0,4; 3,2,6]; A=sym(A);
   B=[1,3,2; 0,0,2; 2,6,0]; rank(A), rank(B)
   C=[0,2,1; 0,2,1; 1,0,0];
   X=lyapsym(A,B,C), norm(A*X+X*B+C)
```

得到的结果如下所示，经检验，满足原始方程。从这个例子可以看出，如果矩阵$\boldsymbol{A}$、$\boldsymbol{B}$不全奇异，则可能求解Sylvester方程，并得到方程的解析解。

$$\boldsymbol{X}=\begin{bmatrix}1/13&-1/52&-7/26\\-45/52&21/52&29/104\\1/26&-27/104&3/26\end{bmatrix}$$

5.4.3　含参数Sylvester方程的解析解

如果已知矩阵中含有符号变量，则MATLAB提供的lyap()与sylvester()函数都是无能为力的，必须借助lyapsym()函数才能求解。这里将给出例子演示相关Sylvester方程的解析解求解方法。

例5-31　如果例5-28中$b_{21}=a$，试重新求解Sylvester方程。

解　如果矩阵$\boldsymbol{B}$的(2,1)元素改成自由变量a，则仍可以求解Sylvester方程。

```
>> syms a real; A=[8,1,6; 3,5,7; 4,9,2];
   B=[2,3; a,5]; C=-[1,2; 3,4; 5,6];
   X=simplify(lyapsym(A,B,C)), norm(A*X+X*B+C)
```

得到的解如下：

$$\boldsymbol{X}=\frac{1}{\Delta}\begin{bmatrix}6\left(3a^3+155a^2-2620a+200\right) & -(513a^2-10716a+80420)\\ 4\left(9a^3-315a^2+314a+980\right) & -3\left(201a^2-7060a+36780\right)\\ 2\left(27a^3-1869a^2+25472a-760\right) & -477a^2+4212a+194300\end{bmatrix}$$

其中，$\Delta=27a^3-3672a^2+69300a+6800$。另外，当分母$\Delta=0$时方程无解。

例5-32　试重新求解例5-31中的Sylvester方程。

解　下面语句也可以求解含有参数的Sylvester方程，得出与前面完全一致的结果。

```
>> syms a real; A=[8,1,6; 3,5,7; 4,9,2];
   B=[2,3; a,5]; C=-[1,2; 3,4; 5,6];
   X=sym('x%d%d',[3,2]); X=solve(A*X+X*B==-C,X)
   X=[X.x11 X.x12; X.x21 X.x22; X.x31 X.x32]
   simplify(A*X+X*B+C)
```

5.4.4　多项Sylvester方程的求解

前面介绍的Sylvester方程左边只有一对$\boldsymbol{AX}+\boldsymbol{XB}$，更一般地，本节将探讨借助前面介绍的Kronecker乘积工具求解多项Sylvester方程。

定义5-11　多项Sylvester方程的数学形式为

$$\boldsymbol{A}_1\boldsymbol{X}+\boldsymbol{X}\boldsymbol{B}_1+\boldsymbol{A}_2\boldsymbol{X}+\boldsymbol{X}\boldsymbol{B}_2+\cdots+\boldsymbol{A}_k\boldsymbol{X}+\boldsymbol{X}\boldsymbol{B}_k=-\boldsymbol{C} \tag{5-4-4}$$

其中，$\boldsymbol{A}_i\in\mathscr{C}^{n\times n}$，$\boldsymbol{B}_i\in\mathscr{C}^{m\times m}$，$i=1,2,\cdots,k$，且$\boldsymbol{C},\boldsymbol{X}\in\mathscr{C}^{n\times m}$。

多项Sylvester方程还可以理解为$\boldsymbol{A}_i\boldsymbol{X}+\boldsymbol{X}\boldsymbol{B}_i=-\boldsymbol{C}_i$，$i=1,2,\cdots,k$的联立方程，其中$\boldsymbol{C}=\boldsymbol{C}_1+\boldsymbol{C}_2+\cdots+\boldsymbol{C}_k$。

定理5-19　多项Sylvester方程可以转换成下面的线性代数方程。

$$\left[\boldsymbol{I}_m\otimes\left(\boldsymbol{A}_1+\boldsymbol{A}_2+\cdots+\boldsymbol{A}_k\right)+\left(\boldsymbol{B}_1+\boldsymbol{B}_2+\cdots+\boldsymbol{B}_k\right)^{\mathrm{T}}\otimes\boldsymbol{I}_n\right]\boldsymbol{x}=-\boldsymbol{c} \tag{5-4-5}$$

其中，$\boldsymbol{x}=\mathrm{vec}(\boldsymbol{X})$，$\boldsymbol{c}=\mathrm{vec}(\boldsymbol{C})$为矩阵$\boldsymbol{X}$与$\boldsymbol{C}$按列展开后得到的列向量。

例5-33　如果多项Sylvester方程中已知矩阵在例5-17中给出，试求其解析解。

解　可以通过下面的语句直接求解多项Sylvester方程。

```
>> A1=[2,0; 2,2]; A2=[1,0; 0,1]; A1=sym(A1);
   C=-[17,9,9,7; 21,17,13,13]; c=C(:);
   B1=[2,2,1,1; 2,1,2,0; 0,2,2,2; 2,0,2,2];
   B2=[2,1,0,2; 2,0,0,0; 2,2,0,2; 1,0,2,0];
   c=C(:); x=inv(kron(eye(4),A1+A2)+kron((B1+B2).',eye(2)))*c;
   X=reshape(x,2,4), A1*X+X*B1+A2*X+X*B2-C
```

得到的结果如下所示，经检验，该解满足原方程。

$$\boldsymbol{X}=\begin{bmatrix}-14/33 & -31/12 & 43/66 & -5/3\\ 391/2178 & -1487/396 & 721/1089 & -509/198\end{bmatrix}$$

5.5 非线性矩阵方程

前面介绍的方程都是可以转换成线性方程的非线性矩阵方程，所以可以很容易地得出方程的数值解甚至解析解。本节先介绍Riccati方程的求解方法，然后介绍各种变形Riccati方程的求解，最后介绍多解非线性矩阵方程的求解方法，将方程的全部解（或至少感兴趣区域内的全部）尽可能一次性求得。

5.5.1 Riccati代数方程

最优控制理论常用到Riccati代数方程的概念与一些求解方法，这里侧重于介绍该方程的数值求解方法。

定义5-12　Riccati代数方程是一类很著名的二次型矩阵方程式，其一般数学形式为

$$\boldsymbol{A}^{\mathrm{H}}\boldsymbol{X}+\boldsymbol{X}\boldsymbol{A}-\boldsymbol{X}\boldsymbol{B}\boldsymbol{X}+\boldsymbol{C}=\boldsymbol{0} \tag{5-5-1}$$

Riccati代数方程是以意大利数学家Jacopo Francesco Riccati（1676–1754）命名的。

由于含有未知矩阵$\boldsymbol{X}$的二次项，所以Riccati方程的求解从数学上看要比前面介绍的Lyapunov方程更难，一般不存在解析解。

例5-34　试以2×2矩阵为例推导出Riccati代数方程对应的联立代数方程组。

解　仿照例5-20介绍的方法，同样可以利用计算机推导出联立代数方程组。

```
>> A=sym('a%d%d',2); assume(A,'real');
   syms x1 x2 x3 x4 c1 c2 c3 c4; B=sym('b%d%d',2);
   X=[x1 x3; x2 x4]; C=[c1 c3; c2 c4];
   simplify(A'*X+X*A-X*B*X+C)
```

可以写出如下的代数方程组。

$$\begin{cases} c_1+2a_{11}x_1+a_{21}x_2+a_{21}x_3-x_1(b_{11}x_1+b_{21}x_3)-x_2(b_{12}x_1+b_{22}x_3)=0 \\ c_2+a_{12}x_1+(a_{11}+a_{22})x_2+a_{12}x_4-x_1(b_{11}x_2+b_{21}x_4)-x_2(b_{12}x_2+b_{22}x_4)=0 \\ c_3+a_{12}x_1+(a_{11}+a_{22})x_3+a_{21}x_4-x_3(b_{11}x_1+b_{21}x_3)-x_4(b_{12}x_1+b_{22}x_3)=0 \\ c_4+a_{12}x_2+a_{12}x_3+2a_{22}x_4-x_3(b_{11}x_2+b_{21}x_4)-x_4(b_{12}x_2+b_{22}x_4)=0 \end{cases}$$

由得出的联立方程看,涉及多元二次方程的求解,由著名的Abel–Ruffini定理可知,这类方程一般没有解析解法,只能求出其数值解。

MATLAB的控制系统工具箱中提供了现成的函数are(),可以求解式(5-5-1)给出的方程,该函数的具体调用格式为$\boldsymbol{X}$=are($\boldsymbol{A},\boldsymbol{B},\boldsymbol{C}$)。

例5-35　考虑式(5-5-1)中给出的Riccati方程,其中

$$\boldsymbol{A}=\begin{bmatrix} -2 & 1 & -3 \\ -1 & 0 & -2 \\ 0 & -1 & -2 \end{bmatrix},\quad \boldsymbol{B}=\begin{bmatrix} 2 & 2 & -2 \\ -1 & 5 & -2 \\ -1 & 1 & 2 \end{bmatrix},\quad \boldsymbol{C}=\begin{bmatrix} 5 & -4 & 4 \\ 1 & 0 & 4 \\ 1 & -1 & 5 \end{bmatrix}$$

试求出该方程的数值解,并验证解的正确性。

解　可以用下面的语句直接求解该方程。

```
>> A=[-2,1,-3; -1,0,-2; 0,-1,-2]; B=[2,2,-2; -1 5 -2; -1 1 2];
   C=[5 -4 4; 1 0 4; 1 -1 5]; X=are(A,B,C)
   norm(A'*X+X*A-X*B*X+C) %求解并检验
```

得到的解如下,代入原方程可以得出误差为1.4370×10^{-14},故得出的解满足原方程。

$$\boldsymbol{X}=\begin{bmatrix} 0.9874 & -0.7983 & 0.4189 \\ 0.5774 & -0.1308 & 0.5775 \\ -0.2840 & -0.073 & 0.6924 \end{bmatrix}$$

例5-36　如果例5-35中的矩阵$\boldsymbol{B}$变化成如下形式,试重新求解Riccati方程。

$$\boldsymbol{B}=\begin{bmatrix} 2 & 1 & -1 \\ 1 & 2 & 0 \\ -1 & 0 & -4 \end{bmatrix}$$

解　可以由下面的语句尝试求解Riccati方程。

```
>> A=[-2,1,-3; -1,0,-2; 0,-1,-2]; B=[2,1,-1; 1,2,0; -1,0,-4];
   C=[5 -4 4; 1 0 4; 1 -1 5]; X=are(A,B,C)
```

不过,求解过程中会得到“No solution: ($\boldsymbol{A}$,$\boldsymbol{B}$) may be uncontrollable or no solution exists”(无解:($\boldsymbol{A}$,$\boldsymbol{B}$)系统可能不可控或解不存在)。分析矩阵$\boldsymbol{B}$可以看出,它不是正定矩阵,所以are()函数对这里给出的方程是无能为力的。

5.5.2　一般多解非线性矩阵方程的数值求解

一元二次方程通常情况下有两个根,而Riccati方程也是二次方程,并且可以转换成很多的二次方程,这种方程到底有多少个根至今没有任何理论结果,更不用

说这些根的具体值了。

此外，即使能找到求出某一个特定的方程解的方法，还可能遇到更多的矩阵方程，需要一个通用的、普适的求解方法。本节将探讨一般矩阵方程的求解方法。

文献 [20] 给出了求解多解矩阵方程的数值函数，可以用它直接求解很多非线性矩阵方程，甚至可以尝试求解多解方程全部的根，这里给出其改进版本。

```
function more_sols(f,X0,varargin)
[A,tol,tlim,ff]=default_vals({1000,eps,30,optimset},varargin{:});
if length(A)==1, a=-0.5*A; b=0.5*A; else, a=A(1); b=A(2); end
ar=real(a); br=real(b); ai=imag(a); bi=imag(b);
ff.Display='off'; ff.TolX=tol; ff.TolFun=1e-20;
[n,m,i]=size(X0); X=X0; tic
if i==0, X0=zeros(n,m); %判定零矩阵是不是方程的孤立解
  if norm(f(X0))<tol, i=1; X(:,:,i)=X0; end
end
while (1) %死循环结构，可以按 Ctrl+C 键中断，也可以等待
  x0=ar+(br-ar)*rand(n,m); %生成搜索初值的随机矩阵
  if abs(imag(A))>1e-5, x0=x0+(ai+(bi-ai)*rand(n,m))*1i; end
  [x,aa,key]=fsolve(f,x0,ff); t=toc; if t>tlim, break; end
  if key>0, N=size(X,3); %读出已记录根的个数，若找到的根已记录则放弃
    for j=1:N, if norm(X(:,:,j)-x)<1e-4; key=0; break; end, end
    if key==0            %如果找到的解比存储的更精确则替换
      if norm(f(x))<norm(f(X(:,:,j))), X(:,:,j)=x; end
    elseif key>0, X(:,:,i+1)=x; %记录找到的根
      if norm(imag(x))>1e-5 && norm(f(conj(x)))<1e-8
        i=i+1; X(:,:,i+1)=conj(x);  %若找到复根则测试其共轭复数
      end
      assignin('base','X',X); i=i+1, tic  %更新信息
    end, assignin('base','X',X);
end, end
```

该函数的求解思路为，在给定感兴趣区域内生成一个随机初值，并调用普通搜索方法求解，如果得到了一个根，则判定这个根是否已记录，如果没记录则记录下来，如已经记录则放弃该根。重复上述思路则可能得到方程的所有根（或尽可能多的根）。如果一段时间没有新的根，则停止根的搜索过程。

函数 more_sols() 的调用格式为 more_sols(f, $\boldsymbol{X}_0$, A, ϵ, $t_{\rm lim}$)，其中，底层通用函数 default_vals() 的内容为

```
function varargout=default_vals(vals,varargin)
if nargout~=length(vals), error('number of arguments mismatch');
```

```
else, nn=length(varargin)+1;
   varargout=varargin; for i=nn:nargout; varargout{i}=vals{i};
end, end, end
```

可以用于读取几个默认的控制变量，ϵ 的默认值为eps，大约为10^{-16}级别。$t_{\rm lim}$ 的默认值为30，表示如果30 s内没有找到新的解则程序停止。用户可以随时按Ctrl+C键中断程序运行。

调用格式中，A表示感兴趣的区域，其选择比较灵活。如果A为标量，则表示该感兴趣的求解区间为$(-A/2, A/2)$；默认值为$A=1000$，表示可以大范围求解代数方程；A为向量$[a,b]$，表明感兴趣的求解区间为$[a,b]$；另外，如果A选为复数，则表示需要同时求解复数根。

和其他函数相比，这个函数是很特殊的函数，该函数使用了无限循环结构，除了30 s没有发现新解正常停止程序外，经常需要按Ctrl+C键中断程序，所以不适合安排返回变量。该函数采用了assignin()函数，将得到的结果写入MATLAB的工作空间。另外，evalin()函数可以用于读取MATLAB工作空间变量。工作空间中的变量$\boldsymbol{X}$存储方程的解，$\boldsymbol{X}(:,:,i)$存储方程的第i个解。如果在求解过程中找到某个根的更精确的解，则替换成更精确的解；如果找到某个复数根，则测试其共轭复数根，如果满足方程，则将新根存储起来。

如果该函数停止或中断，而用户想继续寻找新的解，且MATLAB工作空间中三维数组$\boldsymbol{X}$未被清除，则可以给出命令more_sols(f,$\boldsymbol{X}$)继续求解。

例5-37　试重新求解例5-35中给出的Riccati方程，并得出其全部的根。

解　利用more_sols()函数求解代数方程并非难事，只需将矩阵方程本身用MATLAB描述出来即可，可以给出下面的求解命令。

```
>> A=[-2,1,-3; -1,0,-2; 0,-1,-2]; B=[2,2,-2; -1 5 -2; -1 1 2];
   C=[5 -4 4; 1 0 4; 1 -1 5]; f=@(X)A'*X+X*A-X*B*X+C
   more_sols(f,zeros(3,3,0),1000), X, err
```

直接求解矩阵方程，可以得出矩阵方程的全部八个实根，最大误差为1.1237×10^{-12}。注意，由于求解算法使用的是随机初值矩阵，所以每次运行该函数得出的解矩阵顺序可能不一致。

$$\boldsymbol{X}_1=\begin{bmatrix}0.9874 & -0.7983 & 0.4189\\ 0.5774 & -0.1308 & 0.5775\\ -0.2840 & -0.0730 & 0.6924\end{bmatrix},\ \boldsymbol{X}_2=\begin{bmatrix}1.2213 & -0.4165 & 1.9775\\ 0.3578 & -0.4894 & -0.8863\\ -0.7414 & -0.8197 & -2.3560\end{bmatrix}$$

$$\boldsymbol{X}_3=\begin{bmatrix}0.6665 & -1.3223 & -1.720\\ 0.3120 & -0.5640 & -1.191\\ -1.2273 & -1.6129 & -5.594\end{bmatrix},\ \boldsymbol{X}_4=\begin{bmatrix}-2.1032 & 1.2978 & -1.9697\\ -0.2467 & -0.3563 & -1.4899\\ -2.1494 & 0.7190 & -4.5465\end{bmatrix}$$

$$X_5=\begin{bmatrix} -0.1538 & 0.1087 & 0.4623 \\ 2.0277 & -1.7437 & 1.3475 \\ 1.9003 & -1.7513 & 0.5057 \end{bmatrix},\ X_6=\begin{bmatrix} 0.8878 & -0.9609 & -0.2446 \\ 0.1072 & -0.8984 & -2.5563 \\ -0.0185 & 0.3604 & 2.4620 \end{bmatrix}$$

$$X_7=\begin{bmatrix} 23.9467 & -20.6673 & 2.4529 \\ 30.1460 & -25.9830 & 3.6699 \\ 51.9666 & -44.9108 & 4.6410 \end{bmatrix},\ X_8=\begin{bmatrix} -0.7619 & 1.3312 & -0.8400 \\ 1.3183 & -0.3173 & -0.1719 \\ 0.6371 & 0.7885 & -2.1996 \end{bmatrix}$$

例5-38 试重新求解例5-35中给出的Riccati方程，并得出包括复数根在内的全部的根。

解 由于前面的求解语句给出的A为实数，所以求解方法得出的是全部实根。如果将A选作复数，例如令$A = 1000 + 1000\mathrm{j}$，则实轴和虚轴的搜索范围都会设定为$[-500, 500]$，由下面的语句求解矩阵方程，得出全部20个根。

```
>> A=[-2,1,-3; -1,0,-2; 0,-1,-2]; B=[2,2,-2; -1 5 -2; -1 1 2];
   C=[5 -4 4; 1 0 4; 1 -1 5]; f=@(X)A'*X+X*A-X*B*X+C
   more_sols(f,zeros(3,3,0),1000+1000i), X, err
```

得出的解的最大误差为3.6088×10^{-13}。由于篇幅限制，此处就不显示所有根了，只给出其中一个复数根为

$$X_9=\begin{bmatrix} -0.1767+0.3472\mathrm{j} & 0.1546-0.6981\mathrm{j} & 0.4133+0.7436\mathrm{j} \\ 1.6707-0.3261\mathrm{j} & -1.0258+0.6557\mathrm{j} & 0.5828-0.6984\mathrm{j} \\ 1.9926-0.6791\mathrm{j} & -1.9368+1.3654\mathrm{j} & 0.7033-1.4544\mathrm{j} \end{bmatrix}$$

例5-39 例5-36曾试图求解$\boldsymbol{B}$为非正定矩阵的Riccati方程，但失败了，能不能用这里给出的新方法求解这样的Riccati方程呢？

解 即使arc()函数失效，由more_sols()函数仍可以求解，所用的语句与前面使用的完全一致。

```
>> A=[-2,1,-3; -1,0,-2; 0,-1,-2]; B=[2,1,-1; 1,2,0; -1,0,-4];
   C=[5 -4 4; 1 0 4; 1 -1 5]; f=@(X)A'*X+X*A-X*B*X+C;
   more_sols(f,zeros(3,3,0),1000), X, err
```

可以得出方程的八个实根矩阵，最大误差为1.6118×10^{-14}。

$$X_1=\begin{bmatrix} -1.0819 & 0.9858 & 1.0125 \\ 2.3715 & -2.2627 & 1.4691 \\ -0.5022 & 0.5495 & -0.2243 \end{bmatrix},\ X_2=\begin{bmatrix} 0.9674 & -2.6868 & 4.4395 \\ 0.1991 & 1.6306 & -2.1639 \\ -0.5083 & 0.5604 & -0.2345 \end{bmatrix}$$

$$X_3=\begin{bmatrix} 0.9397 & -0.6723 & 0.1514 \\ 0.2284 & -0.5050 & 2.3819 \\ -0.5082 & 0.5544 & -0.2217 \end{bmatrix},\ X_4=\begin{bmatrix} 1.3202 & 5.0545 & 2.8973 \\ 2.2258 & 0.0431 & 0.7047 \\ 3.0469 & 3.1350 & 3.4330 \end{bmatrix}$$

$$X_5=\begin{bmatrix} 5.5119 & -4.2335 & 0.1801 \\ 3.8740 & -3.6091 & -0.3637 \\ 6.6868 & -4.9302 & 1.0736 \end{bmatrix},\ X_6=\begin{bmatrix} 4.4723 & -1.9300 & 0.8540 \\ 2.3535 & -0.2399 & 0.6220 \\ 5.3631 & -1.9973 & 1.9316 \end{bmatrix}$$

$$X_7=\begin{bmatrix} 6.2488 & -5.8664 & -0.2976 \\ 3.4292 & -2.6235 & -0.0754 \\ 8.3125 & -8.5326 & 0.0197 \end{bmatrix},\ X_8=\begin{bmatrix} -6.9247 & 4.7691 & -7.0558 \\ 8.5655 & -6.2734 & 10.0220 \\ -0.4848 & 0.5382 & -0.2003 \end{bmatrix}$$

如果想求出方程包括复数根在内的所有的根，则可以由下面的语句得到全部20个根，最大误差为1.1709×10^{-14}。

```
>> more_sols(f,X,1000+1000i); X, err
```

MATLAB提供的vpasolve()函数也可以用于求解某些二次型矩阵方程。这类函数与前面介绍的solve()函数是同级别的函数，在方程有解析解时使用后者，没有解析解时应该采用前者，求出方程的高精度数值解。下面通过例子介绍Riccati方程的高精度解法。

例5-40 试求取例5-39中方程的高精度解。

解 首先，定义一个未知矩阵的原型，给出方程的符号表达式，然后用下面的语句求解方程，得到全部20个复数根。另外，这样的方法是不能用于只求实数根的。

```
>> A=[-2,1,-3; -1,0,-2; 0,-1,-2]; B=[2,1,-1; 1,2,0; -1,0,-4];
   C=[5 -4 4; 1 0 4; 1 -1 5]; X=sym('x%d%d',[3 3]);
   F=A'*X+X*A-X*B*X+C; tic, X1=vpasolve(F), toc
```

令$k=3$，则可以提取第三个解矩阵，将其代入原方程，得出其误差为3.0099×10^{-35}，精度远远高于双精度下的计算结果。

```
>> k=3;
   X2=[X1.x11(k),X1.x12(k),X1.x13(k); X1.x21(k),X1.x22(k),...
       X1.x23(k); X1.x31(k),X1.x32(k),X1.x33(k)];
   F0=A'*X2+X2*A-X2*B*X2+C, norm(F0)
```

5.5.3 变形Riccati方程的求解

对传统Riccati方程稍作拓广，不难推导出下面的矩阵方程。本节将介绍这类方程的数值求解方法。

定义5-13 拓展的Riccati方程为

$$\boldsymbol{AX}+\boldsymbol{XD}-\boldsymbol{XBX}+\boldsymbol{C}=\boldsymbol{0} \tag{5-5-2}$$

定义5-14 类Riccati方程的数学形式为

$$\boldsymbol{AX}+\boldsymbol{XD}-\boldsymbol{XBX}^{\mathrm{H}}+\boldsymbol{C}=\boldsymbol{0} \tag{5-5-3}$$

利用more_sols()函数可以用同样的方法求解这类Riccati方程的数值解。一般情况下，可以通过试探的方法得出方程的全部解。

例5-41 试求出并检验类Riccati方程$\boldsymbol{AX}+\boldsymbol{XD}-\boldsymbol{XBX}^{\mathrm{H}}+\boldsymbol{C}=\boldsymbol{0}$的全部根，其中

$$\boldsymbol{A}=\begin{bmatrix}2&1&9\\9&7&9\\6&5&3\end{bmatrix},\ \boldsymbol{B}=\begin{bmatrix}0&3&6\\8&2&0\\8&2&8\end{bmatrix},\ \boldsymbol{C}=\begin{bmatrix}7&0&3\\5&6&4\\1&4&4\end{bmatrix},\ \boldsymbol{D}=\begin{bmatrix}3&9&5\\1&2&9\\3&3&0\end{bmatrix}$$

解　可以使用下面的命令求解方程的根，得到全部16个实根的数值解，最大误差为2.713×10^{-13}。

```
>> A=[2 1 9; 9 7 9; 6 5 3]; B=[0 3 6; 8 2 0; 8 2 8];
   C=[7 0 3; 5 6 4; 1 4 4]; D=[3 9 5; 1 2 9; 3 3 0];
   f=@(X)A*X+X*D-X*B*X'+C; more_sols(f,zeros(3,3,0)); X, err
```

要得出复数根，则可以采用下面的指令。不过，也只能得到这16个实根，说明方程只有实根，没有其他复数根。

```
>> more_sols(f,X,1000+1000i); X, err
```

如果方程变换为$\boldsymbol{AX}+\boldsymbol{XD}-\boldsymbol{XBX}^{\mathrm{T}}+\boldsymbol{C}=\boldsymbol{0}$，则可以得出方程的全部38个复数根。可以看出，如果方程形式变化，只需在描述方程时作相应变化，就可以直接求解。

```
>> A=[2 1 9; 9 7 9; 6 5 3]; B=[0 3 6; 8 2 0; 8 2 8];
   C=[7 0 3; 5 6 4; 1 4 4]; D=[3 9 5; 1 2 9; 3 3 0];
   f=@(X)A*X+X*D-X*B*X.'+C;
   more_sols(f,zeros(3,3,0),1000+1000i); X, err
```

5.5.4　一般非线性矩阵方程的数值求解

定义5-15　一般非线性矩阵方程的数学形式为$\boldsymbol{F}(\boldsymbol{X})=\boldsymbol{0}$。

一般的非线性矩阵方程可以调用`more_sols()`函数直接求解。首先用匿名函数或其他函数形式描述方程本身，注意描述语句只能有一个输入变元和一个返回变元。有时，正常的函数调用不能得到方程全部的根，可以在结束后返回运行`more_sols`$(f,\boldsymbol{X})$求解方程，尽可能多地得出方程的实根。

例5-42　假设非线性方程为

$$\boldsymbol{AX}^3+\boldsymbol{X}^4\boldsymbol{D}-\boldsymbol{X}^2\boldsymbol{BX}+\boldsymbol{CX}-\boldsymbol{I}=\boldsymbol{0}$$

且$\boldsymbol{A}$、$\boldsymbol{B}$、$\boldsymbol{C}$和$\boldsymbol{D}$矩阵在例5-41中给出，试求出该方程的全部实根。

解　用下面的语句就可以直接求解方程，经过反复测试与运行函数，可以发现该方程共有75个实根。如果想得出该方程的复数根，可能会得到几千个根（目前已经获得了3323个复数根，见文件data542c.mat）。

```
>> A=[2 1 9; 9 7 9; 6 5 3]; B=[0 3 6; 8 2 0; 8 2 8];
   C=[7 0 3; 5 6 4; 1 4 4]; D=[3 9 5; 1 2 9; 3 3 0];
   f=@(X)A*X^3+X^4*D-X^2*B*X+C*X-eye(3);
   more_sols(f,zeros(3,3,0)); X, err
```

由下面的语句可以继续求解方程，得出可能的新根。

```
>> load data542c; more_sols(f,X,50+50i);
```

例5-43　试求解非线性矩阵方程

$$\mathrm{e}^{\boldsymbol{AX}}\sin\boldsymbol{BX}-\boldsymbol{CX}+\boldsymbol{D}=\boldsymbol{0}$$

且$\boldsymbol{A}$、$\boldsymbol{B}$、$\boldsymbol{C}$和$\boldsymbol{D}$矩阵在例5-41中给出，试求出该方程的全部实根。

解 可以用下面的语句直接求解给定的复杂非线性矩阵方程，得到63个实根。

```
>> A=[2 1 9; 9 7 9; 6 5 3]; B=[0 3 6; 8 2 0; 8 2 8];
   C=[7 0 3; 5 6 4; 1 4 4]; D=[3 9 5; 1 2 9; 3 3 0];
   f=@(X)expm(A*X)*funm(B*X,@sin)-C*X+D;
   more_sols(f,zeros(3,3,0),50); X, err
```

可以看出，函数`more_sols()`可以求解任意复杂的矩阵方程。只需将需要求解的方程用MATLAB语言描述处理，就可以直接搜索方程的解了。

5.6 多项式方程的求解

3.4.2节介绍了普通多项式方程的求解方法，可以分别求出多项式方程的数值解与解析解。然而，对含有重特征值的多项式方程而言，如果采用数值方法求解，在双精度数据结构下可能有很大误差，建议采用解析解或准解析解方法。

本节介绍更复杂的多项式方程的求解方法。首先，给出多项式互质的概念与基于MATLAB的判定方法。然后，介绍Diophantine多项式方程的解析求解方法。最后，介绍伪多项式方程的求解方法。

5.6.1 多项式互质

定义5-16 如果两个多项式$A(s)$、$B(s)$，它们除了零次多项式之外没有公共的多项式，则称两个多项式互质（coprime）。

MATLAB提供了强大的多项式运算函数。例如，`gcd()`函数可以求出两个多项式符号表达式的最小公约式d=`gcd(`A,B`)`，如果最小公约式d没有零次以上的多项式因子，则可以断定这两个多项式互质，否则就不互质。

例5-44 已知多项式

$$A(s)=2s^4+16s^3+36s^2+32s+10$$
$$B(s)=s^5+12s^4+55s^3+120s^2+124s+48$$

试判定两个多项式是否互质。如果不互质，它们的共同因子是多少？

解 可以将两个多项式以符号表达式的形式输入MATLAB环境中，再求其最大公约式，得到结果为$d=s+1$，说明这两个多项式不是互质的，其共同因子为d。

```
>> syms s; A=2*s^4+16*s^3+36*s^2+32*s+10;
   B=s^5+12*s^4+55*s^3+120*s^2+124*s+48;
   d=gcd(A,B), expand(simplify(A/d)), expand(simplify(B/d))
```

约去最大公约式后，两个互质多项式分别为

$$A_1(s)=2s^3+14s^2+22s+10$$
$$B_1(s)=s^4+11s^3+44s^2+76s+48$$

5.6.2 Diophantine多项式方程

定义 5-17　前面介绍的方程都是矩阵方程，下面探讨如下的多项式方程

$$A(s)X(s)+B(s)Y(s)=C(s) \tag{5-6-1}$$

其中，$A(s)$，$B(s)$ 与 $C(s)$ 均为已知多项式。

$$\begin{aligned}A(s)&=a_1s^n+a_2s^{n-1}+a_3s^{n-2}+\cdots+a_ns+a_{n+1}\\B(s)&=b_1s^m+b_2s^{m-1}+b_3s^{m-2}+\cdots+b_ms+b_{m+1}\\C(s)&=c_1s^k+c_2s^{k-1}+c_3s^{k-2}+\cdots+c_ks+c_{k+1}\end{aligned} \tag{5-6-2}$$

这样的多项式方程称为Diophantine方程。

Diophantine方程是以古希腊数学家Diophantus of Alexandria（公元二世纪）命名的，其原始模式是不定方程，后来被拓展成多项式方程的形式，可以应用于很多领域，例如离散控制系统的控制方法。

从给定的系数多项式 $A(s)$、$B(s)$ 的阶次看，未知多项式 $X(s)$ 和 $Y(s)$ 的阶次分别为 $m-1$ 和 $n-1$，记作

$$\begin{aligned}X(s)&=x_1s^{m-1}+x_2s^{m-2}+x_3s^{m-3}+\cdots+x_{m-1}s+x_m\\Y(s)&=y_1s^{n-1}+y_2s^{n-2}+y_3s^{n-3}+\cdots+y_{n-1}s+y_n\end{aligned} \tag{5-6-3}$$

定理 5-20　若 $A(s)$、$B(s)$ 为互质多项式，则Diophantine方程的矩阵形式可以写成

$$\underbrace{\begin{bmatrix}a_1&0&\cdots&0\\a_2&a_1&\ddots&0\\a_3&a_2&\ddots&0\\\vdots&\vdots&\ddots&a_1\\a_{n+1}&a_n&\ddots&a_2\\0&a_{n+1}&\ddots&a_3\\\vdots&\vdots&\ddots&\vdots\\0&0&\cdots&a_{n+1}\end{bmatrix}}_{m列}\underbrace{\begin{bmatrix}b_1&0&\cdots&0\\b_2&b_1&\ddots&0\\b_3&b_2&\ddots&0\\\vdots&\vdots&\ddots&b_1\\\cdot&\cdot&\ddots&b_2\\\cdot&\cdot&\ddots&b_3\\\vdots&\vdots&\ddots&\vdots\\0&0&\cdots&b_{m+1}\end{bmatrix}}_{n列}\begin{bmatrix}x_1\\x_2\\\vdots\\x_m\\y_1\\y_2\\\vdots\\y_n\end{bmatrix}=\begin{bmatrix}0\\0\\\vdots\\0\\c_1\\c_2\\\vdots\\c_{k+1}\end{bmatrix} \tag{5-6-4}$$

方程中的系数矩阵是Sylvester矩阵的转置。

可以证明，若多项式 $A(s)$ 与 $B(s)$ 互质，则Sylvester矩阵非奇异，原方程有唯一的解。要想检测两个多项式是否互质，最简单的方法就是求出它们的最大公约数，看是否包含 s 项。如果不包含 s，则两个多项式互质。

可以编写出如下的MATLAB函数构造Sylvester矩阵。

```
function S=sylv_mat(A,B)
n=length(B)-1; m=length(A)-1; S=[];
A1=[A(:); zeros(n-1,1)]; B1=[B(:); zeros(m-1,1)];
for i=1:n, S=[S A1]; A1=[0; A1(1:end-1)]; end
for i=1:m, S=[S B1]; B1=[0; B1(1:end-1)]; end; S=S.';
```

基于这个函数,可以编写出diophantine()函数来求解Diophantine方程。该函数内嵌了非互质多项式化简的代码,如果化简后$C(s)$不再是多项式,则将得到错误信息。

```
function [X,Y]=diophantine(A,B,C,x)
d=gcd(A,B); A=simplify(A/d); B=simplify(B/d); C=simplify(C/d);
A1=polycoef(A,x); B1=polycoef(B,x); C1=polycoef(C,x);
n=length(B1)-1; m=length(A1)-1; S=sylv_mat(A1,B1);
C2=zeros(n+m,1); C2(end-length(C1)+1:end)=C1(:); x0=inv(S.')*C2;
X=poly2sym(x0(1:n),x); Y=poly2sym(x0(n+1:end),x);
```

例5-45 已知多项式如下所示,试求解Diophantine方程。

$$A(s)=s^4-\frac{27s^3}{10}+\frac{11s^2}{4}-\frac{1249s}{1000}+\frac{53}{250}$$
$$B(s)=3s^2-\frac{6s}{5}+\frac{51}{25}$$
$$C(s)=2s^2+\frac{3s}{5}-\frac{9}{25}$$

解 可以使用下面的语句直接求解Diophantine方程。

```
>> syms s; A=s^4-27*s^3/10+11*s^2/4-1249*s/1000+53/250;
   B=3*s^2-6*s/5+51/25; C=2*s^2+3*s/5-9/25;    %输入三个已知多项式
   [X,Y]=diophantine(A,B,C,s), simplify(A*X+B*Y-C) %解方程并验证
```

可以得到如下的Diophantine方程的解。若将其代回原多项式方程,则误差为零,由此验证所得解的正确性。

$$X(s)=\frac{4280\,s}{4453}+\frac{9480}{4453}$$
$$Y(s)=-\frac{4280s^3}{13359}+\frac{364s^2}{13359}+\frac{16882s}{13359}-\frac{1771}{4453}$$

如果Diophantine方程的形式变成

$$A(s)X(s)+s^dB(s)Y(s)=C(s) \tag{5-6-5}$$

则可以将第二项中的$s^dB(s)$看成一个整体,从而调用前面介绍的方法直接求解对应的Diophantine方程,得到方程的解析解。

例5-46 如果例5-45中的方程变成(5-6-5)中的形式,且$d=2$,试求解该方程。

解 可以将两个多项式输入MATLAB环境,这里$B(s)$多项式直接按新的形式输入,则可以用下面的语句直接求解方程。

```
>> syms s; A=s^4-27*s^3/10+11*s^2/4-1249*s/1000+53/250;
   B=s^2*(3*s^2-6*s/5+51/25); C=2*s^2+3*s/5-9/25;
   [X,Y]=diophantine(A,B,C,s), simplify(A*X+B*Y-C) %解方程并验证
```

得到的结果如下所示,经验证,得出的解确实满足原始方程。

$$X(s)=-\frac{382119125}{25016954}s^3+\frac{6026575}{12508477}s^2-\frac{40305}{5618}s-\frac{90}{53}$$

$$Y(s)=\frac{382119125}{75050862}s^3-\frac{593951425}{50033908}s^2+\frac{862183205}{100067816}s-\frac{234765227}{200135632}$$

例5-47　Bézout恒等式是一类常用的多项式方程,其数学形式为

$$A(x)X(x)+B(x)Y(x)=1$$

其中,$A(x)=x^3+4x^2+5x+2$,$B(x)=x^4+13x^3+63x^2+135x+108$,试求解并验证Bézout恒等式。

解　Bézout恒等式是一类特殊的Diophantine方程,是以法国数学家Étienne Bézout(1730—1783)命名的,其中$C(s)=1$,所以可以用下面的语句直接求解。

```
>> syms x; A=x^3+4*x^2+5*x+2; B=x^4+13*x^3+63*x^2+135*x+108;
   [X,Y]=diophantine(A,B,1,x), simplify(A*X+Y*B-1)
```

得到的结果如下所示,经检验,误差为零。

$$X(x)=-\frac{55x^3}{144}-\frac{33x^2}{8}-\frac{239x}{16}-\frac{73}{4}$$

$$Y(x)=\frac{55x^2}{144}+\frac{11x}{16}+\frac{25}{72}$$

5.6.3　伪多项式方程求根

伪多项式方程是非线性矩阵方程的一个特例,因为未知矩阵实际上是一个标量。下面给出伪多项式方程的定义及求解方法。

定义5-18　伪多项式(pseudo-polynomial)的一般数学形式为

$$p(s)=c_1s^{\alpha_1}+c_2s^{\alpha_2}+\cdots+c_{n-1}s^{\alpha_{n-1}}+c_ns^{\alpha_n} \tag{5-6-6}$$

可见,伪多项式方程是常规多项式方程的扩展,求解方法可能远远难于普通多项式方程。本节将探讨不同方法的可行性。

例5-48　试求解伪多项式方程[21] $x^{2.3}+5x^{1.6}+6x^{1.3}-5x^{0.4}+7=0$。

解　一种传统的也是容易想到的方法是引入新变量$z=x^{0.1}$,这样原方程可以映射成关于z的多项式方程,如下:

$$f_1(z)=z^{23}+5z^{16}+6z^{13}-5z^4+7$$

该方程有23个根,再用$x=z^{10}$就可以求出方程全部的根。这样的思想可以由下面的MATLAB语句实现。

```
>> syms x z; f1=z^23+5*z^16+6*z^13-5*z^4+7;
   p=sym2poly(f1); r=roots(p);
   f=x^2.3+5*x^1.6+6*x^1.3-5*x^0.4+7;
   r1=r.^10, double(subs(f,x,r1))
```

不过,把这样得出的解代回原来的方程可以发现,绝大部分解都不满足原有的伪多项式方程。原方程到底有多少个根呢?上述得到的x只有两个根满足原方程,即$x=-0.1076\pm \mathrm{j}0.5562$,其余的21个根都是增根。由下面语句也可以得到同样两个根。

```
>> f=@(x)x.^2.3+5*x.^1.6+6*x.^1.3-5*x.^0.4+7;
   more_sols(f,zeros(1,1,0),100+100i), x0=X(:)
```

从数学角度看,这对真实的根位于第一Riemann叶上,其余的解(增根)位于其他Riemann叶上。

例5-49 试求解无理阶次伪多项式方程$s^{\sqrt{5}}+25s^{\sqrt{3}}+16s^{\sqrt{2}}-3s^{0.4}+7=0$。

解 由于方程的阶次是无理数,无法将其转换成前面介绍的普通多项式方程,所以more_sols()函数就成了求解这类方程的唯一方法。可以由下面的语句直接求解该方程。该无理阶伪多项式方程只有两个根,为$s=-0.0812\pm 0.2880\mathrm{j}$。

```
>> f=@(s)s^sqrt(5)+25*s^sqrt(3)+16*s^sqrt(2)-3*s^0.4+7;
   more_sols(f,zeros(1,1,0),100+100i); x0=X(:)
```

从这个例子还可以看出,即使阶次变成了无理数,并未给求解过程增加任何麻烦,求解过程和计算复杂度与前面的例子完全一样。

本章习题

5.1 试判定下面的线性代数方程是否有解。

$$\begin{bmatrix}16&2&3&13\\5&11&10&8\\9&7&6&12\\4&14&15&1\end{bmatrix}\boldsymbol{X}=\begin{bmatrix}1\\3\\4\\7\end{bmatrix}$$

5.2 试求出线性代数方程的解析解,并验证解的正确性。

$$\begin{bmatrix}2&9&4&12&5&8&6\\12&2&8&7&3&3&7\\3&0&3&5&7&5&10\\3&11&6&6&9&9&1\\11&2&1&4&6&8&7\\5&-18&1&-9&11&-1&18\\26&-27&-1&0&-15&-13&18\end{bmatrix}\boldsymbol{X}=\begin{bmatrix}1&9\\5&12\\4&12\\10&9\\0&5\\10&18\\-20&2\end{bmatrix}$$

5.3 试求解下面的线性代数方程。

$$\begin{cases}x_1+2x_2+x_3+2x_5+x_6+x_8=1\\2x_1+x_2+4x_3+4x_4+4x_5+x_6+3x_7+3x_8=1\\2x_1+x_3+x_4+3x_5+2x_6+2x_7+2x_8=0\\2x_1+4x_2+2x_3+4x_5+2x_6+2x_8=2\end{cases}$$

5.4 试求下面矩阵的基础解系，并得出齐次方程 $\boldsymbol{AZ}=\boldsymbol{0}$。

$$\boldsymbol{A}=\begin{bmatrix}3&1&2&1&1\\1&2&3&3&2\\4&1&4&2&1\\4&4&4&4&4\\3&2&1&1&2\end{bmatrix}$$

5.5 试求解如下的矩阵方程。

$$\begin{bmatrix}1&2&3\\3&5&7\\4&9&2\end{bmatrix}\boldsymbol{X}\begin{bmatrix}0&1&0&0&1\\1&0&1&2&2\\1&2&0&0&2\\0&0&1&1&1\\1&0&0&2&1\end{bmatrix}=\begin{bmatrix}1&1&2&2&2\\1&1&2&2&2\\1&1&2&2&2\end{bmatrix}$$

5.6 试判定下面的方程是否有解。如果有，试求出其所有的解。

$$\begin{bmatrix}-1&-1&0&0&-1&0\\1&1&-1&0&-1&-1\\1&1&0&0&1&0\end{bmatrix}\boldsymbol{X}\begin{bmatrix}0&1&-1&-1&0\\0&1&-1&-1&0\\0&-1&0&0&1\end{bmatrix}=\begin{bmatrix}0&-6&21&21&-15\\0&-30&27&27&3\\0&6&-21&-21&15\end{bmatrix}$$

5.7 试求解方程 $\boldsymbol{A}_1\boldsymbol{X}\boldsymbol{B}_1+\boldsymbol{A}_2\boldsymbol{X}\boldsymbol{B}_2=\boldsymbol{C}$ 并验证结果，其中

$$\boldsymbol{A}_1=\begin{bmatrix}4+4\mathrm{j}&1+\mathrm{j}\\1+4\mathrm{j}&4+2\mathrm{j}\end{bmatrix},\ \boldsymbol{A}_2=\begin{bmatrix}3+\mathrm{j}&2+2\mathrm{j}\\1+2\mathrm{j}&4+2\mathrm{j}\end{bmatrix}$$

$$\boldsymbol{B}_1=\begin{bmatrix}3&4&1&1\\2&4&1&1\\1&2&1&2\\4&3&1&2\end{bmatrix},\ \boldsymbol{B}_2=\begin{bmatrix}2&1&4&4\\3&4&2&3\\4&1&4&3\\2&3&2&3\end{bmatrix}$$

$$\boldsymbol{C}=\begin{bmatrix}141+47\mathrm{j}&77+3\mathrm{j}&98+27\mathrm{j}&122+37\mathrm{j}\\115+58\mathrm{j}&72+4\mathrm{j}&93+34\mathrm{j}&106+46\mathrm{j}\end{bmatrix}$$

5.8 如果习题5.7中的矩阵 $\boldsymbol{A}_1$、$\boldsymbol{B}_1$ 变成下面的奇异矩阵，原方程还能求解吗？试求解方程并检验结果。

$$\boldsymbol{A}_1=\begin{bmatrix}1&3\\4&2\end{bmatrix},\ \boldsymbol{B}_1=\begin{bmatrix}16&2&3&13\\5&11&10&8\\9&7&6&12\\4&14&15&1\end{bmatrix}$$

5.9 试用数值方法和解析方法求解下面的Sylvester方程，并验证得到的结果。

$$\begin{bmatrix}3&-6&-4&0&5\\1&4&2&-2&4\\-6&3&-6&7&3\\-13&10&0&-11&0\\0&4&0&3&4\end{bmatrix}\boldsymbol{X}+\boldsymbol{X}\begin{bmatrix}3&-2&1\\-2&-9&2\\-2&-1&9\end{bmatrix}=\begin{bmatrix}-2&1&-1\\4&1&2\\5&-6&1\\6&-4&-4\\-6&6&-3\end{bmatrix}$$

5.10 试求出下面矩阵方程解析解并验证得到的结果，a 满足什么条件时方程无解？

$$\begin{bmatrix}-2&2&c\\-1&0&-1\\1&-1&2\end{bmatrix}\boldsymbol{X}+\boldsymbol{X}\begin{bmatrix}-2&-1&2\\a&3&0\\b&-2&2\end{bmatrix}+\begin{bmatrix}0&-1&0\\-1&1&0\\1&-1&-1\end{bmatrix}=\boldsymbol{0}$$

5.11 试求离散Lyapunov方程$\boldsymbol{A}\boldsymbol{X}\boldsymbol{A}^{\mathrm{T}}-\boldsymbol{X}+\boldsymbol{Q}=\boldsymbol{0}$的数值解与解析解，其中

$$\boldsymbol{A}=\begin{bmatrix}-2&-1&0&-3\\-2&-2&-1&-3\\2&2&-3&0\\-3&1&1&-3\end{bmatrix},\quad \boldsymbol{Q}=\begin{bmatrix}-12&-16&14&-8\\-20&-25&11&-20\\3&1&-16&1\\-4&-10&21&10\end{bmatrix}$$

5.12 试求解某多项Sylvester方程并检验结果，其中各个矩阵在例5.7中给出，如果$\boldsymbol{A}_1$和$\boldsymbol{B}_1$变成习题5.8中的奇异矩阵，试求解多项Sylvester方程并检验结果。

5.13 某Riccati方程数学表达式为$\boldsymbol{P}\boldsymbol{A}+\boldsymbol{A}^{\mathrm{T}}\boldsymbol{P}-\boldsymbol{P}\boldsymbol{B}\boldsymbol{R}^{-1}\boldsymbol{B}^{\mathrm{T}}\boldsymbol{P}+\boldsymbol{Q}=\boldsymbol{0}$，且已知

$$\boldsymbol{A}=\begin{bmatrix}-27&6&-3&9\\2&-6&-2&-6\\-5&0&-5&-2\\10&3&4&-11\end{bmatrix},\quad \boldsymbol{B}=\begin{bmatrix}0&3\\16&4\\-7&4\\9&6\end{bmatrix}$$

$$\boldsymbol{Q}=\begin{bmatrix}6&5&3&4\\5&6&3&4\\3&3&6&2\\4&4&2&6\end{bmatrix},\quad \boldsymbol{R}=\begin{bmatrix}4&1\\1&5\end{bmatrix}$$

试求解该方程，得到$\boldsymbol{P}$矩阵，并检验得到的解的精度。

5.14 试求出并检验扩展Riccati方程$\boldsymbol{A}\boldsymbol{X}+\boldsymbol{X}\boldsymbol{D}-\boldsymbol{X}\boldsymbol{B}\boldsymbol{X}+\boldsymbol{C}=\boldsymbol{0}$的全部根，其中

$$\boldsymbol{A}=\begin{bmatrix}2&1&9\\9&7&9\\6&5&3\end{bmatrix},\ \boldsymbol{B}=\begin{bmatrix}0&3&6\\8&2&0\\8&2&8\end{bmatrix},\ \boldsymbol{C}=\begin{bmatrix}7&0&3\\5&6&4\\1&4&4\end{bmatrix},\ \boldsymbol{D}=\begin{bmatrix}3&9&5\\1&2&9\\3&3&0\end{bmatrix}$$

5.15 试求出习题5.14的高精度数值解，并检查解的精度。

5.16 如果习题5.14的方程变成$\boldsymbol{A}\boldsymbol{X}+\boldsymbol{X}\boldsymbol{D}-\boldsymbol{X}\boldsymbol{B}\boldsymbol{X}^{\mathrm{T}}+\boldsymbol{C}=\boldsymbol{0}$，重新求解该方程，并尝试求解方程的高精度数值解。

5.17 试求出例5-43中非线性矩阵方程的全部复数根。

5.18 试求出如下联立非线性方程组在$-\pi\leqslant x,y\leqslant\pi$区域内的全部解。

$$\begin{cases}x^2\mathrm{e}^{-xy^2/2}+\mathrm{e}^{-x/2}\sin(xy)=0\\y^2\cos(x+y^2)+x^2\mathrm{e}^{x+y}=0\end{cases}$$

5.19 已知多项式方程

$$p(s)=s^8+12s^7+62s^6+180s^5+321s^4+360s^3+248s^2+96s+16=0$$

试采用不同的方法求解该方程并比较得到的结果。提示：该方程的解析解或准解析解可以由符号运算工具箱提供的函数直接得出；数值解可以尝试几种方法，包括由多项式直接求解，也可以构造相伴矩阵求特征值。

5.20 试求解下列Diophantine方程并验证所得的结果。

(1) $A(x)=1-0.7x, B(x)=0.9-0.6x, C(x)=2x^2+1.5x^3$

(2) $A(x)=1+0.6x-0.08x^2+0.152x^3+0.0591x^4-0.0365x^5$

$B(x)=5-4x-0.25x^2+0.42x^3,\ C(x)=1$

第6章

薛定宇教授大讲堂 MATLAB线性代数运算

矩阵函数

矩阵函数(matrix functions)是矩阵分析的重要内容，有很多科学与工程领域用到矩阵函数。

“矩阵函数”是一个有不同含义的词汇[22]，这里主要使用下面的定义。

定义6-1 已知标量函数 $f(x)$ 和复数方阵 $\boldsymbol{A}$，如果自变量 x 变成了 $\boldsymbol{A}$ 矩阵，$f(\boldsymbol{A})$ 将是同维的矩阵，则 $f(\boldsymbol{A})$ 称为矩阵函数。

从数学角度看，矩阵函数是标量函数概念的拓展，它本身是一个函数，可以将一个矩阵通过函数映射的方法映射成另一个矩阵。下面给出一个例子演示标量函数到矩阵函数的拓展。

例6-1 试将标量函数 $f(x)=(1+x^2)/(1-x)$ 拓展成矩阵函数。

解 矩阵函数中的加减乘法可以由标量函数中的变量运算拓展成矩阵运算，数值1可以拓展成单位矩阵，而除法应该拓展成逆矩阵的运算。所以，这里给出的标量函数可以拓展成矩阵函数 $f(\boldsymbol{A})=(\boldsymbol{I}+\boldsymbol{A}^2)(\boldsymbol{I}-\boldsymbol{A})^{-1}$。

除了此处演示的代数运算拓展之外，超越函数的运算可以拓展成相应的Taylor幂级数运算，后面的内容中将给出具体介绍。

在介绍矩阵函数之前，6.1节介绍矩阵元素的非线性运算方法，类似前面介绍的点运算方法，对矩阵的每一个元素单独进行非线性运算，得到新的求值矩阵。该节介绍了矩阵元素的取整与有理化运算，还将介绍矩阵元素的超越函数计算，并介绍排序、最大最小值、均值与方差等基本的数据计算方法。

本章其余各节介绍矩阵函数的基本方法及其MATLAB实现。6.2节介绍最常用的矩阵指数运算，先给出矩阵指数函数的数学定义，然后介绍两种常用的数值运算方法，并通过例子演示相关算法的局限性；再介绍MATLAB提供的通用求解函数与矩阵指数的数值解与解析解方法。6.3节介绍矩阵的对数函数与平方根函数。6.4节介绍矩阵的三角函数运算。6.5节给出矩阵任意函数的计算方法与MATLAB

实现。6.6节介绍矩阵任意乘方 $\boldsymbol{A}^k$ 与 $k^{\boldsymbol{A}}$ 的运算方法。

6.1 矩阵元素的非线性运算

本节介绍对矩阵元素进行逐点(elementwise)处理的非线性运算的函数。这种函数运算也是矩阵函数的一种类型,但这不是本章主要研究的矩阵函数形式。

本节内容包括数据取整与有理化的计算方法、数据的超越函数计算方法等。本节最后介绍对向量进行处理的一些运算,例如排序、最大值求取及均值、方差等的直接计算方法。

6.1.1 数据的取整与有理化运算

MATLAB提供了一组不同方向的取整函数,如表6-1所示,后面将通过例子演示这些函数的使用及效果。

表 6-1 数据取整与变换函数

函数名	调用格式	函数说明
floor()	$\boldsymbol{n}$=floor($\boldsymbol{x}$)	将 $\boldsymbol{x}$ 中元素按 $-\infty$ 方向取整,即取不足整数,得到 $\boldsymbol{n}$,记作 $\boldsymbol{n}=\lfloor\boldsymbol{x}\rfloor$
ceil()	$\boldsymbol{n}$=ceil($\boldsymbol{x}$)	将 $\boldsymbol{x}$ 中元素按 $+\infty$ 方向取整,即取过剩整数,记作 $\boldsymbol{n}=\lceil\boldsymbol{x}\rceil$
round()	$\boldsymbol{n}$=round($\boldsymbol{x}$)	将 $\boldsymbol{x}$ 中元素按最近的整数取整,即四舍五入得到 $\boldsymbol{n}$
fix()	$\boldsymbol{n}$=fix($\boldsymbol{x}$)	将 $\boldsymbol{x}$ 中元素按离0近的方向取整,得到 $\boldsymbol{n}$
rat()	[$\boldsymbol{n}$,$\boldsymbol{d}$]=rat($\boldsymbol{x}$)	将 $\boldsymbol{x}$ 中元素变换成最简有理数,$\boldsymbol{n}$ 和 $\boldsymbol{d}$ 分别为分子和分母矩阵
rem()	$\boldsymbol{B}$=rem($\boldsymbol{A}$,$\boldsymbol{C}$)	$\boldsymbol{A}$ 中元素对 $\boldsymbol{C}$ 中元素求模得到余数
mod()	$\boldsymbol{B}$=mod($\boldsymbol{A}$,$\boldsymbol{C}$)	$\boldsymbol{A}$ 中元素对 $\boldsymbol{C}$ 中元素求模得到模数

例6-2 考虑一组数据:$-0.2765, 0.5772, 1.4597, 2.1091, 1.191, -1.6187$,试用不同的取整方法观察所得到的结果,并进一步理解取整函数。

解 可以用下面的语句将数据用向量表示,调用取整函数则得出如下的结果。

```
>> A=[-0.2765,0.5772,1.4597,2.1091,1.191,-1.6187];
   v1=floor(A), v2=ceil(A), v3=round(A),
   v4=fix(A) %不同取整函数,观察并理解其结果
```

采用不同的取整函数将得到下面不同的结果,读者可以对照结果理解这些函数。

$$\boldsymbol{v}_1=[-1,0,1,2,1,-2],\ \boldsymbol{v}_2=[0,1,2,3,2,-1]$$
$$\boldsymbol{v}_3=[0,1,1,2,1,-2],\quad \boldsymbol{v}_4=[0,0,1,2,1,-1]$$

例6-3 假设 3×3 的Hilbert矩阵可以由 $\boldsymbol{A}$=hilb(3) 定义,试进行有理数变换。

解 用下面的语句可以进行所需要的变换,并得到所需要的结果。

```
>> A=hilb(3); [n,d]=rat(A) %矩阵的有理化,提取分子与分母矩阵
```

得到的两个整数矩阵分别为

$$\boldsymbol{n}=\begin{bmatrix}1&1&1\\1&1&1\\1&1&1\end{bmatrix},\quad \boldsymbol{d}=\begin{bmatrix}1&2&3\\2&3&4\\3&4&5\end{bmatrix}$$

例6-4　试从数组 $\boldsymbol{v}=[5.2,0.6,7,0.5,0.4,5,2,6.2,-0.4,-2]$ 中找出并显示整数。

解　MATLAB提供的isinteger()函数可用于判定整型数据结构，并不能从双精度数据中找整数。如果想找整数，则可以对其求余数，如果余数为零则为整数，否则非整数。由下面语句可以得到 $\boldsymbol{i}=[3,6,7,10]$，说明这些位置的数为整数，显示出整数值为 $[7,5,2,-2]$，和直接观测到的完全一致。

```
>> v=[5.2 0.6 7 0.5 0.4 5 2 6.2 -0.4 -2];
   i=find(rem(v,1)==0), v(i)  %这两句可以简化为v(rem(v,1)==0)
```

其实，在数值运算的框架内，这样判定整数的方法有时并不可靠。因为双精度数据结构的使用，有时即使可能得到整数，在双精度数据结构下可能得到不精确的数值，例如5.000000000000001。所以，判定时应有意放宽条件，如

```
>> i=find(rem(v,1)<=1e-12), v(i)  %或使用其他的小数判定
```

6.1.2　超越函数计算命令

本节首先给出超越函数的定义，然后分别介绍指数函数、对数函数、三角函数与反三角函数的计算方法，还将介绍矩阵超越函数的求解方法。

定义6-2　超越函数通常指变量之间的关系不能用有限次加、减、乘、除、乘方、开方运算表示的函数，例如指数函数、对数函数、三角函数等。

一般情况下，常用超越函数都有直接的MATLAB函数可以使用，这些函数的调用格式也是统一的，均为 $\boldsymbol{y}$=fun($\boldsymbol{x}$)，其中fun为相应的函数名，$\boldsymbol{x}$ 为自变量，$\boldsymbol{y}$ 为函数值。$\boldsymbol{x}$ 可以为标量、向量、矩阵、多维数组，也可以为符号型数据结构，$\boldsymbol{y}$ 的数据结构与维数与 $\boldsymbol{x}$ 完全一致。事实上，$\boldsymbol{y}$ 返回的是 $\boldsymbol{x}$ 中每个元素的超越函数值，其计算方式相当于点运算。

1)　指数与对数函数的计算

一般指数函数 a^x 可以由 $\boldsymbol{y}=a$.^$\boldsymbol{x}$ 点运算命令直接计算出来，而指数函数 e^x 可以由 $\boldsymbol{y}$=exp($\boldsymbol{x}$) 函数直接计算得到。

例6-5　给定矩阵 $\boldsymbol{A}$，试求其e指数。

$$\boldsymbol{A}=\begin{bmatrix}2&2&-1&2&2\\2&1&0&-2&0\\-2&-2&2&2&2\end{bmatrix}$$

解　可以将长方形矩阵直接输入MATLAB环境，然后调用exp()函数，逐点求取指数函数值。注意，由于是逐点运算，对 $\boldsymbol{A}$ 矩阵的维数没有要求。

```
>> A=[2,2,-1,2,2; 2,1,0,-2,0; -2,-2,2,2,2]; A1=exp(A)
```

得到的矩阵指数为

$$\boldsymbol{A}_1=\begin{bmatrix}7.3891 & 7.3891 & 0.3679 & 7.3891 & 7.3891\\ 7.3891 & 2.7183 & 1 & 0.1353 & 1\\ 0.1353 & 0.1353 & 7.3891 & 7.3891 & 7.3891\end{bmatrix}$$

自然对数 $\ln x$ 可以由`log()`函数计算；常用对数 $\lg x$ 可以由`log10()`函数计算；以2为底的对数 $\log_2 x$ 可以由`log2()`函数计算；一般的对数函数 $\log_a x$ 可以由对数的换底公式`log(`$\boldsymbol{x}$`)/log(`a`)`直接计算。

例6-6　考虑例6-5中得到的结果，试求ln()函数，并求解 $\log_3(\boldsymbol{A})$。

解　可以使用如下的函数直接运算。

```
>> A=[2,2,-1,2,2; 2,1,0,-2,0; -2,-2,2,2,2]; A1=exp(A);
   A2=log(A1), A3=log(A)/log(3)
```

得到的矩阵 $\boldsymbol{A}_2$ 与原矩阵 $\boldsymbol{A}$ 完全一致，而矩阵 $\boldsymbol{A}_3$ 为

$$\boldsymbol{A}_3=\begin{bmatrix}0.6309 & 0.6309 & 0+2.8596\mathrm{j} & 0.6309 & 0.6309\\ 0.6309 & 0 & -\infty & 0.6309+2.8596\mathrm{j} & -\infty\\ 0.6309+2.8596\mathrm{j} & 0.6309+2.8596\mathrm{j} & 0.6309 & 0.6309 & 0.6309\end{bmatrix}$$

2) 三角函数的计算

正弦、余弦、正切、余切函数是常用的三角函数。除此之外，正割、余割、双曲正弦、双曲余弦函数也是常用的三角函数，这里重新给出这些函数的定义。

定义6-3　正割函数是余弦函数的倒数，即 $\sec x=1/\cos x$；余割函数是正弦函数的倒数，即 $\csc x=1/\sin x$。

定义6-4　双曲正弦函数的定义为 $\sinh x=(\mathrm{e}^x-\mathrm{e}^{-x})/2$，双曲余弦函数的定义为 $\cosh x=(\mathrm{e}^x+\mathrm{e}^{-x})/2$。

正弦、余弦、正切、余切这些三角函数的MATLAB函数分别为`sin()`、`cos()`、`tan()`、`cot()`；正割、余割函数可以由`sec()`、`csc()`函数计算；双曲正弦 $\sinh x$、双曲余弦 $\cosh x$ 可以由`sinh()`、`cosh()`函数直接计算。三角函数默认的单位是弧度，若使用角度单位，可以由单位变换公式 $\boldsymbol{y}$`=pi*`$\boldsymbol{x}$`/180`进行转换，还可以使用`sind()`这类函数。

一些特殊的函数，例如，`sin()`，也是由点运算的形式进行的，因为它要对矩阵的每个元素求取正弦值。

例6-7　考虑例6-5中的矩阵，逐点计算非线性函数 $\sin(\boldsymbol{A})$ 与 $\cos(\boldsymbol{A})$。

解　将原矩阵输入计算机，可以用下面的语句直接逐点计算三角函数。

```
>> A=[2,2,-1,2,2; 2,1,0,-2,0; -2,-2,2,2,2];
   A1=sin(A), A2=cos(A)
```

可以得到如下的结果。

$$A_1=\begin{bmatrix}0.9093 & 0.9093 & -0.8415 & 0.9093 & 0.9093\\ 0.9093 & 0.8415 & 0 & -0.9093 & 0\\ -0.9093 & -0.9093 & 0.9093 & 0.9093 & 0.9093\end{bmatrix}$$

$$A_2=\begin{bmatrix}-0.4162 & -0.4162 & 0.5403 & -0.4162 & -0.4162\\ -0.4162 & 0.5403 & 1 & -0.4162 & 1\\ -0.4162 & -0.4162 & -0.4162 & -0.4162 & -0.4162\end{bmatrix}$$

3) 反三角函数的计算

反正弦、反余弦、反正切、反余切函数是常用的反三角函数，反正割、反余割、反双曲正弦、反双曲余弦函数也是常用的反三角函数。这里先给出这些函数的定义，然后侧重介绍反三角函数的计算方法。

定义6-5 反三角函数(inverse trigonometric functions)是三角函数的反函数。以反正弦函数为例，如果$\sin x=y$，则其反函数称为反正弦函数，记作$x=\sin^{-1}y$，或$x=\arcsin y$。本书将统一采用后者。

由于三角函数$y=\sin x$是周期函数，所以其反函数不是单值函数。若x为其反正弦函数的值，则$x+2k\pi$也是原函数的反正弦函数，k为任意整数。所以，在实际应用中将反正弦函数的值域设为$[-\pi/2,\pi/2]$。类似地，反正切、反余切与反余割函数的值域也都为$[-\pi/2,\pi/2]$，而反余弦与反正割函数的值域范围为$[0,\pi]$。

如果三角函数名前有一个a，如`asin()`，则表示计算反三角函数。这类MATLAB函数还有`acos()`、`atan()`、`acot()`、`asec()`、`acsc()`、`asinh()`、`acosh()`等。这些函数的单位都是弧度，如果需要使用角度，则需要对结果进行后处理，即$\boldsymbol{y}$=180*$\boldsymbol{x}$/pi，或调用`asind()`这类函数。

例6-8 对例6-7的结果求相应的反三角函数。

解 先调用例6-7逐点计算矩阵的三角函数，再试图对结果进行还原。

```
>> A=[2,2,-1,2,2; 2,1,0,-2,0; -2,-2,2,2,2];
   A1=sin(A); A2=cos(A); A3=asin(A1), A, A4=acos(A2)
```

得到的结果如下：

$$A_3=\begin{bmatrix}1.1416 & 1.1416 & -1 & 1.1416 & 1.1416\\ 1.1416 & 1 & 0 & -1.1416 & 0\\ -1.1416 & -1.1416 & 1.1416 & 1.1416 & 1.1416\end{bmatrix}$$

$$A=\begin{bmatrix}2 & 2 & -1 & 2 & 2\\ 2 & 1 & 0 & -2 & 0\\ -2 & -2 & 2 & 2 & 2\end{bmatrix},\ A_4=\begin{bmatrix}2 & 2 & 1 & 2 & 2\\ 2 & 1 & 0 & 2 & 0\\ 2 & 2 & 2 & 2 & 2\end{bmatrix}$$

可以看出，得到的反三角函数并不能恢复原来的矩阵。因为反三角函数是有自己的定义域的，反正弦函数的定义域是$[-\pi/2,\pi/2]$，如果超过这个范围，例如原数据± 2，将

被还原成 ± 1.1416，因为 $1.1416+2=\pi$。反余弦函数的定义域为 $(0,\pi)$，这些反三角函数的定义域问题应该在使用时充分考虑。

6.1.3 向量的排序、最大值与最小值

MATLAB提供了排序函数sort()，可以对一个向量从小到大进行排序。该函数的调用结果为 $\boldsymbol{v}$=sort($\boldsymbol{a}$)，[$\boldsymbol{v}$,$\boldsymbol{k}$]=sort($\boldsymbol{a}$)，前者返回排序后的向量 $\boldsymbol{v}$，后者还将返回序号向量 $\boldsymbol{k}$。如果想从大到小排序，可以对 $-\boldsymbol{a}$ 排序，或给出从大到小的选项'descend'，即sort($\boldsymbol{a}$,'descend')。

例6-9 如果 $\boldsymbol{a}$ 是矩阵，也可以使用sort()函数对其排序，其规则是矩阵的每一列单独排序。试对 4×4 魔方矩阵进行从小到大的排序。

解 如果对矩阵排序，则可以使用下面的命令。

```
>> A=magic(4), [a k]=sort(A)
```

得到的结果如下所示，读者可以对着结果尝试理解这样的排序结果。

$$\boldsymbol{A}=\begin{bmatrix}16&2&3&13\\5&11&10&8\\9&7&6&12\\4&14&15&1\end{bmatrix},\ \boldsymbol{a}=\begin{bmatrix}4&2&3&1\\5&7&6&8\\9&11&10&12\\16&14&15&13\end{bmatrix},\ \boldsymbol{k}=\begin{bmatrix}4&1&1&4\\2&3&3&2\\3&2&2&3\\1&4&4&1\end{bmatrix}$$

如果 $\boldsymbol{a}$ 为矩阵，且想对每一行排序，则有两种解决方法：第一种是对 $\boldsymbol{a}^{\mathrm{T}}$ 作排序处理；另一种是使用命令sort($\boldsymbol{a}$,2)，其中，2表示按行排序，如果给出选项1，则是默认的对列排序。下面的语句可以实现对行排序。

```
>> A, [a k]=sort(A,2)
```

这样得到的排序结果为

$$\boldsymbol{A}=\begin{bmatrix}16&2&3&13\\5&11&10&8\\9&7&6&12\\4&14&15&1\end{bmatrix},\ \boldsymbol{a}=\begin{bmatrix}2&3&13&16\\5&8&10&11\\6&7&9&12\\1&4&14&15\end{bmatrix},\ \boldsymbol{k}=\begin{bmatrix}2&3&4&1\\1&4&3&2\\3&2&1&4\\4&1&2&3\end{bmatrix}$$

如果想对矩阵的所有元素进行排序，则应该由 $\boldsymbol{A}$(:)将矩阵转换成列向量，再调用sort()函数进行排序。其实，这样的方法同样适用于多维数组的排序。

```
>> [v,k]=sort(A(:))    %对全部数据进行排序
```

得到的排序下标向量 $\boldsymbol{k}$，$\boldsymbol{k}^{\mathrm{T}}=[16,5,9,4,2,11,7,14,3,10,6,15,13,8,12,1]$。

MATLAB提供了提取最大值、最小值的函数max()和min()，求和与求乘积的函数sum()和prod()，其调用格式与排序函数很接近，也可以按列求取矩阵最大值、最小值、和或乘积，此处不再赘述。

6.1.4 数据的均值、方差与标准差

如果得到一组数据，为分析数据分布的需要，经常需要计算这组数据的均值与方差等统计量，这里先给出这些统计量的定义，然后介绍统计量的计算方法。

定义 6-6　如果向量 $\boldsymbol{A}=[a_1,a_2,\cdots,a_n]$，则其均值 μ、方差 σ^2 与标准差分别定义为

$$\mu=\frac{1}{n}\sum_{k=1}^{n}a_k,\ \sigma^2=\frac{1}{n}\sum_{k=1}^{n}(a_k-\mu)^2,\ s=\sqrt{\frac{1}{n-1}\sum_{k=1}^{n}(a_k-\mu)^2}\tag{6-1-1}$$

如果 $\boldsymbol{A}$ 是一个向量，则可以由 μ=mean($\boldsymbol{A}$)，c=cov($\boldsymbol{A}$)与 s=std($\boldsymbol{A}$)直接求取向量 $\boldsymbol{A}$ 中所有元素的均值、方差与标准差。

如果 $\boldsymbol{A}$ 是矩阵，则这些函数将对矩阵的每一列单独运算，则mean()函数可以得到其每一列的均值，得到的结果是向量。这些函数的调用方式与前面介绍的max()等函数是一致的。如果将矩阵 $\boldsymbol{A}$ 的每一列看成一个信号的样本点，则函数cov()将得到这些路信号的协方差矩阵。

例 6-10　由randn(3000,4)函数可以生成四路标准正态分布的伪随机信号，每路信号有3000个样本点。试求每路信号的均值，并求出这四路信号的协方差矩阵。

解　有了MATLAB这样强大的计算机语言，由下面几条语句就可以求解该问题。

```
>> R=randn(3000,4); m=mean(R), C=cov(R)
```

得到的均值向量为 $\boldsymbol{m}=[-0.00388,0.0163,-0.00714,-0.0108]$，协方差矩阵为

$$\boldsymbol{C}=\begin{bmatrix}0.98929 & -0.01541 & -0.01241 & 0.01107\\ -0.01541 & 0.99076 & -0.00376 & 0.00359\\ -0.01241 & -0.00376 & 1.03840 & 0.01363\\ 0.01107 & 0.00359 & 0.01363 & 0.99814\end{bmatrix}$$

从得出的协方差矩阵看，该矩阵接近于单位矩阵，表明生成的四路伪随机信号基本上是相互独立的。

6.2　矩阵指数函数计算

矩阵指数函数是应用最广泛的一类矩阵函数。本节首先给出一般矩阵函数的定义，然后侧重介绍矩阵指数函数的求解方法，包括幂级数截断法、基于Cayler–Hamilton定理的计算方法与MATLAB提供的一般计算方法，最后通过Jordan变换的例子演示一种矩阵函数的线性变换方法。

6.2.1　矩阵函数的定义与性质

在计算矩阵函数之前，先考虑以下标量函数 $f(x)$。由标量函数扩展出矩阵函数，再介绍矩阵指数函数的计算方法。

定义 6-7　一般标量实函数 $f(x)$ 的Taylor幂级数展开为

$$f(x)=f(0)+\frac{1}{1!}f'(0)x+\frac{1}{2!}f''(0)x^2+\cdots+\frac{1}{k!}f^{(k)}(0)x^k+\cdots\tag{6-2-1}$$

矩阵函数通常是将标量实函数直接扩展到矩阵领域的函数，需要将自变量从

标量拓展到矩阵。下面先给出矩阵函数的一般定义，然后介绍矩阵指数函数的求解方法，后面各节还将介绍其他矩阵函数的计算方法。

定义6-8　由Taylor幂级数形式定义的矩阵函数一般形式为

$$f(\boldsymbol{A})=f(0)\boldsymbol{I}+\frac{1}{1!}f'(0)\boldsymbol{A}+\frac{1}{2!}f''(0)\boldsymbol{A}^2+\cdots+\frac{1}{k!}f^{(k)}(0)\boldsymbol{A}^k+\cdots \tag{6-2-2}$$

这里将不加证明地给出矩阵函数的一些性质[22]。

定理6-1　对方阵 $\boldsymbol{A}$ 而言，矩阵函数 $f(\boldsymbol{A})$ 与 $\boldsymbol{A}$ 满足交换律：$f(\boldsymbol{A})\boldsymbol{A}=\boldsymbol{A}f(\boldsymbol{A})$。

定理6-2　矩阵函数 $f(\boldsymbol{A})$ 满足：$f(\boldsymbol{A}^{\mathrm{T}})=f^{\mathrm{T}}(\boldsymbol{A})$，$f\big(\boldsymbol{X}\boldsymbol{A}\boldsymbol{X}^{-1}\big)=\boldsymbol{X}f(\boldsymbol{A})\boldsymbol{X}^{-1}$。

定理6-3　如果 $\boldsymbol{A}=\mathrm{diag}\big(\boldsymbol{A}_1,\boldsymbol{A}_2,\cdots,\boldsymbol{A}_m\big)$ 为块对角矩阵，则

$$f(\boldsymbol{A})=\mathrm{diag}\big(f(\boldsymbol{A}_1),f(\boldsymbol{A}_2),\cdots,f(\boldsymbol{A}_m)\big) \tag{6-2-3}$$

矩阵指数函数是最常用的矩阵函数，在很多领域中都需要使用矩阵指数函数。例如，线性系统的解析解就需要矩阵指数函数的求解。本节先给出矩阵指数函数的定义，然后介绍两种通用的数值解求解方法及MATLAB底层实现，并介绍矩阵指数函数的MATLAB通用求解方法。

6.2.2　矩阵指数函数的运算

除了对矩阵的每个元素进行单独计算外，一般还常常要求对整个矩阵做这样的非线性运算。

定义6-9　矩阵 $\boldsymbol{A}$ 的e指数可以定义成如下的无穷级数。

$$\mathrm{e}^{\boldsymbol{A}}=\sum_{i=0}^{\infty}\frac{1}{i!}\boldsymbol{A}^i=\boldsymbol{I}+\boldsymbol{A}+\frac{1}{2!}\boldsymbol{A}^2+\frac{1}{3!}\boldsymbol{A}^3+\cdots+\frac{1}{m!}\boldsymbol{A}^m+\cdots \tag{6-2-4}$$

文献[23]中叙述了求解矩阵指数的19种不同的数值方法，每一种方法都有自己的特点及适用范围。本节将介绍两种底层的数值求解方法及其MATLAB实现。最后再介绍MATLAB提供的矩阵指数函数求解方法。

6.2.3　基于Taylor幂级数的截断算法

式(6-2-4)给出的Taylor幂级数求和公式比较适合用循环结构实现，但直接实现涉及矩阵 $\boldsymbol{A}$ 的高次方，将增大运算量。所以，一个更合适的方法是采用递推的方式计算通项 $\boldsymbol{F}_k=\boldsymbol{A}^k/k!$。由通项的第 $k+1$ 项除以第 k 项(为方便起见这里使用了除法的表示方法，事实上，除法应该更严格地写成逆矩阵的形式)，则

$$\frac{\boldsymbol{F}_{k+1}}{\boldsymbol{F}_k}=\frac{\boldsymbol{A}^{k+1}/(k+1)!}{\boldsymbol{A}^k/k!}=\frac{1}{k+1}\boldsymbol{A} \tag{6-2-5}$$

由此可以推导出通项的递推公式为

$$\boldsymbol{F}_{k+1}=\frac{1}{k+1}\boldsymbol{A}\boldsymbol{F}_k,\ k=0,1,2,\cdots \tag{6-2-6}$$

且 $\boldsymbol{F}_0$ 为单位矩阵。如果 $||\boldsymbol{F}_{k+1}||\leqslant\epsilon$，$\epsilon$ 为预先指定的误差限，则可以终止循环结构，认为累加计算成功，得出的结果可以认定为矩阵指数函数的收敛值。

根据上面给出的思路，不难编写出下面的MATLAB函数来实现累加公式，计算矩阵的指数。如果需要，还可以返回累加次数 k。

```
function [A1,k]=exp_taylor(A)
A1=zeros(size(A)); F=eye(size(A)); k=0;
while norm(F)>eps, A1=A1+F; F=A*F/(k+1); k=k+1; end
```

例6-11 试求下面给出的矩阵 $\boldsymbol{A}$ 的指数函数 $\mathrm{e}^{\boldsymbol{A}}$。

$$\boldsymbol{A}=\begin{bmatrix}-3&-1&-1\\0&-3&-1\\1&2&0\end{bmatrix}$$

解 将矩阵输入MATLAB工作空间，运行下面的命令

```
>> A=[-3,-1,-1; 0,-3,-1; 1,2,0]; [A1,k]=exp_taylor(A)
```

得到的结果如下所示，迭代次数为 $k=26$。

$$\boldsymbol{A}_1=\begin{bmatrix}-0.000000000000000&-0.135335283236613&-0.135335283236613\\-0.067667641618306&-0.067667641618307&-0.203002924854919\\0.203002924854919&0.338338208091532&0.473673491328144\end{bmatrix}$$

例6-12 试求如下矩阵 $\boldsymbol{A}$ 的矩阵指数 $\mathrm{e}^{\boldsymbol{A}}$。

$$\boldsymbol{A}=\begin{bmatrix}-21&19&-20\\19&-21&20\\40&-40&-40\end{bmatrix}$$

解 由下面的语句可以计算矩阵指数。

```
>> A=[-21,19,-20; 19,-21,20; 40,-40,-40];
   [A1,k]=exp_taylor(A)
```

得到的结果如下所示，迭代次数为 $k=184$。

$$\boldsymbol{A}_1=\begin{bmatrix}-0.598980906452256&0.598980906452256&-1.005954603300903\\0.598980906452256&-0.598980906452256&1.005954603300903\\2.860007351570487&-4.536904952352106&-0.114550879637390\end{bmatrix}\times10^7$$

后面将证明上面得到的结果是错误的，尽管通项满足了收敛条件。这是因为，通项的符号一直在交替变化，求和时相互抵消，虽然通项本身在双精度数据结构下满足收敛条件，但求和本身并未收敛，所以这类方法有时并不可靠，可能导致误导性的结果。

6.2.4 基于Cayley–Hamilton定理的计算

从给出的指数矩阵函数Taylor幂级数表达式可见，在求和过程中可能会出现矩阵任意次方的加法，这样的方法一方面计算量可能比较大，另一方面，交替抵消的项可能会影响整体矩阵函数的收敛性，所以考虑其他方法。

由Cayley–Hamilton定理可见，$\boldsymbol{A}^n$ 可以写成 $\boldsymbol{I},\boldsymbol{A},\boldsymbol{A}^2,\cdots,\boldsymbol{A}^{n-1}$ 的线性组合

$$\boldsymbol{A}^n=-a_1\boldsymbol{A}^{n-1}-a_2\boldsymbol{A}^{n-2}-\cdots-a_{n-1}\boldsymbol{A}-a_n\boldsymbol{I} \tag{6-2-7}$$

不妨将Taylor展开式拆分成两部分，即

$$\mathrm{e}^{\boldsymbol{A}}=\sum_{k=0}^{n-1}\frac{1}{k!}\boldsymbol{A}^k+\sum_{j=0}^{\infty}\frac{1}{(n+j)!}\boldsymbol{A}^{n+j} \tag{6-2-8}$$

反复使用式(6-2-7)，可以看出 $\boldsymbol{A}^{n+j}$ 也可以写成 $\boldsymbol{I},\boldsymbol{A},\cdots,\boldsymbol{A}^{n-1}$ 的线性组合

$$\boldsymbol{B}_{n+j}=\frac{1}{(n+j)!}\boldsymbol{A}^{n+j},\ j=0,1,2,\cdots \tag{6-2-9}$$

所以，$\boldsymbol{B}_{n+j}$ 也可以写成 $\boldsymbol{I},\boldsymbol{A},\cdots,\boldsymbol{A}^{n-1}$ 的线性组合，记

$$\boldsymbol{B}_{n+j}=\beta_{1,j}\boldsymbol{I}+\beta_{2,j}\boldsymbol{A}+\cdots+\beta_{n,j}\boldsymbol{A}^{n-1} \tag{6-2-10}$$

由 $\boldsymbol{B}_{n+j+1}=\boldsymbol{A}\boldsymbol{B}_{n+j}/(n+j+1)$，则可以得出

$$\boldsymbol{B}_{n+j+1}=\frac{1}{n+j+1}\left(\beta_{1,j}\boldsymbol{A}+\beta_{2,j}\boldsymbol{A}^2+\cdots+\beta_{n,j}\boldsymbol{A}^n\right) \tag{6-2-11}$$

由此可以得出如下的递推公式

$$\beta_{1,j+1}=-\frac{a_n\beta_{n,j}}{n+j},\ \beta_{i,j+1}=\frac{1}{n+j}\left(\beta_{i-1,j}-\beta_{n,j}a_{n-i}\right) \tag{6-2-12}$$

其中，$i=2,3,\cdots,n$，且 $\beta_{i,1}=-a_{n+1-i}/n!$，$i=1,2,\cdots,n$。这样[24]

$$\mathrm{e}^{\boldsymbol{A}}=\sum_{k=0}^{n-1}\left(\frac{1}{k!}+\sum_{j=1}^{\infty}\beta_{k+1,j}\right)\boldsymbol{A}^k \tag{6-2-13}$$

如果系数 $\beta_{:,j}$ 都足够小，则可以截断以后各项，这样可以由上面的公式近似出矩阵的指数函数。根据这样的算法，可以编写出下面的MATLAB求解函数。

```
function [A1,k]=exp_ch(A)
[n,m]=size(A); p=poly1(A); F=eye(n); A1=zeros(n);
a=p(2:end).'; bet=-a(end:-1:1)/factorial(n); k=1;
while (1), b0=bet(:,end);
   b1=-a(n)*b0(n); b2=(b0(1:n-1)-b0(n)*a(n-1:-1:1));
   b=[b1; b2]/(n+k); k=k+1; bet=[bet, b];
   if norm(b)<eps; break; end
end
for j=1:n, A1=A1+(1/factorial(j-1)+sum(bet(j,:)))*F; F=A*F; end
```

例6-13 试重新计算例6-12中矩阵 $\boldsymbol{A}$ 的矩阵指数 $\mathrm{e}^{\boldsymbol{A}}$。

解 由下面的语句可以计算矩阵指数。不过，经过本例的实际测试，这里给出的新算法仍然有很大的误差，计算步数为 $k=176$，略有减小，需要引入新的有效、高精度的方法求解矩阵指数问题。

```
>> A=[-21,19,-20; 19,-21,20; 40,-40,-40];
   [A1,k]=exp_ch(A)
```

6.2.5 MATLAB的直接计算函数

MATLAB提供了更高效的求取矩阵指数的expm()函数。该函数的调用格式为 $\boldsymbol{E}$=expm($\boldsymbol{A}$)。其中，$\boldsymbol{A}$ 可以是双精度矩阵和符号型矩阵。该函数甚至还可以求解矩阵函数 $\mathrm{e}^{\boldsymbol{A}t}$ 或更复杂的符号运算问题，这是数值方法不能求解的。

例6-14 试用通用函数重新计算例6-12中矩阵 $\boldsymbol{A}$ 的矩阵指数 $\mathrm{e}^{\boldsymbol{A}}$。

解 例6-12中得到的结果并未被检验，所以这里将通过MATLAB提供的通用函数求取数值解与解析解。下面先看一下数值解的求解方法。

```
>> A=[-21,19,-20; 19,-21,20; 40,-40,-40]; A1=expm(A)
```

得到的结果如下所示。显然，这个结果与例6-12中的结果完全不同。

$$\boldsymbol{A}_1=\begin{bmatrix} 0.0676676416183064 & 0.0676676416183064 & 9.0544729577\times10^{-20} \\ 0.0676676416183064 & 0.0676676416183064 & 3.256049339\times10^{-18} \\ 4.0095395715\times10^{-19} & -5.9300552112\times10^{-18} & -2.8333891522\times10^{-18} \end{bmatrix}$$

如果采用解析解方法，则可以使用下面的语句。

```
>> A2=expm(sym(A)), A3=vpa(A2,15)
```

该指数矩阵的解析解为

$$\boldsymbol{A}_2=\begin{bmatrix} \mathrm{e}^{-2}/2+\mathrm{e}^{-40}\cos 40/2 & \mathrm{e}^{-2}/2-\mathrm{e}^{-40}\cos 40/2 & -\mathrm{e}^{-40}\sin 40/2 \\ \mathrm{e}^{-2}/2-\mathrm{e}^{-40}\cos 40/2 & \mathrm{e}^{-2}/2+\mathrm{e}^{-40}\cos 40/2 & \mathrm{e}^{-40}\sin 40/2 \\ \mathrm{e}^{-40}\sin 40 & -\mathrm{e}^{-40}\sin 40 & \mathrm{e}^{-40}\cos 40 \end{bmatrix}$$

从中得到的可靠数值解如下所示。可以看出，接近零的那些项有些差距，但误差是 10^{-16} 级别的，其他项用expm()函数得出的是精确的。

$$\boldsymbol{A}_3=\begin{bmatrix} 0.0676676416183063 & 0.0676676416183063 & -1.582752333\times10^{-18} \\ 0.0676676416183063 & 0.0676676416183063 & 1.582752333\times10^{-18} \\ 3.16550466560\times10^{-18} & -3.1655046660\times10^{-18} & -2.8333891522\times10^{-18} \end{bmatrix}$$

例6-15 已知例6-11中的矩阵 $\boldsymbol{A}$，试求解一个更一般的矩阵函数 $\mathrm{e}^{\mathrm{e}^{\boldsymbol{A}t}t}$。

解 这样复杂的矩阵运算也可以通过expm()通用函数直接计算。

```
>> syms t; A=[-3,-1,-1; 0,-3,-1; 1,2,0]; A=sym(A);
   A1=simplify(expm(expm(A*t)*t))
```

得到的结果为

$$\boldsymbol{A}_1=\begin{bmatrix} \mathrm{e}^{t\mathrm{e}^{-2t}-2t}(\mathrm{e}^{2t}-t^2) \\ -t^3\mathrm{e}^{-2t}\mathrm{e}^{t\mathrm{e}^{-2t}}/2-t^4\mathrm{e}^{-4t}\mathrm{e}^{t\mathrm{e}^{-2t}}/2 \\ t^2\mathrm{e}^{-2t}\mathrm{e}^{t\mathrm{e}^{-2t}}+t^3\mathrm{e}^{-2t}\mathrm{e}^{t\mathrm{e}^{-2t}}/2+t^4\mathrm{e}^{-4t}\mathrm{e}^{t\mathrm{e}^{-2t}}/2 \end{bmatrix}$$

$$\begin{matrix} -t^2\mathrm{e}^{-2t}\mathrm{e}^{t\mathrm{e}^{-2t}} \\ \mathrm{e}^{t\mathrm{e}^{-2t}}-t^2\mathrm{e}^{-2t}\mathrm{e}^{t\mathrm{e}^{-2t}}-t^3\mathrm{e}^{-2t}\mathrm{e}^{t\mathrm{e}^{-2t}}/2-t^4\mathrm{e}^{-4t}\mathrm{e}^{t\mathrm{e}^{-2t}}/2 \\ 2t^2\mathrm{e}^{-2t}\mathrm{e}^{t\mathrm{e}^{-2t}}+t^3\mathrm{e}^{-2t}\mathrm{e}^{t\mathrm{e}^{-2t}}/2+t^4\mathrm{e}^{-4t}\mathrm{e}^{t\mathrm{e}^{-2t}}/2 \\ -t^2\mathrm{e}^{-2t}\mathrm{e}^{t\mathrm{e}^{-2t}} \\ -t^2\mathrm{e}^{-2t}\mathrm{e}^{t\mathrm{e}^{-2t}}-t^3\mathrm{e}^{-2t}\mathrm{e}^{t\mathrm{e}^{-2t}}/2-t^4\mathrm{e}^{-4t}\mathrm{e}^{t\mathrm{e}^{-2t}}/2 \\ \mathrm{e}^{t\mathrm{e}^{-2t}}+2t^2\mathrm{e}^{-2t}\mathrm{e}^{t\mathrm{e}^{-2t}}+t^3\mathrm{e}^{-2t}\mathrm{e}^{t\mathrm{e}^{-2t}}/2+t^4\mathrm{e}^{-4t}\mathrm{e}^{t\mathrm{e}^{-2t}}/2 \end{matrix}\Bigg]$$

6.2.6 基于Jordan变换的求解方法

尽管前面的通用函数expm()可以得到任意矩阵的指数函数，还是要探讨另一种方法——通过Jordan变换计算矩阵指数的方法。当然，矩阵指数运算没有必要采用这种方法，但这样的思路可能对后面将介绍的其他函数有用，所以这里只通过例子演示基于Jordan变换的矩阵函数求解方法。

例6-16　给出例6-11中的一般矩阵$\boldsymbol{A}$，试求出$\mathrm{e}^{\boldsymbol{A}}$与$\mathrm{e}^{\boldsymbol{A}t}$。

解　矩阵指数及指数函数可以通过expm()函数直接计算。

```
>> syms t; A=[-3,-1,-1; 0,-3,-1; 1,2,0];  %输入矩阵
   A1=expm(A), A2=expm(sym(A))            %求矩阵指数的数值解
   simplify(expm(A*t))                     %求矩阵指数函数的解析解
```

可以得到矩阵指数的数值解与例6-11中得到的完全一致，矩阵指数的解析解为

$$\boldsymbol{A}_2=\begin{bmatrix} 0 & -\mathrm{e}^{-2} & -\mathrm{e}^{-2} \\ -\mathrm{e}^{-2}/2 & -\mathrm{e}^{-2}/2 & -3\mathrm{e}^{-2}/2 \\ 3\mathrm{e}^{-2}/2 & 5\mathrm{e}^{-2}/2 & 7\mathrm{e}^{-2}/2 \end{bmatrix}$$

还可以得到矩阵的指数函数为

$$\mathrm{e}^{\boldsymbol{A}t}=\begin{bmatrix} -\mathrm{e}^{-2t}(-1+t) & -t\mathrm{e}^{-2t} & -t\mathrm{e}^{-2t} \\ -t^2\mathrm{e}^{-2t}/2 & -\mathrm{e}^{-2t}(-1+t+t^2/2) & -t\mathrm{e}^{-2t}(2+t/2) \\ t\mathrm{e}^{-2t}/2 & t\mathrm{e}^{-2t}(2+t/2) & \mathrm{e}^{-2t}(1+2t+t^2/2) \end{bmatrix}$$

下面的演示基于Jordan矩阵变换的$\mathrm{e}^{\boldsymbol{A}t}$矩阵处理方法。

```
>> [V,J]=jordan(A)    % Jordan矩阵变换
```

可以得到Jordan矩阵$\boldsymbol{J}$和广义特征向量矩阵$\boldsymbol{V}$，为

$$\boldsymbol{V}=\begin{bmatrix} 0 & -1 & 1 \\ -1 & 0 & 0 \\ 1 & 1 & 0 \end{bmatrix},\quad \boldsymbol{J}=\begin{bmatrix} -2 & 1 & 0 \\ 0 & -2 & 1 \\ 0 & 0 & -2 \end{bmatrix}$$

还可以由Jordan矩阵$\boldsymbol{J}$直接写出$\mathrm{e}^{\boldsymbol{J}t}$为

$$\mathrm{e}^{\boldsymbol{J}t}=\mathrm{e}^{-t}\begin{bmatrix} 1 & t & t^2/2 \\ 0 & 1 & t \\ 0 & 0 & 1 \end{bmatrix}$$

利用Jordan矩阵性质即可求出原矩阵的指数函数，与前面结果完全一致。

```
>> J1=exp(-2*t)*[1 t t^2/2; 0 1 t; 0 0 1];
   A1=simplify(V*J1*inv(V))
```

其实，用这样的方法求解矩阵指数并不是此例的目的，因为用符号运算工具箱中的`expm()` 函数可以立即得出所需的结果。后面将通过例子演示如何用Jordan矩阵的方法求解其他函数，例如正弦函数等。

6.3 矩阵的对数与平方根函数计算

本节介绍矩阵对数函数与平方根函数的计算程序，具体算法可以参考文献[22]。本节将通过例子演示相应矩阵函数的计算。

6.3.1 矩阵的对数运算

从微积分学可知，$\ln x$与$\sqrt{x}$等函数并不能根据$x = 0$的点作Taylor幂级数展开，但可以展开$\ln(1+x)$，或根据$x = 1$点作Taylor幂级数展开，对数函数的Taylor幂级数展开式为

$$\ln x = (x-1) - \frac{1}{2}(x-1)^2 + \frac{1}{3}(x-1)^3 + \cdots + \frac{(-1)^{k+1}}{k}(x-1)^k + \cdots \tag{6-3-1}$$

收敛域为$|x-1| < 1$。

定理6-4 自然对数矩阵函数$\ln \boldsymbol{A}$的Taylor幂级数表达式为

$$\ln\boldsymbol{A} = \boldsymbol{A} - \boldsymbol{I} - \frac{1}{2}(\boldsymbol{A}-\boldsymbol{I})^2 + \frac{1}{3}(\boldsymbol{A}-\boldsymbol{I})^3 + \cdots + \frac{(-1)^{k+1}}{k}(\boldsymbol{A}-\boldsymbol{I})^k + \cdots \tag{6-3-2}$$

收敛域为$||\boldsymbol{A}-\boldsymbol{I}|| < 1$。

MATLAB提供了$\boldsymbol{C}$=`logm(`$\boldsymbol{A}$`)`的函数求数值矩阵的对数函数，读者只需调用该函数就可以立即得到矩阵对数的数值解。

例6-17 例6-11得到了矩阵的指数$\mathrm{e}^{\boldsymbol{A}}$数值解，试通过对数运算还原成原矩阵。

解 输入矩阵，先求出指数矩阵，再对结果做对数运算，并与原矩阵比较。

```
>> syms t; A=[-3,-1,-1; 0,-3,-1; 1,2,0];
   A1=expm(A); A2=logm(A1), err=norm(A-A2)
```

得到的结果如下所示，还原误差为4.4979×10^{-15}。

$$\boldsymbol{A}_2 = \begin{bmatrix} -3.000000000000000 & -1.000000000000001 & -1.000000000000000 \\ -0.000000000000003 & -3.000000000000002 & -1.000000000000002 \\ 1.000000000000001 & 2.000000000000000 & 0.000000000000002 \end{bmatrix}$$

例6-18 例6-14曾计算出矩阵的指数$\mathrm{e}^{\boldsymbol{A}}$，试由结果还原成原矩阵。

解 由下面的语句先计算出指数矩阵，再由其求出对数矩阵。

```
>> A=[-21,19,-20; 19,-21,20; 40,-40,-40];
   A1=expm(A); A2=logm(A1)
```

得到的结果如下所示。由于得到的指数矩阵的最后一行所有元素都接近于零，是不精确

的数值,所以由logm()函数并不能很好地还原出原矩阵。

$$A_2=\begin{bmatrix} -20.6379406437531 & 18.6379406437531 & -1.13770229508543 \\ 18.6379406437531 & -20.6379406437531 & 1.13770229508546 \\ 2.27540459565457 & -2.27540459565457 & -41.3125571195314 \end{bmatrix}$$

即使采用符号运算的框架,也不能很好地还原 A 矩阵。

```
>> A1=expm(sym(A)); A2=simplify(logm(A1)), A3=vpa(ans)
```

得到的结果为

$$A_3=\begin{bmatrix} -21.0 & 19.0 & -1.15044407846124 \\ 19.0 & -21.0 & 1.15044407846124 \\ 2.30088815692248 & -2.30088815692248 & -40.0 \end{bmatrix}$$

其实,仔细分析 A_2 矩阵的第一列,不难看出,到这步为止,得到的结果是正确的。

$$A_2(:,1)=\begin{bmatrix} \ln(\cos 40-\mathrm{j}\sin 40)/4+\ln(\cos 40+\mathrm{j}\sin 40)/4-21 \\ 19-\ln(\cos 40+\mathrm{j}\sin 40)/4-\ln(\cos 40-\mathrm{j}\sin 40)/4 \\ (\ln(\cos 40-\mathrm{j}\sin 40)\mathrm{j})/2-(\ln(\cos 40+\mathrm{j}\sin 40)\mathrm{j})/2 \end{bmatrix}$$

因为,通过Euler公式,这一列可以手工化简为

$$\begin{array}{l} \ln(\cos-\mathrm{j}\sin 40)/4+\ln(\cos 40+\mathrm{j}\sin 40)/4-21 \to -40\mathrm{j}/4+40\mathrm{j}/4-21 \to -21 \\ 19-\ln(\cos 40+\mathrm{j}\sin 40)/4-\ln(\cos 40-\mathrm{j}\sin 40)/4 \to 19-40\mathrm{j}/4-(-40\mathrm{j})/4 \to 19 \\ (\ln(\cos 40-\mathrm{j}\sin 40)\mathrm{j})/2-(\ln(\cos 40+\mathrm{j}\sin 40)\mathrm{j})/2 \to (-40\mathrm{j})\mathrm{j}/2-(40\mathrm{j})\mathrm{j}/2 \to 40 \end{array}$$

其他各列也可以同样处理。对这个具体问题而言,vpa()命令产生了错误结果。

6.3.2 矩阵的平方根运算

类似于对数函数，根式函数也可以写成Taylor幂级数展开的形式，也需要对 $x=1$ 或其他的点展开，而不能根据 $x=0$ 点展开。本节介绍基于MATLAB的求解方法与实例。

关于 $x=1$ 点的根式函数的Taylor幂级数展开为

$$\sqrt[q]{x^p}=1+\frac{p}{q}(x-1)+\frac{p(p-q)}{q\times 2q}(x-1)^2+\frac{p(p-q)(p-2q)}{q\times 2q\times 3q}(x-1)^3+\cdots \tag{6-3-3}$$

平方根函数是上面性质的一个特例，如果想得出平方根矩阵函数的Taylor幂级数表达式的一般形式，可以使用MATLAB函数sqrt()。下面给出由MATLAB计算出来的Taylor展开公式。

例6-19 试写出 $\sqrt{x}$ 函数关于 $x=1$ 点的Taylor幂级数展开。

解 如果想得出已知函数的Taylor幂级数展开,可以采用如下的语句。

```
>> syms x positive
   F=taylor(sqrt(x),x,1,'Order',7)
```

前七项展开表达式为

$$1+\frac{x-1}{2}-\frac{(x-1)^2}{8}+\frac{(x-1)^3}{16}-\frac{5(x-1)^4}{128}+\frac{7(x-1)^5}{256}-\frac{21(x-1)^6}{1024}$$

MATLAB提供了 A_1=sqrtm(A)函数来求取矩阵的平方根，下面用例子测试其效果。

例6-20 仍考虑例6-14中的矩阵A，试得出矩阵A^2的平方根矩阵。

解 先对矩阵A进行平方运算，再调用MATLAB提供的sqrtm()函数求出结果的平方根，则可以得出本例问题的解。

```
>> A=[-21,19,-20; 19,-21,20; 40,-40,-40];
   A0=A^2; A1=sqrtm(A0), A1=sqrtm(sym(A0))
```

得到的数值结果如下：

$$A_1=\begin{bmatrix} 20.999999999999883 & -19.000000000000071 & 19.999999999999932 \\ -19.000000000000046 & 20.999999999999940 & -20.000000000000004 \\ -40.000000000000000 & 40.000000000000043 & 40.000000000000050 \end{bmatrix}$$

事实上，这里只得到矩阵A^2的一个根，另一个根为$-A_1$。

其实，除了这里给出的方法之外，还有应用更广泛的方法，例如 A^(1/2)。这种方法不但能求出矩阵的平方根，还可以求出矩阵的任意方根，该运算的内容详见2.5.3节，后面还将介绍其他的方法。

6.4 矩阵的三角函数运算

矩阵的三角函数也是一类应用广泛的矩阵函数。本节首先探讨矩阵三角函数的数值计算方法，然后利用Euler公式给出矩阵三角函数的一般计算思路，随后给出矩阵三角函数的解析计算方法。

6.4.1 矩阵的三角函数运算

MATLAB没有提供对矩阵进行三角函数运算的现成函数，其数值解可以通过函数funm()得出。该函数的目的是求出矩阵的任意函数，调用方法为

A_1=funm(A,'函数名'), %例如，B=funm(A,@sin)

其中，函数名应该由单引号括起来或用函数句柄表示。在新版本的MATLAB中，还可以由funm(A*t,'sin')或funm(A*t,@sin)这类命令求取矩阵函数$\sin At$。

例6-21 重新考虑例6-11中给出的矩阵，试求出$\sin A$与$\sin At$。

解 如果想对其中的矩阵A进行正弦运算，可以使用下面的语句。

```
>> A=[-3,-1,-1; 0,-3,-1; 1,2,0];
   B1=funm(A,@sin), B2=funm(sym(A),@sin) %求解正弦矩阵的数值解
   syms t; C=simplify(funm(A*t,@sin))    %求矩阵正弦函数的解析解
   norm(B1-double(B2))
```

这样得到的矩阵正弦函数的数值解与解析解分别为

$$\boldsymbol{B}_1=\begin{bmatrix}-0.493150590278543 & 0.416146836547141 & 0.416146836547141\\ -0.454648713412841 & -0.947799303691380 & -0.038501876865700\\ 0.038501876865700 & -0.377644959681444 & -1.286942386507125\end{bmatrix}$$

$$\boldsymbol{B}_2=\begin{bmatrix}-\cos 2-\sin 2 & -\cos 2 & -\cos 2\\ -\sin 2/2 & -\cos 2-3\sin 2/2 & -\cos 2-\sin 2/2\\ \cos 2+\sin 2/2 & 2\cos 2+\sin 2/2 & 2\cos 2-\sin 2/2\end{bmatrix}$$

矩阵函数 $\sin \boldsymbol{A}t$ 为

$$\boldsymbol{C}=\begin{bmatrix}-\sin 2t-t\cos 2t & -t\cos 2t & -t\cos 2t\\ -t^2\sin 2t/2 & -\sin 2t-t\cos 2t-t^2\sin 2t/2 & -t\cos 2t-t^2\sin 2t/2\\ t\cos 2t+t^2\sin 2t/2 & 2t\cos 2t+t^2\sin 2t/2 & 2t\cos 2t-\sin 2t+t^2\sin 2t/2\end{bmatrix}$$

采用上面的语句得到的数值解的误差为 4.2028×10^{-15}。

6.4.2 基于幂级数展开的矩阵三角函数计算

前面介绍过基于幂级数的矩阵指数函数数值计算方法与MATLAB实现，其实，三角函数也可以作Taylor幂级数展开。可以将幂级数展开扩展成矩阵的幂级数展开，并进一步用累加、截断的方法计算出矩阵的三角函数。本节先给出常用的矩阵三角函数幂级数展开公式，然后以正弦函数为例编写MATLAB程序。

定理6-5　正弦函数 $\sin \boldsymbol{A}$ 可以由下面的幂级数展开式求出

$$\sin \boldsymbol{A}=\sum_{k=0}^{\infty}(-1)^k\frac{\boldsymbol{A}^{2k+1}}{(2k+1)!}=\boldsymbol{A}-\frac{1}{3!}\boldsymbol{A}^3+\frac{1}{5!}\boldsymbol{A}^5+\cdots \tag{6-4-1}$$

定理6-6　余弦矩阵函数 $\cos \boldsymbol{A}$ 的Taylor表达式为

$$\cos \boldsymbol{A}=\boldsymbol{I}-\frac{1}{2!}\boldsymbol{A}^2+\frac{1}{4!}\boldsymbol{A}^4-\frac{1}{6!}\boldsymbol{A}^6+\cdots+\frac{(-1)^n}{(2n)!}\boldsymbol{A}^{2n}+\cdots \tag{6-4-2}$$

定理6-7　反正弦矩阵函数 $\arcsin \boldsymbol{A}$ 的Taylor表达式为

$$\begin{aligned}\arcsin \boldsymbol{A}=&\boldsymbol{A}+\frac{1}{2\times 3}\boldsymbol{A}^3+\frac{1\times 3}{2\times 4\times 5}\boldsymbol{A}^5+\frac{1\times 3\times 5}{2\times 4\times 6\times 7}\boldsymbol{A}^7\\ &+\frac{1\times 3\times 5\times 7}{2\times 4\times 6\times 8\times 9}\boldsymbol{A}^9+\cdots+\frac{(2n)!}{2^{2n}(n!)^2(2n+1)}\boldsymbol{A}^{2n+1}+\cdots\end{aligned} \tag{6-4-3}$$

用幂级数的形式求取矩阵函数的数值解，很重要的一步是由通项公式求出后项对前项的增量，然后用循环形式编写数值求解的累加函数。对本例子而言，其第 k 项的通项为

$$\boldsymbol{F}_k=(-1)^k\frac{\boldsymbol{A}^{2k+1}}{(2k+1)!},\quad k=0,1,2,\cdots \tag{6-4-4}$$

这样，由后项比前项很容易求出(仍简记为除法的形式)

$$\frac{\boldsymbol{F}_{k+1}}{\boldsymbol{F}_k}=\frac{(-1)^{k+1}\boldsymbol{A}^{2(k+1)+1}/(2(k+1)+1)!}{(-1)^k\boldsymbol{A}^{2k+1}/(2k+1)!}=-\frac{\boldsymbol{A}^2}{(2k+3)(2k+2)} \tag{6-4-5}$$

从而得出如下的递推公式

$$F_{k+1}=\frac{(-1)^{k+1}A^{2(k+1)+1}/(2(k+1)+1)!}{(-1)^kA^{2k+1}/(2k+1)!}=-\frac{A^2F_k}{(2k+3)(2k+2)} \tag{6-4-6}$$

其中，$k=0,1,2,\cdots$，且初值为$F_0=A$。

类似地，还可以推导出其他矩阵三角函数的递推公式。

例6-22 事实上，矩阵的非线性函数数值运算可以通过幂级数的方法简单地求出。试编写出求取矩阵正弦函数的数值计算程序。

解 可以用累加实现正弦函数幂级数的求和，如果误差足够小，则停止累加程序。这里采用的判定条件为$||E+F-E||_1>0$，其物理含义是F加到E上的量可忽略。注意，该条件不能简化成$||F||_1>0$。

```
function E=sinm1(A)
F=A; E=A; k=0; % 用累加法，如果累加量可以忽略，则终止循环
while norm(E+F-E,1)>0
   F=-A^2*F/(2*k+3)/(2*k+2); E=E+F; k=k+1;
end
```

由上面的程序可以看出，看起来比较复杂的矩阵正弦函数的幂级数展开运算可以简单地由几条MATLAB语句实现。利用函数A_1=sinm1(A)可以容易地求出原矩阵的正弦矩阵A_1。

例6-23 仍考虑例6-11中给出的矩阵，试利用新函数重新求解$\sin A$。

解 输入矩阵并调用sinm1()函数求解。

```
>> A=[-3,-1,-1; 0,-3,-1; 1,2,0];
   A1=sinm1(A), norm(A1-funm(sym(A),@sin))
```

得到的结果矩阵正弦函数A_1如下所示，与精确值相比的误差为2.4022×10^{-16}，比例6-21的数值计算结果更精确。

$$A_1=\begin{bmatrix}-0.493150590278539 & 0.416146836547142 & 0.416146836547142\\ -0.454648713412841 & -0.947799303691380 & -0.038501876865698\\ 0.038501876865698 & -0.377644959681444 & -1.286942386507125\end{bmatrix}$$

6.4.3 矩阵三角函数的解析求解

再考虑矩阵三角函数的解析解求解方法。先考虑标量三角函数的运算公式。Euler公式是以瑞士数学家Leonhard Euler（1707−1783）命名的公式，其内容为$e^{j\theta}=\cos\theta+j\sin\theta$。

定理6-8 如果A为方阵，则根据著名的Euler公式$e^{jA}=\cos A+j\sin A$与$e^{-jA}=\cos A-j\sin A$可以立即推导出

$$\sin A=\frac{1}{j2}(e^{jA}-e^{-jA}),\quad \cos A=\frac{1}{2}(e^{jA}+e^{-jA}) \tag{6-4-7}$$

由于前面已经给出了可靠的指数矩阵求解函数 expm()，利用该函数可以直接得出一般矩阵的正弦和余弦函数的解析解运算结果，甚至可以求取更复杂的矩阵三角函数。

例6-24 仍考虑例6-11中给出的矩阵，试求解 $\sin \boldsymbol{A}$。

解 可以利用现成的expm()函数求出矩阵的正弦函数。

```
>> A=[-3,-1,-1; 0,-3,-1; 1,2,0]; j=sqrt(-1);
   A1=(expm(A*j)-expm(-A*j))/(2*j)
```

可见，这样得到的解与例6-22的结果完全一致，证明该解是正确的。

例6-25 假设矩阵 $\boldsymbol{A}$ 有重特征值，试求出其正弦函数 $\sin \boldsymbol{A}t$ 和余弦函数 $\cos \boldsymbol{A}t$。

$$\boldsymbol{A}=\begin{bmatrix}-7 & 2 & 0 & -1\\ 1 & -4 & 2 & 1\\ 2 & -1 & -6 & -1\\ -1 & -1 & 0 & -4\end{bmatrix}$$

解 根据式(6-4-7)可以由下面的语句求解矩阵的正弦和余弦函数。

```
>> A=[-7,2,0,-1; 1,-4,2,1; 2,-1,-6,-1; -1,-1,0,-4]; %矩阵输入
   syms t, A1=(expm(A*1j*t)-expm(-A*1j*t))/(2*1j);
   A1=simplify(A1), A2=(expm(A*1j*t)+expm(-A*1j*t))/2;
   A2=simplify(A2) %利用Euler公式求余弦函数
```

其实，前面的语句即使经过了化简，在最新版本的MATLAB中得到的仍是含有复数变量的指数函数，所以应该采用rewrite()函数进一步化简。

```
>> simplify(rewrite(A1,'sin')), simplify(rewrite(A2,'sin'))
```

通过上述语句可以直接求出如下的解，与早期版本直接得到的结果一致。

$$\sin \boldsymbol{A}t=\left[\begin{matrix}-2/9\sin 3t+(t^2-7/9)\sin 6t-5/3t\cos 6t & -1/3\sin 3t+1/3\sin 6t+t\cos 6t\\ -2/9\sin 3t+(t^2+2/9)\sin 6t+1/3t\cos 6t & -1/3\sin 3t-2/3\sin 6t+t\cos 6t\\ -2/9\sin 3t-(2t^2-2/9)\sin 6t+4/3t\cos 6t & -1/3\sin 3t+1/3\sin 6t-2t\cos 6t\\ 4/9\sin 3t+(t^2-4/9)\sin 6t+1/3t\cos 6t & 2/3\sin 3t-2/3\sin 6t+t\cos 6t\end{matrix}\right.$$

$$\left.\begin{matrix}-2/9\sin 3t+(2/9+t^2)\sin 6t-2/3t\cos 6t & 1/9\sin 3t+(-1/9+t^2)\sin 6t-2/3t\cos 6t\\ -2/9\sin 3t+(2/9+t^2)\sin 6t+4/3t\cos 6t & 1/9\sin 3t-(1/9-t^2)\sin 6t+4/3t\cos 6t\\ -2/9\sin 3t-(7/9+2t^2)\sin 6t-2/3t\cos 6t & 1/9\sin 3t-(1/9+2t^2)\sin 6t-2/3t\cos 6t\\ 4/9\sin 3t-(4/9-t^2)\sin 6t+4/3t\cos 6t & -2/9\sin 3t-(7/9-t^2)\sin 6t+4/3t\cos 6t\end{matrix}\right]$$

$$\cos \boldsymbol{A}t=\left[\begin{matrix}2/9\cos 3t-(t^2+7/9)\cos 6t-5/3t\sin 6t & 1/3\cos 3t-1/3\cos 6t+t\sin 6t\\ 2/9\cos 3t-(t^2+2/9)\cos 6t+1/3t\sin 6t & 1/3\cos 3t+2/3\cos 6t+t\sin 6t\\ 2/9\cos 3t+(2t^2-2/9)\cos 6t+4/3t\sin 6t & 1/3\cos 3t-1/3\cos 6t-2t\sin 6t\\ -4/9\cos 3t-(t^2-4/9)\cos 6t+1/3t\sin 6t & -2/3\cos 3t+2/3\cos 6t+t\sin 6t\end{matrix}\right.$$

$$\left.\begin{matrix}2/9\cos 3t-(2/9+t^2)\cos 6t-2/3t\sin 6t & -1/9\cos 3t+(1/9-t^2)\cos 6t-2/3t\sin 6t\\ 2/9\cos 3t-(2/9+t^2)\cos 6t+4/3t\sin 6t & -1/9\cos 3t+(1/9-t^2)\cos 6t+4/3t\sin 6t\\ 2/9\cos 3t+(7/9+2t^2)\cos 6t-2/3t\sin 6t & -1/9\cos 3t+(1/9+2t^2)\cos 6t-2/3t\sin 6t\\ -4/9\cos 3t+(4/9-t^2)\cos 6t+4/3t\sin 6t & 2/9\cos 3t+(7/9-t^2)\cos 6t+4/3t\sin 6t\end{matrix}\right]$$

例6-26　考虑例6-11给出的矩阵 $\boldsymbol{A}$，试求出矩阵 $\cos \mathrm{e}^{\boldsymbol{A}t}$。

解　输入矩阵并计算矩阵的指数函数，然后计算其结果的余弦函数。

```
>> A=[-3,-1,-1; 0,-3,-1; 1,2,0];
   syms t; A1=simplify(funm(expm(A*t),@cos))
```

得到的结果为

$$\boldsymbol{A}_1 = \begin{bmatrix} \cos\theta + t\theta\sin\theta & t\theta\sin\theta & t\theta\sin\theta \\ t^2\theta^2\cos\theta + \sin\theta/(2\theta) & \cos\theta + t\theta\sin\theta + t^2\theta^2\cos\theta/2 + t^2\theta\sin\theta/2 & t\theta\sin\theta + t^2\theta^2\cos\theta/2 + t^2\theta\sin\theta/2 \\ -t^2\theta^2\cos\theta/2 - t(t+2)\theta\sin\theta/2 & -2t\theta\sin\theta - t^2\theta^2\cos\theta/2 - t^2\theta\sin\theta/2 & \cos\theta - 2t\theta\sin\theta - t^2\theta^2\cos\theta/2 - t^2\theta\sin\theta/2 \end{bmatrix}$$

其中，$\theta = \mathrm{e}^{-2t}$。

6.5　一般矩阵函数的运算

除了对整个矩阵求取矩阵指数、对数函数外，MATLAB还允许求取矩阵的其他非线性函数。遗憾的是，虽然最新版本的`funm()`函数已经能求取一些矩阵函数的解析解，但仍有局限性。本节将介绍基于Jordan矩阵的矩阵函数求解方法[25,26]，并给出其MATLAB实现。本节给出的具体算法与函数是2004年作者在本书第一版中给出的，当时没有其他方法可以求解类似问题。

6.5.1　幂零矩阵

定义6-10　幂零矩阵(nilpotent matrix)是第一对角线元素为1，其他元素都为0的矩阵，其形式为

$$\boldsymbol{H}_n = \begin{bmatrix} 0 & 1 & 0 & \cdots & 0 \\ 0 & 0 & 1 & \cdots & 0 \\ \vdots & \vdots & \vdots & \ddots & \vdots \\ 0 & 0 & 0 & \cdots & 0 \end{bmatrix} \tag{6-5-1}$$

例6-27　假设给定四阶幂零矩阵 $\boldsymbol{H}$，观察该幂零矩阵的乘方运算特点。

解　可以用简单的命令生成一个四阶幂零矩阵，然后采用循环结构计算幂零矩阵的乘方，并观察乘方矩阵1元素所在的位置变化。

```
>> H=diag([1 1 1],1)
   for i=2:4, H^i, end %观察幂零矩阵1元素的位置变化
```

在下面显示的矩阵中，第一个是幂零矩阵，后面是幂零矩阵的乘方。可以看出，$\boldsymbol{H}^4$

及以后的乘方均为零矩阵。

$$\boldsymbol{H}=\begin{bmatrix}0&1&0&0\\0&0&1&0\\0&0&0&1\\0&0&0&0\end{bmatrix},\quad \boldsymbol{H}^2=\begin{bmatrix}0&0&1&0\\0&0&0&1\\0&0&0&0\\0&0&0&0\end{bmatrix}$$

$$\boldsymbol{H}^3=\begin{bmatrix}0&0&0&1\\0&0&0&0\\0&0&0&0\\0&0&0&0\end{bmatrix},\quad \boldsymbol{H}^4=\begin{bmatrix}0&0&0&0\\0&0&0&0\\0&0&0&0\\0&0&0&0\end{bmatrix}$$

定理6-9　如果$\boldsymbol{H}_m$为m阶幂零矩阵，若$k\geqslant m$，则$\boldsymbol{H}_m^k\equiv\boldsymbol{0}$。

6.5.2　基于Jordan变换的矩阵函数运算

有了幂零矩阵的概念，就可以将一般的Jordan矩阵用对角矩阵与幂零矩阵的和表示出来，并推导出一般矩阵函数的计算方法。

介绍这种计算方法之前，先考虑函数$f(x)$的Taylor幂级数展开，表达式为

$$f(\lambda+\Delta t)=f(\lambda)+f'(\lambda)\Delta t+\frac{1}{2!}f''(\lambda)\Delta t^2+\cdots \tag{6-5-2}$$

定理6-10　m_i阶Jordan块$\boldsymbol{J}_i$可以写成$\boldsymbol{J}_i=\lambda_i\boldsymbol{I}+\boldsymbol{H}_{m_i}$，其中，$\lambda_i$为Jordan矩阵的重特征值，$\boldsymbol{H}_{m_i}$为幂零矩阵。利用幂零矩阵的性质，Jordan矩阵块$\boldsymbol{J}_i$的矩阵函数$\psi(\boldsymbol{J}_i)$可以由下式求出。

$$\psi(\boldsymbol{J}_i)=\psi(\lambda_i)\boldsymbol{I}_{m_i}+\psi'(\lambda_i)\boldsymbol{H}_{m_i}+\cdots+\frac{\psi^{(m_i-1)}(\lambda_i)}{(m_i-1)!}\boldsymbol{H}_{m_i}^{m_i-1} \tag{6-5-3}$$

定理6-11　定理6-10中给出的Jordan块矩阵还可以写成如下的等效形式。

$$\psi(\boldsymbol{J}_i)=\begin{bmatrix}\psi(\lambda_i)&\psi'(\lambda_i)/1!&\cdots&\psi^{(m_i-1)}(\lambda_i)/(m_i-1)!\\0&\psi(\lambda_i)&\cdots&\psi^{(m_i-2)}(\lambda_i)/(m_i-2)!\\\vdots&\vdots&\ddots&\vdots\\0&0&\cdots&\psi(\lambda_i)\end{bmatrix} \tag{6-5-4}$$

定理6-12　通过Jordan矩阵分解的方法可以将任意矩阵$\boldsymbol{A}$分解成

$$\boldsymbol{A}=\boldsymbol{V}\begin{bmatrix}\boldsymbol{J}_1&&&\\&\boldsymbol{J}_2&&\\&&\ddots&\\&&&\boldsymbol{J}_m\end{bmatrix}\boldsymbol{V}^{-1} \tag{6-5-5}$$

该矩阵的任意函数$\psi(\boldsymbol{A})$可以最终如下求出。

$$\psi(\boldsymbol{A})=\boldsymbol{V}\begin{bmatrix}\psi(\boldsymbol{J}_1)&&&\\&\psi(\boldsymbol{J}_2)&&\\&&\ddots&\\&&&\psi(\boldsymbol{J}_m)\end{bmatrix}\boldsymbol{V}^{-1} \tag{6-5-6}$$

根据上面的算法可以立即编写出新的函数funmsym()，直接计算任意矩阵函数的解析解。该函数的程序清单如下所示。

```
function F=funmsym(A,fun,x)
[V,T]=jordan(sym(A)); vec=diag(T);
v1=[0,diag(T,1)',0]; v2=find(v1==0);  v_n=v2(2:end)-v2(1:end-1);
lam=vec(v2(1:end-1)); vec(v2(1:end-1));
m=length(lam); F=sym([]); %构造Jordan块并找出Jordan块个数
for i=1:m, %用循环结构对每个Jordan块单独处理
   k=v2(i):v2(i)+v_n(i)-1; J1=T(k,k); fJ=funJ(J1,fun,x); F(k,k)=fJ;
end
F=V*F*inv(V); %由式(6-5-5)计算矩阵函数
function fJ=funJ(J,fun,x), lam=J(1,1); %Jordan块处理的子函数
f1=fun; fJ=subs(fun,x,lam)*eye(size(J)); H=diag(diag(J,1),1); H1=H;
for i=2:length(J) %利用幂零矩阵的性质求任意矩阵函数
   f1=diff(f1,x); a1=subs(f1,x,lam); fJ=fJ+a1*H1; H1=H1*H/i;
end
```

该函数的调用格式为$\boldsymbol{A}_1$=funmsym($\boldsymbol{A}$,funx,x)。其中，x为符号型自变量，funx为x的原型函数表示。例如，若想求出$\mathrm{e}^{\boldsymbol{A}}$，则可以将funx设成exp($x$)。其实，funx参数可以描述任意复杂的函数，如exp(x*t)表示求取$\mathrm{e}^{\boldsymbol{A}t}$。其中，$t$也应该事先设置成符号变量。另外，该函数还可以表示成形如exp(x*cos(x*t))的复合函数，表示需要求取$\psi(\boldsymbol{A})=\mathrm{e}^{\boldsymbol{A}\cos\boldsymbol{A}t}$。

例6-28 试重新求解例6-15中给出的矩阵运算问题。

解 由下面的语句可以直接计算矩阵的复杂函数。这时，矩阵函数$\mathrm{e}^{\mathrm{e}^{\boldsymbol{A}t}t}$的原型函数应该写成exp(exp($x$*$t$)*$t$)，得到的结果与例6-15完全一致。

```
>> syms t; A=[-3,-1,-1; 0,-3,-1; 1,2,0]; A=sym(A);
   syms x; A2=funmsym(A,exp(exp(x*t)*t),x)
```

例6-29 已知给定矩阵$\boldsymbol{A}$，试求出矩阵函数$\psi(\boldsymbol{A})=\mathrm{e}^{\boldsymbol{A}\cos\boldsymbol{A}t}$。

$$\boldsymbol{A}=\begin{bmatrix}-7&2&0&-1\\1&-4&2&1\\2&-1&-6&-1\\-1&-1&0&-4\end{bmatrix}$$

解 如果要求$\psi(\boldsymbol{A})=\mathrm{e}^{\boldsymbol{A}\cos\boldsymbol{A}t}$，则应该构造原型函数$f$=exp($x$*cos($x$*$t$))。这样，就可以用下面的语句直接求取矩阵函数了。

```
>> A=[-7,2,0,-1; 1,-4,2,1; 2,-1,-6,-1; -1,-1,0,-4];      %输入矩阵
   syms x t; A=sym(A);
   A1=funmsym(A,exp(x*cos(x*t)),x) %矩阵函数的直接运算
   A2=expm(A*funm(A*t,@cos)) %较新版本的MATLAB还可以使用这个命令
```

得到的结果是很冗长的,无法显示全部内容,此处只给出其中一项为

$$\begin{aligned}\psi_{1,1}(\boldsymbol{A}) = & 2/9\mathrm{e}^{-3\cos 3t} + (2t\sin 6t + 6t^2\cos 6t)\mathrm{e}^{-6\cos 6t} + (\cos 6t - 6t\sin 6t)^2\mathrm{e}^{-6\cos 6t} \\ & - 5/3(\cos 6t - 6t\sin 6t)\mathrm{e}^{-6\cos 6t} + 7/9\mathrm{e}^{-6\cos 6t}\end{aligned}$$

可见,这样得到的$\psi_{1,1}(t)$有很多项均是$\mathrm{e}^{-6\cos 6t}$的系数项,故可以通过合并同类项的方法化简,命令如下:

```
>> collect(A1(1,1),exp(-6*cos(6*t)))  %对矩阵左上角项作合并同类项处理
```

可以得到如下的化简结果。

$$\begin{aligned}\psi_{1,1}(\boldsymbol{A}) = & \big[12t\sin 6t + 6t^2\cos 6t + (\cos 6t - 6t\sin 6t)^2 - 5\cos 6t/3 \\ & + 7/9\big]\mathrm{e}^{-6\cos 6t} + 2\mathrm{e}^{-3\cos 3t}/9\end{aligned}$$

进一步地,若令$t=1$,则可以求出$\mathrm{e}^{\boldsymbol{A}\cos\boldsymbol{A}}$的精确数值解。

```
>> subs(A1,t,1)
```

该结果与语句expm(***A****funm(***A***,'cos'))得到的结果一致,但精度更高

$$\mathrm{e}^{\boldsymbol{A}\cos\boldsymbol{A}} = \begin{bmatrix} 4.3583 & 6.5044 & 4.3635 & -2.1326 \\ 4.3718 & 6.5076 & 4.3801 & -2.1160 \\ 4.2653 & 6.4795 & 4.2518 & -2.2474 \\ -8.6205 & -12.984 & -8.6122 & 4.3832 \end{bmatrix}$$

例6-30 例6-16中曾对矩阵进行指数函数计算,得到了矩阵$\mathrm{e}^{\boldsymbol{A}}$。试对该结果进行对数运算,看能否还原出原始的矩阵。

解 根据原始问题,可以直接采用下面的命令。先计算出$\mathrm{e}^{\boldsymbol{A}}$的解析解,再由结果进行矩阵对数的运算,则可以得到符号型矩阵$\boldsymbol{A}_2$。经检验,$\boldsymbol{A}_2$与$\boldsymbol{A}$完全一致,说明计算结果是可靠的。

```
>> A=[-3,-1,-1; 0,-3,-1; 1,2,0]; A=sym(A);
   syms x; A1=expm(A); A2=simplify(funmsym(A1,log(x),x))
```

例6-31 重新考虑6-29中的矩阵的平方根问题。

解 由于该矩阵有三重特征值,所以MATLAB提供的全部三种数值方法均将失效。此处给出的funmsym()函数是该问题的一种有效的解法,并且可以得到原问题的两个解析解$\boldsymbol{A}_4,\boldsymbol{A}_5$。

```
>> A=[-7,2,0,-1; 1,-4,2,1; 2,-1,-6,-1; -1,-1,0,-4]; %矩阵输入
   A1=sqrtm(A), A1^2, A2=A^(1/2), A2^2,
   A3a=funm(A,@sqrt)     %三种失效的方法
   syms x; A4=funmsym(sym(A),sqrt(x),x),
   simplify(A4^2), A5=-A4 %求两个解析解
```

得到问题的解析解为

$$\boldsymbol{A}_4 = \mathrm{j}\begin{bmatrix} 2\sqrt{3}/9 + 131\sqrt{6}/144 & \sqrt{3}/3 - 5\sqrt{6}/12 \\ 2\sqrt{3}/9 - 37\sqrt{6}/144 & \sqrt{3}/3 + 7\sqrt{6}/12 \\ 2\sqrt{3}/9 - 23\sqrt{6}/72 & \sqrt{3}/3 - \sqrt{6}/6 \\ -4\sqrt{3}/9 + 59\sqrt{6}/144 & -2\sqrt{3}/3 + 7\sqrt{6}/12 \end{bmatrix}$$

$$\begin{array}{cc} 2\sqrt{3}/9-25\sqrt{6}/144 & -\sqrt{3}/9+23\sqrt{6}/144 \\ 2\sqrt{3}/9-49\sqrt{6}/144 & -\sqrt{3}/9-\sqrt{6}/144 \\ 2\sqrt{3}/9+61\sqrt{6}/72 & \sqrt{3}/9+13\sqrt{6}/72 \\ -4\sqrt{3}/9+47\sqrt{6}/144 & 2\sqrt{3}/9+95\sqrt{6}/144 \end{array}\right]$$

6.5.3 矩阵自定义函数的运算

在实际应用中，矩阵函数并不局限于前面介绍的超越函数，还可以是自定义函数，例如矩阵的Mittag-Leffler函数，该函数是指数函数的拓展。本节以Mittag-Leffler函数为例给出矩阵自定义函数的计算方法。

定义6-11　单参数Mittag-Leffler函数的数学表达式为

$$\mathrm{E}_\alpha(x)=\sum_{k=1}^{\infty}\frac{1}{\Gamma(\alpha k+1)}x^k \tag{6-5-7}$$

其中，$\Gamma(\cdot)$为Gamma函数。

Mittag-Leffler函数是瑞典数学家Magnus Gustaf Mittag-Leffler（1846—1927）在1903年提出的，后来该函数成为分数阶微积分学领域的一个重要函数。

例6-32　已知矩阵$\boldsymbol{A}$如下所示，试求出Mittag-Leffler矩阵$\boldsymbol{\Phi}(t)=\mathrm{E}_\alpha(\boldsymbol{A}t^\alpha)$。其中，$\mathrm{E}_\alpha(\cdot)$为单参数Mittag-Leffler函数矩阵[21,27]。

$$\boldsymbol{A}=\begin{bmatrix} -2 & 0 & -1 & 0 \\ -1 & -3 & 1 & 0 \\ 2 & 1 & 1 & 1 \\ 0 & 1 & -2 & -2 \end{bmatrix}$$

解　令符号函数$E(x)$表示Mittag-Leffler函数$\mathrm{E}_\alpha(x)$，则矩阵函数$\mathrm{E}_\alpha(\boldsymbol{A}t^\alpha)$的原型函数可以用$E(x{*}t\hat{~}a)$表示。利用`funmsym()`函数，可以使用下面的语句直接计算已知矩阵的Mittag-Leffler函数。

```
>> syms t x a E(x)                    %声明符号变量,并给出自定义函数
   A=[-2,0,-1,0; -1,-3,1,0; 2,1,1,1; 0,1,-2,-2]; %输入矩阵
   Phi=simplify(funmsym(A,E(x*t^a),x)) %直接计算状态转移矩阵
```

得到矩阵Mittag-Leffler函数的数学形式为

$$\boldsymbol{\Phi}(t)=\left[\begin{array}{c} \mathrm{E}_\alpha(-t^\alpha)-t^{2\alpha}\,\mathrm{E}''_\alpha(-t^\alpha)/2-t^\alpha\,\mathrm{E}'_\alpha(-t^\alpha) \\ \mathrm{E}_\alpha(-3t^\alpha)-\mathrm{E}_\alpha(-t^\alpha)+t^{2\alpha}\mathrm{E}''_\alpha(-t^\alpha)/2+t^\alpha\mathrm{E}'_\alpha(-t^\alpha) \\ t^{2\alpha}\mathrm{E}''_\alpha(-t^\alpha)/2+2t^\alpha\mathrm{E}'_\alpha(-t^\alpha) \\ \mathrm{E}_\alpha(-t^\alpha)-\mathrm{E}_\alpha(-3t^\alpha)-t^{2\alpha}\mathrm{E}''_\alpha(-t^\alpha)/2-2t^\alpha\mathrm{E}'_\alpha(-t^\alpha) \end{array}\right.$$

$$\begin{array}{c} -t^{2\alpha}\mathrm{E}''_\alpha(-t^\alpha)/2 \\ \mathrm{E}_\alpha(-3t^\alpha)+t^{2\alpha}\mathrm{E}''_\alpha(-t^\alpha)/2 \\ t^{2\alpha}\mathrm{E}''_\alpha(-t^\alpha)/2+t^\alpha\mathrm{E}'_\alpha(-t^\alpha) \\ \mathrm{E}_\alpha(-t^\alpha)-\mathrm{E}_\alpha(-3t^\alpha)-t^{2\alpha}\mathrm{E}''_\alpha(-t^\alpha)/2-t^\alpha\mathrm{E}'_\alpha(-t^\alpha) \end{array}$$

$$\begin{matrix} -t^{2\alpha}\mathrm{E}_\alpha''(-t^\alpha)/2-t^\alpha\mathrm{E}_\alpha'(-t^\alpha) & -t^{2\alpha}\mathrm{E}_\alpha''(-t^\alpha)/2 \\ t^{2\alpha}\mathrm{E}_\alpha''(-t^\alpha)/2+t^\alpha\mathrm{E}_\alpha'(-t^\alpha) & t^{2\alpha}\mathrm{E}_\alpha''(-t^\alpha)/2 \\ \mathrm{E}_\alpha(-t^\alpha)+t^{2\alpha}\mathrm{E}_\alpha''(-t^\alpha)/2+2t^\alpha\mathrm{E}_\alpha'(-t^\alpha) & t^{2\alpha}\mathrm{E}_\alpha''(-t^\alpha)/2+t^\alpha\mathrm{E}_\alpha'(-t^\alpha) \\ -t^{2\alpha}\mathrm{E}_\alpha''(-t^\alpha)/2-2t^\alpha\mathrm{E}_\alpha'(-t^\alpha) & \mathrm{E}_\alpha(-t^\alpha)-t^{2\alpha}\mathrm{E}_\alpha''(-t^\alpha)/2-t^\alpha\mathrm{E}_\alpha'(-t^\alpha) \end{matrix}\right]$$

其中, $\mathrm{E}_\alpha'(\cdot)$ 和 $\mathrm{E}_\alpha''(\cdot)$ 分别为 Mittag-Leffler 函数 $\mathrm{E}_\alpha(\cdot)$ 对 t 的一阶与二阶导数。

如果使用新版本的`funm()`函数, 也可以通过下面的语句直接求解, 得到的结果与前面的结果完全一致。

```
>> P1=simplify(funm(A*t^a,E))
```

6.6 矩阵的乘方运算

本节将探讨一个方阵 $\boldsymbol{A}$ 的 k 次方($\boldsymbol{A}^k$)的计算方法,其中 k 为整数。如果 k 不是整数,则计算 $\boldsymbol{A}^k$ 不是很容易,因为这需要求取矩阵的无穷项的和。本节先介绍一个简单的例子,然后将算法拓展到任意矩阵的乘方运算,这里还将探讨矩阵乘方函数 $k^{\boldsymbol{A}}$ 的计算方法。

6.6.1 基于Jordan变换的矩阵乘方运算

定理6-13 假设矩阵 $\boldsymbol{A}$ 可以变换为Jordan矩阵,即 $\boldsymbol{A}=\boldsymbol{V}\boldsymbol{J}\boldsymbol{V}^{-1}$,矩阵乘方可以写成 $\boldsymbol{A}^k=\boldsymbol{V}\boldsymbol{J}^k\boldsymbol{V}^{-1}$。所以,这里主要考虑 $\boldsymbol{J}^k$ 的计算。

定理6-14 正如前面指出, $\boldsymbol{J}=\lambda\boldsymbol{I}+\boldsymbol{H}_m$, 其中, $\boldsymbol{H}_m$ 为 $m\times m$ 幂零矩阵, 则 $k\geqslant m$ 时有 $\boldsymbol{H}_m^k\equiv 0$。由二项式展开可知

$$\boldsymbol{J}^k=\lambda^k\boldsymbol{I}+k\lambda^{k-1}\boldsymbol{H}_m+\frac{k(k-1)}{2!}\lambda^{k-2}\boldsymbol{H}_m^2+\cdots \tag{6-6-1}$$

因为 $\boldsymbol{H}_m^m$ 及其后续项都是零矩阵, 所以上述无穷级数计算累加到 m 项就可以了,所以可以容易地得到 $\boldsymbol{J}^k$ 的解析解了。

例6-33 考虑例6-11中研究的矩阵 $\boldsymbol{A}$, 试求出 $\boldsymbol{A}^k$。其中, k 为任意整数。

$$\boldsymbol{A}=\begin{bmatrix} -3 & -1 & -1 \\ 0 & -3 & -1 \\ 1 & 2 & 0 \end{bmatrix}$$

解 可以对原矩阵作Jordan变换,得

```
>> A=sym([-3,-1,-1; 0,-3,-1; 1,2,0]);
   syms k, [V J]=jordan(sym(A))
```

可见, $\boldsymbol{J}$ 是一个 3×3 的Jordan矩阵, 特征值均为 $\lambda=-2$。由 $\boldsymbol{H}=\boldsymbol{J}-\lambda\boldsymbol{I}$ 提取幂零矩阵,就可以由下面的语句直接计算矩阵的乘方。

```
>> A0=-2*eye(3); H=J-A0; %提取幂零矩阵,做矩阵三项加法(后续各项均为零)
   J1=A0^k+k*A0^(k-1)*H+k*(k-1)/2*A0^(k-2)*H^2;
   F=simplify(V*J1*inv(V))
```

可以得到矩阵 $\boldsymbol{A}$ 的 k 次方矩阵，其结果同样适用于负整数次方。

$$\boldsymbol{F}=\begin{bmatrix} (-2)^k(k+2)/2 & (-2)^k k/2 & (-2)^k k/2 \\ -(-2)^{(k-2)}k(k-1)/2 & (-2)^k(-k^2+5k+8)/8 & -(-2)^k k(k-5)/8 \\ (-2)^k k(k-5)/8 & (-2)^k k(k-9)/8 & (-2)^k(k^2-9k+8)/8 \end{bmatrix}$$

6.6.2 通用乘方函数的编写

参考funmsym()函数的编写思路，可以写出一个类似的MATLAB函数来计算矩阵的乘方。其中，核心的funJ()由新的子函数powJ()取代。

```
function F=mpowersym(A,k)
A=sym(A); [V,T]=jordan(A); vec=diag(T);  v1=[0,diag(T,1)',0];
v2=find(v1==0); lam=vec(v2(1:end-1)); m=length(lam);
for i=1:m, %用循环结构对每个Jordan块循环处理
   k0=v2(i):v2(i+1)-1; J1=T(k0,k0); F(k0,k0)=powJ(J1,k);
end
F=simplify(V*F*inv(V));  %得到最简形式的矩阵乘方
function fJ=powJ(J,k)     %计算Jordan标准型矩阵J_i的k次方的子函数
lam=J(1,1); I=eye(size(J)); H=J-lam*I; fJ=lam^k*I; H1=k*H;
for i=2:length(J), fJ=fJ+lam^(k+1-i)*I*H1; H1=H1*H*(k+1-i)/i; end
```

例6-34 考虑例6-29中的矩阵 $\boldsymbol{A}$，试计算 $\boldsymbol{F}=\boldsymbol{A}^k$。

$$\boldsymbol{A}=\begin{bmatrix} -7 & 2 & 0 & -1 \\ 1 & -4 & 2 & 1 \\ 2 & -1 & -6 & -1 \\ -1 & -1 & 0 & -4 \end{bmatrix}$$

解 先输入矩阵，然后用下面的语句直接计算矩阵的乘方。

```
>> A=[-7,2,0,-1; 1,-4,2,1; 2,-1,-6,-1; -1,-1,0,-4]; %输入A矩阵
   syms k, A=sym(A); F=mpowersym(A,k)   %申明符号变量并直接计算A^k
   F=collect(F,(-6)^k)                  %对得出的结果按(-6)^k合并同类项
```

化简后的矩阵乘方可以直接得出，为

$$\boldsymbol{F}=\begin{bmatrix} (k^2/36+k/4+7/9)(-6)^k+2(-3)^k/9 & (-k/6-1/3)(-6)^k+(-3)^k/3 & (k^2/36+k/12-2/9)(-6)^k+2(-3)^k/9 & (k^2/36+k/12+1/9)(-6)^k-(-3)^k/9 \\ (k^2/36-k/12-2/9)(-6)^k2+(-3)^k/9 & (2/3-k/6)(-6)^k+(-3)^k/3 & (k^2/36-k/4-2/9)(-6)^k+2(-3)^k/9 & (k^2/36-k/4+1/9)(-6)^k-(-3)^k/9 \\ (-k^2/18-k/6-2/9)(-6)^k+2(-3)^k/9 & (k/3-1/3)(-6)^k+(-3)^k/3 & (-k^2/18+k/6+7/9)(-6)^k+2(-3)^k/9 & (-k^2/18+k/6+1/9)(-6)^k-(-3)^k/9 \\ (k^2/36-k/12+4/9)(-6)^k-4(-3)^k/9 & (2/3-k/6)(-6)^k-2(-3)^k/3 & (k^2/36-k/4+4/9)(-6)^k+4(-3)^k/9 & (k^2/36-k/4+7/9)(-6)^k+2(-3)^k/9 \end{bmatrix}$$

可以用两种方法得出 $\boldsymbol{A}^{12345}$ 与 $\boldsymbol{A}$ 的平方根，两种不同方法得出的结果完全一致。

```
>> simplify(A^12345-subs(F,k,12345)) %一个特殊乘方的验证
   syms x; A3=funmsym(sym(A),sqrt(x),x)
   simplify(A3-subs(F,k,1/2)) %平方根
```

例6-35 实际上，funmsym()函数也可以用于求取$\boldsymbol{A}^k$。试重新求解例6-34中的矩阵乘方问题并比较结果。

解 下面的语句使用两种不同的方法求解矩阵乘方问题，得到完全一致的结果。

```
>> A=[-7,2,0,-1; 1,-4,2,1; 2,-1,-6,-1; -1,-1,0,-4];
   syms k, A=sym(A); F=mpowersym(A,k)
   syms x, F1=funmsym(A,x^k,x), simplify(F-F1) %直接计算
```

6.6.3 基于z变换的矩阵乘方计算

文献[20]基于线性时不变离散系统状态方程的解析解方法推导出了基于z变换的矩阵乘方计算公式，根据该公式可以直接计算$\boldsymbol{A}^k$。

定理6-15 方阵$\boldsymbol{A}$的k次方可以由下面的公式直接求出。

$$\boldsymbol{A}^k = \mathscr{Z}^{-1}\left[z(z\boldsymbol{I}-\boldsymbol{A})^{-1}\right] \tag{6-6-2}$$

其中，$\mathscr{Z}^{-1}[\cdot]$为z反变换的数学描述。

z反变换可以由iztrans()函数直接计算，下面通过例子演示矩阵乘方的一种计算方法。

例6-36 试利用z变换方法重新求解例6-34中的矩阵乘方问题。

解 使用z变换的方法，可以使用下面的语句直接运算。

```
>> A=[-7,2,0,-1; 1,-4,2,1; 2,-1,-6,-1; -1,-1,0,-4];
   syms z k; A1=iztrans(z*inv(z*eye(4)-A),z,k);
   simplify(A1)
```

直接得到的结果含有函数项nchoosek(k-1,2)，不能进一步自动化简。事实上，该项是组合项C_{k-1}^2，所以得到的结果可以描述成

$$\boldsymbol{A}_1 = \left[\begin{matrix} (-6)^k\mathrm{C}_{k-1}^2/18+(-6)^k k/3+2(-3)^k/9+13(-6)^k/18 \\ (-6)^k\mathrm{C}_{k-1}^2/18+2(-3)^k/9-5(-6)^k/18 \\ 2(-3)^k/9-(-6)^k k/3-(-6)^k\mathrm{C}_{k-1}^2/9-(-6)^k/9 \\ (-6)^k\mathrm{C}_{k-1}^2/18-4(-3)^k/9+7(-6)^k/18 \end{matrix}\right.$$

$$\begin{matrix} (-3)^k/3-(-6)^k k/6-(-6)^k/3 \\ (-3)^k/3-(-6)^k k/6+2(-6)^k/3 \\ (-3)^k/3+(-6)^k(k-1)/3 \\ 2(-6)^k/3-2(-3)^k/3-(-6)^k k/6 \end{matrix}$$

$$\begin{array}{c}(-6)^k\mathrm{C}_{k-1}^2/18+(-6)^k k/6+2(-3)^k/9-5(-6)^k/18\\(-6)^k\mathrm{C}_{k-1}^2/18-(-6)^k k/6+2(-3)^k/9-5(-6)^k/18\\2(-3)^k/9-(-6)^k\mathrm{C}_{k-1}^2/9+8(-6)^k/9\\(-6)^k\mathrm{C}_{k-1}^2/18-(-6)^k k/6-4(-3)^k)/9+7(-6)^k)/18\end{array}$$

$$\left.\begin{array}{c}(-6)^k\mathrm{C}_{k-1}^2/18+(-6)^k k/6-(-3)^k/9+(-6)^k/18\\(-6)^k\mathrm{C}_{k-1}^2/18-(-6)^k k/6-(-3)^k/9+(-6)^k/18\\2(-6)^k/9-(-3)^k/9-(-6)^k\mathrm{C}_{k-1}^2/9\\(-6)^k\mathrm{C}_{k-1}^2/18-(-6)^k k/6+2(-3)^k/9+13(-6)^k/18\end{array}\right]$$

其实，C_{k-1}^2 还可以进一步简化成 $(k-1)(k-2)/2$，这可以通过变量替换语句实现。所以，通过下面的语句可以得到矩阵乘方的化简结果，与例6-34得到的结果完全一致。

```
>> F2=simplify(subs(F1,nchoosek(k-1,2),(k-1)*(k-2)/2))
```

本节给出了矩阵乘方的几种计算方法，各有特点。从计算的方便程度与结果的化简效果看，建议使用funmsym()函数。

6.6.4 计算矩阵乘方 $k^{\boldsymbol{A}}$

MATLAB的符号运算工具箱并未提供求解 $k^{\boldsymbol{A}}$ 的函数。但是，使用funmsym()函数，只需将原型函数设置为 $k\hat{\ }x$，即可直接计算 $k^{\boldsymbol{A}}$。下面通过例子演示这类问题的直接求解方法。

例6-37 已知例6-34中给出的矩阵 $\boldsymbol{A}$，试求出 $k^{\boldsymbol{A}}$。

解 矩阵乘方 $k^{\boldsymbol{A}}$ 可以直接由下面的语句计算。

```
>> A=[-7,2,0,-1; 1,-4,2,1; 2,-1,-6,-1; -1,-1,0,-4];
   syms x k; A1=funmsym(sym(A),k^x,x); simplify(A1)
```

得到的结果为

$$\boldsymbol{A}_1=\frac{1}{9k^6}\left[\begin{array}{cc}9\ln^2 k-15\ln k+2k^3+7 & 9\ln k+3k^3-3\\3\ln k+9\ln^2 k+2k^3-2 & 9\ln k+3k^3+6\\12\ln k-18\ln^2 k+2k^3-2 & -18\ln k+3k^3-3\\3\ln k+9\ln^2 k-4k^3+4 & 9\ln k-6k^3+6\end{array}\right.$$

$$\left.\begin{array}{cc}-6\ln k+9\ln^2 k+2k^3-2 & -6\ln k+9\ln^2 k-k^3+1\\12\ln k+9\ln^2 k+2k^3-2 & 12\ln k+9\ln^2 k-k^3+1\\-6\ln k-18\ln^2 k+2k^3+7 & -6\ln k-18\ln^2 k-k^3+1\\12\ln k+9\ln^2 k-4k^3+4 & 12\ln k+9\ln^2 k+2k^3+7\end{array}\right]$$

较新版本的符号运算工具箱还提供以下命令，得到的结果完全一致。注意，应该先设置 k 为正数，否则不能得到简化的结果。

```
>> syms k positive; k^A
```

本章习题

6.1 生成一个标准均匀分布的$3\times10\times80\times5$的四维数组，并求出其均值。另外，找出这个四维数组最大值所处的位置。

6.2 对习题6.1的四维数组求逐点正弦运算，再对结果作逐点反正弦运算，看是否能恢复原来的矩阵，为什么？

6.3 某些函数可以用多项式函数如Taylor幂级数来表示。对这些函数来说，如果用矩阵$\boldsymbol{A}$去取代自变量x，则可以求出矩阵非线性函数的值。定理6-4、定理6-6与定理6-7给出了$\ln\boldsymbol{A}$，$\cos\boldsymbol{A}$与$\arcsin\boldsymbol{A}$的Taylor幂级数展开公式，试编写出相应的求解M函数，并和`funm()`或`funmsym()`函数的结果进行比较。

6.4 已知自治线性微分方程$\boldsymbol{x}'(t)=\boldsymbol{A}\boldsymbol{x}(t)$的解析解可以写成$\boldsymbol{x}(t)=\mathrm{e}^{\boldsymbol{A}t}\boldsymbol{x}(0)$，试求出下面自治微分方程的解析解。

$$\boldsymbol{x}'(t)=\begin{bmatrix}-3&0&0&1\\-1&-1&1&-1\\1&0&-2&1\\0&0&0&-4\end{bmatrix}\boldsymbol{x}(t),\quad \boldsymbol{x}(0)=\begin{bmatrix}-1\\0\\3\\1\end{bmatrix}$$

6.5 试求出下面给定矩阵$\boldsymbol{A}$的对数函数矩阵$\ln\boldsymbol{A}$和$\ln\boldsymbol{A}t$，并用可靠的`expm()`函数验证结果。

$$\boldsymbol{A}=\begin{bmatrix}-1&-1/2&1/2&-1\\-2&-5/2&-1/2&1\\1&-3/2&-5/2&-1\\3&-1/2&-1/2&-4\end{bmatrix}$$

6.6 试求以下矩阵$\boldsymbol{A}$的平方根的数值解与解析解，并检验得到的结果的精度。

$$\boldsymbol{A}=\begin{bmatrix}-30&0&0&0\\28&-2&1&1\\-27&-28&-31&-1\\27&28&29&-1\end{bmatrix}$$

6.7 试求出下面矩阵的三角函数$\sin\boldsymbol{A}t$，$\cos\boldsymbol{A}t$，$\tan\boldsymbol{A}t$和$\cot\boldsymbol{A}t$。

$$\boldsymbol{A}_1=\begin{bmatrix}-15/4&3/4&-1/4&0\\3/4&-15/4&1/4&0\\-1/2&1/2&-9/2&0\\7/2&-7/2&1/2&-1\end{bmatrix},\quad \boldsymbol{A}_2=\begin{bmatrix}-1&0&0&0\\0&-1&1&0\\2&0&-2&1\\-1&0&0&-2\end{bmatrix}$$

6.8 假设某Jordan块矩阵$\boldsymbol{A}$及其组成部分为

$$\boldsymbol{A}=\begin{bmatrix}\boldsymbol{A}_1&&\\&\boldsymbol{A}_2&\\&&\boldsymbol{A}_3\end{bmatrix}$$

其中

$$\boldsymbol{A}_1=\begin{bmatrix}-3&1&0\\0&-3&1\\0&0&-3\end{bmatrix},\ \boldsymbol{A}_2=\begin{bmatrix}-5&1\\0&-5\end{bmatrix},\ \boldsymbol{A}_3=\begin{bmatrix}-1&1&0&0\\0&-1&1&0\\0&0&-1&1\\0&0&0&-1\end{bmatrix}$$

试用解析解运算的方式得出$\mathrm{e}^{\boldsymbol{A}t}$及$\sin\left(2\boldsymbol{A}t+\pi/3\right)$。

6.9 已知如下的矩阵 $\boldsymbol{A}$，试求 $\mathrm{e}^{\boldsymbol{A}^2 t}\boldsymbol{A}^2+\sin(\boldsymbol{A}^3 t)\boldsymbol{A}t+\mathrm{e}^{\sin \boldsymbol{A}t}$。

$$\boldsymbol{A}=\begin{bmatrix} -3 & -1 & 1 & 0 \\ -28 & -57 & 27 & -1 \\ -29 & -56 & 26 & -1 \\ 1 & 29 & -29 & -30 \end{bmatrix}$$

6.10 已知矩阵 $\boldsymbol{A}$，试求出 $\mathrm{e}^{\boldsymbol{A}t}$，$\sin \boldsymbol{A}t$ 和 $\mathrm{e}^{\boldsymbol{A}t}\sin\left(\boldsymbol{A}^2\mathrm{e}^{\boldsymbol{A}t}t\right)$。

$$\boldsymbol{A}=\begin{bmatrix} -4.5 & 0 & 0.5 & -1.5 \\ -0.5 & -4 & 0.5 & -0.5 \\ 1.5 & 1 & -2.5 & 1.5 \\ 0 & -1 & -1 & -3 \end{bmatrix}$$

6.11 试求出习题6.10中 $\boldsymbol{A}$ 的乘方 $\boldsymbol{A}^k$。

6.12 试求出习题6.5中矩阵 $\boldsymbol{A}$ 的 $k^{\boldsymbol{A}}$ 与 $5^{\boldsymbol{A}}$，并检验结果。

第7章

薛定宇教授大讲堂 MATLAB 线性代数运算

线性代数的应用

线性代数是科学技术中应用最广的数学模型，本章将侧重于介绍线性代数的应用。7.1节介绍线性代数方程组的列写与求解方法，将通过实例介绍如何在电路网络或化学反应方程式配平的实际问题中把相应的线性代数方程建立起来，并最终求解方程。7.2节介绍在线性控制系统领域线性代数的应用，包括线性系统模型的转换方法以及线性系统的稳定性、可控性与可观测性分析等，并介绍某些特殊线性微分方程的求解方法。7.3节介绍线性代数在数字图像处理领域的应用。7.4节介绍线性代数在求解图论问题中的应用，首先介绍图的MATLAB表示与关联矩阵的概念，然后介绍有向图最短路径的搜索方法，并介绍复杂方框图的化简方法。7.5节介绍各种差分方程的解析解方法与数值解方法，并介绍一般非线性差分方程的仿真方法，最后引入Markov链的概念，并通过典型例子介绍其应用问题求解。7.6节介绍线性代数在数据处理领域的应用，首先介绍线性回归与多项式最小二乘拟合问题的求解，然后介绍Bézier曲线的通用绘制方法以及主成分分析方法及其MATLAB求解，并介绍其在降维问题中的应用。

7.1 线性方程组的应用

线性代数的发展起源于线性方程组与线性方程组的求解，本节将通过例子演示在一些具体的科学技术领域线性代数方程组的建模方法与求解方法。首先介绍电路网络分析问题与结构静力分析，然后介绍化学反应方程式的配平等，将尽量通过实例演示线性代数方程的列写方法。有了线性方程，再借助于MATLAB强大的科学运算功能，就可以直接得出问题的解。

7.1.1 电路网络分析

在一般的线性电路中，最常用的元件为电阻（R）、电感（L）与电容（C）。由著名的欧姆定律可知，电阻元件的电压u满足$u=Ri$，其中R为电阻，i为电流。对电感和电容元件而言，电压与电流之间的关系不再是静态的关系了，而应该满足如下的微分方程。

$$u(t) = L\frac{\mathrm{d}i(t)}{\mathrm{d}t}, \quad i(t) = C\frac{\mathrm{d}u(t)}{\mathrm{d}t} \tag{7-1-1}$$

这种微分方程的求解比较麻烦，简单起见，可以引入 Laplace 变换，将上面的微分方程变换为 Laplace 变换意义下的代数方程。

$$U(s) = sLI(s) - LI_0, \quad I(s) = sCU(s) - CU_0 \tag{7-1-2}$$

其中，I_0 为电感的初始电流，U_0 为电容的初始电压。在一般网络的静态分析中，通常可以将它们的初值设置为 0。

由此可以引入阻抗（impedance）的概念，有了阻抗 $Z(s)$，则可以在 Laplace 变换的框架下重新定义欧姆定律。

$$U(s) = Z(s)I(s) \tag{7-1-3}$$

对常用元件而言，电阻的阻抗为 R，电感的阻抗为 sL，而电容的阻抗为 $1/(sC)$。还可以将阻抗的倒数定义为导纳（admittance）$Y(s)$，从而写出欧姆定律的另一种表现形式。

$$I(s) = Y(s)U(s) \tag{7-1-4}$$

根据电路学中最重要的 Kirchhoff 电流定律和电压定律，不难推导出复杂网络回路的电流方程与节点的电压方程。下面直接列出这两个方程，并通过例子演示这些方程的验证方法与使用方法。

定理 7-1　回路电流方程：对电路中的每个回路而言，若其电流为 i_i，则可以列写出如下的线性方程。

$$\boldsymbol{Zi} = \boldsymbol{v} \tag{7-1-5}$$

其中，阻抗矩阵 $\boldsymbol{Z}$ 的元素可以如下选择：

（1）对角元素 z_{ii} 等于与第 i 回路相关的所有阻抗之和；

（2）非对角元素 z_{ij} 等于第 i 节点与第 j 回路之间阻抗的总和乘以 -1。

向量 $\boldsymbol{v}$ 的元素 v_i 为第 i 回路的外部电压源电压总和。

定理 7-2　节点电压方程：对电路中的每个节点而言，若其电位为 v_i，则可以列写出如下的线性方程。

$$\boldsymbol{Yv} = \boldsymbol{j} \tag{7-1-6}$$

其中，导纳矩阵 $\boldsymbol{Y}$ 的元素可以如下选择：

（1）对角元素 y_{ii} 等于与第 i 节点相连的所有导纳（admittance）之和；

（2）非对角元素 y_{ij} 等于第 i 节点与第 j 节点间导纳的总和乘以 -1。

向量 $\boldsymbol{j}$ 的元素 j_i 为流入第 i 节点的外部电流源电流总和。

例 7-1 已知某电阻网络的电路图如图 7-1 所示[28],试列写出各个回路的电流方程并求出这些电流。

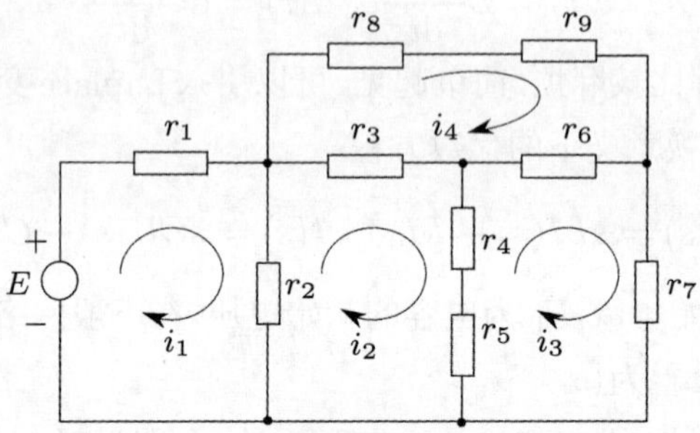

图 7-1 电阻网络

解 首先考虑第一回路,外部电压源 E 等于 r_1 与 r_2 上电压降的和,r_1 流入的电流为 i_1,r_2 流入的电流为 i_1-i_2,这样,可以写出第一回路的电流方程为

$$E=r_1i_1+r_2(i_1-i_2)=(r_1+r_2)i_1-r_2i_2$$

再看第二回路,如果从顺时针方向看,流入 r_2 的电流为 i_2-i_1,流入 r_3 的电流为 i_2-i_4,而流入 r_4、r_5 的电流为 i_2-i_3,所以可以直接写出相应的方程为

$$r_2(i_2-i_1)+r_3(i_2-i_4)+(r_4+r_5)(i_2-i_3)=0$$

进一步整理,可以得出

$$-r_2i_1+(r_2+r_3+r_4+r_5)i_2-(r_4+r_5)i_3-r_3i_4=0$$

还可以写出另外两个回路的方程为

$$(r_4+r_5)(i_3-i_2)+r_6(i_3-i_4)+r_7i_3=-(r_4+r_5)i_2+(r_4+r_5+r_6+r_7)i_3-r_6i_4=0$$

$$r_3(i_2-i_4)+(r_8+r_9)i_4+r_6(i_4-i_3)=-r_3i_2-r_6i_3+(r_3+r_6+r_8+r_9)i_4=0$$

由展开的方程可以列写出回路方程的矩阵形式为

$$\begin{bmatrix} r_1+r_2 & -r_2 & 0 & 0 \\ -r_2 & r_2+r_3+r_4+r_5 & -r_4-r_5 & -r_3 \\ 0 & -r_4-r_5 & r_4+r_5+r_6+r_7 & -r_6 \\ 0 & -r_3 & -r_6 & r_3+r_6+r_8+r_9 \end{bmatrix}\begin{bmatrix} i_1 \\ i_2 \\ i_3 \\ i_4 \end{bmatrix}=\begin{bmatrix} E \\ 0 \\ 0 \\ 0 \end{bmatrix}$$

从得出的矩阵方程可以看出,该结果与定理 7-1 完全一致。将该模型输入 MATLAB 环境并求解线性代数方程,可以得到各个电流信号。由于这里得到的结果过于复杂,此处不列出结果。经检验,得到的结果确实满足原始方程。

```
>> syms r1 r2 r3 r4 r5 r6 r7 r8 r9 E
   Z=[r1+r2, -r2, 0, 0;
      -r2, r2+r3+r4+r5, -r4-r5, -r3;
      0, -r4-r5, r4+r5+r6+r7, -r6;
```

```
    0, -r3, -r6, r3+r6+r8+r9];
v=[E; 0; 0; 0]; i=simplify(inv(Z)*v), simplify(Z*i-v)
```

例 7-2　已知某电阻-电容-电感网络如图 7-2 所示[28]，试列写出该电路的节点方程，并求出各个节点电压的 Laplace 变换表达式。

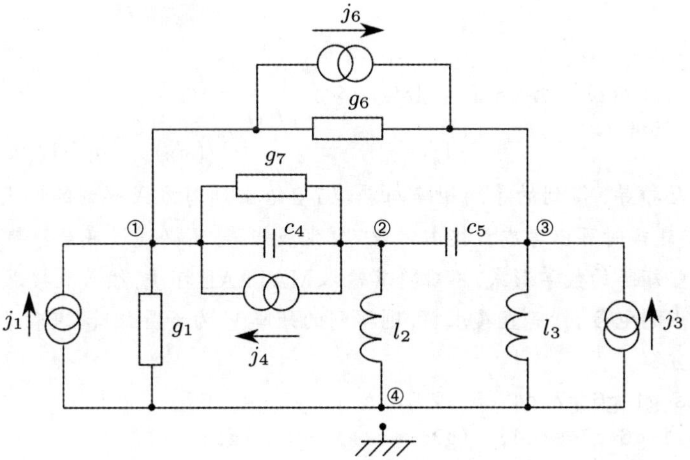

图 7-2　电阻-电容-电感网络

解　先观察节点①，流入该节点的电流源等效电流为 $j_1+j_4-j_6$。此外，由各个与节点①直接相连的节点可以写出相应的电流方程为

$$g_1(v_1-v_4)+g_6(v_1-v_3)+(g_7+sc_4)(v_1-v_2)=j_1+j_4-j_6$$

其中，$g_1=1/r_1$ 为电阻 r_1 的倒数，称为电导。另外，为列写方程的方便，等号右边为流入节点的电流，左边为流出节点的电流，下同。

对其整理，可以直接写出

$$(g_1+g_6+g_7+sc_4)v_1-(g_7+sc_4)v_2-g_6v_3-g_1v_4=j_1+j_4-j_6$$

对节点②列写电流方程，则可以写出

$$(g_7+sc_4)(v_2-v_1)+\frac{1}{sl_2}(v_2-v_4)+sc_5(v_2-v_3)=-j_4$$

经整理可以得到

$$-(g_7+sc_4)v_1+\left(g_7+sc_4+\frac{1}{sl_2}+sc_5\right)v_2-sc_5v_3-\frac{1}{sl_2}v_4=-j_4$$

同理，还可以针对节点③和节点④分别列写出下面的两个方程。

$$-g_6v_1-sc_5v_2+\left(\frac{1}{sl_3}+sc_5+g_6\right)v_3-\frac{1}{sl_3}v_4=j_3+j_6$$

$$-g_1v_1-\frac{1}{sl_2}v_2-\frac{1}{sl_3}v_3+\left(g_1+\frac{1}{sl_2}+\frac{1}{sl_3}\right)v_4=-j_1-j_3$$

由得到的四个方程不难写出相应的矩阵形式。

$$\boldsymbol{Y}\begin{bmatrix}v_1\\v_2\\v_3\\v_4\end{bmatrix}=\begin{bmatrix}j_1+j_4-j_6\\-j_4\\j_3+j_6\\-j_1-j_3\end{bmatrix}$$

其中

$$\boldsymbol{Y}=\begin{bmatrix}g_1+g_6+g_7+sc_4 & -(g_7+sc_4) & -g_6 & -g_1\\ -(g_7+sc_4) & g_7+sc_4+1/(sl_2)+sc_5 & -sc_5 & -1/(sl_2)\\ -g_6 & -sc_5 & 1/(sl_3)+sc_5+g_6 & -1/(sl_3)\\ -g_1 & -1/(sl_2) & -1/(sl_3) & g_1+1/(sl_2)+1/(sl_3)\end{bmatrix}$$

通过底层推导，得到的导纳矩阵与定理7-2给出列写方式得到的结果是完全一致的。后续电路建模时可以考虑直接由定理7-2生成矩阵，不必通过底层推导。

有了这些矩阵的数学形式，不难将其输入MATLAB环境，然后直接求解矩阵方程，得到各个节点的电位v_i。若直接求解，则得到的矩阵$\boldsymbol{Y}$为奇异矩阵，其秩为3不是4，所以方程有无穷解。

```
>> syms g1 g6 g7 c4 c5 l2 l3 s j1 j3 j4 j6
   Y=[g1+g6+g7+s*c4, -(g7+s*c4), -g6, -g1;
      -(g7+s*c4), g7+s*c4+1/(s*l2)+s*c5, -s*c5, -1/(s*l2);
      -g6, -s*c5, 1/(s*l3)+s*c5+g6, -1/(s*l3);
      -g1, -1/(s*l2), -1/(s*l3), g1+1/(s*l2)+1/(s*l3)];
   B=[j1+j4-j6; -j4; j3+j6; -j1-j3]; rank(Y)
```

更简单地，应该令$v_4=0$，则节点电压方程可以简化成

$$\begin{bmatrix}g_1+g_6+g_7+sc_4 & -(g_7+sc_4) & -g_4\\ -(g_7+sc_4) & g_7+sc_4+1/(sl_2)+sc_5 & -sc_5\\ -g_6 & -sc_5 & 1/(sl_3)+sc_5+g_6\end{bmatrix}\begin{bmatrix}v_1\\v_2\\v_3\end{bmatrix}=\begin{bmatrix}j_1+j_4-j_6\\-j_4\\j_3+j_6\end{bmatrix}$$

这样，由下面的语句可以直接求解原始问题经验证得到的结果代入原方程后误差为零，说明得到的解满足原始方程。

```
>> Y=[g1+g6+g7+s*c4, -(g7+s*c4), -g6;
      -(g7+s*c4), g7+s*c4+1/(s*l2)+s*c5, -s*c5;
      -g6, -s*c5, 1/(s*l3)+s*c5+g6];
   B=[j1+j4-j6; -j4; j3+j6];
   v=simplify(inv(Y)*B), simplify(Y*v-B)
```

由于这里得到的是Laplace变换表达式，所以如果不给出具体的电阻、电容和电感数值，是不能得到电压信号的时域解析解的。

例7-3　考虑如图7-3所示的含有运算放大器的网络[28]。如果运算放大器的增益设置为$+\infty$，则意味着其输入的两个端子电位相等，流入运算放大器的电流为零。试列写该网络的电压模型，并求出相关节点的电压信号。

解　先看节点①。由于运算放大器一个输入端连接零电位，所以$v_1=0$，流入运算放

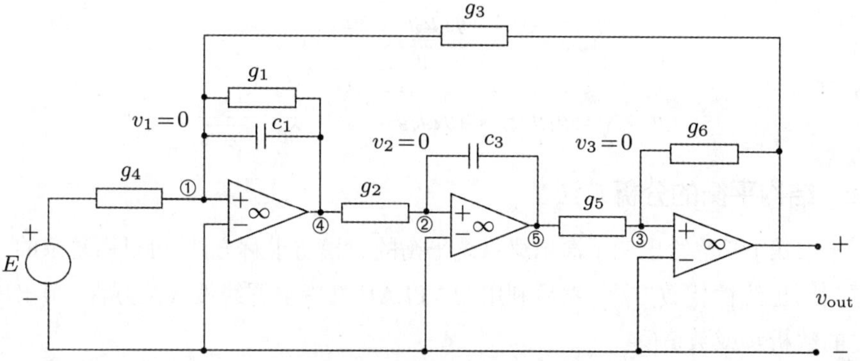

图 7-3 运算放大器网络

大器的电流为零，故而可以写出如下的电流方程。

$$(g_4+sc_1+g_1+g_3)v_1-(g_1+sc_1)v_4-g_3v_{\rm out}\xrightarrow{v_1=0}-(g_1+sc_1)v_4-g_3v_{\rm out}=Eg_4$$

由于流入第二个运算放大器的电流为零且 $v_2=0$，由节点②可以直接写出

$$(g_2+sc_2)v_2-g_2v_4-sc_2v_5\xrightarrow{v_2=0}-g_2v_4-sc_2v_5=0$$

由节点③可见，$v_3=0$，且流入运算放大器的电流为零，可以得出

$$(g_5+g_6)v_3-g_5v_5-g_6v_{\rm out}\xrightarrow{v_3=0}-g_5v_5-g_6v_{\rm out}=0$$

综上所述，可以得出矩阵方程

$$\begin{bmatrix}-(g_1+sc_1) & 0 & -g_3\\ -g_2 & -sc_2 & 0\\ 0 & -g_5 & -g_6\end{bmatrix}\begin{bmatrix}v_4\\ v_5\\ v_{\rm out}\end{bmatrix}=\begin{bmatrix}g_4E\\ 0\\ 0\end{bmatrix}$$

将上面的矩阵方程直接输入MATLAB环境，则可以得到电压信号的Laplace变换表达式，并通过Laplace反变换得到这些电压信号的时域解析解。

```
>> syms E s g1 g2 g3 g4 g5 g6 c1 c2
   Y=[-(g1+s*c1), 0, -g3; -g2, -s*c2, 0; 0, -g5, -g6];
   v=simplify(inv(Y)*[g4*E; 0; 0]), v1=ilaplace(v)
```

可以计算出电压信号的Laplace变换表达式为

$$\boldsymbol{v}=\frac{E}{c_1c_2g_6s^2+c_2g_1g_6s+g_2g_3g_5}\begin{bmatrix}-c_2g_4g_6s\\ g_2g_4g_6\\ -g_2g_4g_5\end{bmatrix}$$

经过Laplace反变换，可以得到感兴趣电压信号时域响应的解析解，通过变量替换等手工化简，得出

$$v_4=-\frac{Eg_4}{c_1}{\rm e}^{-\frac{g_1t}{2c_1}}\left(\cosh\psi t-\frac{g_1\sqrt{c_2g_6}}{\delta}\sinh\psi t\right)$$

$$v_5=\frac{2Eg_2g_4\sqrt{g_6}}{\sqrt{c_2}\delta}{\rm e}^{-\frac{g_1t}{2c_1}}\sinh\psi t$$

$$v_{\rm out} = -\frac{2Eg_2g_4g_5}{\sqrt{c_2g_6}\delta}{\rm e}^{-\frac{g_1t}{2c_1}}\sinh\psi t$$

其中

$$\delta = \sqrt{c_2g_1^2g_6 - 4c_1g_2g_3g_5},\quad \psi = \frac{\delta}{2c_1\sqrt{c_2g_6}}$$

7.1.2 结构平衡的分析方法

本书第1章曾给出例子演示梁系统平衡的建模与求解方法，可以由复杂的力学问题列写出线性代数方程，然后利用MATLAB直接求解线性代数方程，得出原始问题的解析解或数值解。

对一般的结构平衡问题，也可以依据水平方向与垂直方向上合力为零的准则建立起相应的线性代数方程，然后利用MATLAB提供的解析运算功能与数值运算功能直接得出方程的解。

例子中介绍的方法只是静力分析，在实际应用中，可能需要考虑更复杂更实际的问题，比如梁受力的变形等。这类问题不容易用简单的线性代数方程准确地描述，需要引入诸如有限元法这类方法来求解实际问题，这里就不再探讨相关内容了。

7.1.3 化学反应方程式配平

化学反应方程式的配平一般可以通过线性代数方程的列写与求解来实现。通常的方法是，在反应方程的两端各项引入待定系数，然后依照方程式两端相同元素数目相等的原则手工列写出相应的线性代数方程，最后通过线性方程的求解得出各个待定系数的值，从而达到方程式配平的效果。本节将通过例子演示如何利用线性代数的基本知识与计算机工具实现复杂化学反应方程式的配平。

例7-4 试配平下面的化学反应方程式。

$$\rm KClO_3 + HCl \rightarrow KCl + Cl_2 + H_2O$$

解 所谓化学反应方程式配平，即给方程式中各项配系数，使得方程式两边相应元素的个数相等。假设我们对上述方程一无所知，则可以写出下面的方程式。

$$u{\rm KClO_3} + v{\rm HCl} = x{\rm KCl} + y{\rm Cl_2} + z{\rm H_2O}$$

如果能列出关于未知数u, v, x, y和z的代数方程式，则可以通过求解代数方程的方法把这些待定系数求解出来。观察等号两端的K元素，可以列出第一个方程$u = x$；观察Cl元素，可见$u + v = x + 2y$；对H元素而言，不难写出$v = 2z$；对O元素，可以写出$3u = z$。综上，可以列出下面的方程。

$$\begin{cases} {\rm K} & \rightarrow\quad u - x = 0 \\ {\rm Cl} & \rightarrow\quad u + v - x - 2y = 0 \\ {\rm H} & \rightarrow\quad v - 2z = 0 \\ {\rm O} & \rightarrow\quad 3u - z = 0 \end{cases}$$

可以看出，原有5个未知数、4个方程，所以方程有无穷多解，这是正常现象。需要求解的是方程的最小整数解。

$$\begin{bmatrix} 1 & 0 & -1 & 0 & 0 \\ 1 & 1 & -1 & -2 & 0 \\ 0 & 1 & 0 & 0 & -2 \\ 3 & 0 & 0 & 0 & -1 \end{bmatrix} \begin{bmatrix} u \\ v \\ x \\ y \\ z \end{bmatrix} = \mathbf{0}$$

可以先将矩阵$\boldsymbol{A}$输入MATLAB环境，再得出化简的行阶梯形式，使用这样的方法有望将各个自变量换成z的倍数。

```
>> A=[1,0,-1,0,0; 1,1,-1,-2,0; 0,1,0,0,-2; 3,0,0,0,-1]
   A=sym(A); C=rref(A)
```

得到的结果为

$$\boldsymbol{C} = \begin{bmatrix} 1 & 0 & 0 & 0 & -1/3 \\ 0 & 1 & 0 & 0 & -2 \\ 0 & 0 & 1 & 0 & -1/3 \\ 0 & 0 & 0 & 1 & -1 \end{bmatrix}$$

显然，$u = z/3, v = 2z, x = z/3, y = z$，将其代入原方程可得

$$\frac{z}{3}\mathrm{KClO_3} + 2z\mathrm{HCl} = \frac{z}{3}\mathrm{KCl} + z\mathrm{Cl_2} + z\mathrm{H_2O}$$

可见，消去两端公共的z，再同时乘以3消去公共的分母，则可以得到配平的化学反应方程式为

$$\mathrm{KClO_3} + 6\mathrm{HCl} = \mathrm{KCl} + 3\mathrm{Cl_2} + 3\mathrm{H_2O}$$

例7-5　试配平下面的化学反应方程式。

$$\mathrm{K_4Fe(CN)_6 + KMnO_4 + H_2SO_4 \to KHSO_4 + Fe_2(SO_4)_3 + MnSO_4 + HNO_3 + CO_2 + H_2}$$

解　这是一个用手工方法难以配平的化学反应方程式，可以考虑引入计算机工具来完成配平任务。由于方程式左右共有9项，所以应该引入九个待定系数$x_1, x_2, \cdots, x_9$。这样，原方程可以写成

$$\begin{aligned} & x_1\mathrm{K_4Fe(CN)_6} + x_2\mathrm{KMnO_4} + x_3\mathrm{H_2SO_4} \\ & \quad = x_4\mathrm{KHSO_4} + x_5\mathrm{Fe_2(SO_4)_3} + x_6\mathrm{MnSO_4} + x_7\mathrm{HNO_3} + x_8\mathrm{CO_2} + x_9\mathrm{H_2} \end{aligned}$$

整个方程共有8种元素，所以可以列写出如下的线性代数方程。

$$\begin{cases} \mathrm{K} & \to \quad 4x_1 + x_2 - x_4 = 0 \\ \mathrm{Fe} & \to \quad x_1 - 2x_5 = 0 \\ \mathrm{C} & \to \quad 6x_1 - x_8 = 0 \\ \mathrm{N} & \to \quad 6x_1 - x_7 = 0 \\ \mathrm{Mn} & \to \quad x_2 - x_6 = 0 \\ \mathrm{S} & \to \quad x_3 - x_4 - 3x_5 - x_6 = 0 \\ \mathrm{O} & \to \quad 4x_2 + 4x_3 - 4x_4 - 12x_5 - 4x_6 - 3x_7 - 2x_8 = 0 \\ \mathrm{H} & \to \quad 2x_3 - x_4 - x_7 - 2x_9 = 0 \end{cases}$$

该方程的矩阵形式可以写成

$$\begin{bmatrix} 4 & 1 & 0 & -1 & 0 & 0 & 0 & 0 & 0 \\ 1 & 0 & 0 & 0 & -2 & 0 & 0 & 0 & 0 \\ 6 & 0 & 0 & 0 & 0 & 0 & 0 & -1 & 0 \\ 6 & 0 & 0 & 0 & 0 & 0 & -1 & 0 & 0 \\ 0 & 1 & 0 & 0 & 0 & -1 & 0 & 0 & 0 \\ 0 & 0 & 1 & -1 & -3 & -1 & 0 & 0 & 0 \\ 0 & 4 & 4 & -4 & -12 & -4 & -3 & -2 & 0 \\ 0 & 0 & 2 & -1 & 0 & 0 & -1 & 0 & -2 \end{bmatrix} \begin{bmatrix} x_1 \\ x_2 \\ x_3 \\ x_4 \\ x_5 \\ x_6 \\ x_7 \\ x_8 \\ x_9 \end{bmatrix} = \mathbf{0}$$

可以将矩阵 $\boldsymbol{A}$ 输入MATLAB工作空间，并得到简化的行阶梯矩阵。

```
>> A=[4,1,0,-1,0,0,0,0,0; 1,0,0,0,-2,0,0,0,0;
   6,0,0,0,0,0,0,-1,0; 6,0,0,0,0,0,-1,0,0;
   0,1,0,0,0,-1,0,0,0; 0,0,1,-1,-3,-1,0,0,0;
   0,4,4,-4,-12,-4,-3,-2,0; 0,0,2,-1,0,0,-1,0,-2];
   C=rref(sym(A))
```

得到的结果为

$$\boldsymbol{C} = \begin{bmatrix} 1 & 0 & 0 & 0 & 0 & 0 & 0 & 0 & -4/47 \\ 0 & 1 & 0 & 0 & 0 & 0 & 0 & 0 & -30/47 \\ 0 & 0 & 1 & 0 & 0 & 0 & 0 & 0 & -82/47 \\ 0 & 0 & 0 & 1 & 0 & 0 & 0 & 0 & -46/47 \\ 0 & 0 & 0 & 0 & 1 & 0 & 0 & 0 & -2/47 \\ 0 & 0 & 0 & 0 & 0 & 1 & 0 & 0 & -30/47 \\ 0 & 0 & 0 & 0 & 0 & 0 & 1 & 0 & -24/47 \\ 0 & 0 & 0 & 0 & 0 & 0 & 0 & 1 & -24/47 \end{bmatrix}$$

从结果看，可以将这些待定系数写成 x_9 的形式。

$$x_1=\frac{4x_9}{47}, x_2=\frac{30x_9}{47}, x_3=\frac{82x_9}{47}, x_4=\frac{46x_9}{47}, x_5=\frac{2x_9}{47}, x_6=\frac{30x_9}{47}, x_7=\frac{24x_9}{47}, x_8=\frac{24x_9}{47}$$

这样，原始化学反应方程可以写成

$$\begin{aligned} &\frac{4x_9}{47}\mathrm{K_4Fe(CN)_6}+\frac{30x_9}{47}\mathrm{KMnO_4}+\frac{82x_9}{47}\mathrm{H_2SO_4} \\ &\quad=\frac{46x_9}{47}\mathrm{KHSO_4}+\frac{2x_9}{47}\mathrm{Fe_2(SO_4)_3}+\frac{30x_9}{47}\mathrm{MnSO_4}+\frac{24x_9}{47}\mathrm{HNO_3}+\frac{24x_9}{47}\mathrm{CO_2}+x_9\mathrm{H_2} \end{aligned}$$

方程两端乘以47再除以 x_9，将得到所需的配平形式。

$$\begin{aligned} &\mathrm{4K_4Fe(CN)_6+30KMnO_4+82H_2SO_4} \\ &\quad=\mathrm{46KHSO_4+2Fe_2(SO_4)_3+30MnSO_4+24HNO_3+24CO_2+47H_2} \end{aligned}$$

7.2 线性控制系统中的应用

从某种角度看，线性控制系统的分析与设计实质上就是线性代数问题。本节首先介绍控制系统状态方程模型到传递函数模型的转换，然后介绍系统的稳定性与可控性、可观测性分析，并介绍某些线性微分方程的解析解方法。

7.2.1 控制系统的模型转换

线性定常控制系统通常有两大类描述方法：一类是状态方程模型，另一类是传递函数模型。在控制系统理论中，传递函数称为系统的外部模型，因为该模型只关心系统输入与输出信号之间的关系；状态方程模型又称为系统的内部模型，因为除了输入输出直接的关系之外，状态方程还关心系统内部信号 —— 系统状态信号的信息。本节将探讨从状态方程到传递函数的转换方法与实现。

定义 7-1　线性连续时不变控制系统的状态方程模型为

$$\begin{cases} \boldsymbol{x}'(t) = \boldsymbol{A}\boldsymbol{x}(t) + \boldsymbol{B}\boldsymbol{u}(t) \\ \boldsymbol{y}(t) = \boldsymbol{C}\boldsymbol{x}(t) + \boldsymbol{D}\boldsymbol{u}(t) \end{cases} \tag{7-2-1}$$

其中，$\boldsymbol{x}(t)$ 为状态向量，$\boldsymbol{u}(t)$ 为系统的输入信号，$\boldsymbol{y}(t)$ 为系统的输出信号。系统的状态方程模型通常简记作 $(\boldsymbol{A}, \boldsymbol{B}, \boldsymbol{C}, \boldsymbol{D})$。

定义 7-2　线性离散时不变控制系统的状态方程模型为

$$\begin{cases} \boldsymbol{x}(t+1) = \boldsymbol{A}\boldsymbol{x}(t) + \boldsymbol{B}\boldsymbol{u}(t) \\ \boldsymbol{y}(t) = \boldsymbol{C}\boldsymbol{x}(t) + \boldsymbol{D}\boldsymbol{u}(t) \end{cases} \tag{7-2-2}$$

其中，$\boldsymbol{x}(t)$ 为状态向量，$\boldsymbol{u}(t)$ 为系统的输入信号，$\boldsymbol{y}(t)$ 为系统的输出信号。

定理 7-3　如果连续系统的状态方程由 $(\boldsymbol{A}, \boldsymbol{B}, \boldsymbol{C}, \boldsymbol{D})$ 表示，则可以得出系统的传递函数模型为

$$\boldsymbol{G}(s) = \boldsymbol{C}(s\boldsymbol{I} - \boldsymbol{A})^{-1}\boldsymbol{B} + \boldsymbol{D} \tag{7-2-3}$$

例 7-6　已知连续系统的状态方程模型如下所示，试求其传递函数模型。

$$\boldsymbol{x}'(t) = \begin{bmatrix} -9 & -3 & -8 & -4 & -9/2 \\ -8 & -4 & -8 & -2 & -4 \\ 0 & 1 & -1 & 2 & 1 \\ -7 & -2 & -7 & -4 & -7/2 \\ 22 & 6 & 22 & 6 & 9 \end{bmatrix} \boldsymbol{x}(t) + \begin{bmatrix} -4 & 5/2 \\ 2 & 0 \\ 4 & -4 \\ -2 & 1/2 \\ 0 & 3 \end{bmatrix} \boldsymbol{u}(t)$$

$$\boldsymbol{y}(t) = \begin{bmatrix} 2 & 3 & 3 & 4 & 3 \\ 0 & -1 & 0 & 0 & 0 \end{bmatrix} \boldsymbol{x}(t)$$

解　这个系统含有两路输入、两路输出，由下面的语句可以直接得到系统的传递函数矩阵。

```
>> A=[-9,-3,-8,-4,-9/2; -8,-4,-8,-2,-4; 0,1,-1,2,1;
      -7,-2,-7,-4,-7/2; 22,6,22,6,9];
   B=[-4,5/2; 2,0; 4,-4; -2,1/2; 0,3];
   C=[2,3,3,4,3; 0,-1,0,0,0];
   A=sym(A); B=sym(B); C=sym(C); syms s
   G1=C*inv(s*eye(5)-A)*B; G1=simplify(G)
```

得到的传递函数矩阵模型为

$$\boldsymbol{G}_1(s)=\begin{bmatrix} 2/(s+1) & 4/(s+2) \\ -2/(s+2) & 1/(s^2+4s+3) \end{bmatrix}$$

MATLAB提供了强大的控制系统工具箱，许多底层运算都可以通过系统的数值运算实现。例如，系统的状态方程模型可以由$\boldsymbol{G}$=ss($\boldsymbol{A},\boldsymbol{B},\boldsymbol{C},\boldsymbol{D}$)表示，如果要进行状态方程到传递函数的转换，则可以直接调用$\boldsymbol{G}_1$=tf($\boldsymbol{G}$)函数实现。

例7-7 用控制系统工具箱函数重新求解例7-6中的模型变换问题。

解 系统的传递函数矩阵描述可以由下面的语句直接获得，得到的结果与例7-6中的一致，但数据结构不同，这里得到的是传递函数对象。

```
>> A=[-9,-3,-8,-4,-4.5; -8,-4,-8,-2,-4; 0,1,-1,2,1;
     -7,-2,-7,-4,-3.5; 22,6,22,6,9];
   B=[-4,2.5; 2,0; 4,-4; -2,0.5; 0,3];
   C=[2,3,3,4,3; 0,-1,0,0,0]; G=ss(A,B,C,0);
   G1=tf(G); G1=minreal(G1,1e-7)
```

7.2.2 线性系统的定性分析

系统的稳定性是系统最重要的性质。除此之外，本节还给出控制系统可控性、可观测性的判定方法。这些问题的求解离不开线性代数的支持，如果有MATLAB这样强大的计算机数学语言，看起来很复杂的系统定性分析问题都可以轻而易举地得出结果。

定理7-4 如果线性连续时不变系统的系数矩阵$\boldsymbol{A}$的特征值实部均小于零，则系统稳定；如果线性离散时不变系统的系数矩阵$\boldsymbol{A}$的特征值均在单位圆内，则系统稳定。

例7-8 已知线性连续系统的系数矩阵$\boldsymbol{A}$如下所示，试判定系统的稳定性。如果这个矩阵是离散系统的系数矩阵，再判定系统的稳定性。

$$\boldsymbol{A}=\begin{bmatrix} -2 & 1 & -2 & 1 \\ 0 & -2 & 0 & 2 \\ 2 & 1 & -2 & -1 \\ 0 & 2 & -1 & -2 \end{bmatrix}$$

解 在传统的控制理论课程中，判定一个线性系统的稳定性比较烦琐，需要引入Routh判据等间接方法。如果有了计算机工具，判定线性系统的稳定性将变得轻而易举，只需求出矩阵$\boldsymbol{A}$的特征值，判定其位置就可以了。输入系统的系数矩阵，并求其全部特征值。

```
>> A=[-2,1,-2,1; 0,-2,0,2; 2,1,-2,-1; 0,2,-1,-2];
   d=eig(A)
```

系统全部的特征值为 -4.2616, $-1.7127 \pm 1.7501\mathrm{j}$, -0.3131, 均有负的实部, 所以连续系统是稳定的。如果系统是离散的, 显然矩阵的前三个特征值的模都大于1, 位于单位圆外,所以离散系统是不稳定的。

通俗点说，可控性就是系统的状态能不能由输入信号任意控制的性质，而系统的可观测性描述的是系统当前的状态能不能由现有的输入与输出信号重建的性质。这里给出线性系统可控性与可观测性判定方法的理论基础和判定实例。

定理7-5 如果下面的判定矩阵为满秩矩阵,则 $(\boldsymbol{A},\boldsymbol{B})$ 系统是完全可控的。

$$\boldsymbol{T}=\left[\boldsymbol{B},\boldsymbol{AB},\boldsymbol{A}^2\boldsymbol{B},\cdots,\boldsymbol{A}^{n-1}\boldsymbol{B}\right] \tag{7-2-4}$$

定理7-6 如果下面的判定矩阵为满秩矩阵,则 $(\boldsymbol{A},\boldsymbol{C})$ 系统是完全可观测的。

$$\boldsymbol{T}=\begin{bmatrix}\boldsymbol{C}\\ \boldsymbol{CA}\\ \vdots\\ \boldsymbol{CA}^{n-1}\end{bmatrix} \tag{7-2-5}$$

定理7-7 若下面的判定矩阵满秩,则 $(\boldsymbol{A},\boldsymbol{B},\boldsymbol{C},\boldsymbol{D})$ 系统是完全输出可控的。

$$\boldsymbol{T}=\left[\boldsymbol{CB},\boldsymbol{CAB},\boldsymbol{CA}^2\boldsymbol{B},\cdots,\boldsymbol{CA}^{n-1}\boldsymbol{B},\boldsymbol{D}\right] \tag{7-2-6}$$

一般而言,系统的输出可控性与常规的状态可控性并没有任何必然的关联,一个状态不完全可控的系统也有输出可控的可能。

上面的定理适用于连续系统的状态方程模型，也适用于离散系统的状态方程模型,而矩阵的求秩可以通过 `rank()` 函数直接得出。

例7-9 试判定例7-6中的状态方程模型的可控性。

解 将系统的矩阵模型输入MATLAB工作空间, 然后建立判定矩阵 $\boldsymbol{T}$, 再求矩阵的秩,该秩为5说明矩阵是完全可控的。

```
>> A=[-9,-3,-8,-4,-9/2; -8,-4,-8,-2,-4; 0,1,-1,2,1;
      -7,-2,-7,-4,-7/2; 22,6,22,6,9];
   B=[-4,5/2; 2,0; 4,-4; -2,1/2; 0,3];
   T=[B A*B A^2*B A^3*B A^4*B], rank(T)
```

其实,构造的判定矩阵 $\boldsymbol{T}$ 是下面给出的 5×10 矩阵。不采用计算机来求该矩阵的秩并非简单的事,通过计算机则可以马上得到其秩。

$$\boldsymbol{T}=\begin{bmatrix}-4 & 2.5 & 6 & -6 & -10 & 14.5 & 18 & -36 & -34 & 92.5\\ 2 & 0 & -4 & -1 & 8 & 4 & -16 & -13 & 32 & 40\\ 4 & -4 & -6 & 8 & 10 & -16 & -18 & 32 & 34 & -64\\ -2 & 0.5 & 4 & -2 & -8 & 6.5 & 16 & -20 & -32 & 60.5\\ 0 & 3 & 0 & -3 & 0 & -1 & 0 & 21 & 0 & -97\end{bmatrix}$$

7.2.3 多变量系统的传输零点

多变量系统的极点比较容易计算，可以通过通分得出系统的公分母，然后求出公分母多项式方程的零点，该零点即多变量系统的极点。多变量系统的传输零点比较难求，这里给出具体的求解方法与实例。

定理7-8 状态方程 $(\boldsymbol{A},\boldsymbol{B},\boldsymbol{C},\boldsymbol{D})$ 的传输零点可以由下面的方程得出。

$$\det\left(\begin{bmatrix}\boldsymbol{A}-\lambda\boldsymbol{I} & \boldsymbol{B}\\ \boldsymbol{C} & \boldsymbol{D}\end{bmatrix}\right)=0 \tag{7-2-7}$$

例7-10 试求出例7-6中多变量系统的传输零点。

解 MATLAB控制系统工具箱提供tzero()函数来求取多变量控制系统传输零点的，可以调用该函数直接求解。此外，由定理7-8也可以获得零点多项式 $-8s^3-42s^2-64s-32$，从而得到更精确的传输零点。

```
>> A=[-9,-3,-8,-4,-9/2; -8,-4,-8,-2,-4; 0,1,-1,2,1;
      -7,-2,-7,-4,-7/2; 22,6,22,6,9];
   B=[-4,5/2; 2,0; 4,-4; -2,1/2; 0,3]; D=zeros(2);
   C=[2,3,3,4,3; 0,-1,0,0,0]; G=ss(A,B,C,0); z=tzero(G)
   syms s; vpasolve(det([sym(A)-s*eye(5),B; C,D]))
```

调用高精度多项式求根函数vpasolve()可以得到系统的传输零点如下所示。这些结果与tzero()函数得到的三个零点吻合，精度更高。

$$-3.0665928333206257352 0, -1.0917035833396871323991619\pm 0.3355033778718550\mathrm{j}$$

7.2.4 线性微分方程的直接求解

线性微分方程有多种求解方法，这里侧重于介绍利用矩阵指数的直接求解方法，并探讨矩阵型Sylvester微分方程的求解方法。

定理7-9 已知微分方程 $\boldsymbol{x}'(t)=\boldsymbol{A}\boldsymbol{x}(t)$，$\boldsymbol{x}(0)=\boldsymbol{x}_0$ 的解析解为 $\boldsymbol{x}(t)=\mathrm{e}^{\boldsymbol{A}t}\boldsymbol{x}_0$。

例7-11 试求解下面给出的线性微分方程

$$\boldsymbol{x}'(t)=\begin{bmatrix}-1 & -2 & 0 & -1\\ -1 & -3 & -1 & -2\\ -1 & 1 & -2 & 0\\ 1 & 2 & 1 & 1\end{bmatrix}\boldsymbol{x}(t),\ \boldsymbol{x}(0)=\begin{bmatrix}0\\1\\1\\0\end{bmatrix}$$

解 由前面介绍的知识可知，$\mathrm{e}^{\boldsymbol{A}t}$ 在MATLAB下由expm()函数可以直接计算出来。所以，可以使用下面的语句直接求解微分方程。

```
>> A=[-1,-2,0,-1; -1,-3,-1,-2; -1,1,-2,0; 1,2,1,1];
   A=sym(A); x0=sym([0; 1; 1; 0]); syms t
   x=simplify(expm(A*t)*x0)
   simplify(diff(x)-A*x), subs(x,t,0)-x0
```

得到的解如下所示，将微分方程的解代回原方程，则可以发现该解满足原方程与初始条件，得到误差向量都是零向量。

$$\boldsymbol{x}(t)=\begin{bmatrix} \mathrm{e}^{-2t}\left(t^2\mathrm{e}^t-4\mathrm{e}^t+4\right)/2 \\ -\mathrm{e}^{-2t}\left(\mathrm{e}^t+t\mathrm{e}^t-2\right) \\ -\mathrm{e}^{-t}\left(t^2-2\right)/2 \\ \mathrm{e}^{-2t}\left(2\mathrm{e}^t+t\mathrm{e}^t-2\right) \end{bmatrix}$$

一般控制系统的状态方程模型都是向量型的状态向量$\boldsymbol{x}(t)$，这里将探讨矩阵型状态变量的微分方程求解问题。例如，本节探讨的矩阵Sylvester微分方程。

定义7-3　矩阵Sylvester微分方程的一般形式为[13]

$$\boldsymbol{X}'(t)=\boldsymbol{A}\boldsymbol{X}(t)+\boldsymbol{X}(t)\boldsymbol{B},\ \boldsymbol{X}(0)=\boldsymbol{C} \tag{7-2-8}$$

其中，$\boldsymbol{A}\in\mathscr{R}^{n\times n}$，$\boldsymbol{B}\in\mathscr{R}^{m\times m}$，$\boldsymbol{X},\boldsymbol{C}\in\mathscr{R}^{n\times m}$。

定理7-10　矩阵Sylvester微分方程的解[13]为$\boldsymbol{X}(t)=\mathrm{e}^{\boldsymbol{A}t}\boldsymbol{C}\mathrm{e}^{\boldsymbol{B}t}$。

例7-12　试求解下面给出的矩阵微分方程。

$$\boldsymbol{X}'(t)=\begin{bmatrix} -1 & -2 & 0 & -1 \\ -1 & -3 & -1 & -2 \\ -1 & 1 & -2 & 0 \\ 1 & 2 & 1 & 1 \end{bmatrix}\boldsymbol{X}(t)+\boldsymbol{X}(t)\begin{bmatrix} -2 & 1 \\ 0 & -2 \end{bmatrix},\ \boldsymbol{X}(0)=\begin{bmatrix} 0 & -1 \\ 1 & 1 \\ 1 & 0 \\ 0 & 1 \end{bmatrix}$$

解　将相关矩阵输入MATLAB环境中，由定理7-10即可直接求解微分方程。

```
>> A=[-1,-2,0,-1; -1,-3,-1,-2; -1,1,-2,0; 1,2,1,1];
   B=[-2,1; 0,-2]; X0=[0,-1; 1,1; 1,0; 0,1];
   A=sym(A); B=sym(B); X0=sym(X0); syms t
   X=simplify(expm(A*t)*X0*expm(B*t))
   simplify(diff(X)-A*X-X*B), subs(X,t,0)-X0
```

得到的解如下所示。将微分方程的解代回原方程，则可以发现该解满足原方程与初始条件，得到的误差矩阵都是零矩阵。

$$\boldsymbol{X}(t)=\begin{bmatrix} (t^2/2-2)\mathrm{e}^{-3t}+2\mathrm{e}^{-4t} & (2t+1)\mathrm{e}^{-4t}+(-2+t^2+t^3-4t)\mathrm{e}^{-3t} \\ 2\mathrm{e}^{-4t}-(t+1)\mathrm{e}^{-3t} & (2t+1)\mathrm{e}^{-4t}-(t^2+3t)\mathrm{e}^{-3t} \\ -\mathrm{e}^{-3t}(t^2-2)/2 & -t\mathrm{e}^{-3t}(t^2+2t-6)/2 \\ (2+t)\mathrm{e}^{-3t}-2\mathrm{e}^{-4t} & (2+t^2+4t)\mathrm{e}^{-3t}-(2t+1)\mathrm{e}^{-4t} \end{bmatrix}$$

7.3　数字图像处理应用简介

数字图像是用矩阵表示的，所以可以尝试使用一些矩阵分析的方法对数字图像进行处理。本节先介绍基于图像处理工具箱的对象文件读取与显示方法，然后介绍基于奇异值的图像压缩方法。此外，本节还探讨图像的变形与旋转等变换，并介绍MATLAB图像处理工具箱的一些实用函数。

7.3.1　图像的读入与显示

单色灰度图像在MATLAB下是采用灰度形式的像素矩阵表示的，数据结构为无符号8位整型数据结构，表示范围为[0, 255]，0表示黑色，255表示白色。彩色图像有多种表示方法，通常采用 8位无符号型的三维数组表示，其第三维表示颜色，后面将通过例子演示。

MATLAB图像处理工具箱提供了imread()函数，允许将各种常用类型的图像文件读入MATLAB工作空间。另外，可以使用imshow()函数显示图像，还允许使用imtool()函数的图形用户界面对图像进行简单的处理。下面通过例子演示这些函数的使用方法，为下一步学习数字图像处理打下基础。掌握了这几个工具，用户就可以容易地处理各种各样的图像文件了。

例7-13　Lena图像是数字图像处理领域使用最广泛的测试图像，其原始图像是 512×512 像素的彩色照片，原始图像文件为lena512color.tif。试将其读入MATLAB工作空间，并分别显示其红色、蓝色与绿色分量。

解　可以先将图像读入MATLAB工作空间，再分别提取三维数组的第一层(红色)、第二层和第三层并分别绘图，得出的结果如图7-4所示。

```
>> W=imread('lena512color.tif'); imshow(W(:,:,1))
   figure, imshow(W(:,:,2)), figure, imshow(W(:,:,3))
```

(a) 红色分量　　(b) 绿色分量　　(c) 蓝色分量

图 7-4　Lena彩色图像的颜色分量灰度表示

例7-14　试熟悉使用imtool()函数对图像进行简单处理。

解　MATLAB图像处理工具箱提供了图像编辑与处理界面imtool()，可以直接对MATLAB工作空间的图像进行显示，如图7-5所示。该界面除了能显示图像之外，还可以显示其他信息，方便用户观察感兴趣像素点处的像素值。用户还可以使用其他按钮对图像进行局部放大、剪取等简单处理。

```
>> W=imread('lena512color.tif'); imtool(W)
```

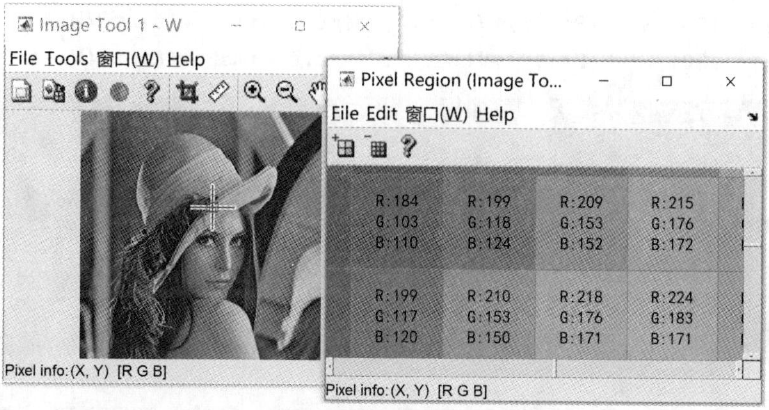

图 7-5 imtool() 编辑界面

7.3.2 矩阵的奇异值分解

4.6节介绍了矩阵的奇异值分解方法。通过奇异值分解，可以将对角元素按照重要程度从大到小进行自动排列。一般情况下，对角元素大表示含有信息量大，对角元素小表示含有的信息量小；如果对角元素的变化比较显著，则很可能排在后面的奇异值对整个问题不是很重要，被舍弃也不会影响大局。

假设图像本身的尺寸为$n \times m$，不妨假设$n \geqslant m$，则存储图像需要$n \times m$字节的空间。若进行奇异值分解，则生成三个矩阵$\boldsymbol{U}$、$\boldsymbol{S}$和$\boldsymbol{V}$，其中，$\boldsymbol{U}$为$n \times n$矩阵，$\boldsymbol{S}$为$n \times m$矩阵，$\boldsymbol{V}$为$m \times m$矩阵。这些矩阵是以双精度计算结果存储的，所需空间远远大于原图像数据量。

选择前r个奇异值取代原有的奇异值，则需要存储的变量个数为$nr + r^2 + mr$。值得注意的是，需要存储的是双精度数据结构，所以需要的存储空间为$8(nr + r^2 + mr)$。后面将通过例子演示奇异值分解的压缩方法的价值。

例7-15　试采用奇异值分解技术对单色Lena图像进行图像压缩，然而直接使用前面介绍的颜色分量并不妥当，需要调用rgb2gray()这类函数将彩色图像变换成单色图像，并判定奇异值分解压缩方法是否可行。

解　图像的数据类型是uint8，而奇异值分解需要单精度或双精度的数据结构，所以在处理过程中可能需要反复转换数据结构。选择不同的r值，则可以得出如图7-6所示的压缩效果，取$r = 120$即可以很好地保持原图像的细节。

```
>> W=imread('lena512color.tif'); W=rgb2gray(W);
   imshow(W); [U S V]=svd(double(W));
   r=1:50;  W1=U*S(:,r)*V(:,r)'; figure; imshow(uint8(W1));
   r=1:80;  W1=U*S(:,r)*V(:,r)'; figure; imshow(uint8(W1));
   r=1:100; W1=U*S(:,r)*V(:,r)'; figure; imshow(uint8(W1));
```

```
r=1:120; W1=U*S(:,r)*V(:,r)'; figure; imshow(uint8(W1));
r=1:150; W1=U*S(:,r)*V(:,r)'; figure; imshow(uint8(W1));
```

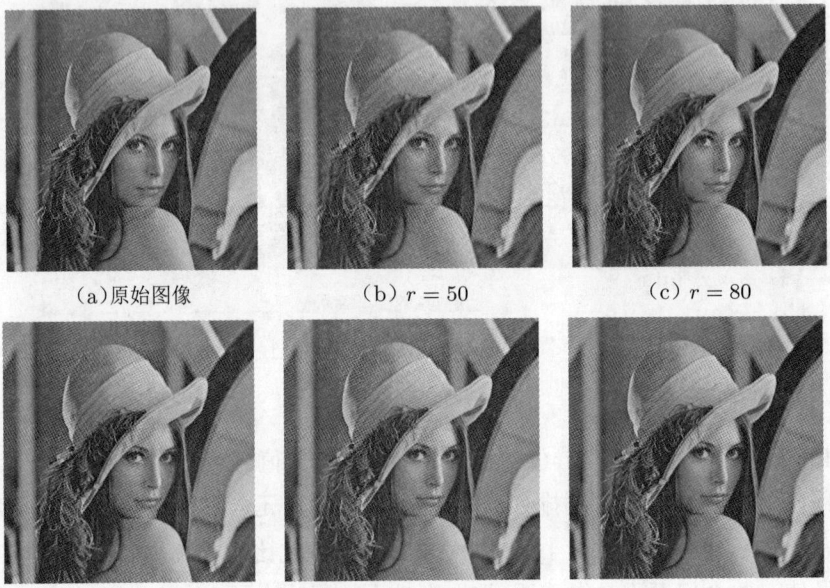

(a)原始图像　(b) $r=50$　(c) $r=80$

(d) $r=100$　(e) $r=120$　(f) $r=150$

图 7-6 Lena图像及各种压缩版本

从存储空间角度看，原灰度图像所需空间为262144字节。而即使选择效果很差的 $r=50$，由于奇异值分解使用的是双精度，每一个数占8个字节，所需的存储空间也达到429600字节，高出原始图像64%。所以，奇异值分解需要更大的存储空间，且不能保持原图像的所有细节，没有必要采用这里给出的奇异值分解方法来压缩图像。

```
>> 512*512, r=50; (512*r+r*r+r*512)*8, 3*8*512*512
```

如果取 $r=512$，即保留所有细节，则所需的存储空间是原始图像的24倍。即使采用单精度的数据结构，所需的存储空间也是正常的12倍！所以不宜使用这样的方法来“压缩”图像或存储空间。

7.3.3 图像几何尺寸变换与旋转

第4章曾经介绍过Givens变换，通过该变换可以对一个二维空间上的点进行旋转处理，所以利用Givens变换对图像上每个像素点进行处理，就可以实现图像的旋转。不过，要想从底层实现这样的变换还是很烦琐的，需要考虑的细节很多，例如矩阵的边界、彩色图像处理等，故而建议直接使用图像处理工具箱中的函数来实现图像的旋转与几何尺寸变换。下面列出一些相关的函数及调用方法，这些函数都可以直接用于彩色图像的变换。

（1）图像尺寸变换 imresize()，调用格式为 $\boldsymbol{W}_1$=imresize($\boldsymbol{W}$,α)，将图像 $\boldsymbol{W}$ 缩放 α 倍；如果参数 α 为向量 $[n,m]$，则新图像的尺寸为 $n\times m$。

（2）图像平移 imtranslate()，调用格式为 $\boldsymbol{W}_1$=imtranslate($\boldsymbol{W}$,[n,m])，表示图像向右平移 n 像素，向上平移 m 像素，这些参数还可以取负值。

（3）图像旋转 imrotate()，$\boldsymbol{W}_1$=imrotate($\boldsymbol{W}$,α,methods,'crop')，将图像 $\boldsymbol{W}$ 旋转 α 度后传给 $\boldsymbol{W}_1$。可以选择的方法为'nearest'、'bilinear'与'bicubic'。若给出'crop'选项，则旋转后原始图像区域外会自动截断，保持原图像尺寸不变。

例 7-16　试对彩色 Lena 图像作平移、拉伸等变换，并将不同的处理结果显示在一个图像窗口中，注意这里可以使用命令的嵌套。

解　可以先读入 Lena 彩色图像，然后对其拉伸至三倍宽度，再在左上角叠印一个 0.7 倍的图像，再叠印一个旋转的 0.3 倍的平移图像，如图 7-7 所示。注意，在 hold on 命令下，每次绘制新的图像都将置于左上角。

```
>> W=imread('lena512color.tif');
   W1=imresize(W,[512,512*3]); imshow(W1), hold on
   W1=imresize(W,0.7); imshow(W1);
   imshow(imtranslate(imresize(imrotate(W,15),0.3),[15,5]))
```

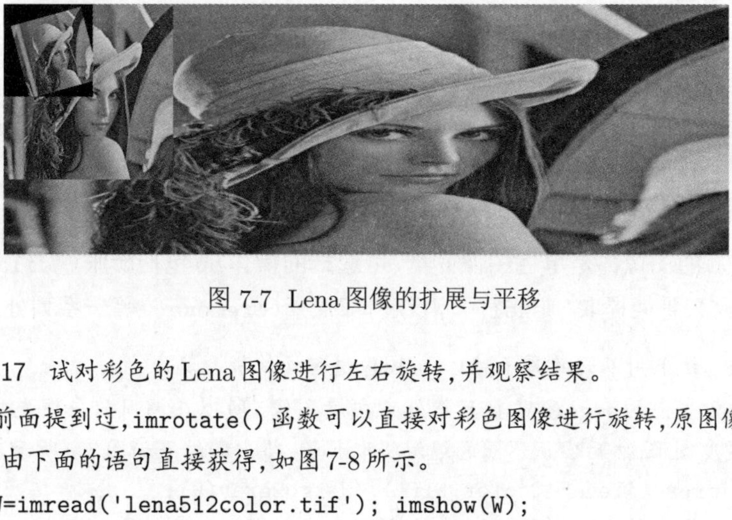

图 7-7　Lena 图像的扩展与平移

例 7-17　试对彩色的 Lena 图像进行左右旋转，并观察结果。

解　前面提到过，imrotate() 函数可以直接对彩色图像进行旋转，原图像和旋转的图像可以由下面的语句直接获得，如图 7-8 所示。

```
>> W=imread('lena512color.tif'); imshow(W);
   figure, W1=imrotate(W,-15); imshow(W1)
   figure, W1=imrotate(W,15,'crop'); imshow(W1)
```

图像旋转势必导致旋转图像扫过的区域尺寸变大，也就是像素矩阵尺寸变大，这就会出现一些空白的区域，这些空白的区域会自动填充成黑色，因为这时对应的像素值都是 0，对应于彩色图像的黑色。

(a) 原始图像 (b) 顺时针转15° (c) 带截断的逆时针转15°

图 7-8 Lena图像的旋转

7.3.4 图像增强

图像处理工具箱提供了大量的图像增强实用函数,可以用于图像的边缘提取、Gamma校正、直方图均衡化等,即使以前不具备图像处理领域的任何基础,都可以直接调用这些函数实现相应的数字图像处理运算。这里简单介绍几个常用的MATLAB图像处理函数。

(1) 图像边缘提取函数edge(),调用格式为$\boldsymbol{W}_1$=edge($\boldsymbol{W}$,methods),输入图像$\boldsymbol{W}$为灰度图像,返回的$\boldsymbol{W}_1$为黑白图像文件;methods为方法选项,默认为'Sobel'算子,还可以选择为'canny'算子等。

(2) 自适应直方图均衡化函数adapthisteq(),调用格式为$\boldsymbol{W}_1$=adapthisteq($\boldsymbol{W}$);当然该函数还有其他选项可以使用,其增强效果后面将通过例子演示,还可以使用普通的直方图均衡化函数histeq()。

(3) 单色图像的数学形态学处理函数bwmorph(),$\boldsymbol{W}_1$=bwmorph($\boldsymbol{W}$,op),其中,处理前后的图像都是单色图像变量,可选择的操作op包括膨胀('dilate')、腐蚀('erode')、骨架提取('skel')、消除内部像素('remove')等一系列处理方法。

例7-18 试采用不同的算子对Lena图像进行边缘提取。

解 由于当前的edge()函数只能处理灰度图像,所以在调用前应该先将Lena图像变换成灰度图像,然后尝试不同的边缘提取算子,得出的结果如图7-9所示。

```
>> W=imread('lena512color.tif'); W=rgb2gray(W);
   figure, W1=edge(W); imshow(W1)
   figure, W1=edge(W,'canny'); imshow(W1)
   figure, W1=edge(W,'roberts'); imshow(W1)
```

在照相与摄像过程中,经常出现过曝光或欠曝光的现象。在图像处理领域,这样的现象可以认为是直方图失衡,这类影像一般需要通过直方图均衡化的方法进

（a）默认 Sobel 算子　（b）Canny 算子　（c）Roberts 算子

图 7-9 Lena 图像的边缘提取效果

行校正。即使有的影像不属于直方图失衡的状况，为得到图像的某些细节，也需要对其进行均衡化处理。

例 7-19 考虑图 7-10(a) 中给出的原始图像，该图像取自参考文献 [29]，从排版角度对其进行了旋转处理，该图像是火星表面的图像。该图像右侧比较暗，很多细节看不清，试对该图像进行处理。

解 这种图像属于欠曝光图像，可以考虑采用自适应直方图均衡化处理，得出的补偿效果如图 7-10(b) 所示。可以看出，通过适当的选项设置，可以很好地补偿原来效果比较差的图像，得到理想的效果。

```
>> W=imread('c7fmoon.tif'); imshow(W)
   W2=adapthisteq(W,'Range','original',...
          'Distribution','uniform','clipLimit',0.2);
   figure; imshow(W2);
```

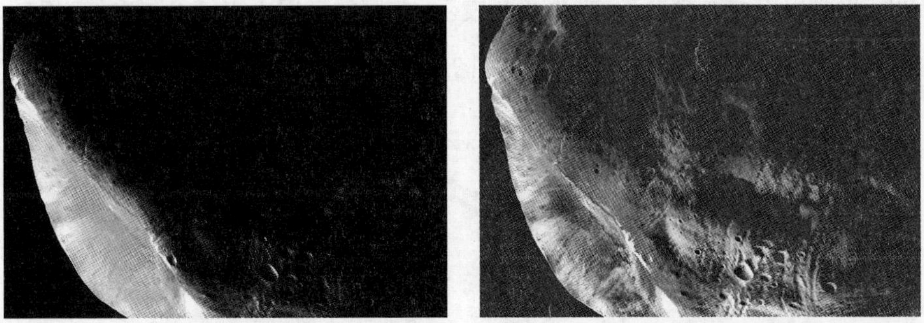

（a）原始图像　（b）均衡化处理后图像

图 7-10 月球表面图像的处理

例 7-20 考虑如图 7-11(a) 所示的一个汉字黑白图像文件 c7ffig.bmp，试利用数学形态学对其进行处理。

解 读入图像文件，则可以由数学形态学函数 bwmorph() 提取文字的边缘，如图 7-11(b) 所示。数学形态学函数还可以用于图像的骨架提取，如图 7-11(c) 所示。

```
>> W=imread('c7ffig.bmp'); imshow(W)
   W1=bwmorph(W,'remove'); figure, imshow(~W1)    %边缘像素提取
   W2=bwmorph(~W,'skel',inf); figure, imshow(~W2) %骨架提取
```

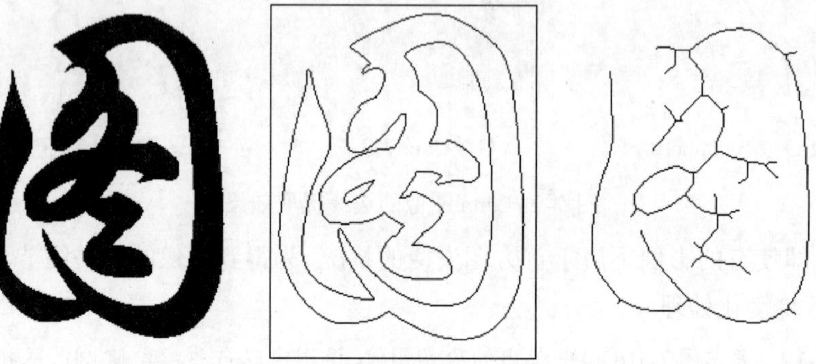

（a）原图像　　（b）边缘提取　　（c）骨架提取

图 7-11　图像的边缘与骨架提取效果

7.4　图论与应用

图论（graph theory）是重要的数学分支，也有广泛的应用背景。图论的研究起源于Königsberg七桥问题，如图7-12（a）所示。对应的问题是，在Königsberg有七座桥连接河两岸与两个大岛，能否从地图中任何一个点出发，穿过每座桥一次并最终返回起点。瑞士数学家Leonhard Euler在1736年发表了一篇论文研究这个问题[30]。将北岸用节点C表示，南岸用B表示，左侧的岛用A表示，右侧的岛用D表示，这样七桥问题用可以用图7-12（b）所示的图直接表示，该文章被认为是图论的开端。

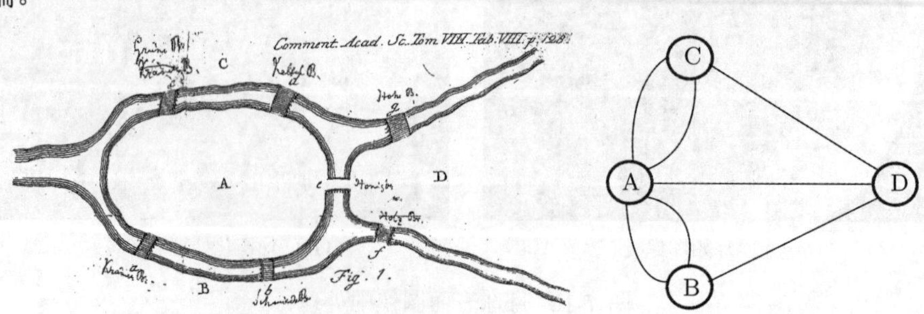

（a）Königsberg七桥问题（Euler原始论文图）　　（b）图表示

图 7-12　Königsberg七桥问题

本节先介绍图的基本概念与MATLAB表示，然后介绍最短路径问题与复杂控制系统模型化简问题的计算机求解方法。

7.4.1 有向图的描述

在介绍图表示之前，先给出一些关于图的基本概念并介绍图的MATLAB描述方法。在图论中，图是由节点和边构成的，所谓边，就是连接两个节点的直接路径。如果边是有向的，则图称为有向图，否则称为无向图。

图可以有多种表示方法。然而，最适合计算机表示和处理的是矩阵表示方法。假设一个图有n个节点，则可以用一个$n \times n$矩阵$\boldsymbol{R}$来表示它。假设由节点i到节点j的边权值为k，则相应的矩阵元素可以表示为$\boldsymbol{R}(i,j)=k$，这样的矩阵称为关联矩阵。若第i节点和第j节点间不存在边，则可令$\boldsymbol{R}(i,j)=0$。当然，也有的算法要求$\boldsymbol{R}(i,j)=\infty$，后面将作相应的介绍。

MATLAB语言还支持关联矩阵的稀疏矩阵表示方法。假设已知某图由n个节点构成，图中含有m条边，由a_i节点出发到b_i节点为止的边权值为w_i，$i=1,2,\cdots,m$。这样，可以建立三个向量，并由它们构造出关联矩阵。

$\boldsymbol{a}$=[a_1,a_2,$\cdots$,a_m,n]; $\boldsymbol{b}$=[b_1,b_2,$\cdots$,b_m,n]; %起始与终止节点向量

$\boldsymbol{w}$=[w_1,w_2,$\cdots$,w_m,0]; %边权值向量

$\boldsymbol{R}$=sparse($\boldsymbol{a}$,$\boldsymbol{b}$,$\boldsymbol{w}$);, %关联矩阵的稀疏矩阵表示

注意，各个向量最后的一个值使得关联矩阵成为方阵，这是很多搜索方法所要求的。一个稀疏矩阵可以由full()函数变换成常规矩阵，常规矩阵可由sparse()函数转换成稀疏矩阵。当然，这里稀疏矩阵表示要求$\boldsymbol{w}$向量为数值向量。而在实际应用中有时要求$\boldsymbol{w}$元素为符号变量，所以需要编写出下面的函数来实现这样的有向图转换。

```
function A=ind2mat(a,b,w)
if size(a,2)==3, b=a(:,2); w=a(:,3); a=a(:,1); end
for i=1:length(a), A(a(i),b(i))=w(i); end
```

该函数的调用格式与上述sparse()函数完全一致，不但能处理数值问题也可以处理符号表示问题。所以，建议在描述有向图时，统一使用ind2mat()函数，不使用sparse()函数。

例7-21　考虑如图7-13所示的有向图[31]，路径上的数字为从该路径起始节点到终止节点所花费的时间，试在MATLAB下表示这个有向图。

解　由图7-13中的节点与路径关系可以手工整理出表7-1，列出了每条路径的起始与终止节点的权值。由下面的语句可以按照稀疏矩阵的格式输入关联矩阵。

```
>> ab=[1 1 2 2 3 3 4 4 4 4 5 6 6 7 8];
   bb=[2 3 5 4 4 6 5 7 8 6 7 8 9 9 9];
   w=[1 2 12 6 3 4 4 15 7 2 7 7 15 3 10];
```

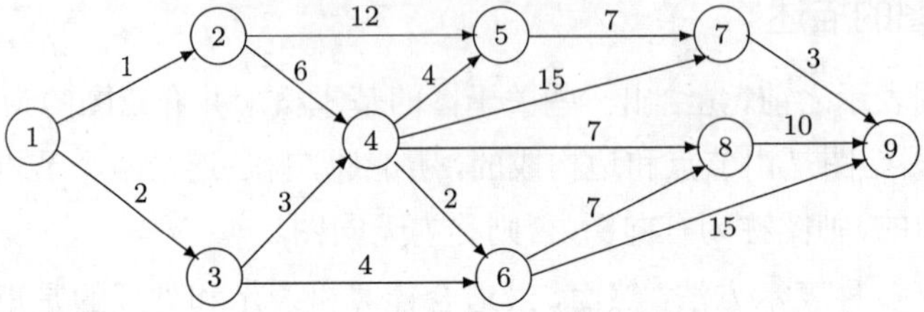

图 7-13　有向图的最短路径问题

表 7-1　节点数据

起始节点	终止节点	权值	起始节点	终止节点	权值	起始节点	终止节点	权值
1	2	1	1	3	2	2	5	12
2	4	6	3	4	3	3	6	4
4	5	7	4	7	15	4	8	7
4	6	2	5	7	7	6	8	7
6	9	15	7	9	3	8	9	10

```
R=ind2mat(ab,bb,w); R(9,9)=0  %输入关联矩阵并设置为方阵
```

这样得出的关联矩阵如下给出，有了这个矩阵就可以唯一地描述图 7-13 中给出的有向图了。

$$\boldsymbol{R}=\begin{bmatrix}0&1&2&0&0&0&0&0&0\\0&0&0&6&12&0&0&0&0\\0&0&0&3&0&4&0&0&0\\0&0&0&0&4&2&15&7&0\\0&0&0&0&0&0&7&0&0\\0&0&0&0&0&0&0&7&15\\0&0&0&0&0&0&0&0&3\\0&0&0&0&0&0&0&0&10\\0&0&0&0&0&0&0&0&0\end{bmatrix}$$

值得指出的是，七桥问题可以尝试用连接矩阵描述。但是，如果某两个节点之间有三个或三个以上的边，则不能采用矩阵描述图了。

7.4.2　Dijkstra最短路径算法及实现

两个节点间的最短路径可以通过Dijkstra最短路径算法[32]直接求出。事实上，如果指定了起始节点，则该点到其他所有节点的最短路径可以一次性地求出，而不会影响该算法的搜索速度。在最优路径搜索中，Dijkstra是最有效的方法之一。假设节点个数为n，起始节点为s，则该算法的具体步骤为

(1) **初始化**。可以建立三个向量存储各节点的状态，其中，向量`visited`表示各个节点是否更新，初始值为0；`dist0`存储起始节点到本节点的最短距离，初始值为∞；`parent0`向量存储到本节点的上一个节点，默认值为0。另外，设起始节点处`dist0`(s)=0。

（2）**循环求解**。让i作$n-1$次循环，更新能由本节点经过一个边到达的节点距离与上级节点信息，并更新由本节点可以到达的未访问节点的最短路径信息。循环直到所有未访问节点完全处理完成。

（3）**提取到终止节点t的最短路径**。利用parent向量逐步提取最优路径。

根据Dijkstra搜索算法，可以编写出如下的MATLAB程序。

```
function [d,path0]=dijkstra(W,s,t)
[n,m]=size(W); ix=(W==0); W(ix)=Inf; %将不通路径权值统一设置为无穷大
if n~=m, error('Square W required'); end %关联矩阵非方阵，给出错误信息
visited(1:n)=0; dist0(1:n)=Inf; parent0(1:n)=0;
dist0(s)=0; d=Inf; path0=[];
for i=1:(n-1)  %求出每个节点与起始节点的关系
   ix=(visited==0); vec(1:n)=Inf; vec(ix)=dist0(ix);
   [a,u]=min(vec); visited(u)=1;
   for v=1:n, if (W(u,v)+dist0(u)<dist0(v))
      dist0(v)=dist0(u)+W(u,v); parent0(v)=u;
end; end; end
if parent0(t)~=0, path0=t; d=dist0(t); %回溯最短路径
   while t~=s, p=parent0(t); path0=[p path0]; t=p; end
end
```

该函数的调用格式为$[d,\boldsymbol{p}]$=dijkstra($\boldsymbol{W},s,t$)。其中，$\boldsymbol{W}$为关联矩阵，s和t分别为起始节点和终止节点的序号。返回的d为最短加权路径长度，$\boldsymbol{p}$为最优路径节点的序号向量。注意，在该程序中，$\boldsymbol{W}$矩阵为0的权值将自动设置为∞，使得Dijkstra算法能正常运行。

例7-22　试用Dijkstra算法求解例7-21中图从节点1到节点9的最短路径问题。

解　下面语句可以直接用于求解，得出的$\boldsymbol{p}$向量为$\boldsymbol{p}=[1,3,4,5,7,9]$，得出的最短路径为$d=19$。其含义为从节点1到节点9，途径节点3, 4, 5, 7的路径为最优路径。

```
>> ab=[1 1 2 2 3 3 4 4 4 4 5 6 6 7 8];
   bb=[2 3 5 4 4 6 5 7 8 6 7 8 9 9 9];
   w=[1 2 12 6 3 4 4 15 7 2 7 7 15 3 10];
   R=ind2mat(ab,bb,w); R(9,9)=0;  %建立关联矩阵并设置为方阵
   [d,p]=dijkstra(R,1,9)          %搜索最优路径
```

生物信息学工具箱中提供了有向图及最短路径搜索的现成函数，biograph()可以建立有向图对象，view()函数可以显示有向图，而graphshortestpath()函数可以直接求解最短路径问题。这些函数的具体调用格式为

P=biograph($\boldsymbol{R}$)　　　　　　　　　%建立有向图对象P

$[d,\boldsymbol{p}]$=graphshortestpath($\boldsymbol{R},n_1,n_2$)　%求解最短路径问题

其中，$\boldsymbol{R}$为关联矩阵，它可以为普通的矩阵形式，也可以是稀疏矩阵的形式，其具体表示方法在后面例子中给出演示。biograph()函数还将允许使用其他参数。对图7-13中描述的有向图来说，$\boldsymbol{R}(i,j)$的值表示由节点i出发、到节点j为止的路径的权值。建立了有向图对象P后，则由graphshortestpath()函数可以直接求解最短路径问题。输入变量n_1和n_2为起始和终止节点序号，d为最短距离，而$\boldsymbol{p}$为最短路径上节点序号构成的序列。在图示结果中，还需要调用其他函数来进一步修饰，这些函数后面将通过实例演示。

例7-23 试利用生物信息学工具箱中函数重新求解例7-21中的问题。

解 由下面的语句可以按照稀疏矩阵的格式输入关联矩阵，并建立起有向图的描述，并用图形表示出该有向图，如图7-14(a)所示。注意，在构造关联矩阵$\boldsymbol{R}$时，应该将其定义为方阵。

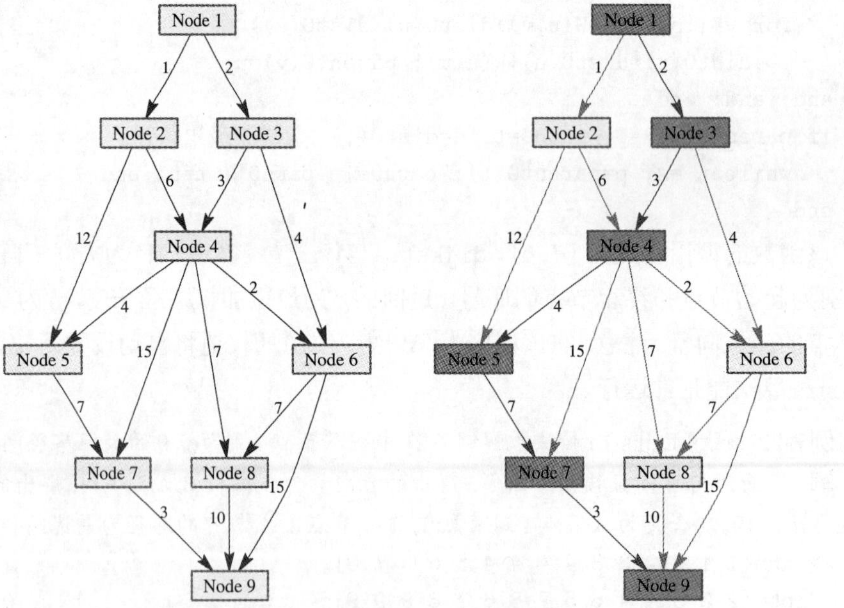

(a) 有向图的自动绘制　　(b) 最短路径图形显示

图 7-14 有向图与最短路径图示

```
>> ab=[1 1 2 2 3 3 4 4 4 4 5 6 6 7 8];
   bb=[2 3 5 4 4 6 5 7 8 6 7 8 9 9 9];
   w=[1 2 12 6 3 4 4 15 7 2 7 7 15 3 10];
   R=ind2mat(ab,bb,w); R(9,9)=0;                 %输入关联矩阵并建立方阵
   h=view(biograph(R,[],'ShowWeights','on')) %将有向图赋给句柄h
```

建立了关联矩阵$\boldsymbol{R}$，则可以由graphshortestpath()函数求解最短路径，并将其显示出来，如图7-14(b)所示。可见，这样得出的结果与前面手工推导出的结果完全一

致。由生物信息学工具箱不但能得出最短路径，还可以得出结果的图形显示。

```
>> [d,p]=graphshortestpath(R,1,9)  %求节点1到节点9的最短路径
   set(h.Nodes(p),'Color',[1 0 0]) %最优路径的节点着色——红色
   edges=getedgesbynodeid(h,get(h.Nodes(p),'ID')); %最优路径边句柄
   set(edges,'LineColor',[1 0 0])  %上面语句用红色修饰最短路径
```

7.4.3 控制系统方框图化简

控制系统的数学模型可以表示成信号流图，而信号流图可以理解成一种有向图。本节将通过例子介绍复杂控制系统的有向图表示，并介绍连接矩阵的构建方法，还将介绍复杂控制系统模型的化简方法。

例 7-24 考虑如图 7-15 所示的控制系统框图。在该例中，若要求解原始问题，必须先将其中一个分枝的起始点后移。如果交叉的回路过多，这样的移动也是很麻烦并容易出错的。试用信号流图的格式表示这里给出的方框图。

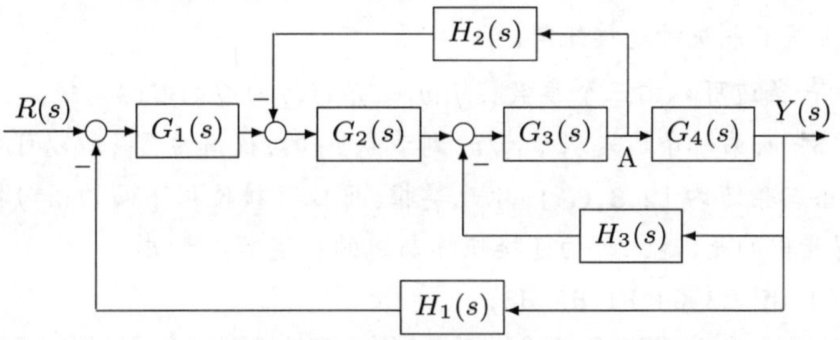

图 7-15 控制系统的方框图

解 现在对原始框图进行直接处理，可以用如图 7-16 所示的信号流图重新描述原系统。在信号流图中，引入了5个信号节点$x_1 \sim x_5$，一个输入节点u。

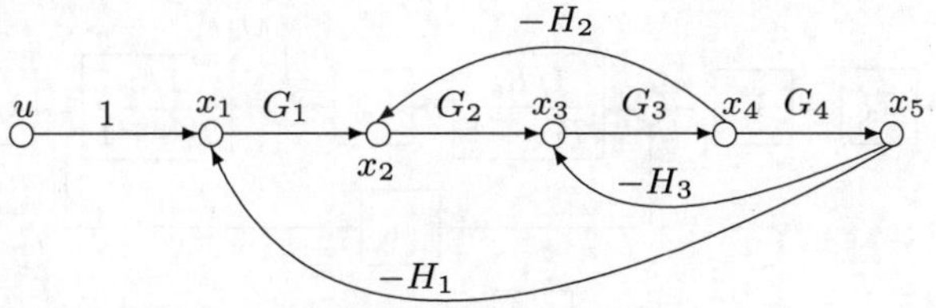

图 7-16 系统的信号流图表示

观察每个信号节点，不难直接写出下面的式子。

$$\begin{cases} x_1 = u - H_1x_5 \\ x_2 = G_1x_1 - H_2x_4 \\ x_3 = G_2x_2 - H_3x_5 \\ x_4 = G_3x_3 \\ x_5 = G_4x_4 \end{cases}$$

从上面的方程式可以写出相应的矩阵形式。该矩阵形式就是后面需要的系统化简的基础。

$$\begin{bmatrix}x_1\\x_2\\x_3\\x_4\\x_5\end{bmatrix}=\begin{bmatrix}0&0&0&0&-H_1\\G_1&0&0&-H_2&0\\0&G_2&0&0&-H_3\\0&0&G_3&0&0\\0&0&0&G_4&0\end{bmatrix}\begin{bmatrix}x_1\\x_2\\x_3\\x_4\\x_5\end{bmatrix}+\begin{bmatrix}1\\0\\0\\0\\0\end{bmatrix}u$$

定理7-11　从上面的建模方法可见，系统模型的矩阵形式可以写成

$$\boldsymbol{X}=\boldsymbol{QX}+\boldsymbol{PU} \tag{7-4-1}$$

其中，$\boldsymbol{Q}$ 称为连接矩阵。可以立即得出系统各个信号 x_i 对输入的传递函数表示为

$$\boldsymbol{G}=\boldsymbol{XU}^{-1}=(\boldsymbol{I}-\boldsymbol{Q})^{-1}\boldsymbol{P} \tag{7-4-2}$$

例7-25　如果不想由信号流图手工写出各个节点的方程，还可以由前面介绍的节点表格方法直接写出系统的连接矩阵。

解　图中的一条边可以由三个参数 (i,j,w) 表示，i、j 为边的起始与终止节点序号，w 为该边的权值。例如，第一条边是从节点 x_1 到节点 x_2 的，权值为 G_1，所以可以将其表示为 [1,2,G_1]，第二条边为 [2,3,G_2]，以此类推。可以直接使用下面的语句描述并生成连接矩阵。值得指出的是，建立起的连接矩阵与边的描述顺序无关。

```
>> syms G1 G2 G3 G4 H1 H2 H3;
   w=[1,2,G1; 2,3,G2; 3,4,G4; 4,5,G4; 5,1,-H1; 4,2,-H2; 5,3,-H3];
   Q=ind2mat(w)
```

例7-26　考虑如图7-17所示的电机拖动系统模型，该系统有双输入，给定输入 $r(t)$ 和负载输入 $M(t)$，利用MATLAB符号运算工具箱可以推导出系统的传递函数矩阵。

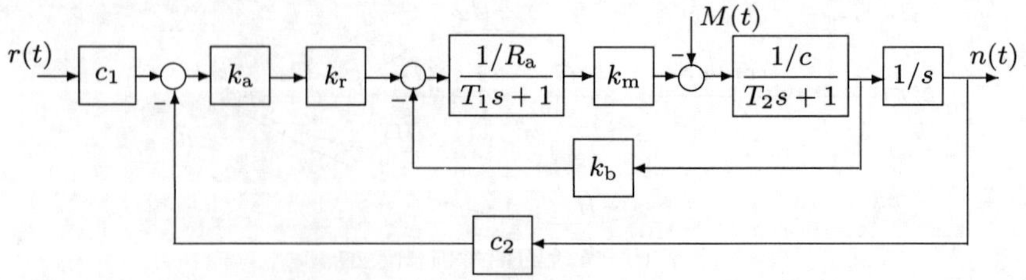

图 7-17　双输入系统方框图

解　对这里给出的多变量系统而言，想手工推导等效传递函数是比较繁琐的事。尤其是想得到第2输入到输出信号的模型特别麻烦，可能首先需要重新绘制原系统变换后的图形，然后才能对系统进行化简。如果采用连接矩阵的方法则无须进行这样的事先处理。根据原系统模型，可以直接绘制出如图7-18所示的信号流图。

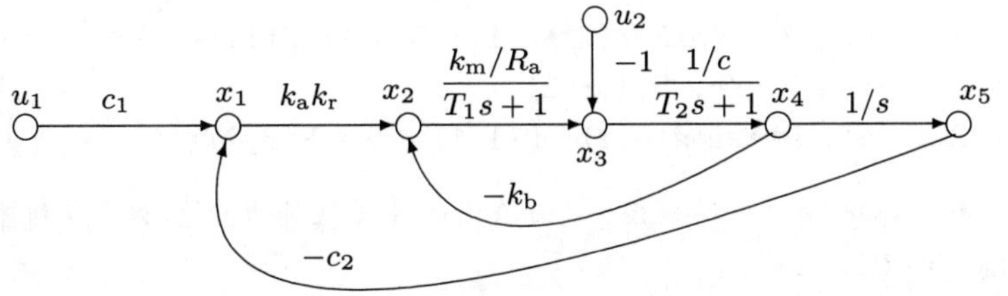

图 7-18　多变量系统的信号流图表示

由给出的信号流图可以直接写出各个信号节点处的节点方程。

$$\begin{cases} x_1 = c_1u_1 - c_2x_5 \\ x_2 = k_ak_rx_1 - k_bx_4 \\ x_3 = \dfrac{k_m/R_a}{T_1s+1}x_2 - u_2 \\ x_4 = \dfrac{1/c}{T_2s+1}x_3 \\ x_5 = \dfrac{1}{s}x_4 \end{cases}$$

由节点方程可以直接得出的矩阵表达式为

$$\begin{bmatrix} x_1 \\ x_2 \\ x_3 \\ x_4 \\ x_5 \end{bmatrix} = \begin{bmatrix} 0 & 0 & 0 & 0 & -c_2 \\ k_ak_r & 0 & 0 & -k_b & 0 \\ 0 & \dfrac{k_m/R_a}{T_1s+1} & 0 & 0 & 0 \\ 0 & 0 & \dfrac{1/c}{T_2s+1} & 0 & 0 \\ 0 & 0 & 0 & \dfrac{1}{s} & 0 \end{bmatrix} \begin{bmatrix} x_1 \\ x_2 \\ x_3 \\ x_4 \\ x_5 \end{bmatrix} + \begin{bmatrix} c_1 & 0 \\ 0 & 0 \\ 0 & -1 \\ 0 & 0 \\ 0 & 0 \end{bmatrix} \begin{bmatrix} u_1 \\ u_2 \end{bmatrix}$$

这样，使用下面的语句就可以直接化简原多变量系统框图模型了。因为 x_5 为输出节点，所以下面语句可以直接计算出输出信号到两路输入信号的传递函数模型。

```
>> syms Ka Kr c1 c2 c Ra T1 T2 Km Kb s   %声明符号变量
   Q=[0 0 0 0 -c2; Ka*Kr 0 0 -Kb 0; 0 Km/Ra/(T1*s+1) 0 0 0
      0 0 1/c/(T2*s+1) 0 0; 0 0 0 1/s 0];
   P=[c1 0; 0 0; 0 -1; 0 0; 0 0]; W=inv(eye(5)-Q)*P;
   W(5,:)
```

得出的两个传递函数为

$$\boldsymbol{G}^{\mathrm{T}}(s) = \begin{bmatrix} \dfrac{c_1k_mk_ak_r}{R_acT_1T_2s^3 + (R_acT_1 + R_acT_2)s^2 + (k_mk_b + R_ac)s + k_ak_rk_mc_2} \\ -\dfrac{(T_1s+1)R_a}{cR_aT_2T_1s^3 + (cR_aT_1 + cR_aT_2)s^2 + (k_bk_m + cR_a)s + k_mc_2k_ak_r} \end{bmatrix}$$

如果不想写出节点方程，还可以用下面给出的方式生成系统的连接矩阵，得出的结果与前面的结果完全一致。写出矩阵 $\boldsymbol{P}$ 的方法也很简单，可以直接用下面的语句构造。其中，$\boldsymbol{P}(i,j)=k$，i 为输入序号，j 为作用的节点信号，k 为权值。

```
>> w=[1,2,Ka*Kr; 2,3,Km/Ra/(T1*s+1); 3,4,1/c/(T2*s+1);
     4,5,1/s; 4,2,-Kb; 5,1,-c2];
   Q=ind2mat(w), P=zeros(5,2); P(1,1)=1/c; P(3,2)=-1;
```

例7-27　再考虑例7-24中的框图，试由给出的连接矩阵求出各个节点到输入信号的等效传递函数模型。

解　使用下面语句可以直接输入连接矩阵$\boldsymbol{Q}$和输入矩阵$\boldsymbol{P}$，并由前面的方法直接计算出各个节点的信号对输入信号的传递函数

```
>> syms G1 G2 G3 G4 H1 H2 H3
   Q=[0 0 0 0 -H1; G1 0 0 -H2 0; 0 G2 0 0 -H3;
      0 0 G3 0 0; 0 0 0 G4 0];
   P=[1 0 0 0 0]'; G=inv(eye(5)-Q)*P
```

由上述语句得出的传递函数矩阵为

$$\boldsymbol{G}=\begin{bmatrix}(H_3G_3G_4+1+G_3G_2H_2)/(G_4G_3H_3+G_4G_3G_2G_1H_1+1+G_3G_2H_2)\\ G_1(G_4G_3H_3+1)/(G_4G_3H_3+G_4G_3G_2G_1H_1+1+G_3G_2H_2)\\ G_2G_1/(G_4G_3H_3+G_4G_3G_2G_1H_1+1+G_3G_2H_2)\\ G_3G_2G_1/(G_4G_3H_3+G_4G_3G_2G_1H_1+1+G_3G_2H_2)\\ G_4G_3G_2G_1/(G_4G_3H_3+G_4G_3G_2G_1H_1+1+G_3G_2H_2)\end{bmatrix}$$

特别地，由输入信号到输出信号（第5节点）的等效传递函数为

$$G_{\rm a}=\frac{G_4G_3G_2G_1}{G_4G_3H_3+G_4G_3G_2G_1H_1+1+G_3G_2H_2}$$

7.5　差分方程求解

差分方程是描述未知函数及其差分量之间关系的方程，其一般数学形式为

$$\boldsymbol{x}(k+1)=\boldsymbol{f}(k,\boldsymbol{x}(k),\boldsymbol{u}(k)) \tag{7-5-1}$$

其中，$\boldsymbol{x}(k)$称为系统的状态向量，$\boldsymbol{u}(k)$为系统的输入信号，k为时间变量。差分方程是描述离散时间系统的最基本的数学模型。

在差分方程计算中，线性代数与z变换都是其基本数学工具。本节将探讨线性常系数差分方程的解析解方法与数值解方法，还将介绍一般非线性差分方程的数值解方法。

常系数线性差分方程的一般形式为

$$\begin{aligned}y[(k+n)T]&+a_1y[(k+n-1)T]+a_2y[(k+n-2)T]+\cdots+a_ny(kT)\\&=b_1u[(k-d)T]+b_2u[(k-d-1)T]+\cdots+b_mu[(k-d-m+1)T]\end{aligned} \tag{7-5-2}$$

其中，T为采样周期。和微分方程描述的连续系统类似，这里的系数a_i和b_i也是常

数，所以这类系统称为线性时不变离散系统。另外，对应系统的输入信号和输出信号也可以由 $u(kT)$ 和 $y(kT)$ 表示。$u(kT)$ 为第 k 个采样周期的输入信号，$y(kT)$ 为该时刻的输出信号。为方便起见，简记 $y(t)=y(kT)$，且记 $y[(k+i)T]$ 为 $y(t+i)$，则前面的差分方程可以简记为

$$\begin{aligned}y(t+n)&+a_1y(t+n-1)+a_2y(t+n-2)+\cdots+a_ny(t)\\&=b_1u(t+m-d)+b_2u(t+m-d-1)+\cdots+b_{m+1}u(t-d)\end{aligned}\tag{7-5-3}$$

7.5.1　一般差分方程的解析解方法

前面给出了线性常系数差分方程的一般形式，若信号的初值 $y(0),y(1),\cdots,y(n-1)$ 含有非零元素，则对式（7-5-3）两边进行 z 变换可得

$$\begin{aligned}z^nY(z)-&\sum_{i=0}^{n-1}z^{n-i}y(i)+a_1z^{n-1}Y(z)-a_1\sum_{i=0}^{n-2}z^{n-i}y(i)+\cdots+a_nY(z)\\&=z^{-d}\left[b_1z^mU(z)-b_1\sum_{i=0}^{m-1}z^{n-i}u(i)+\cdots+b_{m+1}U(z)\right]\end{aligned}\tag{7-5-4}$$

由此得出

$$Y(z)=\frac{(b_1z^m+b_2z^{m-1}+\cdots+b_{m+1})z^{-d}U(z)+E(z)}{z^n+a_1z^{n-1}+a_2z^{n-2}+\cdots+a_n}\tag{7-5-5}$$

其中，$E(z)$ 为输入、输出信号初值由 z 变换性质计算出来的表达式。

$$E(z)=\sum_{i=0}^{n-1}z^{n-i}y(i)-a_1\sum_{i=0}^{n-2}z^{n-i}y(i)-a_2\sum_{i=0}^{n-3}z^{n-i}y(i)-\cdots-a_{n-}zy(0)+\hat{u}(n)\tag{7-5-6}$$

其中

$$\hat{u}(n)=-b_1\sum_{i=0}^{m-1}z^{n-i}u(i)-\cdots-b_mzu(0)\tag{7-5-7}$$

对 $Y(z)$ 进行 z 反变换则可以得出差分方程的解析解 $y(t)$。根据前面的算法，可以编写出一般差分方程的通用求解函数。

```
function y=diff_eq(A,B,y0,U,d)
E=0; n=length(A)-1; syms z; if nargin==4, d=0; end
m=length(B)-1; u=iztrans(U); u0=subs(u,0:m-1);                    %输入信号
for i=1:n, E=E+A(i)*y0(1:n+1-i)*[z.^(n+1-i:-1:1)].'; end  %(7-5-6)
for i=1:m, E=E-B(i)*u0(1:m+1-i)*[z.^(m+1-i:-1:1)].'; end  %(7-5-7)
Y=(poly2sym(B,z)*U*z^(-d)+E)/poly2sym(A,z); y=iztrans(Y); %(7-5-5)
```

其调用语句为 $\boldsymbol{y}$=diff_eq($\boldsymbol{A},\boldsymbol{B},\boldsymbol{y}_0,U,d$)。其中，向量 $\boldsymbol{A}$、$\boldsymbol{B}$ 分别表示差分方程左侧和右侧的系数向量，U 为输入信号的 z 变换表达式，$\boldsymbol{y}_0$ 为输出信号的初值向量，d 为延迟步数，其默认值为0。调用该函数可以直接获得差分方程的解析解。该

函数也可用于非首一化的差分方程。下面将给出具体实例来演示一般差分方程的求解方法。

例7-28 试求解差分方程

$$48y(n+4)-76y(n+3)+44y(n+2)-11y(n+1)+y(n)=2u(n+2)+3u(n+1)+u(n)$$

其中，$y(0)=1,y(1)=2,y(2)=0,y(3)=-1$，且输入$u(n)=(1/5)^n$。试求出差分方程的解析解。

解 由给出的问题可以直接提取向量$\boldsymbol{A},\boldsymbol{B}$，将初始输出向量和输入信号送给计算机，再调用diff_eq()函数直接求解给出的差分方程。

```
>> syms z n; u=(1/5)^n; U=ztrans(u);  %设置输入信号并计算其z变换
   y=diff_eq([48 -76 44 -11 1],[2 3 1],[1 2 0 -1],U) %输出解析解
   n0=0:20; y0=subs(y,n,n0); stem(n0,y0)            %解析解绘制
```

可以得出差分方程的解为

$$y(n)=\frac{432}{5}\left(\frac{1}{3}\right)^n-\frac{26}{5}\left(\frac{1}{2}\right)^n-\frac{752}{5}\left(\frac{1}{4}\right)^n+\frac{175}{3}\left(\frac{1}{5}\right)^n-\frac{42}{5}\left(\frac{1}{2}\right)^n(n-1)$$

其图形显示如图7-19所示，给出的几个初始点均在得出的解中。

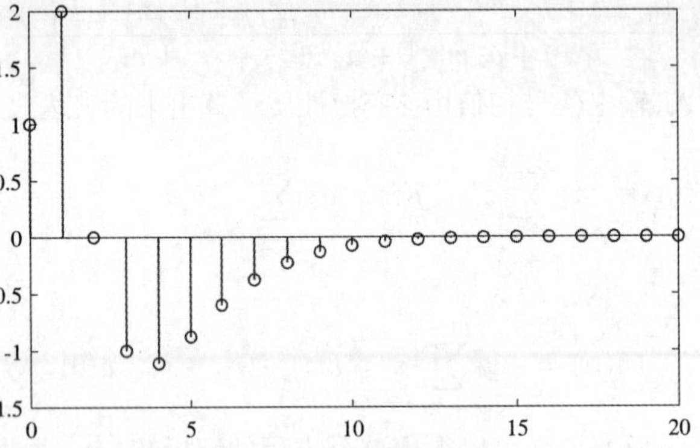

图 7-19　差分方程解的曲线表示

7.5.2　线性时变差分方程的数值解方法

线性时变差分状态方程一般可以写成

$$\begin{cases}\boldsymbol{x}(k+1)=\boldsymbol{F}(k)\boldsymbol{x}(k)+\boldsymbol{G}(k)\boldsymbol{u}(k)\\ \boldsymbol{y}(k)=\boldsymbol{C}(k)\boldsymbol{x}(k)+\boldsymbol{D}(k)\boldsymbol{u}(k),\end{cases}\quad \boldsymbol{x}(0)=\boldsymbol{x}_0 \tag{7-5-8}$$

采用递推方法，则

$$\boldsymbol{x}(1)=\boldsymbol{F}(0)\boldsymbol{x}_0+\boldsymbol{G}(0)\boldsymbol{u}(0)$$

$$\boldsymbol{x}(2)=\boldsymbol{F}(1)\boldsymbol{x}(1)+\boldsymbol{G}(1)\boldsymbol{u}(1)=\boldsymbol{F}(1)\boldsymbol{F}(0)\boldsymbol{x}_0+\boldsymbol{F}(1)\boldsymbol{G}(0)\boldsymbol{u}(0)+\boldsymbol{G}(1)\boldsymbol{u}(1)$$

最终可以得出

$$
\begin{aligned}
\boldsymbol{x}(k) &= \boldsymbol{F}(k-1)\boldsymbol{F}(k-2)\cdots\boldsymbol{F}(0)\boldsymbol{x}_0+\boldsymbol{G}(k-1)\boldsymbol{u}(k-1)\\
&\quad+\boldsymbol{F}(k-1)\boldsymbol{G}(k-2)\boldsymbol{u}(k-2)+\cdots+\boldsymbol{F}(k-1)\cdots\boldsymbol{F}(0)\boldsymbol{G}(0)\boldsymbol{u}(0)\\
&=\prod_{j=0}^{k-1}\boldsymbol{F}(j)\boldsymbol{x}_0+\sum_{i=0}^{k-1}\left[\prod_{j=i+1}^{k-1}\boldsymbol{F}(j)\right]\boldsymbol{G}(i)\boldsymbol{u}(i)
\end{aligned}
\tag{7-5-9}
$$

若已知 $\boldsymbol{F}(i),\boldsymbol{G}(i)$，则可以通过上面的递推算法直接求出离散状态方程的解。从数值求解的角度看，还可以用迭代方法求解该差分方程，即从已知的 $\boldsymbol{x}(0)$ 根据方程式（7-5-8）推出 $\boldsymbol{x}(1)$，再由 $\boldsymbol{x}(1)$ 计算 $\boldsymbol{x}(2),\cdots$，这样就可以递推地得出系统在各个时刻的状态。可见，迭代法更适合计算机实现。

例 7-29　试求解离散线性时变差分方程[33]。

$$
\begin{bmatrix} x_1(k+1)\\ x_2(k+1)\end{bmatrix}=\begin{bmatrix}0 & 1\\ 1 & \cos(k\pi)\end{bmatrix}\begin{bmatrix}x_1(k)\\ x_2(k)\end{bmatrix}+\begin{bmatrix}\sin(k\pi/2)\\ 1\end{bmatrix}u(k)
$$

其中，$\boldsymbol{x}(0)=[1,1]^{\mathrm{T}}$，且 $u(k)=(-1)^k, k=0,1,2,3,\cdots$。

解　采用迭代方法，可以用下面的循环结构立即得出状态变量在各个时刻的值，如图 7-20 所示。

```
>> x0=[1; 1]; x=x0; u=-1; %输入初值
   for k=0:100, u=-u; F=[0 1; 1 cos(k*pi)]; %输入信号交替变号
      G=[sin(k*pi/2); 1]; x1=F*x0+G*u; x0=x1; x=[x x1]; %状态更新
   end %用循环结构计算输出信号
   subplot(211), stairs(x(1,:)), subplot(212), stairs(x(2,:)) %绘图
```

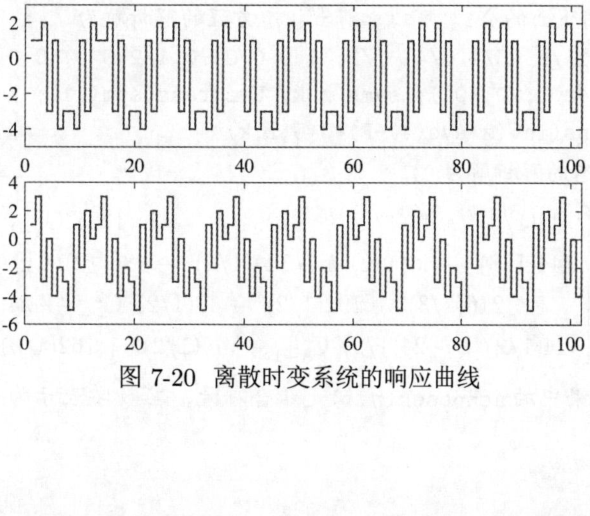

图 7-20　离散时变系统的响应曲线

7.5.3 线性时不变差分方程的解法

线性时不变差分方程为$\boldsymbol{F}(k)=\cdots=\boldsymbol{F}(0)=\boldsymbol{F}$，$\boldsymbol{G}(k)=\cdots=\boldsymbol{G}(0)=\boldsymbol{G}$，由式(7-5-9)可以立即得出

$$\boldsymbol{x}(k)=\boldsymbol{F}^k\boldsymbol{x}_0+\sum_{i=0}^{k-1}\boldsymbol{F}^{k-i-1}\boldsymbol{G}\boldsymbol{u}(i) \tag{7-5-10}$$

由于计算机数学语言并不能直接求出k是变量形式时$\boldsymbol{F}^k$的解析表达式，所以用上述表达式无法求出状态变量的解析解，必须考虑其他方法。

重新考虑式(7-5-8)，其时不变形式可以写成

$$\begin{cases}\boldsymbol{x}(k+1)=\boldsymbol{F}\boldsymbol{x}(k)+\boldsymbol{G}\boldsymbol{u}(k)\\ \boldsymbol{y}(k)=\boldsymbol{C}\boldsymbol{x}(k)+\boldsymbol{D}\boldsymbol{u}(k),\end{cases}\quad \boldsymbol{x}(0)=\boldsymbol{x}_0 \tag{7-5-11}$$

两端同时求z变换，由z变换性质可以得出

$$\boldsymbol{X}(z)=(z\boldsymbol{I}-\boldsymbol{F})^{-1}\left[z\boldsymbol{x}_0+\boldsymbol{G}\boldsymbol{U}(z)-\boldsymbol{G}z\boldsymbol{u}_0\right] \tag{7-5-12}$$

这样，可以推导出离散状态方程的解析解为

$$\boldsymbol{x}(k)=\mathscr{Z}^{-1}\left[(z\boldsymbol{I}-\boldsymbol{F})^{-1}z\right]\boldsymbol{x}_0+\mathscr{Z}^{-1}\left\{(z\boldsymbol{I}-\boldsymbol{F})^{-1}\left[\boldsymbol{G}\boldsymbol{U}(z)-\boldsymbol{G}z\boldsymbol{u}_0\right]\right\} \tag{7-5-13}$$

进一步观察上面的式子还可以发现，常数方阵$\boldsymbol{F}$的k次方也可以通过z反变换计算。

$$\boldsymbol{F}^k=\mathscr{Z}^{-1}\left[z(z\boldsymbol{I}-\boldsymbol{F})^{-1}\right] \tag{7-5-14}$$

例7-30 已知某离散系统的状态方程如下所示，试求各个状态阶跃响应的解析解。

$$\boldsymbol{x}(k+1)=\begin{bmatrix}11/6 & -5/4 & 3/4 & -1/3\\ 1 & 0 & 0 & 0\\ 0 & 1/2 & 0 & 0\\ 0 & 0 & 1/4 & 0\end{bmatrix}\boldsymbol{x}(k)+\begin{bmatrix}4\\0\\0\\0\end{bmatrix}u(k),\quad \boldsymbol{x}_0=0$$

解 直接套用下面的公式，可以求解出状态方程的解析解为

```
>> F=sym([11/6 -5/4 3/4 -1/3; 1 0 0 0; 0 1/2 0 0; 0 0 1/4 0]);
   G=sym([4; 0; 0; 0]); syms z k; U=ztrans(sym(1)); %系统与输入信号
   x=iztrans(inv(z*eye(4)-F)*G*U,z,k)                %输出信号解析解
```

从而得出各个状态的解析解为

$$\boldsymbol{x}(k)=\begin{bmatrix}48(1/3)^k-48(1/2)^kk-72(1/2)^k-24(1/2)^k\mathrm{C}_{k-1}^2+48\\ 144(1/3)^k-48(1/2)^kk-144(1/2)^k-48(1/2)^k\mathrm{C}_{k-1}^2+48\\ 216(1/3)^k-192(1/2)^k-48(1/2)^k\mathrm{C}_{k-1}^2+24\\ 24(1/2)^kk-24(1/2)^k\mathrm{C}_{k-1}^2-144(1/2)^k+162(1/3)^k+6\end{bmatrix}$$

事实上，结果中的nchoosek(n,k)是组合符号，其数学表示为$\mathrm{C}_n^k=n!/[(n-$

$k)!k!]$。其实，C_{k-1}^2 还可以进一步简化为 $(k-1)(k-2)/2$，这样可以将得出的结果手工简化为

$$x(k)=\begin{bmatrix}-12(8+k+k^2)(1/2)^k+48(1/3)^k+48\\24(-8+k-k^2)(1/2)^k+144(1/3)^k+48\\24(-10+3k-k^2)(1/2)^k+216(1/3)^k\\12(-14+5k-k^2)(1/2)^k+162(1/3)^k+6\end{bmatrix}$$

另外，由于原结果中只有 C_{k-1}^2 项需要进一步简化，并可对 $(1/2)^k$ 合并同类项，还可以由下面的语句进行自动化简，这也将得出与手工化简一致的结果。

```
>> x1=collect(simplify(subs(x,nchoosek(k-1,2),...
     (k-1)*(k-2)/2)),(1/2)^k)
```

例7-31 考虑例6-34中的 $\boldsymbol{A}^k$ 计算问题，试用 z 反变换重新计算 $\boldsymbol{A}^k$。

解 由式(7-5-14)可见，矩阵乘方 $\boldsymbol{A}^k$ 可以由下面的语句直接计算，其结果与例6-34中的结果完全一致。

```
>> A=[-7,2,0,-1; 1,-4,2,1; 2,-1,-6,-1; -1,-1,0,-4];      %输入原矩阵
   syms z k; F1=iztrans(z*inv(z*eye(4)-A),z,k);           %求z反变换
   F2=simplify(subs(F1,nchoosek(k-1,2),(k-1)*(k-2)/2)) %进一步化简
```

7.5.4 一般非线性差分方程的数值解方法

假设已知差分方程的显式形式，即

$$y(t)=f(t,y(t-1),\cdots,y(t-n),u(t),\cdots,u(t-m)) \tag{7-5-15}$$

则可以通过递推的方法直接求解该方程，得出方程的数值解。

例7-32 考虑非线性差分方程

$$y(t)=\frac{y(t-1)^2+1.1y(t-2)}{1+y(t-1)^2+0.2y(t-2)+0.4y(t-3)}+0.1u(t)$$

若输入信号为正弦函数 $u(t)=\sin t$，采样周期为 $T=0.05\,\mathrm{s}$，试求解该方程的数值解。

解 引入一个存储向量 $\boldsymbol{y}_0$，其三个分量 $y_0(1)$，$y_0(2)$ 和 $y_0(3)$ 分别表示 $y(t-3)$，$y(t-2)$ 和 $y(t-1)$，在每一步递推后更新一次 $\boldsymbol{y}_0$ 向量。这样，用下面的循环结构就可以求解该方程，并绘制出输入信号和输出信号的曲线，如图7-21所示。可见，在正弦信号激励下，非线性系统的输出会产生畸变，这与线性系统响应是不同的。

```
>> y0=zeros(1,3); h=0.05; t=0:h:4*pi; u=sin(t); y=[]; %初值与输入
   for i=1:length(t) %用循环结构通过递推算法求输出信号
      y(i)=(y0(3)^2+1.1*y0(2))/(1+y0(3)^2+0.2*y0(2)+...
           0.4*y0(1))+0.1*u(i);
      y0=[y0(2:3), y(i)]; %更新存储向量
   end
   plot(t,y,t,u) %绘制输入与输出信号
```

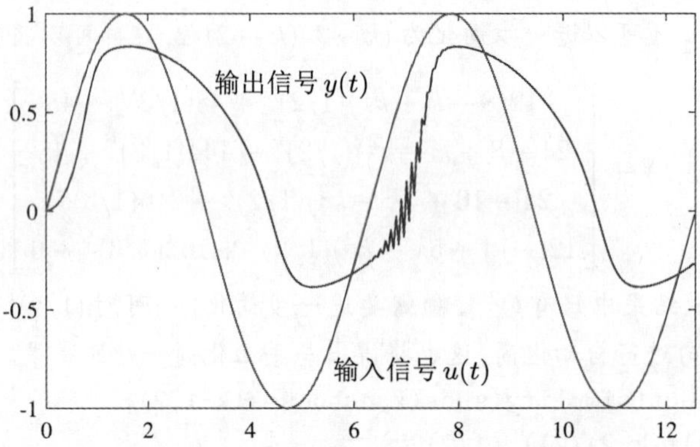

图 7-21 非线性离散差分方程的数值解曲线

7.5.5 Markov链的仿真

Markov 链（Markov chain）是一种统计学模型，它是以俄罗斯数学家 Andrey Andreyevich Markov（1856–1922）的名字命名的，用来描述一种特殊的随机过程。

定义 7-4 Markov 链 $\boldsymbol{x}_0, \boldsymbol{x}_1, \boldsymbol{x}_2, \cdots$ 描述了一个状态向量的序列，每一个状态的值仅取决于前一个状态的值，即

$$\boldsymbol{x}_{k+1} = \boldsymbol{P}\boldsymbol{x}_k,\ k = 0, 1, 2, \cdots \tag{7-5-16}$$

其中，$\boldsymbol{P}$ 为系统的状态转移概率矩阵，其元素都是非负值，且每一列元素值的和都为1。

Markov 链是前面介绍的线性时不变差分方程的一个特例，$\boldsymbol{x}_{k+1} = \boldsymbol{P}^k\boldsymbol{x}_0$。

定义 7-5 稳态状态向量 $\boldsymbol{q}$ 是在状态转移概率矩阵 $\boldsymbol{P}$ 下，满足下面方程的状态向量。

$$\boldsymbol{P}\boldsymbol{q} = \boldsymbol{q} \tag{7-5-17}$$

求解稳态向量 $\boldsymbol{q}$ 有两种方法: 对小规模问题而言，可以求出 $\boldsymbol{P}^k$ 并令 $k \to \infty$ 求极限 $\boldsymbol{P}_0$，即可以得出 $\boldsymbol{q} = \boldsymbol{P}_0\boldsymbol{x}_0$；另一种方法是构造方程

$$(\boldsymbol{P} - \boldsymbol{I})\boldsymbol{q} = \boldsymbol{0} \tag{7-5-18}$$

然后，对矩阵 $[\boldsymbol{P} - \boldsymbol{I}, 0]$ 作基本行变换处理，使得最后一行都为零元素，这样得出的结果就是能保持稳态的矩阵元素了。后面将通过例子演示。

例 7-33 文献 [3] 给出了一个 Markov 链的人口迁移的例子。假设城市人口每年有 5% 迁移到市郊，而市郊人口有 3% 迁入城市。2000 年城市人口数为 600000，市郊人口数为 400000，2001 年人口数和 2002 年人口数如何变化。

解 解决此类问题首先需要表示状态转移概率矩阵 $\boldsymbol{P}$。由已知信息，城市到市郊

的迁移概率为5%，即0.05，所以不迁移的概率为0.95；相反地，市郊到城市的迁移概率为0.03，不迁移的概率为0.97，状态迁移图如图7-22所示。这样就可以构造出矩阵$\boldsymbol{P}$与Markov链的差分方程模型为

$$\boldsymbol{P}=\begin{bmatrix}0.95 & 0.03\\0.05 & 0.97\end{bmatrix},\ \boldsymbol{x}_{k+1}=\begin{bmatrix}0.95 & 0.03\\0.05 & 0.97\end{bmatrix}\boldsymbol{x}_k,\ \boldsymbol{x}_0=\begin{bmatrix}600000\\400000\end{bmatrix} \tag{7-5-19}$$

其中，$\boldsymbol{x}_0$为2000年的数据向量。事实上，这里给出的矩阵与前面介绍的关联矩阵是完全一致的，而给出的差分方程就是Markov链状态方程模型。

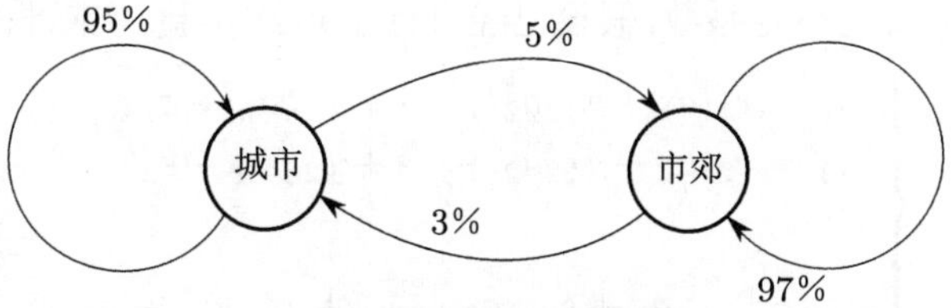

图7-22 人口迁移示意图

由简单的乘法就可以计算出2001年与2002年的数据。

```
>> P=[0.95 0.03; 0.05 0.97]; x0=[600000; 400000];
   x1=P*x0, x2=P*x1
```

其实，有了矩阵$\boldsymbol{P}$，可以容易地求出$\boldsymbol{P}^k$。

```
>> syms k x; P1=funmsym(P,x^k,x), P0=limit(P1,k,inf)
```

则可以得出$\boldsymbol{P}^k$矩阵与稳态矩阵$\boldsymbol{P}_0$。由稳态矩阵可以看出

$$\boldsymbol{P}_1=\begin{bmatrix}5(23/25)^k/8+3/8 & 3/8-3(23/25)^k/8\\5/8-5(23/25)^k/8 & 3(23/25)^k/8+5/8\end{bmatrix},\ \boldsymbol{P}_0=\begin{bmatrix}3/8 & 3/8\\5/8 & 5/8\end{bmatrix}$$

即使对某个矩阵不易求出准确的稳态矩阵$\boldsymbol{P}_0$，也可以选择一个较大的k，直接计算其高次方，得出问题矩阵的近似解。例如，取$k=99, k=100$分别得出两个矩阵。

```
>> P99=P^99, P100=P^100
```

得出的两个矩阵如下所示。从结果看，它们是很接近的，接近$\boldsymbol{P}_0$的理论值。

$$\boldsymbol{P}_{99}=\begin{bmatrix}0.37516 & 0.3749\\0.62484 & 0.6251\end{bmatrix},\ \boldsymbol{P}_{100}=\begin{bmatrix}0.37515 & 0.37491\\0.62485 & 0.62509\end{bmatrix}$$

如果使用基本行变换方法，则

```
>> C=[P-eye(2), zeros(2,1)]; D=rref(sym(C))
```

得出的基本行变换矩阵为

$$\boldsymbol{P}-\boldsymbol{I}=\begin{bmatrix}1 & -3/5 & 0\\0 & 0 & 0\end{bmatrix}$$

即$x_1=3x_2/5$时处于稳定状态。

7.6 数据拟合与分析

本节侧重于介绍线性代数在数据拟合与分析中的应用。首先介绍线性回归方法与MATLAB实现，然后介绍给定数据的多项式拟合与Chebyshev多项式拟合

等。此外，本节还介绍Bézier曲线的定义与绘制方法，以及主成分分析等问题的理论与求解方法。

7.6.1 线性回归

假设输出信号y为n路输入信号$x_1,x_2,\cdots,x_n$的线性组合，即

$$y=a_1x_1+a_2x_2+a_3x_3+\cdots+a_nx_n \tag{7-6-1}$$

其中，$a_1,a_2,\cdots,a_n$为待定系数。假设已经进行了m次实验，实际测得

$$\begin{cases} y_1=x_{11}a_1+x_{12}a_2+\cdots+x_{1n}a_n+\varepsilon_1 \\ y_2=x_{21}a_1+x_{22}a_2+\cdots+x_{2n}a_n+\varepsilon_2 \\ \vdots \\ y_m=x_{m1}a_1+x_{m2}a_2+\cdots+x_{mn}a_n+\varepsilon_m \end{cases} \tag{7-6-2}$$

则可以建立起如下的矩阵方程。

$$\boldsymbol{y}=\boldsymbol{X}\boldsymbol{a}+\boldsymbol{\varepsilon} \tag{7-6-3}$$

式中，$\boldsymbol{a}=[a_1,a_2,\cdots,a_n]^{\mathrm{T}}$为待定系数向量。因为每次实验的观测数据可能有误差，故不能完全满足式（7-6-1），每一个方程右端均有误差ε_k，所以$\boldsymbol{\varepsilon}=[\varepsilon_1,\varepsilon_2,\cdots,\varepsilon_m]^{\mathrm{T}}$为误差构成的向量。$\boldsymbol{y}=[y_1,y_2,\cdots,y_m]^{\mathrm{T}}$为各个观测值，且$\boldsymbol{X}$为测出的自变量值构成的矩阵，即

$$\boldsymbol{X}=\begin{bmatrix} x_{11} & x_{12} & \cdots & x_{1n} \\ x_{21} & x_{22} & \cdots & x_{2n} \\ \vdots & \vdots & \ddots & \vdots \\ x_{m1} & x_{m2} & \cdots & x_{mn} \end{bmatrix} \tag{7-6-4}$$

假设目标函数选择为使得残差的平方和最小，即$J=\min\boldsymbol{\varepsilon}^{\mathrm{T}}\boldsymbol{\varepsilon}$，则可以得出线性回归模型的待定系数向量$\boldsymbol{a}$的最小二乘估计为

$$\hat{\boldsymbol{a}}=(\boldsymbol{X}^{\mathrm{T}}\boldsymbol{X})^{-1}\boldsymbol{X}^{\mathrm{T}}\boldsymbol{y} \tag{7-6-5}$$

由第3章中介绍的矩阵分析知识可知，MATLAB中可以由下面的语句求出最小二乘解，即`a=inv(X'*X)*X'*y`，或更简单地，`a=X\y`。MATLAB语言的统计学工具箱还提供了多变量线性回归参数估计与置信区间估计函数`regress()`，可以求出所需的估计结果。该函数的调用格式为$[\hat{\boldsymbol{a}},\boldsymbol{a}_{\mathrm{ci}}]$=`regress`$(\boldsymbol{y},\boldsymbol{X},\alpha)$。其中，$(1-\alpha)$为用户指定的置信度，可以选择为0.02，0.05或其他值。

例7-34 假设线性回归方程为

$$y=x_1-1.232x_2+2.23x_3+2x_4+4x_5+3.792x_6$$

试生成120组随机输入值x_i，计算出输出向量$\boldsymbol{y}$。以这些信息为已知，观察是否能由最

小二乘方法得出待定系数 a_i 的估计值，并得出置信区间。

解 本例用于演示线性回归的方法及MATLAB实现，实际应用中应该采用实测数据。由下面的语句可以生成所需的矩阵 $\boldsymbol{X}$ 和向量 $\boldsymbol{y}$，并用最小二乘计算公式得出待定系数向量 $\boldsymbol{a}$ 的估计值为 $\boldsymbol{a}_1=[1,\ -1.232, 2.23, 2, 4, 3.792]^{\mathrm{T}}$。

```
>> a=[1 -1.232 2.23 2 4,3.792]';
   X=0.01*round(100*randn(120,6)); %截断小数点后两位
   y=0.0001*round(10000*X*a); [a,aint]=regress(y,X,0.02) %回归分析
```

可见，因为输出值完全由精确计算得出，所以线性回归参数估计的误差为 1.067×10^{-5}，可以忽略。用 regress() 函数还可以计算出98%置信度的置信区间分别为

$$\boldsymbol{a}=\begin{bmatrix}1\\-1.232\\2.23\\2\\4\\3.792\end{bmatrix},\quad \boldsymbol{a}_{\mathrm{int}}=\begin{bmatrix}1&1\\-1.232&-1.232\\2.23&2.23\\2&2\\4&4\\3.792&3.792\end{bmatrix}$$

假设观测的输出数据被噪声污染，则可以给输出样本叠加上 $N(0,0.5)$ 区间的正态分布噪声。这时，可以用下面的语句进行线性回归分析，得出待定系数向量的估计参数及置信区间，用 errorbar() 函数还可以同时用图形绘制参数估计的置信区间，如图7-23所示。

```
>> yhat=y+sqrt(0.5)*randn(120,1);
   [a,aint]=regress(yhat,X,0.02)                %干扰信号回归分析
   errorbar(1:6,a,aint(:,1)-a,aint(:,2)-a) %绘制误差限图
```

新的估计结果与置信区间分别为

$$\boldsymbol{a}=\begin{bmatrix}0.9296\\-1.1392\\2.2328\\1.9965\\4.0942\\3.7160\end{bmatrix},\quad \boldsymbol{a}_{\mathrm{int}}=\begin{bmatrix}0.7882&1.0709\\-1.2976&-0.9807\\2.0960&2.3695\\1.8752&2.1178\\3.9494&4.2389\\3.5719&3.8602\end{bmatrix}$$

减小噪声的方差，假设方差为0.1，则可以得出新噪声下参数估计的结果，如图7-24所示。显然估计出的参数更精确。

```
>> yhat=y+sqrt(0.1)*randn(120,1);
   [a,aint]=regress(yhat,X,0.02);               %修改干扰再回归
   errorbar(1:6,a,aint(:,1)-a,aint(:,2)-a) %重新绘制误差限图
```

7.6.2 多项式拟合

由微积分理论可知，很多函数可以用幂级数逼近，所以可以通过多项式拟合给定函数。如果函数模型已知，则可以用 taylor() 函数进行多项式拟合；如果已知函数的采样点数据，则可以通过 polyfit() 获得相应的多项式系数。这里，使用更一

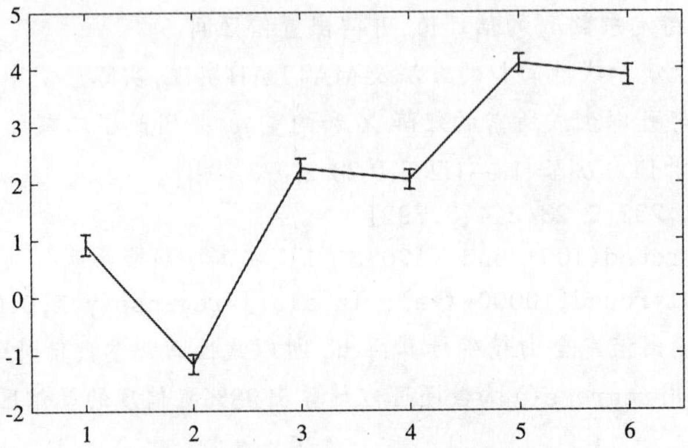

图 7-23 噪声 $\sigma^2=0.5$ 时的参数估计

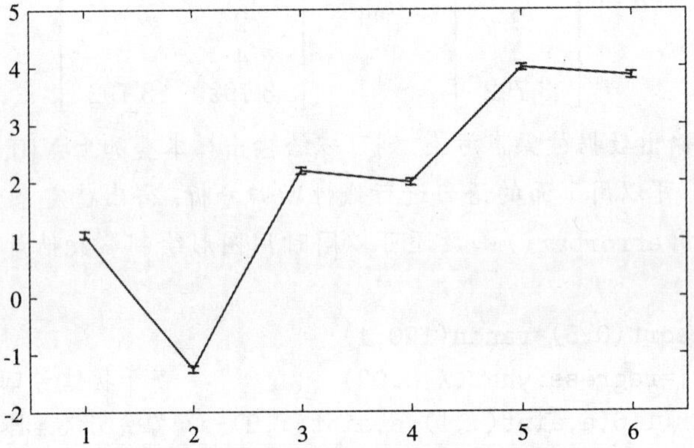

图 7-24 噪声 $\sigma^2=0.1$ 时的参数估计

般的拟合方法。

假设某函数的线性组合为

$$g(x)=c_1f_1(x)+c_2f_2(x)+c_3f_3(x)+\cdots+c_nf_n(x) \tag{7-6-6}$$

其中，$f_1(x),f_2(x),\cdots,f_n(x)$ 为已知函数，$c_1,c_2,\cdots,c_n$ 为待定系数。假设已经测得数据 $(x_1,y_1),(x_2,y_2),\cdots,(x_m,y_m)$，则可以建立起如下的线性方程。

$$\boldsymbol{Ac}=\boldsymbol{y} \tag{7-6-7}$$

其中

$$\boldsymbol{A}=\begin{bmatrix} f_1(x_1) & f_2(x_1) & \cdots & f_n(x_1) \\ f_1(x_2) & f_2(x_2) & \cdots & f_n(x_2) \\ \vdots & \vdots & \ddots & \vdots \\ f_1(x_m) & f_2(x_m) & \cdots & f_n(x_m) \end{bmatrix},\quad \boldsymbol{y}=\begin{bmatrix} y_1 \\ y_2 \\ \vdots \\ y_m \end{bmatrix} \tag{7-6-8}$$

且 $\boldsymbol{c}=[c_1,c_2,\cdots,c_n]^{\mathrm{T}}$。若 $m>n$，则该方程的最小二乘解可以由MATLAB矩阵左除得出，为 $\boldsymbol{c}=\boldsymbol{A}\backslash\boldsymbol{y}$。

如果将基函数 $f_i(x)$ 选作式(7-6-1)中的 x_i,则这样的问题就变成了线性回归问题。由此可见,线性回归只是这里探讨问题的一个特例。

假设 $f_i(x) = x^{i-1}$,则可以由上述方法对给定样本点作多项式拟合,得出最小二乘拟合系数。

例 7-35 假设已知的样本点来自函数 $f(x) = (x^2 - 3x + 5)\mathrm{e}^{-5x}\sin x$,试用多项式拟合给定函数并评价拟合效果。

解 可以由下面的语句生成样本点数据 $\boldsymbol{x}$ 与 $\boldsymbol{y}$,并生成矩阵 $\boldsymbol{A}$,可以直接得出多项式拟合结果。

```
>> x=[0:0.05:1]'; y=(x.^2-3*x+5).*exp(-5*x).*sin(x);
   A=[]; for i=0:7, A=[A x.^(7-i)]; end, c=[A\y]'
   x0=0:0.01:1; y1=polyval(c,x0);
   y0=(x0.^2-3*x0+5).*exp(-5*x0).*sin(x0);
   plot(x0,y0,x0,y1,x,y,'o'), c1=polyfit(x,y,7)
```

得出的降幂排列的多项式系数为 c=[10.7630,−49.0589,95.7490,−104.5887,69.2223,−27.0272,4.9575,0.0001],拟合曲线与原函数曲线的比较如图 7-25 所示。可见,如果选择阶次为 7,则可以得到比较好的拟合效果。由 polyfit() 函数可以得出完全一致的结果。

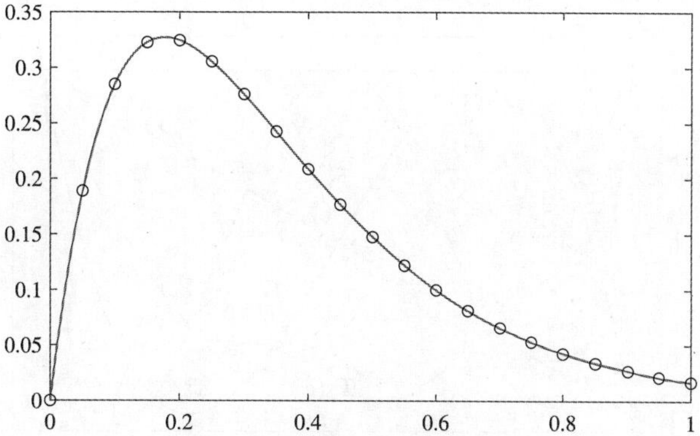

图 7-25　给定函数的多项式拟合结果

7.6.3　Chebyshev 多项式

Chebyshev 多项式是以俄国数学家 Pafnuty Lvovich Chebyshev(1821−1894)命名的多项式。本节先给出 Chebyshev 多项式的定义与性质,然后通过例子演示其应用与计算方法。

定义 7-6 第一类 Chebyshev 多项式可以由递推算法求出,为

$$T_{n+1} = 2xT_n(x) - T_{n-1}(x),\quad n = 1, 2, \cdots \tag{7-6-9}$$

其中，递推初值为$T_0(x)=1$，$T_1(x)=x$。

定义 7-7　第二类Chebyshev多项式可以由递推公式求出，为

$$U_{n+1}=2xU_n(x)-U_{n-1}(x),\quad n=1,2,\cdots \tag{7-6-10}$$

其中，递推初值为$U_0(x)=1$，$U_1(x)=2x$。

定义 7-8　两类Chebyshev多项式分别定义为下面微分方程的解。

$$(1-x^2)y''(x)-xy'(x)+n^2y(x)=0 \tag{7-6-11}$$

$$(1-x^2)y''(x)-3xy'(x)+n(n+2)y(x)=0 \tag{7-6-12}$$

例 7-36　试写出第一类Chebyshev多项式的前九项。

解　可以由下面的命令直接求出Chebyshev多项式的前任意多项。

```
>> syms x; T1=1; T2=x; T=[T1 T2];
   for i=1:7, T(i+2)=2*x*T(i+1)-T(i); end
   expand(T.'), fplot(T(1:6),[-1.1,1.1]), ylim([-1.1,1.1])
```

得出的前九项如下给出，其图形曲线如图7-26所示。

$$T_0(x)=1,\ T_1(x)=x,\ T_2(x)=2x^2-1,\ T_3(x)=4x^3-3x,\ T_4(x)=8x^4-8x^2+1$$
$$T_5(x)=16x^5-20x^3+5x,\ T_6(x)=32x^6-48x^4+18x^2-1$$
$$T_7(x)=64x^7-112x^5+56x^3-7x,\ T_8(x)=128x^8-256x^6+160x^4-32x^2+1$$

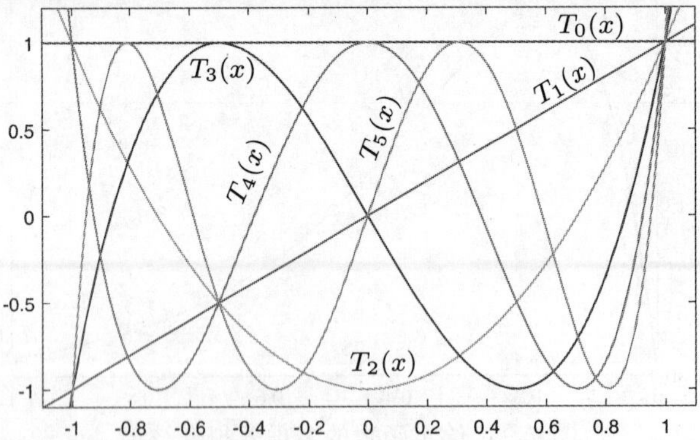

图 7-26　前六项Chebyshev多项式的函数曲线

例 7-37　试利用Chebyshev多项式的前八项拟合例7-35中的数据。

解　如果将Chebyshev多项式作基函数，则可以进行最小二乘拟合。

```
>> x=[0:0.05:1]'; y=(x.^2-3*x+5).*exp(-5*x).*sin(x);
   A=[x.^0 x]; for i=3:8, A=[A 2*x.*A(:,i-1)-A(:,i-2)]; end
   c=A\y, syms x; T1=1; T2=x; T=[T1 T2];
   for i=1:6, T(i+2)=2*x*T(i+1)-T(i); end
   p=vpa(expand(T*c),4)
```

这时得出的拟合系数为 $\boldsymbol{c}=[-68.0651, 122.6034, -88.8043, 50.7587, -22.2721, 7.1615, -1.5331, 0.16817]$。如果将Chebyshev多项式代入，则可以得出拟合多项式为 $p(x)=10.763x^7-49.0589x^6+95.749x^5-104.589x^4+69.2223x^3-27.0272x^2+4.95751x+0.00015$。可见，该结果与例7-35的多项式拟合完全等效。

7.6.4　Bézier曲线

Bézier曲线是计算机图形学与相关领域经常使用的参数化曲线，是以法国工程师Pierre Étienne Bézier（1910—1999）的名字命名的。可以用矢量绘图的方法绘制出光滑的曲线，并可以将其推广，用于光滑曲面的绘制，得到Bézier曲面。Bézier曾利用该方法设计雷诺汽车的车身。本节先给出不同阶次的Bézier曲线的定义，并介绍基于MATLAB的Bézier曲线绘制方法。

定义7-9　二次（quadratic）Bézier曲线是由三个已知点 $\boldsymbol{p}_0$，$\boldsymbol{p}_1$ 与 $\boldsymbol{p}_2$ 生成的路径，即

$$\boldsymbol{B}(t)=\boldsymbol{p}_0(1-t)^2+2\boldsymbol{p}_1(1-t)t+\boldsymbol{p}_2t^2 \tag{7-6-13}$$

其中，$t\in(0,1)$，且 $\boldsymbol{p}_i=[x_i,y_i]^{\mathrm{T}}$。该曲线的走行方向是从 $\boldsymbol{p}_0$ 到 $\boldsymbol{p}_1$ 再到 $\boldsymbol{p}_2$，但 $\boldsymbol{p}_1$ 不是曲线上的点，只是一个中间参数，称为控制点。

定义7-10　三次（cubic）Bézier曲线是由四个已知点 $\boldsymbol{p}_0$，$\boldsymbol{p}_1$，$\boldsymbol{p}_2$ 和 $\boldsymbol{p}_3$ 构成的路径，即

$$\boldsymbol{B}(t)=\boldsymbol{p}_0(1-t)^3+3\boldsymbol{p}_1(1-t)^2t+3\boldsymbol{p}_2(1-t)t^2+\boldsymbol{p}_3t^3 \tag{7-6-14}$$

其中，$t\in(0,1)$，且曲线的走行方向是从 $\boldsymbol{p}_0$ 到 $\boldsymbol{p}_1$ 再到 $\boldsymbol{p}_2$ 再到 $\boldsymbol{p}_3$，$\boldsymbol{p}_1$ 与 $\boldsymbol{p}_2$ 不是曲线上的点，是控制点。

定义7-11　高阶（high-order）Bézier曲线是由 n 个已知点 $\boldsymbol{p}_0$，$\boldsymbol{p}_1$，$\cdots$，$\boldsymbol{p}_n$ 构成的，即

$$\boldsymbol{B}(t)=\boldsymbol{p}_0(1-t)^n+\mathrm{C}_n^1\boldsymbol{p}_1(1-t)^{n-1}t+\cdots+\mathrm{C}_n^{n-1}(1-t)t^{n-1}+\boldsymbol{p}_nt^n \tag{7-6-15}$$

其中，$t\in(0,1)$，C_n^j 为 n 中选 j 的二项式系数，为

$$\mathrm{C}_n^j=\frac{n!}{j!(n-j)!} \tag{7-6-16}$$

由给出的定义可见，一次Bézier函数也是存在的，其结果是连接两个点的线段，本文不再研究一次Bézier函数。

由前面介绍的Bézier曲线定义，不难根据式（7-6-15）的一般公式编写出Bézier曲线的计算与绘制函数。

```
function [x0,y0]=bezierplot(varargin)
```

```
t=varargin{end}; n=nargin-2; x=0; y=0; x1=[]; y1=[];
if length(t)==1, t=linspace(0,1,t); end
for i=1:n+1, C=nchoosek(n,i-1);
    xm=varargin{i}(1); ym=varargin{i}(2);  x1=[x1,xm];
    T=C*(1-t).^(n+1-i).*t.^(i-1); y1=[y1 ym]; x=x+xm*T; y=y+ym*T;
end
if nargout==0, plot(x,y); hold on; plot(x1,y1,'--o'), hold off
else, x0=x; y0=y; end
```

该函数的调用格式为 $[\boldsymbol{x},\boldsymbol{y}]$=bezierplot($\boldsymbol{p}_0,\boldsymbol{p}_1,\cdots,\boldsymbol{p}_n,\boldsymbol{t}$)。其中，$\boldsymbol{t}$ 可以是向量，也可以是生成 $\boldsymbol{t}$ 向量的子区间数 m。如果该函数不返回任何变量，则会自动绘制Bézier曲线。

例7-38 已知向量 $\boldsymbol{p}_0=[82,91]^{\mathrm{T}}$，$\boldsymbol{p}_1=[13,92]^{\mathrm{T}}$，$\boldsymbol{p}_2=[64,10]^{\mathrm{T}}$，$\boldsymbol{p}_3=[28,55]^{\mathrm{T}}$，$\boldsymbol{p}_4=[96,97]^{\mathrm{T}}$，$\boldsymbol{p}_5=[16,98]^{\mathrm{T}}$。试绘制 $\boldsymbol{p}_0$ 与 $\boldsymbol{p}_2$ 之间的不同阶次的Bézier曲线。

解 可以考虑直接调用bezierplot()函数绘图。注意，可以生成1000个点的向量 $\boldsymbol{t}$，然后将这几个向量 $\boldsymbol{p}$ 直接输入计算机，再调用绘图命令，就可以得出不同阶次的Bézier曲线，如图7-27所示。图中还标示了各个控制点的位置。

```
>> p0=[82; 91]; p1=[13; 92]; p2=[64; 10];
   p3=[28; 55]; p4=[96; 97]; p5=[16; 98]; n=1000;
   subplot(221), bezierplot(p0,p1,p2,n)
   subplot(222), bezierplot(p0,p1,p3,p2,n)
   subplot(223), bezierplot(p0,p1,p3,p4,p2,n)
   subplot(224), bezierplot(p0,p1,p3,p4,p5,p2,n)
```

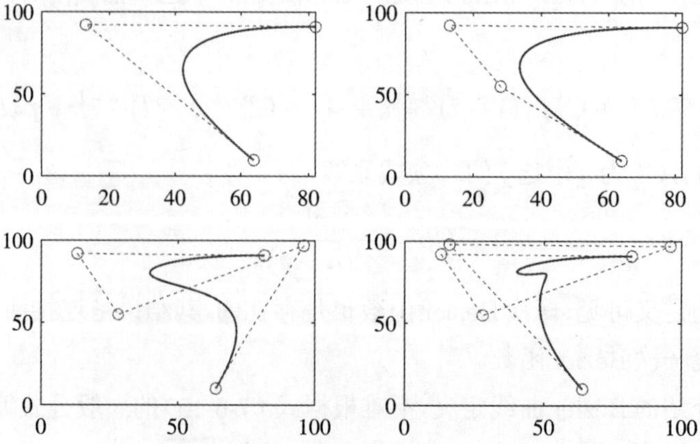

图7-27 不同阶次的Bézier曲线与控制点

7.6.5 主成分方法

主成分分析(principal components analysis，PCA)是现代统计分析中的一种有效方法。假设某一个现象受多个因素同时影响，则可以考虑采用主成分方法，由大量实测数据中识别出到底哪些因素对其发生起主要的作用，通过这样的方法可以忽略次要的因素，将原来问题的维数降下来，从而简化原来问题的分析。

假设某一事件的发生可能受 n 个因素 $x_1, x_2, \cdots, x_n$ 影响，而实测数据共有 m 组，可以假设这些数据由一个 $m\times n$ 矩阵 $\boldsymbol{X}$ 表示。记该矩阵的每一列的均值为 $\bar{x}_i$，$i=1,2,\cdots,n$，则主成分分析方法的一般步骤为

(1) 调用 $\boldsymbol{R}$=`corr`$(\boldsymbol{X})$函数，由矩阵 $\boldsymbol{X}$ 可以建立起 $n\times n$ 协方差矩阵 $\boldsymbol{R}$，使得

$$r_{ij}=\frac{\sqrt{\sum\limits_{k=1}^{m}(x_{ki}-\bar{x}_i)(x_{kj}-\bar{x}_j)}}{\sqrt{\sum\limits_{k=1}^{m}(x_{ki}-\bar{x}_i)^2\sum\limits_{k=1}^{m}(x_{kj}-\bar{x}_j)^2}} \tag{7-6-17}$$

(2) 由矩阵 $\boldsymbol{R}$ 可以分别得出特征向量 $\boldsymbol{e}_i$ 和对应的排序特征值

$$\lambda_1\geqslant\lambda_2\geqslant\cdots\geqslant\lambda_n\geqslant 0 \tag{7-6-18}$$

特征向量矩阵的每一列也都进行了相应的归一化，即

$$||\boldsymbol{e}_i||=1 \text{ 或 } \sum_{j=1}^{n}e_{ij}^2=1 \tag{7-6-19}$$

这样的运算可以通过 `[`$\boldsymbol{e}$`,`$\boldsymbol{d}$`]=eig(`$\boldsymbol{R}$`)` 直接获得，然而得出的特征值是按照升序排列的，应该反序，所以需要用函数 $\boldsymbol{e}$=`fliplr(`$\boldsymbol{e}$`)` 处理特征向量矩阵。

(3) 计算如下定义的主成分贡献率和累计贡献率。

$$\text{主成分贡献率：}\gamma_i=\frac{\lambda_i}{\sum\limits_{k=1}^{n}\lambda_k},\quad \text{累计贡献率：}\delta_i=\frac{\sum\limits_{k=1}^{i}\lambda_k}{\sum\limits_{k=1}^{n}\lambda_k} \tag{7-6-20}$$

如果前 s 个特征值的累计贡献率大于某个预期的指标，如85%～95%，则可以认为这 s 个因素是原问题的主成分。这时，原 n 维问题就可以简化成 s 维问题了。

(4) 建立新变量指标 $\boldsymbol{Z}=\boldsymbol{X}\boldsymbol{L}$，即

$$\begin{cases} z_1=l_{11}x_1+l_{21}x_2+\cdots+l_{n1}x_n \\ z_2=l_{12}x_1+l_{22}x_2+\cdots+l_{n2}x_n \\ \quad\vdots \\ z_n=l_{1n}x_1+l_{2n}x_2+\cdots+l_{nn}x_n \end{cases} \tag{7-6-21}$$

其中，变换矩阵第 i 列的系数 l_{ji} 可以如下计算 $l_{ji}=\sqrt{\lambda_i}e_{ji}$。这时，主成分分析方法

可以由得出的矩阵系数 l_{ij} 直接分析。通常情况下，如果取前 s 个成分作主成分，则 $\boldsymbol{L}$ 矩阵的 s 列以后各值应该趋于0。这样，式（7-6-21）中后 $(n-s)$ 个 z 变量就可以忽略，由一组 m 个状态变换后的新变量

$$\begin{cases} z_1 = l_{11}x_1 + l_{21}x_2 + \cdots + l_{n1}x_n \\ \vdots \\ z_s = l_{1s}x_1 + l_{2s}x_2 + \cdots + l_{ns}x_n \end{cases} \tag{7-6-22}$$

就可以表示原问题，即在适当的线性变换下，原 n 维问题可以简化成 s 维问题。

假设已知某物理量受若干个因素影响，而这些因素的值可以由传感器测出。但在实验研究中，这些传感器测出的量往往包含冗余信息，可以通过主成分分析的方法构造出一组新的数据，将高维的问题简化成低维问题。下面通过例子介绍主成分分析方法的计算及应用。

例7-39 假设某三维曲线上的样本点由 $x = t\cos 2t, y = t\sin 2t, z = 0.2x + 0.6y$ 直接生成，试用主成分分析的方法对其降维处理。

解 可以由MATLAB语句生成一组数据，并用三维曲线表示出来，如图7-28所示。

```
>> t=[0:0.1:3*pi]';
   x=t.*cos(2*t); y=t.*sin(2*t); z=0.2*x+0.6*y; %生成三维数据
   X=[x y z]; R=corr(X); [e,d]=eig(R)
   d=diag(d), plot3(x,y,z)    %三维曲线绘制
```

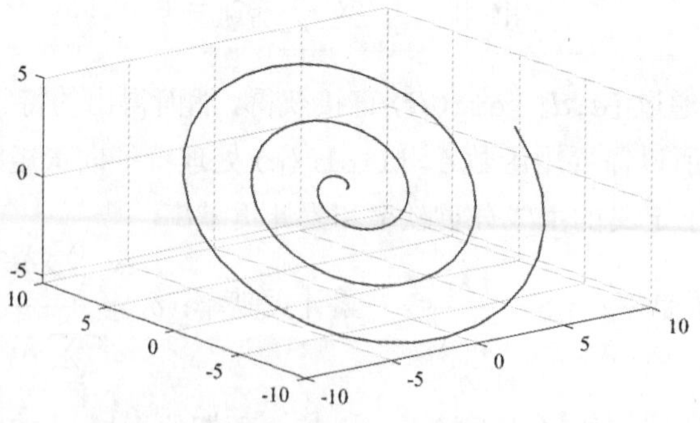

图 7-28 三维曲线

将原来的三维图形映射在某一个二维的平面上。由上述语句得出的结果为

$$\boldsymbol{R} = \begin{bmatrix} 1 & -0.0789 & 0.2536 \\ -0.0789 & 1 & 0.9443 \\ 0.2536 & 0.9443 & 1 \end{bmatrix}$$

$$\boldsymbol{e} = \begin{bmatrix} 0.2306 & -0.9641 & 0.1314 \\ 0.6776 & 0.2560 & 0.6894 \\ -0.6983 & -0.0699 & 0.7124 \end{bmatrix}, \quad \boldsymbol{d} = \begin{bmatrix} 0 \\ 1.0393 \\ 1.9607 \end{bmatrix}$$

可见，这样得出的向量 $\boldsymbol{d}$ 是按照升序排列的，而不是期望的按照降序排列。所以，应该对其进行反序处理，同时对 $\boldsymbol{e}$ 矩阵进行左右翻转，并最终得到矩阵 $\boldsymbol{L}$。由于前两个特征值的值较大，第三个特征值趋于 0，可见，保留两个变量即可以有效地研究原始问题。由下面的语句

```
>> d=d(end:-1:1); e=fliplr(e); D=[d'; d'; d'];
   L=real(sqrt(D)).*e          %主成分分析
   Z=X*L; plot(Z(:,1),Z(:,2)) %某二维平面上的投影
```

可以得出

$$\boldsymbol{L}=\begin{bmatrix} 0.1840 & -0.9829 & 0 \\ 0.9653 & 0.2610 & 0 \\ 0.9975 & -0.0713 & 0 \end{bmatrix}$$

即引入新坐标系

$$\begin{cases} z_1=0.1840x+0.9653y+0.9975z \\ z_2=-0.9829x+0.2610y-0.0713z \end{cases}$$

就可以将原三维问题降为二维问题，降维后的二维曲线如图 7-29 所示。可见，这样得出的二维图形可以将原三维空间上的一个平面提取出来，该平面包含原图的全部信息。

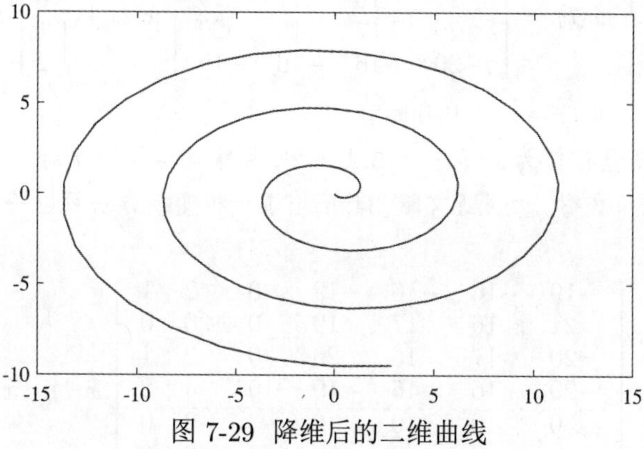

图 7-29　降维后的二维曲线

本章习题

7.1　某电阻型网络如图 7-30 所示，试求出 n 级网络的一般矩阵方程形式，并求出 $n=12$ 时 A、B 两端等效的电阻值。

7.2　试配平下面的化学反应方程式。

（1）$B_{10}H_{12}CNH_3+NiCl_2+NaOH\rightarrow Na_4(B_{10}H_{10}CNH_2)_2Ni+NaCl+H_2O$

（2）$Pb(N_2)_3+Cr(MnO_4)_2\rightarrow Cr_2O_3+MnO_2+Pb_3O_4+NO$

（3）$Fe_{36}Si_5+H_3PO_4+K_2Cr_2O_7\rightarrow FePO_4+SiO_2+K_3PO_4+CrPO_4+H_2O$

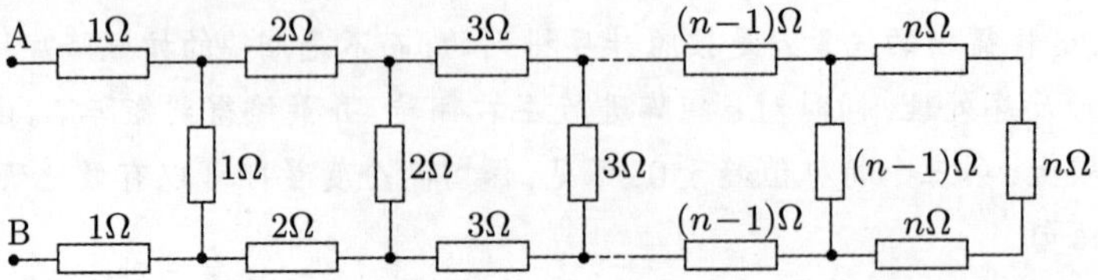

图 7-30 电阻网络结构图

7.3 双输入双输出系统的状态方程表示为

$$\dot{\boldsymbol{x}}(t)=\begin{bmatrix}2.25&-5&-1.25&-0.5\\2.25&-4.25&-1.25&-0.25\\0.25&-0.5&-1.25&-1\\1.25&-1.75&-0.25&-0.75\end{bmatrix}\boldsymbol{x}(t)+\begin{bmatrix}4&6\\2&4\\2&2\\0&2\end{bmatrix}\boldsymbol{u}(t),$$

$$\boldsymbol{y}(t)=\begin{bmatrix}0&0&0&1\\0&2&0&2\end{bmatrix}\boldsymbol{x}(t)$$

试将该模型输入MATLAB空间，得出该模型相应的传递函数矩阵，并求出多变量系统的传输零点。

7.4 某系统的状态方程模型为

$$\begin{cases}\dot{\boldsymbol{x}}(t)=\begin{bmatrix}-19&-16&-16&-19\\21&16&17&19\\20&17&16&20\\-20&-16&-16&-19\end{bmatrix}\boldsymbol{x}(t)+\begin{bmatrix}1\\0\\1\\2\end{bmatrix}u(t)\\ y(t)=[2,1,0,0]\boldsymbol{x}(t)\end{cases}$$

其中，状态变量初值为 $\boldsymbol{x}^{\mathrm{T}}(0)=[0,1,1,2]$，且输入信号为 $u(t)=2+2\mathrm{e}^{-3t}\sin 2t$。能否直接求解该微分方程？文献 [34] 给出了一种变换方法可以将其变换成下面的形式。

$$\dot{\widetilde{\boldsymbol{x}}}(t)=\left[\begin{array}{cccc:cc:c}-19&-16&-16&-19&0&2&1\\21&16&17&19&0&0&0\\20&17&16&20&0&2&1\\-20&-16&-16&-19&0&4&2\\\hdashline 0&0&0&0&-3&-2&0\\0&0&0&0&2&-3&0\\\hdashline 0&0&0&0&0&0&0\end{array}\right]\widetilde{\boldsymbol{x}}(t),\quad \widetilde{\boldsymbol{x}}(0)=\left[\begin{array}{c}0\\1\\1\\2\\\hdashline 1\\0\\\hdashline 2\end{array}\right]$$

试求解该微分方程并检验结果。

7.5 已知某矩阵型微分方程 $\boldsymbol{X}'(t)=\boldsymbol{A}\boldsymbol{X}(t)+\boldsymbol{X}(t)\boldsymbol{B}$，$\boldsymbol{X}(0)=\boldsymbol{X}_0$。其中，

$$\boldsymbol{A}=\begin{bmatrix}-5&-2&-3&-4\\-2&-1&-1&-1\\-1&2&-1&1\\5&0&3&2\end{bmatrix},\ \boldsymbol{B}=\begin{bmatrix}-2&-1&-1\\-1&-2&0\\1&1&-1\end{bmatrix},\ \boldsymbol{X}_0=\begin{bmatrix}-1&0&-1\\-1&-1&0\\0&-1&0\\1&-1&0\end{bmatrix}$$

试求解该微分方程并检验得出的结果。

7.6 假设表 7-2 中数据的原型函数为

$$z(x,y)=a\sin(x^2y)+b\cos(y^2x)+cx^2+dxy+e$$

表 7-2　习题 7.6 数据

y_i	x_1	x_2	x_3	x_4	x_5	x_6	x_7	x_8	x_9	x_{10}	x_{11}
0.0	0.1	0.2	0.3	0.4	0.5	0.6	0.7	0.8	0.9	1	1.1
0.1	0.8304	0.8273	0.8241	0.8210	0.8182	0.8161	0.8148	0.8146	0.8158	0.8185	0.8230
0.2	0.8317	0.8325	0.8358	0.8420	0.8513	0.8638	0.8798	0.8994	0.9226	0.9496	0.9801
0.3	0.8359	0.8435	0.8563	0.8747	0.8987	0.9284	0.9638	1.0045	1.0502	1.1000	1.1529
0.4	0.8429	0.8601	0.8854	0.9187	0.9599	1.0086	1.0642	1.1253	1.1904	1.2570	1.3222
0.5	0.8527	0.8825	0.9229	0.9735	1.0336	1.1019	1.1764	1.2540	1.3308	1.4017	1.4605
0.6	0.8653	0.9105	0.9685	1.0383	1.118	1.2046	1.2937	1.3793	1.4539	1.5086	1.5335
0.7	0.8808	0.9440	1.0217	1.1118	1.2102	1.3110	1.4063	1.4859	1.5377	1.5484	1.5052
0.8	0.8990	0.9828	1.0820	1.1922	1.3061	1.4138	1.5021	1.5555	1.5573	1.4915	1.346
0.9	0.9201	1.0266	1.1482	1.2768	1.4005	1.5034	1.5661	1.5678	1.4889	1.3156	1.0454
1.0	0.9438	1.0752	1.2191	1.3624	1.4866	1.5684	1.5821	1.5032	1.3150	1.0155	0.6248
1.1	0.9702	1.1279	1.2929	1.4448	1.5564	1.5964	1.5341	1.3473	1.0321	0.6127	0.1476

试用最小二乘方法识别出 a,b,c,d,e 的数值。

7.7 假设某人常驻城市为 C_1，他想不定期到其他城市 $C_2,\cdots,C_8$ 办事，下面矩阵的 $R_{i,j}$ 表示从 C_i 到 C_j 的交通费用，试设计出他由城市 C_1 到各个其他城市的最便宜交通路线图。

$$
\boldsymbol{R}=\begin{bmatrix}
0 & 364 & 314 & 334 & 330 & \infty & 253 & 287\\
364 & 0 & 396 & 366 & 351 & 267 & 454 & 581\\
314 & 396 & 0 & 232 & 332 & 247 & 159 & 250\\
334 & 300 & 232 & 0 & 470 & 50 & 57 & \infty\\
330 & 351 & 332 & 470 & 0 & 252 & 273 & 156\\
\infty & 267 & 247 & 50 & 252 & 0 & \infty & 198\\
253 & 454 & 159 & 57 & 273 & \infty & 0 & 48\\
260 & 581 & 220 & \infty & 156 & 198 & 48 & 0
\end{bmatrix}
$$

7.8 试求出图 7-31(a) 和图 7-31(b) 中由节点 A 到节点 B 的最短路径。

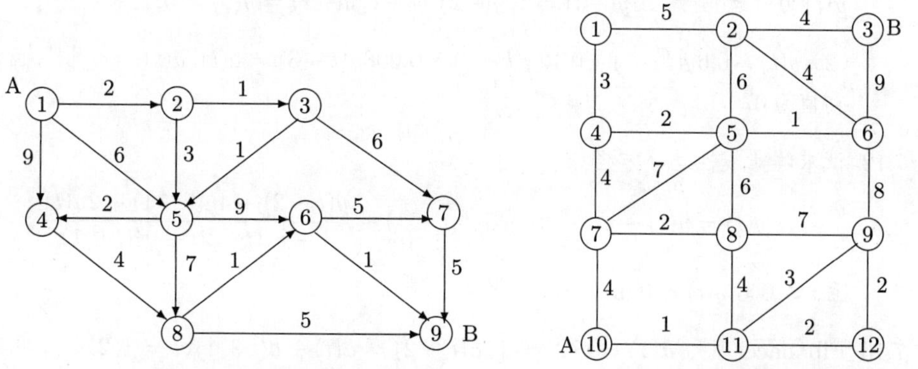

(a) 有向图最优路径问题　　(b) 无向图最优路径问题

图 7-31　图的最短路径问题

7.9 已知系统的方框图如图7-32所示，试推导出从输入信号 $r(t)$ 到输出信号 $y(t)$ 的总系统模型。

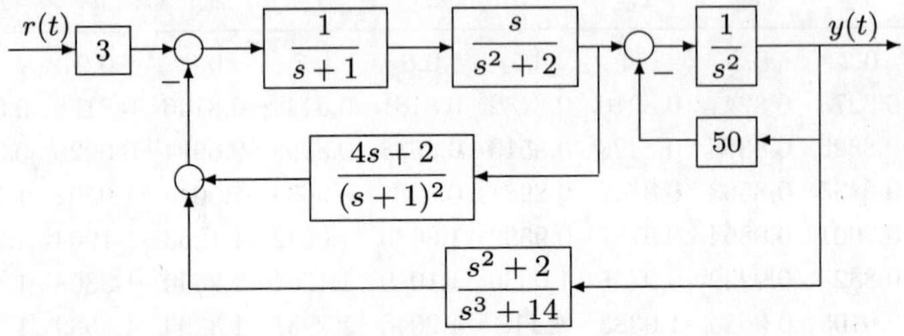

图 7-32 习题7.9系统结构图

7.10 已知系统的方框图如图7-33所示，试推导出从输入信号 $r(t)$ 到输出信号 $y(t)$ 的总系统模型。

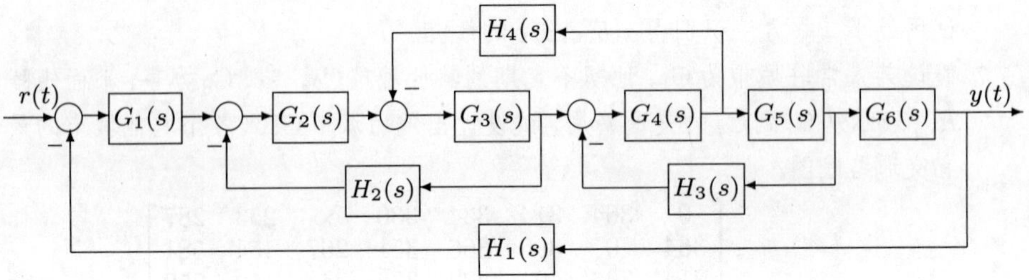

图 7-33 习题7.10系统结构图

7.11 试求解下面给出的差分方程模型。

(1) $72y(t)+102y(t-1)+53y(t-2)+12y(t-3)+y(t-4)=12u(t)+7u(t-1)$，$u(t)$ 为阶跃信号，且 $y(-3)=1, y(-2)=-1, y(-1)=y(0)=0$；

(2) $y(t)-0.6y(t-1)+0.12y(t-2)+0.008y(t-3)=u(t), u(t)=\mathrm{e}^{-0.1t}$，且 $y(t)$ 初值为0。

7.12 试求解非线性差分方程

$$y(t)=u(t)+y(t-2)+3y^2(t-1)+\frac{y(t-2)+4y(t-1)+2u(t)}{1+y^2(t-2)+y^2(t-1)}$$

且 $t\leqslant 0$ 时 $y(t)=0, u(t)=\mathrm{e}^{-0.2t}$。

7.13 Fibonacci序列 $a(1)=a(2)=1, a(t+2)=a(t)+a(t+1), t=1,2,\cdots$，事实上是一个线性差分方程，试求出通项 $a(t)$ 的解析解。

7.14 已知某离散系统的状态方程模型如下所示，且 $\boldsymbol{x}^{\mathrm{T}}(0)=[1,-1]$，试求该系统阶跃响应的解析解，并比较数值解。

(1) $\boldsymbol{x}(t+1)=\begin{bmatrix}0 & 1\\ -0.16 & -1\end{bmatrix}\boldsymbol{x}(t)+\begin{bmatrix}1\\1\end{bmatrix}u(t)$;

(2) $\boldsymbol{x}(t+1)=\begin{bmatrix}11/6 & -1/4 & 25/24 & -2\\ 1 & 1 & -1 & -1\\ 0 & 1 & -1 & 0\\ 0 & 1 & -3/4 & 0\end{bmatrix}\boldsymbol{x}(t)+\begin{bmatrix}2\\ 1/2\\ -3/8\\ 1/4\end{bmatrix}u(t)$。

7.15 如果某 Markov 链的状态转移概率矩阵如下所示[3]，试列写出 Markov 链的数学模型，并计算稳态状态转移矩阵。

$$\boldsymbol{P}=\begin{bmatrix}0.50 & 0.70 & 0.30\\ 0.20 & 0.80 & 0.30\\ 0.10 & 0.10 & 0.40\end{bmatrix}$$

7.16 试在 $(0,0)$ 到 $(2,0)$ 点之间绘制 Bézier 曲线，并找出如何选择控制点，才能使得曲线接近某段圆弧。

参考文献

BIBLIOGRAPHY

[1] 莫勒. MATLAB之父：编程实践（修订版）[M]. 薛定宇，译. 北京：北京航空航天大学出版社, 2018.

[2] Grassmann H. Extension theory. History of Mathematics, Vol.19 [M]. Rhode Island: American Mathematical Society, 2000.

[3] Lay D C, Lay S R, McDonald J J. Linear algebra and its applications [M]. 5th ed. Boston: Pearson, 2018.

[4] Wilkinson J H. Rounding errors in algebraic processes [M]. Englewood Cliffs: Prentice-Hall, 1963.

[5] Wilkinson J H, Reinsch C. Handbook for automatic computation, Volume II, Linear algebra [M]. Berlin: Springer-Verlag, 1971.

[6] Forsythe G, Moler C B. Computer solution of linear algebraic systems [M]. Englewood Cliffs: Prentice-Hall, 1965.

[7] Forsythe G, Malcolm M A, Moler C B. Computer methods for mathematical computations [M]. Englewood Cliffs: Prentice-Hall, 1977.

[8] Axler S. Linear algebra done right [M]. 2nd ed. New York: Springer, 1997.

[9] Dongarra J J, Bunsh J R, Molor C B. LINPACK user's guide [M]. Philadelphia: Society of Industrial and Applied Mathematics, 1979.

[10] Garbow B S, Boyle J M, Dongarra J J, et al. Matrix eigensystem routines — EISPACK guide extension [M]. 2nd ed. Lecture Notes in Computer Sciences, Vol.51. New York: Springer-Verlag, 1977.

[11] Smith B T, Boyle J M, Dongarra J J, et al. Matrix eigensystem routines — EISPACK guide [M]. 2nd ed. Lecture Notes in Computer Sciences. New York: Springer-Verlag, 1976.

[12] Moler C B, Stewar G W. An algorithm for generalized matrix eigenvalue problems [J]. SIAM Journal of Numerical Analysis, 1973, 10: 241–256.

[13] Laub A J. Matrix analysis for scientists and engineers [M]. Philadelphia: SIAM Press, 2005.

[14] Klema V, Laub A. The singular value decomposition: its computation and some applications [J]. IEEE Transactions on Automatic Control, 1980, AC-25（2）: 164–176.

[15] Golub G H, Reinsch C. Singular value decomposition and least squares solutions [J]. Numerische Mathematik, 1970, 14(7):403–420.

[16] 薛定宇,陈阳泉. 高等应用数学问题的MATLAB求解 [M]. 2版. 北京:清华大学出版社, 2008.

[17] 《数学手册》编写组. 数学手册 [M]. 北京:人民教育出版社, 1979.

[18] Beezer R A. A first course in linear algebra, version 2.99 [R/OL]. Washington: Department of Mathematics and Computer Science University of Puget Sound, 1500 North Warner, Tacoma, Washington, 98416-1043, `http://linear.ups.edu/`, 2012.

[19] 须田信英,等. 自动控制中的矩阵理论 [M]. 曹长修,译. 北京:科学出版社, 1979.

[20] 薛定宇. 高等应用数学问题的MATLAB求解 [M]. 4版. 北京:清华大学出版社, 2018.

[21] 薛定宇. 分数阶微积分学与分数阶控制 [M]. 北京:科学出版社, 2018.

[22] Higham N J. Functions of matrices: Theory and application [M]. Philadelphia:SIAM Press, 2008.

[23] Moler C B, Van Loan C F. Nineteen dubious ways to compute the exponential of a matrix [J]. SIAM Review, 1979, 20:801–836.

[24] 薛定宇,任兴权. 线性连续系统的仿真与解析算法 [J]. 自动化学报, 1992, 18(6): 694–701.

[25] 黄琳. 系统与控制理论中的线性代数 [M]. 北京:科学出版社, 1984.

[26] 薛定宇. 高等应用数学问题的MATLAB求解 [M]. 北京:清华大学出版社, 2004.

[27] Xue D Y. Fractional-order control systems - fundamentals and numerical implementations [M]. Berlin:de Gruyter, 2017.

[28] Vlach J, Singhal K. Computer methods for circuit analysis and design [M]. New York:Van Nostrand Reinhold Company, 1983.

[29] Gongzalez R C, Woods R E. Digital image processing [M]. 2nd ed. Englewood Cliffs: Prentice-Hall, 2002.

[30] Euler L. Solutio problematis ad geometriam situs pertinentis [J]. Comment Acad Sci U Petrop, 1736, 8:128–140.

[31] 林诒勋. 动态规划与序贯最优化 [M]. 郑州:河南大学出版社, 1997.

[32] Dijkstra E W. A note on two problems in connexion with graphs [J]. Numerische Mathematik, 1959, 1:269–271.

[33] 郑大钟. 线性系统理论 [M]. 2版. 北京:清华大学出版社, 2002.

[34] 薛定宇. 控制系统计算机辅助设计 —— MATLAB语言与应用 [M]. 3版. 北京:清华大学出版社, 2012.

MATLAB函数名索引

MATLAB FUNCTIONS INDEX

本书涉及大量MATLAB函数与作者编写的MATLAB程序、模型，为方便查阅与参考，这里给出重要的MATLAB函数调用语句的索引，其中黑体字页码表示函数定义和调用格式页，标注∗的为作者编写的函数。

术语索引

KEYWORDS INDEX

$\mathscr{E}$

$\mathscr{F}$

$\mathscr{G}$

图书资源支持

感谢您一直以来对清华版图书的支持和爱护。为了配合本书的使用，本书提供配套的资源，有需求的读者请扫描下方的“清华电子”微信公众号二维码，在图书专区下载，也可以拨打电话或发送电子邮件咨询。

如果您在使用本书的过程中遇到了什么问题，或者有相关图书出版计划，也请您发邮件告诉我们，以便我们更好地为您服务。

我们的联系方式：

地　　址：北京市海淀区双清路学研大厦 A 座 701

邮　　编：100084

电　　话：010－62770175－4608

资源下载：http://www.tup.com.cn

客服邮箱：tupjsj@vip.163.com

QQ：2301891038（请写明您的单位和姓名）

教学交流、课程交流

清华电子

扫一扫，获取最新目录

用微信扫一扫右边的二维码，即可关注清华大学出版社公众号“清华电子”。